软 件 工 程 系 列 教 材

软件测试技术
（第2版）

曲朝阳 刘志颖 杨杰明 刘迪 编著

清华大学出版社

北 京

内 容 简 介

本书详尽地阐述了软件测试领域中的一些基本理论和实用技术。首先从学生需要理解并掌握的软件测试基本概念和基本知识入手,使学生弄清楚为什么要进行软件测试,什么是软件测试? 如何运用数学工具进行测试的描述和分析;在此基础上,结合经典案例讨论如何进行黑盒和白盒测试;然后依托实际案例深入讨论如何进行单元测试、集成测试和系统测试,以及具体的测试实施过程。最后,讨论了如何选择和使用各种自动化测试工具提高测试效率,以及如何进行软件缺陷的管理。

本书作为软件测试的实际应用参考书,除了力求突出基本知识和基本概念的表述外,更注重软件测试技术的运用,在介绍诸多知识点的过程当中结合直观形象的图表或实际案例进行深入浅出的分析,从而使读者可以更好地理解掌握软件测试理论知识,并迅速地运用到实际测试工作中去。

本书适合作为各层次高等院校计算机及相关专业的教学用书,也可作为软件测试人员的参考书。

图书在版编目(CIP)数据

软件测试技术/曲朝阳等编著. —2 版. —北京:清华大学出版社,2015(2024.1重印)
软件工程系列教材
ISBN 978-7-302-38253-9

Ⅰ. ①软… Ⅱ. ①曲… Ⅲ. ①软件—测试—高等学校—教材 Ⅳ. ①TP311.5

中国版本图书馆 CIP 数据核字(2014)第 235238 号

责任编辑:白立军 徐跃进
封面设计:傅瑞学
责任校对:李建庄
责任印制:宋 林

出版发行:清华大学出版社
　　　网　　　址:https://www.tup.com.cn,https://www.wqxuetang.com
　　　地　　　址:北京清华大学学研大厦 A 座　　　　　邮　编:100084
　　　社 总 机:010-83470000　　　　　　　　　　　邮　购:010-62786544
　　　投稿与读者服务:010-62776969,c-service@tup.tsinghua.edu.cn
　　　质量反馈:010-62772015,zhiliang@tup.tsinghua.edu.cn
　　　课件下载:https://www.tup.com.cn,010-83470236
印 装 者:三河市铭诚印务有限公司
经　　销:全国新华书店
开　　本:185mm×260mm　　　印　张:26.25　　　字　数:658 千字
版　　次:2006 年 8 月第 1 版　　2015 年 2 月第 2 版　　印　次:2024 年 1 月第 9 次印刷
定　　价:69.00 元

产品编号:056489-02

PREFACE

前　言

软件工程系列教材

随着信息技术的普及，各种各样的软件已经应用到很多领域，设计的复杂程度逐渐增加，开发周期不断缩短。而用户对软件要求却越来越高，不再仅仅关注软件产品功能的先进性，并且十分重视对产品质量的稳定性和可靠性的考察，这使得软件开发人员和软件测试人员面临着前所未有的挑战。因此，如何保证软件质量将成为软件工程领域深入研究的课题。

毋庸置疑，优化软件开发过程和提高软件测试人员的技术水平，是保证软件质量的最佳途径，这种观念正在被更多的软件行业人士理解、接受和实施。但软件测试在国内仍处于起步阶段，各种软件测试的方法、技术和标准都还在探索阶段。可以认为，当今中国的软件测试行业处于"春秋战国"时期，百家争鸣。一方面，这给行业的创新和发展提供了营养丰富的土壤；另一方面在测试行业一派"欣欣向荣"的气象背后，也隐藏着深深的危机。软件质量和测试观点"良莠不齐"、"泥石俱下"。

在这种情况下，很多高校为了培养更多软件行业急需的软件测试人才，都已开设了软件测试课程，为了适应当前教学的需要，编者在软件测试课程实践的基础上，结合教学和科研成果，以及当前软件测试技术的最新发展动态编写了本书。

本书作为软件测试的实际应用参考书，除了力求突出基本知识和基本概念的表述外，更加注重软件测试技术的运用，在介绍很多知识点的过程中都结合直观形象的图表或实际案例进行了深入浅出的分析，从而使读者可以更好地理解和掌握软件测试技术理论知识，并迅速地运用到实际测试工作中去。

本书参考教学时数为 32～40 学时。全书包括 9 章：第 1 章讨论了软件测试的发展历史、软件测试的定义和基本原则；第 2 章介绍了软件测试过程中需要掌握的离散数学和图论基础知识；第 3、4 章结合经典案例讨论了白盒和黑盒测试技术，第 5～7 章讨论了单元测试、集成测试和系统测试相关的知识，并且以实际软件系统的测试为例讨论了具体的实施过程；第 8 章介绍了软件测试自动化，讨论了自动化测试的时机，自动化测试成本的衡量，自动化测试工具的选择和使用；第 9 章介绍了关于软件 bug 及其管理方面的知识，讨论了软件 bug 的分类、提交和管理。为了读者的方便，本书在出版社网站提供了测试案例使用的源代码、配置说明等相关资源。需要的读者可到清华大学出版社网站（www.tup.com.cn）下载。

本书在编写过程中，参阅了很多国内外同行的著作或文章，汲取了该领域最新的研究成果。在此，对这些成果的作者表示深深的感谢！

由于编者水平有限，书中难免存在一些错误和不妥之处，希望有关专家、同行和广大读者批评指正。

编著者

2015 年 1 月

CONTENTS

软件工程系列教材

目 录

第 1 章

概　　述

【本章要点】

- 软件测试的发展历史；
- 软件测试技术的分类方法；
- 软件测试原则；
- 软件测试的定义；
- 软件测试同软件开发之间的关系；
- 软件测试与开发模型；
- 软件测试工作流程。

【本章目标】

- 了解软件测试的发展历程和行业现状；
- 掌握软件测试技术的分类；
- 理解软件测试的目的和软件测试原则，以及了解人们对软件测试行业的错误认识；
- 掌握软件测试中的基本定义、基本知识；
- 理解软件开发与软件测试的关系。

1.1　软件测试的发展历程及现状

1.1.1　软件测试的发展历程

随着计算机的诞生——在软件行业发展初期就已经开始软件测试，但这一阶段还没有系统意义上的软件测试，更多的是一种类似调试的测试。测试是没有计划和方法的，测试用例的设计和选取也都是根据测试人员的经验随机进行的，大多数测试的目的是为了证明系统可以正常运行。

20 世纪 50 年代后期到 20 世纪 60 年代，各种高级语言相继诞生，测试的重点也逐步转入使用高级语言编写的软件系统中，但程序的复杂性远远超过了以前。尽管如此，由于受到硬件的制约。在计算机系统中，软件仍然处于次要位置。软件正确性的把握仍然主要依赖于编程人员的技术水平。因此,这一时期测试理论和方法的发展比较缓慢。

20 世纪 70 年代以后,随着计算机处理速度的大幅度提高,存储器容量的快速增加,软件在整个计算机系统中的地位变得越来越重要。随着软件开发技术的成熟和完善,软件的规模也越来越大,复杂度也大大增加。因此,软件的可靠性面临着前所未有的危机,给软件测试工作带来了更大的挑战,很多测试理论和测试方法应运而生,逐渐形成了一套完整的体系,培养和造就了一批批出色的测试人才。

如今在软件产业化发展的大趋势下,人们对软件质量、成本和进度的要求也越来越高,质量的控制已经不仅仅是传统意义上的软件测试。传统的软件测试大多是基于代码运行的,并且常常是在软件开发的后期才开始进行,但大量研究结果表明设计活动引入的错误占软件开发过程中出现的所有错误数量的 50%～65%。因此,越来越多的声音呼吁,软件产业化要求有一个规范的软件开发过程。而在整个软件开发过程中,测试已经不再只是基于程序代码进行的活动,而是一个基于整个软件生命周期的质量控制活动,贯穿着软件开发的各个阶段。

1.1.2   我国软件测试的现状

在我国,软件测试可能还算不上一个真正的产业,许多软件开发企业对软件测试认识淡薄,软件测试人员与软件开发人员往往比例失调,而在发达国家和地区软件测试已经成了一个产业,微软的开发工程师与测试工程师的比例是 1：2,国内一般公司是 6：1。很多人认为导致这种现状产生的原因与接受的传统教育和开发习惯有相当大的关系。软件行业相对于其他一些行业来说是相当年轻的,开发工作包含了需求管理、分析、设计、测试和部署等工作,由于软件业的历史年轻,而且一般人认为,开发周期前面的工作没有完善之前,比较难于考虑到稍后的阶段。因此,可以看到软件业大部分的精力都投入在需求管理、分析、设计三个阶段的开发,造成了这些方面软件和方法论的快速发展,而忽视了测试工作。

总之,与一些发达国家相比,国内测试工作还存在一定的差距。主要体现在测试意识以及测试理论的研究、大型测试工具软件的开发以及从业人员数量等方面。其实,这与中国整体软件的发展水平是一致的,因为我国整体的软件产业水平和软件发达国家水平相比有较大的差距,而作为软件产业重要一环的软件测试,必然有不小的差距。但是,我们在软件测试实现方面并不比国外差,国际上优秀的测试工具,我们基本都有,这些工具所体现的思想我们也有深刻的理解,很多大型系统在国内都能得到了很好的测试。

1.2   什么是软件测试

正如食品生产厂家在把产品销售给商家之前要进行合格检验一样,软件企业在把软件提交给客户之前也需要进行严格的测试。如果把所开发出来的软件看作一个企业生产出的产品,那么软件测试就相当于该企业的质量检测部分。简单地说,在编写完一段代码之后,检查其是否如自己所预期的那样运行,这个活动就可以看作是一种软件测试工作。

1.2.1 软件测试的定义

从前面的章节中,已经了解到软件测试的研究可以追溯到 20 世纪 60 年代,至今已有 50 多年的发展历史,但对于什么是软件测试,还一直未能达成共识。根据侧重点的不同,主要有以下三种观点:

- IEEE 在 1983 年将软件测试定义为"使用人工或自动手段运行或测定某个系统的过程,其目的在于检验它是否满足规定的需求或是弄清预期结果与实际结果之间的差别",该定义明确地提出了软件测试以检验是否满足需求为目标。
- Myers 则认为软件测试"是为了发现错误而执行程序的过程",明确提出了"寻找错误"是测试目的。
- 从软件质量保证的角度看,软件测试是一种重要的软件质量保证活动,其动机是通过一些经济、高效的方法,捕捉软件中的错误,从而达到保证软件内在质量的目的。

上述三种观点实际上是从不同的角度理解测试,是将测试置于不同的环境下得出的结论。事实上,在公开出版的刊物中,有多种不同的关于软件测试的定义,根据这些定义可以认为软件测试是一个在可控的环境中执行软件的过程,目的就是为了验证软件是否按照预期运行。测试过程中的活动既包括"分析"软件,也包括"运行"软件。常常把与分析软件开发中的各种产品相关的测试活动称为静态测试(static testing)。静态测试包括代码审查、走查和桌面检查。相比之下,把与运行软件有关的测试活动叫做动态测试(dynamic testing)。因此,不能简单地认为软件测试就是程序测试,只有在程序编码结束后才能够进行的工作;而是一项贯穿于整个软件开发过程的工作。测试对象既包括源程序,也包括需求规格说明、概要设计说明、详细设计说明。因此,也有人认为软件测试(software testing)就是在软件投入运行前,对软件需求分析、设计规格说明和编码的最终复审,是软件质量保证的关键步骤。测试包括寻找缺陷,但不包括跟踪漏洞及其修复。测试的重要性在于,它必须保证所开发的软件达到设计时的需求,免除由于软件自身的"缺陷"带来的"漏洞",最大限度地降低软件开发的成本。

软件测试有两个基本职责:即验证和确认。Schulmeyer 和 Mackenziee(2000)对验证和确认所做的定义是:

- 验证(verification),保证开发过程中某一具体阶段的产品与该阶段和前一阶段的需求一致。
- 确认(validation),保证最终得到的产品满足系统需求。

有时,初学者常常会混淆软件测试和调试。其实二者是不同的,表现在以下几方面:

(1)调试是一个分析和定位软件 bug 的过程。可以认为它是一种支持测试,但不能完全代替测试的活动。

(2)调试的目的是为了使软件能够正确运行,而测试的目的是为了发现软件中存在的错误。

(3)调试的对象主要是源代码,而测试的对象则是软件开发过程中各个阶段所产生的所有产品。

1.2.2 软件测试生命周期

图 1-1 给出了测试生命周期(software testing life cycle)的模型。把测试的生命周期分为几个阶段。前三个阶段就是引入程序错误阶段,也就是开发过程中的需求规格说明、设计、编码阶段,此时极易引入错误或导致开发过程中其他阶段产生错误。然后就是通过测试发现错误的阶段,这需要通过使用一些适当测试技术和方法来共同完成。后三个阶段就是清除程序错误的阶段,其主要任务就是进行缺陷分类、缺陷隔离和解决缺陷。其中在修复旧缺陷的时候很可能引进新的错误,导致原来能够正确执行的程序出现新的缺陷。

在软件测试生命周期的每个阶段都要完成一些确定的任务,在执行每个阶段的任务时,可以采用行之有效的结构分析设计技术和适当的辅助工具;在结束每个阶段的任务时都进行严格的技术审查和管理复审。最后提交最终软件配置的一个或几个成分(文档或程序)。

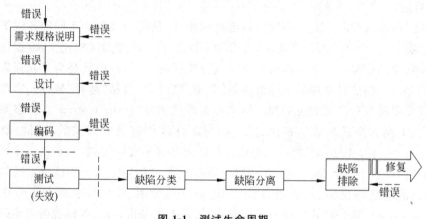

图 1-1 测试生命周期

1.2.3 软件开发与测试模型

通常情况下,测试过程包括确定要测试什么(测试范围和条件)以及产品如何被测试(制作测试用例),建立测试环境,执行测试,最后再评估测试结果,检查是否达到已完成测试的标准,并报告进展情况等活动。由此可以看出,软件测试不仅仅是执行测试,而是一个包含很多复杂活动的过程,并且这些过程应该贯穿于整个软件开发过程。如果把测试设计放在最后阶段,就会错过发现构架设计和业务逻辑设计中存在的严重问题的时机,到时候修复这些缺陷将很不方便,因为缺陷已经扩散到系统中,所以这样的错误将很难寻找和修复,并且代价更高。读者可能会问,那么如何协调软件测试与开发活动之间的关系?在软件开发的过程中,应该什么时候进行测试呢?如何更好地把软件开发和测试活动集成到一起呢?其实这也是软件测试工作人员必须要考虑的几个问题,因为只有这样才能提高软件测试工作的效率,提高软件产品的质量,最大限度地降低软件开发与测试的成本,减少重复劳动。下面将介绍几种典型的软件开发与测试模型,这些模型在不同程度上回答了前面所提出的问题。

1. 软件开发与测试 V 模型

V 模型如图 1-2 所示。

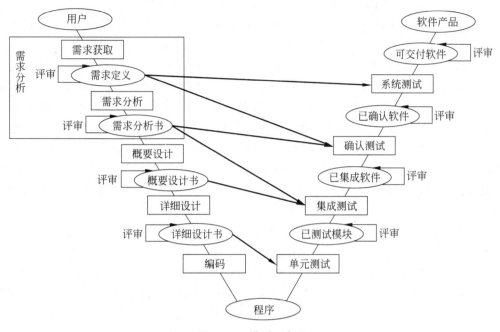

图 1-2　V 模型示意图

　　事实上,在传统开发过程中,仅仅把测试过程作为在需求分析、概要设计、详细设计及编码之后的一个阶段。如在瀑布模型中,认为测试只是在很多重要开发活动完成后的收尾工作,而不是主要的过程。V 模型对此进行了改进,不再把测试看作是一个事后弥补行为,而是一个同开发过程同样重要的过程。该模型最早由已故的 Paul Rook 在 20 世纪 80 年代后期提出,在英国国家计算中心文献中发布,在欧洲尤其是英国被普遍接受,并把它当作瀑布模型的替代品。

　　如图 1-2 所示的 V 模型描述了一些不同的测试级别,并说明了这些级别所对应的生命周期中不同的阶段。其中,左边下降的部分是开发过程各阶段,与此相对应的是右边上升的部分是测试过程的各个阶段。读者要注意,在不同的组织中对测试阶段的命名可能有所不同。在模型图中的开发阶段一侧,先从定义业务需求开始,然后要把这些需求不断地转换到概要设计和详细设计中,最后开发程序代码。在测试执行阶段一侧,执行先从单元测试开始,然后是集成测试、确认测试和系统测试。

　　V 模型的价值主要在于它非常明确地标明了测试过程中存在的不同级别,并且清楚地描述了这些测试阶段和开发过程期间的对应关系:

- 单元测试的主要目的是根据详细设计说明书来验证和确认每个单元模块是否符合预期的要求,发现编码过程中可能存在的各种错误。
- 集成测试主要目的是根据概要设计来验证和确认各个模块是否已正确集成到一起,主要是检查各单元与其他模块之间的接口上可能存在的错误。

- 确认测试主要目的是根据需求分析来验证和确认软件是否符合用户的预期要求。
- 系统测试主要目的是根据需求定义，验证和确认系统作为一个整体是否能够正常有效地运行，例如，判断系统是否达到了用户预期的性能。

在不同的开发阶段，所引入的缺陷和错误类型不同，因此需要使用不同的测试技术和方法来发现这些缺陷。在后面的章节中将对此作具体的介绍。

根据 V 模型的要求，一旦有文档提供，就要及时确定测试条件，编写测试用例，这些工作对每个级别的测试都有意义；当需求提交之后，就需要针对这些需求确定更高级别的测试用例；当概要设计编写完成后，就需要确定测试条件来查找该阶段的设计缺陷。因此如果能尽早提交测试文档，就可以有更多的检查和审阅时间，使测试者可以在项目中能尽早发现规格说明书中存在的问题。这些都说明测试的目的不仅仅是为了评定软件，更重要的是能够尽可能早地找出缺陷所在，从而达到改进项目质量的目的。参与前期工作的测试者可以预先估计可能存在的问题和测试执行的难度，大大减少总体测试时间，提高项目进度。

V 模型常被错误地认为要求开发和测试保持一种线性的前后关系，需要有严格的指令表示上一阶段完全结束，才可正式开始下一个阶段，这样就无法支持迭代、自发性以及变更调整，情况其实并不是这样的。各种模型只是简单地提醒我们，有必要定义一些必须要做什么（需求）——What，然后描述如何做（设计）——How，最后花很多力气来实现（编码）——Do。V 模型所做的是强调每一个开发级别都有一个与之相关联的测试级别，并且建议测试应该在各级别之前进行设计。各模型并没有规定工作量大小，有经验的开发人员通常能够将项目分解为可操作的小阶段，例如在迭代式开发中整个项目被分解为很多小片段，并且忽略各片段的实际大小。此时，模型的 what-how-do 顺序对于按时交付就具有重要意义，而且对于保证每一个阶段目标的实现也非常重要。

V 模型适用于所有类型的开发过程，但并不一定适用于开发和测试过程的所有方面。不管是 GUI 还是批处理、大型机还是 Web、Java 还是 Cobol，都需要单元测试、集成测试、系统测试和验收测试。但是，V 模型本身并不会告诉你如何定义单元测试或集成测试的内容、如何才能使测试工作顺利进行、如何进行具体的测试设计，以及该输入什么样的数据，输出的结果是什么样才正确。

还有一些测试者认为："是否使用 V 模型要根据项目本身来定。有些项目需要应用V 模型，而有些项目不需要。那么，可以只在需要 V 模型的项目中采用。"在实际工作中，这样的做法是不对的，应该尽可能地去应用模型中对项目有实用价值的方面，但不要为了使用模型而使用模型，否则便失去了使用模型的实际意义。

正因为 V 模型还存在一些不够完善的地方，随着软件测试技术的不断发展，由 V 模型演化出很多种软件开发与测试模型，下面以图例的形式把另外几种比较典型的模型介绍给大家，这几种测试模型都不同程度地改进了 V 模型的不足之处。

2. 软件开发与测试 W 模型

由于原始问题的复杂性、软件的复杂性和抽象性、软件开发各个阶段工作的多样性以及各种层次人员之间工作的配合关系等因素，使得开发的每一个环节都可能产生错误。如果坚持各个阶段的技术评审，就能够尽早发现和预防错误。图 1-3 为软件开发与测试的 W 模型,形象地说明了软件测试与开发的这种同步性。

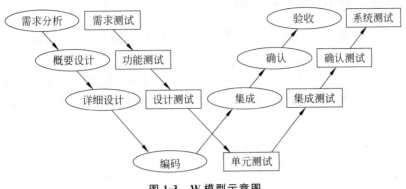

图 1-3　W 模型示意图

与 V 模型相比,在 W 模型中很容易就能够看出测试伴随着整个软件开发周期,测试的对象不仅仅是程序还包括需求和设计。应用该模型的优点在于,每个软件开发活动结束后就可以执行相应的测试,如在需求分析结束后,就可以进行需求分析测试。

3. 软件开发与测试 H 模型

与前两种模型相比,H 模型充分地体现了测试过程,演示了在整个生产周期中,某个(测试)层次上的一次测试"微循环"(可以看作是一个流程在时间上的最小构成单位)。图 1-4 中的"其他流程"可以是任意开发流程,例如设计流程和编码流程,也可以是其他非开发的流程,例如 SQA 流程,甚至是测试流程自身。向上的双线箭头表示在某个时间点,由于"其他流程"的进展而(由于先后关系)引发或者(由于因果关系)触发了测试就绪点,这个时候,只要测试准备活动完成,测试执行活动就可以进行了。

如图 1-4 所示的 H 模型揭示了:

(1) 软件测试不仅仅指测试的执行,还包括很多其他活动。

(2) 软件测试是一个独立的流程,贯穿产品的整个开发周期,与其他流程并发进行。

(3) 软件测试要尽早准备,尽早执行。

(4) 软件测试根据被测物的不同是分层次的,不同层次的测试活动可以是按照某个次序先后进行的,但也可能是反复的。

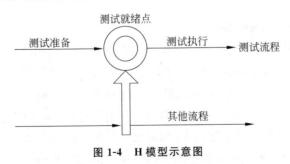

图 1-4　H 模型示意图

1.2.4　与软件测试相关的术语

在软件测试发展的过程中，还有一些大量相关的测试术语。很多读者，尤其是初学者在阅读软件测试相关文献时，常常会因含混不清的测试术语而难以理清头绪。为了使读者能够更好地理解软件测试，本书采用电子电气工程师协会所制定的标准，下面对一些常见的测试术语进行简单介绍，读者如想了解更多的软件测试术语可以参考附录 A。

1．错误（error）

程序员在编写代码时会出错，人们把这种错误称为 bug。随着开发过程的进行，错误会不断放大。例如，需求错误在设计期间会放大，在编写代码时还会进一步放大。

2．缺陷（default）

缺陷是错误的结果，更精确地说是错误的表现。缺陷可以分为过错缺陷和遗漏缺陷。如果某些信息的表现方式不正确，就称为过错缺陷；如果没有输入正确信息，就是遗漏缺陷。在这两种缺陷中遗漏缺陷更难检测和解决，但通过评审常常可以找出遗漏缺陷。

3．失效（failure）

在缺陷运行时，常常会发生失效的情况。一种是过错缺陷对应的失效；一种是遗漏缺陷对应的失效。在这两种失效类型中，遗漏失效是最难处理的，主要依赖有效的评审，发现遗漏缺陷来避免遗漏失效的产生。

4．测试（test）

测试是一项采用测试用例执行软件的活动，在这项活动中某个系统或组成的部分将在特定的条件下运行，然后要观察并记录结果，以便对系统或组成部分进行评价。测试活动有两个目标：即找出失效、显示软件执行正确。测试可能会由一个或多个测试用例组成。

5．测试用例（test case）

测试用例是为特定的目的而设计的一组测试输入、执行条件和预期的结果。测试用例是执行的最小实体。

6．回归测试（regression testing）

回归测试的目的是为了测试由于修正缺陷而更新的应用程序，以确保彻底修正了上一个版本的缺陷，并且没有引入新的软件缺陷。回归测试可以采用手工测试或自动测试来执行原来所报告的缺陷步骤和方法，检验软件缺陷是否被修正。回归测试又可分为：完全回归测试和部分回归测试。完全回归测试是把所有修正的缺陷进行验证。但由于测试时间紧张，需要验证的缺陷数量巨大，则可以进行部分回归测试。

那么该如何使用二者呢？人们把测试用例按照测试优先级进行部分回归测试，将严重性高的缺陷进行回归测试。

1.3 软件测试技术分类

从不同的角度,可以把软件测试技术分成不同种类。

1. 从是否需要执行被测软件的角度可分为静态测试(static testing)和动态测试(dynamic testing)

那些不利用计算运行被测程序,而是通过其他手段达到测试目的的方法称作静态测试。换句话说,就是计算机并不真正运行被测试的程序,如在项目开发中存在着大量的规格说明,而规格说明是无法用计算机来运行的,所以对于这些软件的规格说明的测试就属于静态测试。除此之外,使用分析方法来进行的一些测试,如对软件设计、体系结构和代码的审查也是静态测试。但这并不是说,静态测试完全脱离了计算机。实质上,静态测试有时候会利用计算机作为对被测试程序进行特性分析的工具进行特性分析,只是不真正运行被测试程序。静态测试的方法主要有代码检查和走查,以及桌面检查和同行评分。其中,代码检查与走查是两种主要的人工测试方法,都要求组成一个小组来阅读或直观检查特定的程序。无论采用哪种方法,参加者都需要完成一些准备工作。所谓的准备工作就是组织参加者召开会议,会议的目标就是找出错误,但不必找出改正错误的方法。

代码检查与走查已经广泛运用了很长时间。在代码走查中,一组开发人员(3~4 人为最佳)对代码进行审核,参加者当中只有一人是程序编写者。也就是说,这项工作应该主要是由其他人,而不是由软件编写者本人单独来完成。这种做法符合软件测试的原则,即软件编写者往往不能有效地测试自己编写的软件。

代码检查与走查是对以前的桌面检查过程(在提交测试前由程序员阅读自己程序的过程)的改进。二者相比,代码检查与走查更为有效,因为在该项工作的实施过程中,除了软件编写者本人之外,还有其他人参与。

代码走查的另一个优点在于,一旦发现错误,通常就能在代码中对其进行精确定位,降低了调试(错误修正)的成本。另外,这个过程通常能够发现成批的错误,这样错误就可以一同得到修正。而基于计算机的测试通常只能暴露出错误的某种特征(程序不能停止,或打印出了一个无意义的结果),只能一个一个地发现并纠正错误。

在典型的程序中,这些方法通常会有效地查找出 30%~70% 的逻辑设计和编码错误。但是,这些方法不能有效地查找出高层次的设计错误,例如在软件需求分析阶段的错误。请注意,所谓 30%~70% 的错误发现率,并不是说所有错误中多达 70% 可能会被找出来,而是讲这些方法在测试过程结束时可以有效地查找出多达 70% 的已知错误。

当然,可能有人认为人工方法只能发现"简单"的错误(即与基于计算机的测试方法相比,所发现的问题显得微不足道),而困难的、不明显的或微妙的错误只能使用基于计算机的测试方法才能找到。然而,一些测试人员在使用了人工方法之后发现,对于某些特定类型的错误,人工方法比基于计算机的方法更有效,而对于其他错误类型,基于计算机的方法更有效。这就意味着,代码检查和走查与基于计算机的测试是互补的。只有把二者相互结合起来使用才能提高错误检查的效率。

这些测试过程不但对于新开发的程序测试工作有着不可估量的作用，而且对于测试更改后的程序，也具有相同的作用，甚至更大。根据经验，修改一个现存的程序比编写一个新程序更容易产生错误（以每写一行代码的错误数量计）。因此，除了回归测试方法之外，更改后的程序还要进行这些人工方法的测试。

下面对这几种静态测试分别加以介绍。

1）代码检查

所谓代码检查，是以组为单位阅读代码，它是一系列规程和错误检查技术的集合。对代码检查的大多数讨论都集中在规程、所要填写的表格等。这里对整个规程进行简短的概述，之后将重点讨论实际的错误检查技术。

一个代码检查小组通常由四人组成，其中一人发挥着协调作用。应该挑选一个负责的程序员作为协调人员（但不能安排该程序的编码人员）。主要负责如下几项工作：

（1）为代码检查分发材料、安排进程。

（2）在代码检查中起主导作用。

（3）记录发现的所有错误。

（4）确保所有错误能够及时得到改正。

小组中的第二个主要成员就是该程序的编码人员，其他成员通常是不同于编码人员的程序设计人员以及一名测试专家。

在代码检查之前，协调人员要将程序清单和设计规范分发给其他成员。小组所有成员应在检查之前熟悉这些材料。在进行代码检查和走查时，主要应该进行下面两项活动：

（1）程序编码人员逐条语句讲述程序的逻辑结构。在这个过程当中，其他成员可以提出问题、判断是否存在错误。

（2）对照历来常见的编码错误列表分析程序。

协调人负责确保检查会议的讨论高效地进行、每个参与者应该把注意力集中在查找错误而不是修正错误上（错误的修正由程序员在检查会议之后完成）。

会议结束之后，把所发现的错误清单交给程序员。如果错误太多，或者程序要做很大的改动才能修改某个错误，那么协调人员就应该在所有错误修正完毕后，再安排一次对程序进行检查的会议。另外，要对程序错误清单进行分析、归纳、提炼一些错误列表，从而达到提高以后代码检查的效率。

如上所述，代码检查过程主要将注意力集中在发现错误上，而不是纠正错误上。然而，当检查出某个小问题之后，小组成员可能会建议（包括负责该代码的程序员本人）对设计进行修补以解决这个特例。在这种情况下就可能会将整个小组的注意力集中在设计的某个部分。在探讨修补设计的最佳方法时，还有可能有人会注意到另外一些问题。既然小组已经发现了设计中同一部分的两个相关问题，那么每隔几段代码就可能需要注释。几分钟之内，整个设计就被彻底检查完，任何问题都会一目了然。

应该选择一个避免受外部干扰的时间和地点进行代码检查。由于开会是一项繁重的脑力劳动，会议时间越长效率越低，大多数的代码检查可以按照每小时大约阅读 150 行代码的速度进行，理想的会议时间应设在 90～120 分钟之间。对大型软件项目，应同时安排多个代码检查会议，每个代码检查会议处理一个或几个模块或子程序。

如果程序员将代码检查视为对其人格的攻击,采取了防范的态度,那么就会降低检查过程的有效性。正因如此,很多人建议把代码检查的结果限制在参与者范围内部,进行保密。以便程序员能够怀着自我本位的态度来对待检查过程,对整个过程采取积极和建设性的态度。

代码检查工作除了可以发现软件错误之外,还有其他几个作用,如程序员可以得到编程风格、算法选择及编程技术等方面的反馈信息;其他参与者也可以通过接触其他程序员的编程风格和所发现的软件错误而同样受益匪浅。

2)代码走查

代码走查与代码检查很相似,都是以小组为单位进行代码阅读,是一系列规程和错误检查技术的集合。代码走查的过程与代码检查大体相同,代码走查也是采用持续一至两个小时的不间断会议的形式。但是规程稍微有所不同,采用的错误检查技术也不一样。

代码走查小组由 3~5 人组成,其中一个人扮演类似代码检查过程中"协调人员"的角色,一个人担任秘书(负责记录所有查出的错误),还有一个人担任测试人员。建议在代码走查小组中最好包括如下几个人员:

(1)一位经验丰富的程序员;

(2)一位程序设计语言专家;

(3)一位初级程序员(可以给出新颖、不带偏见的观点);

(4)将要负责程序维护的人员;

(5)一位其他项目的人员;

(6)一位来自该软件编程小组的程序员。

与代码检查相同,在走查会议之前也要把材料交给参与者。然而走查会议的规程则不相同,不仅仅要阅读程序或使用错误检查列表,还要求测试人员准备一些书面测试用例(程序或模块具有代表性的输入集及预期的输出集)。在会议期间,要使用事先设计好的测试数据沿程序的逻辑结构走一遍,并随时记录程序运行的状态(如变量的值)以供监视。同计算机相比,人工执行程序的速度要慢上若干数量级,因此只要求准备一些简单的、有代表性的、少量的测试用例。这些测试用例的作用主要就是提供了启动代码走查和证明程序员逻辑思路是否正确的手段。实际上,在代码走查过程中,很多问题都是在向程序员提问的过程中发现的。

与代码检查相同,代码走查参与者不要针对程序员而应针对程序本身提出建议。不要把软件中存在的错误看作是衡量程序员水平高低的尺度,而应该把这些错误看作是软件开发过程中难以避免的。

同样,代码走查也可以发现易出错的程序区域,通过接触这些软件错误、编程风格和方法获得一些经验性的知识。

3)桌面检查

第三种人工查找错误的方法就是桌面检查。可以把桌面检查看作是由单个人进行的代码检查或代码走查,即一个人阅读程序,对照错误列表检查程序,使用测试数据对程序进行推演。

对于大多数人而言,桌面检查的效率是相当低的。其中的一个原因就是这个过程本身不受任何约束。另外一个重要的原因就是程序员常常不能有效地测试自己编写的程序。因此最好由其他人而非该程序的编写人员进行桌面检查(例如可以让程序员之间相互交换各自编写的程序,避免自己对自己编写的程序进行桌面检查)。但是使用桌面检查的方法进行测试所得到的效果无法同代码走查或代码检查相比。代码检查和代码走查小组由多人组成,能够产生相互促进的效应。如果小组会议能够营造一种良性竞争的气氛,那么工作人员就能够乐于通过发现问题来展示自己的能力。而在桌面检查中,是无法做到这一点的。简而言之,桌面检查胜过没有检查,但测试效果远远不能同代码检查和代码走查的方法相比。

4) 同行评分

虽然这种人工评审方法的目的是为了给程序员提供一个自我评价的手段,与程序测试并无关系(其目标不是为了发现错误)。但是因为它与代码阅读的思想有关,是一种依据程序整体质量、可维护性、可扩展性、易用性和清晰性对匿名程序进行评价的技术。因此,有必要对其进行简单的了解。

大致过程如下:首先挑选一位程序员担任评分过程的管理员,管理员再挑选出大约 6~20 名具备相似背景的参与者(例如,不能把 Java 应用程序员与汇编语言系统程序员编为一组)。每个参与者都提供两个由自己编写的程序以供评审,其中的一个程序是能代表参与者自身能力的最好作品,而另一个就是参与者认为质量较差的作品。

把所有程序都收集起来之后,给每个参与者随机分发 4 个程序。参与者评选出两个"最好"的,两个相对"较差"的程序,并且要记录评审一个程序所花费的时间,填写评价表。并且在评审结束后,参与者要使用一定的分值(如 1~7 分)对程序的相对质量进行分级,一般通过以下几个方面来打分,如:

(1) 程序是否易于理解?

(2) 高层次的设计是否可见且合理?

(3) 低层次的设计是否可见且合理?

(4) 修改此程序对评审者而言是否容易?

(5) 评审者是否会以编写出该程序而骄傲?

评审结束之后,参与者会收到两份自己所提交的程序的匿名评价表,此外还会收到一个统计总结,显示程序的整体和具体的打分情况,以及参与者对其他程序的评价与其他评审人对同一程序打分情况的比较分析。因此,同行评分的目的就是让程序员对自身的编程技术进行一个客观的自我评价。该过程适用于企业开发和课堂教学环境。

在以上几种静态测试活动中,通常需要完成以下工作:

① 检查算法的逻辑正确性,确定算法是否实现了所要求的功能;是否存在循环嵌套条件错误,死循环等。

② 检查模块接口的正确性,例如形参是否与实参相匹配,二者的数量是否一致,顺序是否相同,返回值及其类型是否正确。

③ 检查变量是否合法,如果没有合法性检查,则应该确定该参数是否不需要合法性检查,否则应加上参数的合法性检查;以及是否存在变量定义错误或没有定义。

④ 检查调用其他模块的接口是否正确,检查实参类型、个数是否正确,返回值是否正

确；若被调用模块出现异常或错误，程序是否有适当的出错处理。

⑤ 检查是否设置了适当的出错处理，以便在程序出错的时候，能对出错部分进行重做安排，保证其逻辑的正确性。

⑥ 检查表达式、语句是否正确，是否存在二义性；是否存在遗漏标号或代码拼写错误。

⑦ 检查程序风格的一致性、规范性、代码是否符合行业规范，是否所有模块的代码风格一致、规范；在程序中是否存在一些书写错误、简单的逻辑错误和简单的概念性错误。例如，用错局部变量和全局变量等。

⑧ 检查代码是否可以优化，算法效率是否最高。

⑨ 检查代码注释是否完整，是否正确反映了代码的功能，并查找错误的注释。

当然，还可以根据软件开发所使用的语言特点，有针对性地进行静态测试。虽然使用人工静态测试可以发现大约 1/3 至 2/3 的逻辑设计和编码错误。但代码中仍会隐藏无法通过静态测试发现的缺陷，因此除了静态测试方法外，还必须通过动态测试进行详细分析。动态测试与静态测试相反。动态测试的对象必须是能够由计算机真正运行的被测试的程序。通过输入测试用例，并对实际输出结果和预期输出结果进行对比分析，找出被测试的程序中的疏漏，然后进行错误定位和纠错处理，最终达到测试的目的。下面将要介绍的黑盒测试和白盒测试就属于动态测试。

2. 从软件测试用例设计方法的角度可分为黑盒测试（black-box testing）**和白盒测试**（white-box testing）

黑盒测试是一种从用户观点出发的测试，又称为功能测试、数据驱动测试和基于规格说明的测试。使用这种方法进行测试时，把被测试程序当作一个黑盒，忽略程序内部结构的内部特性、测试者在只知道该程序输入和输出之间的关系或程序功能的情况下，依靠能够反映这一关系和程序功能需求规格的说明书，来确定测试用例和推断测试结果的正确性。简单地说，若测试用例的设计是基于产品的功能，目的是检查程序各个功能是否实现，并检查其中的功能错误，则这种测试方法称为黑盒测试方法。

白盒测试基于产品的内部结构进行测试，检查内部操作是否按规定执行，软件各个部分功能是否得到充分使用。白盒测试又称为结构测试、逻辑驱动测试或基于程序的测试。它依赖于对程序细节的严密的检验，针对特定条件和循环设计测试用例，对软件的逻辑路径进行测试。在程序的不同点检验程序的状态，进行判定其实际情况是否和预期的状态相一致。白盒测试一般用来分析程序的内部。

黑盒测试和白盒测试可以说是两种对立的测试方法，分别从不同的角度来考虑软件测试。关于黑盒测试与白盒测试的具体内容，将在第 2 章详细介绍。

3. 按照软件测试的策略和过程可分为单元测试（unit testing）**、集成测试**（integration testing）**、确认测试**（validation testing）**、系统测试**（system testing）**和验收测试**（verification testing）

单元测试是针对每个单元的测试，是软件测试的最小单位。它确保每个模块能正常工作。单元测试多数使用白盒测试，用以发现内部错误。具体内容将在第 3 章讨论。

　　集成测试是对已测试过的模块进行组装，进行集成测试的目的主要在于检验与软件设计相关的程序结构问题。集成测试一般通过黑盒测试方法来完成。确认测试是完成集成测试后开始的，它对开发工作初期制定的确认准则进行检验。具体内容将在第 4 章讨论。

　　确认测试是检验所开发的软件能否满足所有功能和性能需求的最后手段，通常采用黑盒测试方法。

　　系统测试的主要任务是检测被测软件与系统其他部分的协调性，如能否适应硬件环境、数据库环境。具体内容将在第 5 章讨论。

　　验收测试是软件产品质量的最后一关。这一环节，测试主要从用户的角度着手，其参与者主要是用户和少量的程序开发人员。

1.4　软件测试的目的

　　测试人员在作测试工作之前必须首先明确测试目的，才能够更好地完成测试工作。很多人认为软件测试的目的是验证程序，那么这种说法对吗？显然是错误的。

　　前面讲过不可能对任何较大的程序进行完全测试，那么在没测试到的数十种或数十亿种情况里就可能隐藏着错误，因此不能证明程序运行不会出现任何差错。

　　研究表明，发现并纠正程序中错误的费用占整个开发费用的 $40\%\sim80\%$。因此，软件公司投入大量的资金不仅仅是为了"验证程序正确运行"，而是因为程序无法正确运行，要找出软件中存在的大量缺陷。但是无论采用哪一种开发方法，软件开发完成时都会遗留还没有发现的缺陷。那么，程序中到底能有多少缺陷呢？Belier(1990)在其评论中估计：在交付测试的程序中，每 100 条可执行语句的平均错误数量是 $1\sim3$ 个。不同编程人员之间的差别很大，但无人能避免错误。

　　对公开缺陷的估计是每 100 条语句有 1 个，而个体缺陷则在编程人员声明已经"零缺陷"时依然存在于程序中。Belier(1984)报告了他的个体缺陷率（在设计和编码时所犯的错误数量）为每条可执行语句中 1.5 个。这包含了所有的错误，包括录入错误。如果使用的编程语言允许每行一条可执行语句，照上述比率，每写 100 行代码就会产生 150 处错误。

　　在程序交付测试前，大多数的编程人员都能找出和纠正超过 99% 的错误。由于找出了这么多错误，就不要奇怪他们认为已经发现足够多的错误了。但是，事实上他们还没有发现足够多的错误。你的工作是找出那剩下的 1%。

　　按照上述的说法，可以认为如果测试人员不能验证程序能够正确工作，那么测试就是失败的。当测试人员发现程序中有很多缺陷时，他所做的工作究竟是好还是坏呢？显然，把验证程序能否正确运行作为测试目的是不正确的。

　　尽管如此，但还是经常能看到项目经理们斥责测试人员，因为在项目进度滞后的情况下他们仍然还能够不断地找出程序中的错误。甚至有的开发人员会认为"测试人员对程序太过严格了。他们不应该是为了发现错误而工作，而应该去证明程序一切 OK，这样软件就可以发布了。"

我们千万不能被这种思想吓倒,要树立这样一个信念,即测试的目的就是为了在软件发布之前发现软件缺陷,从而提高软件质量。事实上,也只有这样软件开发商才能在激烈的市场竞争中立于不败之地。测试人员如果认为测试工作就是要找出问题,就会更加卖力地寻找问题(Myers,1979)。在心理学研究中有个经典的发现:人总是容易看到自己想看的东西。例如,校对工作总是很难做的,因为你总是想看到拼写正确的单词,所以大脑就会自动地更正拼写错误的单词。

如果找到缺陷能够得到表彰或奖赏,测试人员也许能够找到更多的缺陷,甚至会有一些"误报"。相反如果测试人员为了避免开发人员抱怨其发现的问题,或为了避免因为"误报"而受到惩罚的情况发生,总是希望程序能正确运行,这将会漏掉软件中存在的许多真正问题。还有研究发现,即使是训练有素的、认真的、聪明的实验人员也会无意识地偏爱自己所做的测试,避免做那些可能会给自己的理论带来麻烦的实验、错误分析和错误解释等,甚至会忽视那些证明自己观点错误的实验结论(Rosenthal,1966)。

如果测试人员能认识到测试的任务就是证明程序并不那么好,一定能将工作做得更棒。因此建议测试员对程序采取破坏性的态度,想办法让它出问题,集中精力去寻找那些证明其错误的测试用例。虽然这种态度有点苛刻,但这是十分必要的。因为测试一个程序的目的就是为了发现它的问题,发现的问题越多越严重越好。如果由于时间不充足,无法运行完所有测试用例,那么有效地利用可用的时间就显得相当重要。能够暴露问题的测试是成功的,不能暴露问题的测试就是浪费时间。Myers(1979)做了一个比喻,假设你病了,去看医生,他应该给你做检查,找哪里有病,然后推荐治疗措施,但他不停地检查啊检查,检查到最后他什么问题也没发现。那么他究竟是一个很棒的检查人员还是一个不称职的大夫呢? 如果你真的有病,他就是不称职的。之前所做的检查纯粹是浪费时间、金钱和精力。对于软件而言,你就是那个大夫,程序就是那个(的确)有病的患者。

总之,测试真正的作用是使我们通过对软件错误的原因和分布进行归纳,来发现并排除当前软件产品的缺陷,对在需求和设计过程中存在的问题查缺补漏,从而确保软件产品的质量。虽然在测试时,对程序采取的是破坏性的态度,但从长远的角度来看,这种工作是具有建设性意义的。发现缺陷、修改缺陷的过程会使软件变得更为强壮。现在也有人认为对软件进行测试不只是发现错误,也是评定软件质量的过程。如果某个软件经过了多次测试都没有发现错误,那么必须慎重考虑这项测试计划。

G. Myers 给出了关于测试的一些规则,也可以把这些规则看作是测试的目标:

(1) 软件测试是为了发现错误而执行程序的过程。

(2) 测试是为了证明程序有错,而不是证明程序无错。

(3) 一个好的测试用例在于他能发现至今未发现的错误。

(4) 一个成功的测试是发现了至今未发现的错误的测试。

这里要强调的一点是,软件测试不只是软件测试人员的工作,也是软件开发人员和软件使用者的工作。在一个完整软件测试过程中,需要软件测试者和软件开发人员以及用户之间能够不断地交流,因为软件中存在的错误,大多数都是因为开发人员对系统需求不了解或者错误理解了设计意图而产生的。当然也有一部分错误是开发人员在编写代码的时候产生。解决这些问题,一方面需要加强交流;另一方面,也需要使用标准化的建模语言等手段来明确表达系统的设计意图。

1.5 软件测试的原则

1.5.1 尽早地和不断地进行软件测试

各种统计数据显示,软件开发过程中发现缺陷的时间越晚,修复它所花费的成本就越大。因此在需求分析阶段就应该有测试的介入。因为软件测试的对象不仅仅是程序编码,应该对软件开发过程中产生的所有产品都进行测试。这就像造桥梁一样,在图纸上面设计好桥梁的结构之后,只有对图纸进行仔细的审查后,才能进行施工一样。

IBM 的研究结果还表明,缺陷存在放大趋势。例如,在需求阶段漏过的一个错误,可能会因此引起 n 个设计错误。一般而言,不同阶段 n 值不同。经验表明从概要设计到详细设计的错误放大系数大约为 1.5,从相似设计到编码阶段的错误放大系数大约为 3。图 1-5 表示了缺陷放大模型的大致状况。

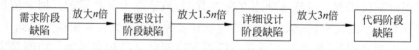

图 1-5 缺陷放大模型

由此可见,问题发现越早,解决问题的代价就越小,这是软件开发过程中的黄金法则。

那么,为什么需要我们持续不断地对软件进行测试呢? 持续不断地测试使得测试形成反复的、递增的,每次增量完成以后部分测试进入回归测试形式,下一次测试的开始覆盖前几次测试的范围,这样逐渐加大测试的覆盖面。每次的测试区间可以使用各种测试行为和测试方法,并可根据投资量的多少自由组合。总之,不断地测试是从测试的完整性角度出发,可以避免测试过程中的疏漏。

1.5.2 不可能完全的测试

人们普遍存在着一种观念,认为可以对程序进行完全的测试。

- 许多管理者认为存在完全测试的可能性,因此要求员工这样做,并在彼此间确认正在这样做。
- 某些软件测试公司在产品销售说明中保证他们能对软件进行完全测试。
- 有时,测试覆盖率分析人员为了推销自己,也宣称自己能够分析是否已经对代码进行了完全测试;或者能够指出下一步还需要做什么测试就能够进行完全的测试。
- 许多销售人员向客户强调他们的软件产品经过了完全的测试,彻底没有错误。
- 一些测试人员也相信存在着完全测试的秘诀。甚至为实现这种想法而吃尽了苦头,忍受了数次失败和挫折,因为无论工作多么辛苦、计划多么周密、投入的时间多长、人力和物力资源多大,仍然无法做到充分的测试,仍然会遗漏缺陷。

对一个程序进行完全测试就意味着在测试结束之后,再也不会发现其他的软件错误了。

其实,这是不可能的,充其量是测试人员的一种美好的愿望而已。主要原因有以下几点:

1. 不可能测试程序对所有可能输入的响应

假设要测试一个完成两数相加的小程序。下面就来探讨为什么即使是这样的简单程序,测试输入的数量也是相当大的?

1) 要对所有有效的输入进行测试

大多数的加法程序都能接受 8 位或 10 位数,甚至更多,怎么对所有可能的输入都进行测试呢?

2) 要对所有无效的输入进行测试

也就是说要测试能从键盘上输入的所有东西,包括字母、控制字符、数字与字母的组合、过长的数、问号等。只要能敲得出来,就要检查程序怎么反应。

3) 对所有编辑过的输入进行测试

如果程序允许对数据进行编辑(改动),为了确保编辑操作一直能够正常进行,就要将每一个数、字母或别的任何东西,修改成其他任何数(或任何东西)的情况进行测试。接着,检验重复的编辑操作,即输入数据、改动、再改动。显然这样的重复操作可以无限循环进行,在这个过程中就有可能发生下面这样的情况:

当某个人坐在一台智能终端前工作时,因故被打断。于是心不在焉地敲键盘,单击一个数字键,然后单击 Backspace 键,再次单击数字键和 Backspace 键,重复多次。终端有所反应,消除了屏幕上显示的数字,但同时也将数据存储到它的输入缓冲区。当那个人最后继续工作时,输入个数字。然后按回车键,终端把所有的输入都发送到主机,包括所有的数字、Backspace 键以及最后的输入。主机没想到终端会一次送来这么多的输入,于是它的输入缓冲区溢出,系统崩溃。

这是个真实的缺陷,很多系统都会突然出现类似这样的问题。它由某些未曾预料的输入事件所引发。你得永远对输入编辑测试下去,才能够确保所测试的系统中不会存在类似的问题。显然,这是无法做到的。

4) 对所有输入时机的变化情况进行测试

也就是说,要对在任意时间点上往程序中输入数据时产生的效果进行测试,而不是等到计算机显示出问号并开始闪动光标后才输入数据,要在它正显示其他东西、正在进行加法运算或正在显示信息或其他非常繁忙的时候输入数据,看它能否正确处理。在很多系统中,按下一个键,或按下一个特殊的键(如 Enter 键)都会产生中断。这些中断告诉计算机应停下目前的工作去读取输入序列。在读取新的输入之后,计算机能够在其中断的地方恢复工作。用户可以在任意时刻中断计算机(只是按一下键),即在程序中的任何位置中断计算机。为了充分测试程序在未预料的时间点响应输入是否正常,最好在每一行代码处中断它的运行,甚至有时在同一行的多个位置中断。

因为要完全地测试一个程序,就必须测试其对有效输入和无效输入的所有组合的反应。另外,必须在每一个能输入数据的时间点以及程序在该时间点上的所有状态下测试这些输入组合。所以说这些几乎都是不可能的。

既然可能的测试太多了,无法全部执行到,因此也没必要这样做。在测试过程中可以对四类输入(有效输入、无效输入、编辑过的输入和不同时间的输入)中的一种或几种输入进行测试就可以了。但应该认识到,只要有任何一个输入值没有测试,就不是"完全测试"。

2.不可能测试到程序每一条可能的执行路径

程序路径可以通过在代码中从程序开始到程序结束进行跟踪。程序执行了不同的语句或以不同的顺序执行相同的语句,两条路径是不一样的。为了说明这个问题,下面举个极其简单的例子。首先请读者观察图 1-6,这是一块程序片段的数据流图,首先计算一下这样的一块程序片段有多少独立的测试路径

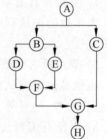

(1) 第一条独立测试路径为 A+B+D+F+G+H;

(2) 第二条独立测试路径为 A+B+E+F+G+H;

(3) 第三条独立测试路径为 A+C+G+H。

图 1-6 部分程序流图

这只是一个小小的片段代码,而且这个代码并不复杂。但是当面对一个复杂而庞大的项目编码的时候,不难想象将会存在着大量的独立测试路径。这意味着,在测试过程中会出现大量的输入,大量的输出结果,大量的软件实现路径和软件事项没有客观标准,从不同的角度看软件缺陷的标准不同,但是只能进行有限数量路径测试。

Myers 已经证明,即使简单的程序,其路径的数量也是很庞大的。他在 1979 年描述了一个只包含一个 loop 循环和一些 IF 语句的简单程序。可以使用不同的语言将其写成 20 行左右的代码。但是,这个程序有着 100 万亿条路径,一个有经验的优秀测试人员需要十亿年才能全部测试完。当然,这些简单的程序都是经过特殊"处理"的,专门设计成包含大量路径以证明他的理论。尽管如此,如果只有 20 行却具有 100 万亿条路径的程序都能写出来,那么一个 5000 行的文本编辑器、一个 20 000 行的基本电子制表软件或一个 400 000 行的桌面排版程序中又会有多少执行路径呢?

当测试输入数据时,有一点很重要,那就是要意识到你不可能完全地测试一个程序,除非执行过每一条路径。假如认为可以安全地跳过某些路径,那么可以找出潜藏在这些路径中的问题。

另外,还应该注意到,如果没有程序清单,就不能进行严格意义的路径测试。如果没有认真地检查代码,就无法知道是否漏掉了某条路径。测试人员通常不必了解程序内部结构,而是通过接口进行测试的,因此无法测试到程序中的所有路径,或者说不能确认是否已经测试完了所有路径。

另外,假设能够在仅仅上百或上千个小时内完全测试一个程序(所有的输入,所有的路径),那么,这就能解决问题了吗?答案当然是否定的。在执行测试的过程中还会发现缺陷,但缺陷修复以后,还得再执行一次测试,很可能又发现了更多的缺陷。也就是说,在程序准备发布前,也许要对它进行十次甚至更多次的回归测试。

如果你认为可以对程序进行一次完全的测试,这虽然很好。但能够保证可以对它进行十次完全的测试吗?

3.无法找出所有的设计错误

如果一个程序能够准确地实现规格说明的要求,不再做其他任何事情,程序就是符

合规格说明的。有些人想通过是否满足规格说明来说明程序的正确,但这合理吗?如果规格说明上说"2+2 等于 5"那该怎么办?如果规格说明里有印刷错误而程序又是满足这个规格说明的,这是不是个缺陷?如果程序偏离了规格说明,这又算不算是缺陷?

规格说明本身往往包含着错误。有些错误是偶然的(如 2+2=5),而有些则是故意造成的——设计者以为自己有个好主意,可实际上又不是。如果程序遵从的是一个不合适的规格说明,我们就说它是有错的。如果找不出程序中所有的设计错误,就无法完全地测试它。

4. 不能采用逻辑来证明程序的正确性

计算机根据逻辑规则进行操作,程序是以精确的语言来表达的。如果程序组织得好,就能够判断程序在不同条件下的状态,并能够通过跟踪程序的逻辑结构来证明这些判断是正确的。暂且不考虑时间和条件多少的问题,应该认识到这种方法仅能确认程序内部的一致性。它也许能证明程序是在按规格说明要求运行的,但规格说明本身是否正确呢?

如何证明你的证明过程是正确的呢?即使这个过程在理论上是正确的,又怎么能知道证明进行得正确呢?如果证明是由某个人来完成的,怎么才能相信程序证明人员比程序编制人员更正确呢?

因此,完全测试和从不测试都是不可取的,我们需要根据实际情况来决定资源分配,对测试程度和范围进行有效的控制,只有这样才能更好地协调开发与测试的关系,投入最少的成本获得最大的回报,这就是测试工作的最理想结果。可以通过设计可复用的测试用例、测试数据,构建可复用的测试环境等手段来达到充分利用测试资源,节约测试时间的目的。但无论测试工作安排有多周密,都会遗漏掉一部分缺陷。这时候,我们就要借助时间来对系统进行考验。总之,测试的宗旨是:尽可能多地发现错误。并不是发现所有的错误。

1.5.3 增量测试,由小到大

由小到大,指的是软件测试的粒度。无论是传统的软件测试还是面向对象的软件测试都要遵循这样的原则。因为只有这样,当错误发生时才能够更方便地隔离和定位错误。通常把单元测试作为软件测试的最小粒度。也就是说,只有当每个模块都通过了单元测试之后,才可以把它们集成到一起进行集成测试(一般根据设计信息来进行);其次,再结合软件需求对已集成的软件进行确认测试;最后,结合系统的其他元素对已确认的软件进行系统测试。

如图 1-7 所示,多个单元组合过渡到集成测试阶段,集成测试阶段过渡到更高级别的系统测试阶段,虚线是各个测试阶段的发布基线。随着测试的逐步深入,范围的逐步扩大,测试时间、可用资源也随之增大。不难看出,单元测试的充分与否,会影响到后来的集成测试和系统测试,或者说决定着测试质量的高低,以及软件开发和测试成本的投入。

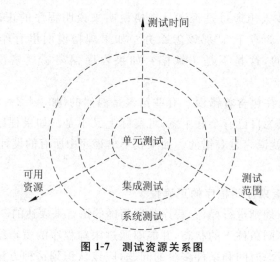

图 1-7　测试资源关系图

1.5.4　避免测试自己的程序

　　除了测试人员之外，程序员在编写完每段编码之后，或者在每个子模块完成后，都要进行认真的测试，这样就可以在最早的时间发现一些潜在的问题并加以解决。例如，微软在开发 XP 系统中，就采取了让两个程序员相互交替检查各自的程序，以完成基本的测试工作，也就是不提倡开发人员对自己的代码进行完整的测试。

　　之所以这样做，是由于在测试过程中要避免一些人为的和主观因素的干扰。开发和测试是互为相反的行为过程，两者有着本质的不同。在程序员完成大量的设计和编码之后，让他否定自己所做的工作，是非常不易的，可以说很少有人能有这样的心态。另外一个原因就是系统需求的错误不易被发现，如果程序员检查自己的代码，那么他对系统需求的理解缺乏客观性，往往存在着对问题叙述或说明的误解，不难想象带有错误认识的程序员是很难发现自己程序存在问题的。因此，程序员即使是在做白盒测试时也要尽量避免检查自己的代码。

　　避免程序员测试自己的代码的主要原因归纳如下：

　　（1）程序员轻易不会承认自己写的程序有错误。

　　（2）程序员的测试思路有局限性，在做测试时很容易受到编程思路的影响。

　　（3）多数程序员没有严格正规的职业训练，缺乏专业测试人员的意识。

　　（4）程序员没有养成错误跟踪和回归测试的习惯。

1.5.5　设计周密的测试用例

　　软件测试的本质就是针对要测试的内容确定一组测试用例。测试用例至少应该包括如下几个基本信息：

　　（1）在执行测试用例之前，应满足的前提条件。

　　（2）输入（合理的、不合理的）。

（3）预期输出（包括后果和实际输出）。

图 1-8 显示了一个典型的测试用例所应该具有的基本信息。也就是说，进行测试活动时，首先要建立必要的前提条件，提供测试用例输入，观察输出，然后将这些输出与预期输出相比较，以确定测试用例是否通过。在进行测试用例输入的设计时之所以要包括不合理输入，是因为用户在使用软件的时候如果不小心输入了不合理数据或没有输入数据的情况是完全有可能发生的，这就需要系统应该对这些情况进行相应的处理，如使用弹出错误提示窗口等方法。另外，还可以针对用户的很多不好的习惯进行测试用例的设计，如有的用户在进行数据增删后经常忘记存盘。此时，就要求系统应该弹出提示用户存盘的窗口。其实，周密的测试用例除了上述信息之外，还应该包括其他信息，如执行历史、测试目的等，以便更好地支持测试管理。图 1-8 给出了典型的测试用例所应该包含的信息。

```
测试用例ID：
目的：
前提：
输入：
预期输出：
后果：
执行历史：
日期： 结果： 版本： 执行人：
```

图 1-8　典型的测试用例信息

测试用例是测试工作的核心，应该尽量设计的周密细致，这样才能更好地保证测试工作的质量。读者可能会问什么样的测试用例才称得上周密细致呢？下面举例来说明这一点。

以一个实现登录功能的小程序为例，它允许用户选择城市和地区，输入自己的账号和密码，如图 1-9 所示，通过 Alt-F4 组合键和 Exit 按钮来终止程序，Tab 键在区域中间移动。

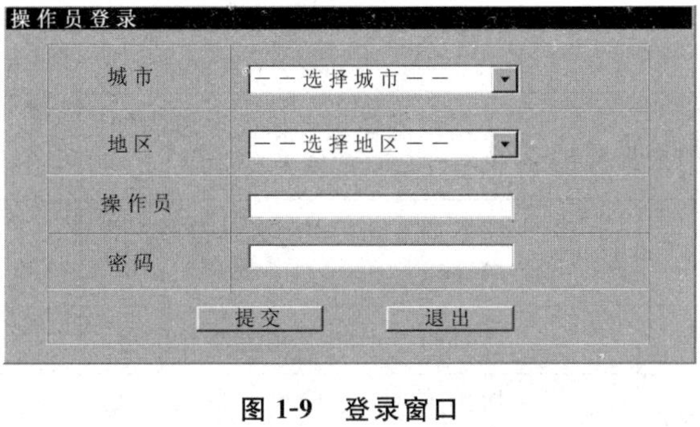

图 1-9　登录窗口

下面根据组成页面的具体元素，分别从几个方面做了一些比较全面的测试用例（见表 1-1～表 1-4）。

表 1-1　下拉框和输入框测试用例

测 试 内 容		输 入 操 作	预 期 输 出	实 际 结 果
下拉框		未和后台数据库绑定(显示列表元素固定)	不允许列表中出现 NULL 现象,固定"-请选择--"	
		已和后台数据库绑定(显示列表元素活动)	不允许列表中出现 NULL 现象,固定"-请选择--"	
输入框	限定字符型输入	12、6	无	
		♯,﹡ 等	错误提示	
	限定型数字输入	测试数据	无	
		12 月、7﹡、0	错误提示	

表 1-1 所示的是针对下拉框和输入框两种页面元素设计的测试用例。

1. 功能测试

表 1-2　功能测试用例

用　　　例	应产生行为	结　　果	失 败 原 因
1. 基本功能测试			
1.1　在输入框内输入资料并且执行存储	程序必须能够接受使用者的输入并且将输入值存在登录文件内		
1.2　在输入框内不输入资料但执行存储	程序必须能够检查使用者输入是否为空白,同时必须能够告知使用者原因		
1.3　检查 city 字段存储结果	City 字段输入后存入 cookies		
1.4　检查 area 字段存储结果	Area 字段输入后存入 cookies		
1.5　检查 ID 字段存储结果	ID 字段输入后存入 cookies		
……			
2. 使用接口功能测试			
2.1　检查输入字段的输入值	必须组织使用者输入空白,同时部分字段只能输入数字		
2.2　检查使用者接口的 Tab Order	所有的 Tab Order 必须按照正常顺序		
2.3　检查所有的 Button	所有的 Button 必须能够起作用		
2.4　检查所有的 Hot Key	所有的 Hot Key 必须能够起作用		
……			

2．各种错误数据的测试

表 1-3　错误数据的测试用例

测 试 内 容	输 入 操 作		预选测试数据	预 期 输 出	实际结果
单击"登录"按钮	不完整的数据	City，area，ID，pswd	略	提示错误对话框	
	不正确的数据	City，area，ID，pswd	略	提示错误对话框	
回车操作	不完整的数据	City，area，ID，pswd	略	提示错误对话框	
单击"退出"按钮	无	无	无	关闭当前应用系统	

3．特殊测试

表 1-4　特殊测试用例

测 试 内 容	输 入 操 作	预选测试数据	预 期 输 出
操作焦点逃逸	连续 Tab 切换，察看异常	无	焦点可准确回归当前操作窗口
分配内存不足	启动多个应用程序或模拟多个程序运行	无	是否可以正常运行
网络断线	切断网络连接	无	是否可正常抛出异常

读者已经看到针对一个登录窗口，就可以设计这么多测试用例。此时，可能会产生这样的疑问：对于一个大型的应用程序来说，岂不是要设计数百上千的设计用例吗？软件开发周期是有限的，如果不能按时完成测试工作怎么办？其实，在实际的测试工作中永远不可能对软件进行详尽的测试。因此，在进行软件测试工作的时候，要确定每个测试的优先级。那么，测试人员就可以根据每个测试的优先级和测试时间的长短来确定测试用例周密细致的程度。

1.5.6　注意错误集中的现象

有经验的测试人员会发现，在做软件测试的过程中，常发生错误扎堆的现象，因此在某一部分发现了很多错误时，应该进一步仔细测试是否还包含更多的软件缺陷。

软件缺陷的"扎堆"现象的常见形式：

（1）对话框的某个控件功能不起作用，可能其他控件的功能也不起作用。

（2）某个文本框不能正确显示双字节字符，则其他文本框也可能不支持双字节字符。

（3）联机帮助某段文字的翻译包含了很多错误，与其相邻的上下段的文字可能也包含很多的语言质量问题。

（4）安装文件某个对话框的"上一步"或"下一步"按钮被截断，则这两个按钮在其他对话框中也可能被截断。

1.5.7　确认 bug 的有效性

由于 bug 之间难免会有关联（如程序模块 A 使用了程序模块 B 编写的代码，程序模块 B 出错导致程序模块 A 也出现了相关的 bug），那么当程序员修复了一个 bug 之后，与其关联的 bug 很可能就会自动关闭，或者在测试人员发现 bug 之后和提交给程序员之前的这段时间，已经被程序员发现并修复。因此，有时候测试人员提交的 bug 并不是真正的 bug。

测试过程的不规范和对设计理解的歧义都是无效 bug 的主要来源。除此之外，无效 bug 还可能由于工具或方法使用错误、无效的运行环境以及人为因素或者其他原因造成。图 1-10 具体地描述了无效 bug 的来源。因此需要确认它们的有效性。一般由 A 测试人员发现的 bug，一定要由另外一个 B 测试人员进行确认，如果发现严重的 bug 可以召开评审会进行讨论和分析。在软件开发过程中，发现 bug 是一个过程，确认 bug 是否有效则是另外一个过程，在测试的过程中之所以增加一对一的确认过程是为了防止失效的 bug 浪费有限的时间资源和人力资源。

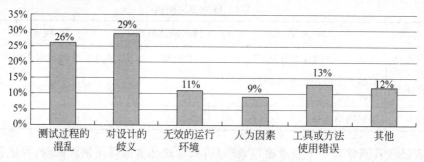

图 1-10　无效 bug 来源构成图

1.5.8　合理安排测试计划

良好的开始是成功的一半。合理的测试计划有助于测试工作顺利有序的进行，因此要求在对软件进行测试之前所做的测试计划中，应该结合了多种针对性强的测试方法、列出所有可使用资源，建立一个正确的测试目标，本着严谨、准确的原则，周到细致地做好测试前期的准备工作，避免测试的随意性。尤其是要尽量科学合理地安排测试时间，并留出一定的机动时间，防止意外情况的发生，导致测试时间不够用，甚至使很多测试工作不能正常进行，尽量降低测试风险。

1.5.9　回归测试

错误关联是一种常见的现象，是指某个错误因为其他错误而出现或者消失。此时，若想关闭某个错误必须先关闭它的父类错误。这些错误之间存在单纯的依赖或者复杂的多重依赖关系，如图 1-11 所示。

其中，图 1-11(a)中的 A、B 关系表达为：A 错误依赖于 B 错误的关闭而关闭。如果多了一条路径（如图 1-11(b)中 A、B、C 关系），A 错误依赖于 B 错误和 C 错误的同时关闭而关闭。图 1-11(c)是图 1-11(a)和图 1-11(b)的复合方式，因程序中的错误存在着一对多，多对多的复杂关系而变得难以处理，并且有些错误关联和依赖关系处于隐性状态。

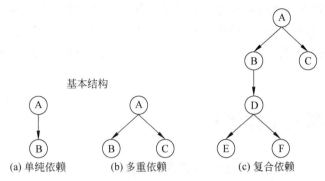

图 1-11　错误依赖关系

当程序员在修正 bug 时，完全有可能会引入一处或多处错误，使得应用程序不能正常的运行。另外，当需求变更时，对现有系统也具有类似的波及效应，导致一个或更多个错误的产生。因此当应用程序有所改动时都需要进行多次回归测试以保证错误被正确关闭，并且保证应用程序中原先能正常运行的部分依然工作正常。

1.5.10　测试结果的统计和分析

测试人员常常会发现，在得出的测试结果中存在着大量正确的以及错误的输出信息。因此，只有对这些输出信息进行深入的统计、分析和比较，才能够正确地鉴别测试后输出的数据，给出清晰的错误原因分析报告。当输出的信息很庞大时，可以借助专业的测试工具。

例如，当对使用 Java 开发的面向对象应用程序进行测试时，就可以借助开源测试工具 JUnit，每次测试运行结束后，测试工具能提供测试通过、失败以及出错的信息（如出错方法的名称和详细出错原因）。那么，就可以根据这些提示信息仔细检查代码，记录改正错误，然后核实一下与出错代码相关联的程序片段是否也存在问题。在后面的章节中将看到使用 JUnit 进行测试的实例。

1.5.11　及时更新测试

在测试过程中，有时候在用例设计工作结束后，才进行测试用例的设计。在这两个工件中的对应描述很有可能产生严重的错位，造成文档过时的现象，给测试工作带来不必要的麻烦，导致测试的失败。事实上，有可能导致测试失败的原因还有很多，可大致归纳为如下几点：

（1）测试团队管理者失职；

（2）测试团队中沟通不好；

（3）测试团队和项目团队沟通不良；

（4）测试过程中，执行角色无准确定义；

（5）测试团队缺乏良好的培训。

在测试过程中，变更管理不善也容易造成测试过程的混乱，从而导致测试失败，尤其是对于中小型软件企业来说出现这种情况的可能性更多一些。在一些大型的软件公司可以通过定义严格的测试流程并使用成熟的测试变更管理工具等方法来避免类似情况的发生。因此，为了避免因各种因素导致测试失败的情况发生，唯一的解决办法就是要及时更新测试。

1.6 软件测试工作流程

在传统的 V 模型中，一个完整的软件开发过程大致分为立项阶段、需求阶段、设计阶段、编码和单元测试阶段、集成测试阶段、系统测试阶段、验收测试阶段和结项总结阶段。单元测试阶段与编码过程同时进行；集成测试阶段对应着项目的设计阶段；系统测试阶段则是针对需求阶段而言。单元测试中发现的错误和疏漏需要在编码过程中修改；集成测试阶段发现的错误和疏漏则要返回设计阶段修改；系统测试中发现的缺陷就需要追溯到需求阶段修改。

在这个过程中，软件测试作为一个非常重要的环节，越来越受到人们的重视。因为随着软件开发规模的增大、复杂程度的增加，以寻找软件中错误为目的的测试工作就显得更加困难。所以，为了尽可能多地找出程序中的错误，生产出高质量的软件产品，加强对测试工作的组织和管理就显得尤为重要。因此，很多公司常常会根据企业内部的实际情况制定一套合适的软件测试工作流程，使测试工作有条不紊地进行。一般的软件测试总体工作流程如图 1-12 所示。

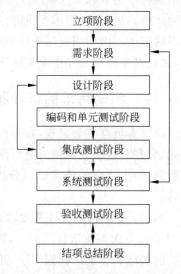

图 1-12 软件测试工作总体流程图

1．需求阶段

需求阶段是软件测试活动的前提。测试分析人员清楚地了解被测系统的需求是什么是进行高效的软件测试工作的前提。因此，在测试工作展开之初首先要对参与测试的人员进行相关的培训，要求测试人员尽量了解被测系统的情况，包括用户需求、硬件环境、软件平台等。然后，找出被测系统业务和功能需求以及用户需求，由此生成总体测试计划。之后该计划需要通过评审会通过才能成为需求说明书，作为系统测试的方案形成文档；否则，就要重新编写需求，直到评审通过为止。如果根据实际情况很容易发生变更，这就要求返回重新编写需求。通过多次的反复，最终才能得到一个完好的需求文档。如果有需求报警，同样要求做好相关的需求报警信号记录，否则就可以进入下一阶段。需求阶段测试工作流程如图 1-13 所示。

2．设计及编码阶段测试工作流程

设计及编码阶段根据需求阶段生成的大量需求文档进行概要设计，形成集成测试方

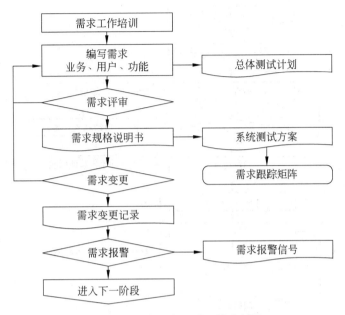

图 1-13　需求阶段测试工作流程图

案。这是一个需要经过多次"评审—修改"直至通过的过程。通过评审后的文档则形成详细设计文档,然后进入制定单元测试方案环节。

这一环节以模块为单位循环:单元测试方案制定—编码—单元测试是否通过—测试抽检是否通过,重新编写没有通过单元测试和测试抽检的代码。最终形成一份单元测试总结报告,具体流程如图 1-14 所示。

3. 集成测试、系统测试和验收测试阶段

单元测试工作结束后就要进入集成测试阶段。集成测试工作完成后,提交系统测试申请,由测试部进行评估。如没有通过评审则形成并提交一份重新进行集成测试的申请,否则进行系统测试和产品化工作。系统测试过程中要制定自动测试方案和系统测试方案,最终形成系统测试综合报告。产品化工作最后生成一份产品化工作报告。在对这两份报告进行验收测试,通过验收测试后得到质量合格证书,这样测试工作才完成。该测试阶段流程如图 1-15 所示。

精心的测试组织和管理固然重要,但这并不是说测试工作的流程是一成不变的。在实际工作中,要视具体情况而定。还要根据软件开发过程的不同和所使用的软件开发技术的不同适当地改变测试工作流程。如当某个软件是使用现成的软件构件来实现的,那么就不必进行单元测试了;或者当某个软件项目只是单纯的升级以前的系统,也就是改变一种实现方式,那么就不必针对需求分析进行重新测试了,甚至可以把以前的一些功能测试用例拿过来直接使用。

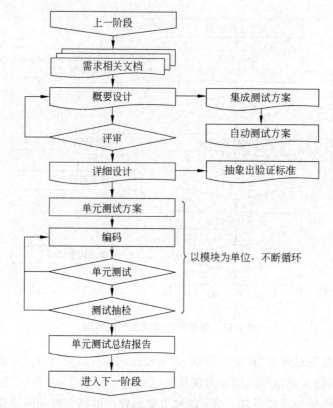

图 1-14　设计及编码阶段测试工作流程图

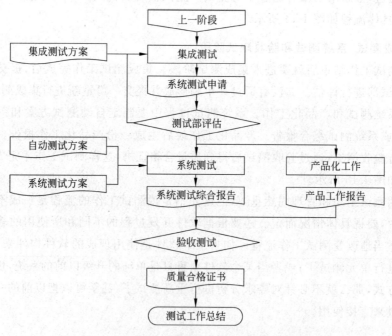

图 1-15　集成测试、系统测试和验收测试阶段流程图

1.7 软件测试中的误区

软件测试是软件质量保证的关键步骤,国外很多著名企业早已对测试工作十分重视。在我国,相对于软件编程而言,软件测试的地位和作用,还没有真正受到重视,即使是软件项目组的技术人员,对软件测试还存在不同程度的误解和偏见,这些都是影响软件测试活动的开展和真正提高软件测试质量的因素。因此需要摒弃对软件测试工作的错误认识,正确地对待软件测试工作。

误区 1　调试和测试是一样的

其实,在软件开发的过程中调试和测试是两个不同的过程,分别由程序开发人员和测试人员来完成。第一,调试的过程是随机的不可重复的;而测试的过程是有计划的、可以重复的过程。第二,调试的目的是为了隔离和确认问题的所在,并且加以解决,使得程序能够正常运行;而测试的目的是为了找出与软件实现定义的规格和标准不符合的问题,保证软件能够满足用户需求。但二者也有相同之处,最终目的都是为了提高软件质量。

误区 2　软件测试在软件开发过程中并不重要

有这样的观点,"软件测试技术性不强,随便找个人就行";"项目进度紧张时少做些测试,时间多时多做测试";"软件测试是没有前途,没有创造性的工作,只有程序员才是软件高手"。这些人把软件测试看作是在软件开发过程中的"副产品",没有完全理解软件工程中,进行软件测试的目的。有的项目开发组,安排新员工或者不合格的开发人员做测试。这样的做法实际上是对软件测试的伤害。测试需要有深厚的专业背景知识和丰富的实战工作经验。有经验的程序员未必就能取代一名好的软件测试人员,因为软件测试技术仍然在不断地更新和完善,产生很多新工具,新流程,新测试设计方法,因此总有很多测试知识需要掌握和学习。

误区 3　在软件开发结束之后进行测试

产生这种观点的原因主要是没有深入地了解软件开发与测试周期。软件测试是一个系列过程活动,包括软件测试需求分析、测试计划设计、测试用例设计和执行测试等多个活动。软件测试贯穿于软件项目的整个生命过程,在软件项目的每一个阶段都要进行不同目的和内容的测试活动,以保证各个阶段的正确性。软件测试的对象不仅仅是软件代码,还包括软件需求文档和设计文档。软件开发与软件测试应该是交互进行的,例如,单元编码需要单元测试,模块集成阶段需要集成测试。如果等到软件编码结束后才开始着手进行测试,那么,测试的时间将会很短,测试的覆盖面将很不全面,测试的效果也将大打折扣。更严重的是,如果此时才发现了软件需求阶段或概要设计阶段的错误,那么要修复该类错误,将会耗费大量的时间和人力。

误区 4　过分依赖 Beta 测试

Beta 测试(β 测试)是从用户角度进行的测试,是由软件的多个用户在一个或多个用户的实际使用环境下进行的测试。它是在开发者无法控制的环境下进行的软件现场应用。一般有两种不同的途径:公共 β 和私有 β。

β测试具有很多优点，如参与者可以比别人先一步看到软件的新特性；参与者可以发现一些值得怀疑的错误；通过 β 测试人员的反馈可能会影响到以后开发的方式。但是这些用户可能不具有代表性；大多数用户只是从需求角度出发，不具有专业性，许多 Beta 用户报告中可能会存在着疏漏和隐瞒缺陷的现象。因此广泛的 β 测试并不一定能完全替代实验室内的系统测试，原因如下：

（1）β 测试人员不是专业的测试人员，很难发现一些深层次的问题，更多的是停留在使用性方面的问题上；

（2）β 测试是不受控的，因此无法了解 β 测试人员实际是如何操作系统的，多数 β 测试人员反馈的问题是由于使用不当引起的；

（3）对于一些细小的问题经常会被 β 测试人员所忽略；

（4）个别参与 β 测试人员初衷是为了评价软件或获得软件，经过测试后他们往往选择了放弃该软件，不报告软件中存在的缺陷或疏漏。

误区 5　过分依赖自动化测试

自动化测试固然可以提高测试的效率，但不能提高测试的质量。只有针对那些需要经常执行的测试用例，才能有效果。如果自动化测试已经占有一定的比例，仍然继续投入更多的自动化测试，将大大提高成本。从专业的角度看，花费 20％的工作量可以完成 80％的自动化工作，如果要完成其余的 20％自动化，那么还要投入 80％的成本。

误区 6　测试是可穷尽的

在前面的章节中，已经通过例子介绍过人们不可能对程序的所有输入都进行测试；不可能对程序的所有输入组合进行测试；不可能对程序的所有路径进行测试；不可能测试到所有潜在的缺陷。因此说测试是不可能穷尽的。

误区 7　测试是证明软件的正确性

测试是为了证明所开发的程序是否能达到了用户的需求，是否能按要求的规格和标准执行。一个能够发现从未发现的软件缺陷的测试通常被认为是一个成功的测试。因此，测试的主要目的是为了发现软件缺陷，而不是证明软件的正确性。

误区 8　可以忽略测试的设计

这就像程序设计的过程中，忽略了需求分析和整体设计一样。在测试过程中忽略测试设计，整个测试就会显得杂乱无章。好的测试离不开良好的测试设计，如根据功能的重要性确定测试优先级，选择适合的测试策略，设计典型的测试用例和选择测试数据等。此外，还需要重视测试文档，及时做好相关的记录以便日后管理。

1.8　一个贯穿全文的例子——在线测评平台

为了能够由浅入深地向大家介绍测试用例的设计和软件测试技术实施的具体过程，本书选择了一个具体的软件项目——在线测评平台作为实例。为了使读者能够很好地理解本书内容，现对该系统简单介绍如下。

1.8.1 系统概述

1. 系统描述

在线测评平台是应用在计算机教育过程中的一个辅助教学手段,它实际上是目前在线考试系统家族中的一个子系统。现在,大多数的高校提倡程序设计类课程应采用实践式教学的方法,也就是说,这类课程的授课地点应该从理论课堂转向机房,让学生上课时边学边练,这样可以提高学生掌握所学知识的效率。但是,这样的授课方式也存在一定的问题,例如,如果教师需要学生将所编写的程序作为作业提交,那么,首先会浪费很多课堂时间,其次学生可以非常容易地抄袭别人的程序。在线测评平台就是为了避免上述情况的发生而产生的。那么,在线测评平台首先能够支持多人同时提交源程序代码,其次可以实时地向学生返回程序编译结果,第三可以有效地防止学生通过复制进行程序的抄袭。在线测评平台涉及的三个重要的步骤分别为登录、代码编写、提交。

登录是当学生需要将程序提交到教师机时,必须经历的步骤,代码编写是指学生登录后,需要在指定的系统中进行程序的编写、调试,提交是指当学生认为程序正确后通过系统向教师机提交程序的过程。

2. 涉众和用户

"涉众"是指相关的人以及机构,他们直接参与或影响有关在线测评平台的关键功能和特性。"用户"代表个人或某个法律实体,他们使用在线测评平台以及其支持系统。

在线测评平台的关键涉众包括系统的拥有者和系统的提供者。相关信息在表 1-5 中简要进行介绍。

表 1-5　涉众

名　　称	描　　述	关注的问题和责任
测评系统的拥有者	拥有系统的个人或组织	定义、复审在线拍卖系统的需求,并确定关键需求内容的优先级 定义使用测评系统的规则,包括行为准则、原代码内容 获得测评系统的使用情况、性能指标等方面统计信息 承担在线测评平台开发和管理费用
测评系统的提供者	提供系统的个人或组织	了解应用系统的需求并且满足测评系统拥有者的要求 开发一个一流的、可维护的、可扩展的系统 在系统的开发过程中复用已知的解决方案 在后续开发类似系统的工作中复用系统的设计内容和部件

在线测评平台的关键用户包括教师和学生,相关的信息在表 1-6 中进行简要介绍。

3. 功能特性和约束

在线测评平台的功能特性针对涉众和用户所关注的问题,描述系统应当具备的典型特性。本书示例的在线测评平台将实现如下特性。

网络连接:本系统包括服务器端和客户端,学生能够通过网络连接到服务器。

表 1-6　用户

名　　称	描　　述	关注的问题和责任
教师	使用在线测评平台的服务器端授课教师	布置学生的作业 启动服务器接收学生的程序 从服务器端获取学生的程序以及其他相关信息 关闭接收服务器
学生	使用在线测评平台的客户端学生	登录并注册学号、姓名等信息 查看作业内容 编写程序 调试程序 提交程序

并发连接：服务器端应该能够同时接受至少 100 人的连接、传输请求。

记录客户端信息：服务器端可以记录客户机的详细信息，包括学生学号、姓名、班级、所在机器名、IP 地址、网卡的 MAC 地址。

防作弊：通过详细的客户端信息，可以判断学生是否在客户机作弊，例如在同一台机器上有两名同学提交程序。

点名功能：通过学生在客户机的登录，确定有哪些学生逃课。

编辑程序：学生在客户端可以编辑程序、编译程序、运行程序。要确保学生在编辑程序时不能复制别人的程序。

提交程序：学生确认程序正确后，可以通过该系统直接提交程序，并获得相关的返回信息。

4．其他需求和属性

1）非功能属性

系统重要的非功能属性针对涉众所关注的问题。这些问题包括可使用性、可靠性、易维护、易扩展系统的功能以及安全。

2）用户环境

用户将通过客户端程序来连接服务器，因此，要求用户的客户机可以支持系统的运行。同时要求既可以在 Windows 上运行也可以在 Linux 或 UNIX 系统上运行，既可以提交 C/C++ 语言程序也可以提交 Java 程序。

3）部署环境

本系统的客户机将部署在上课机房的所有机器上，服务器端将部署在一台中心服务器上，这台服务器处理能力要强一些。

1.8.2　系统需求

任何一个软件开发项目，所关注的问题不仅仅是将系统建设好，而且还要关注是否建立了一个正确的系统，所谓"正确的系统"的含义就是满足那些由最终用户和关键涉众所提出的要求。实施需求管理流程能够确保所交付的系统满足用户的期望。

需求管理是一项系统的方法，用于：

（1）确立、组织和记录系统的需求，其形式应该为所有涉众所理解；

（2）建立并维护在客户与项目团队之间针对系统的需求变更达成的共识。

针对上述两个目标，用例(Use Case)是一种行之有效的方法。

1. 需求概述

在本文中的需求将采用"定义系统"和"精化系统定义"两个工作流程进行。在"定义系统"工作流程中，将初步确定系统中应该包括哪些内容，以及不包括哪些内容，系统的范围被确立并记录在 Use Case 模型中，也就是系统的整体面貌将在这个工作流程中确定。"精化系统定义"工作流程的主要工作是细化当前的用例的细节，同时不断完善系统的定义。

2. 定义系统

1）捕获通用词汇

一个项目应当一致地使用通用术语，通常是指那些在描述系统行为的过程中经常出现的词汇，这些术语的定义应当与相关问题领域的术语取得一致，这样可以避免在项目团队成员之间造成误解。这些通用词汇被记录在词汇表中(见表 1-7)。

表 1-7　词汇表

词　　汇	描　　述
在线测评	一种新型的测评方式，可以通过网络的形式在线向教师机提交程序，同时得到程序的编译结果
程序提交	通过网络方式向服务器传输源程序
客户端信息	关于客户端的信息包括姓名、学号、班级、所在主机的主机名、IP 地址、网卡的 MAC 地址
批次	指出上传程序的次数

2）找出角色(Actor)

在定义系统的时候，首先要找出系统的角色，角色是在系统的外部与系统交互的某人和某系统。角色可以是人、外部系统或者是一个外部设备，如表 1-8 所示。

表 1-8　系统的角色

角　　色	描　　述
学生	学生是使用在线测评平台中的客户端
教师	教师使用在线测评平台中的服务器端
教务系统	在线测评平台将与教务系统连接来得到学生的基本信息

3）找出用例(Use Case)

用例是一个完整的事件流描述，为特定的角色提供一个有价值的结果。找出用例的最好方法就是研究每一个角色针对系统的要求，因为系统就是为那些与系统交互的角色提供服务的。以下的一系列问题有助于找出用例。

（1）针对每个角色，系统将参与完成哪些任务？

• 角色是否需要获知系统内部所发生的特定情况？

• 角色是否需要将外部的变化通知系统？

• 系统中必须修改和建立什么信息？哪些角色需要参与？

图 1-16　在线测评平台中的用例

• 找出的用例是否能够提供全部的功能？

（2）针对在线测评平台，找出图 1-16 所示的用例。

在找出用例时，需要给用例命名，并且给出一个简短的描述。用例的名称中应该包括动词，应该能够反映角色和用例进行交互的目的。用例的描述应该能够反映该用例的目标和意图。

在表 1-9 中，展示了针对在线测评平台而找出的用例以及相应的简短描述。

表 1-9　用例以及相应的简短描述

用　例	描　述
连接服务器	客户程序与服务器通过 IP 进行连接，在客户端添加用户的基本信息，包括用户姓名、用户学号、所在班级
断开连接	断开当前客户机与服务器的连接
编辑源程序	客户将利用该系统提供的程序编辑功能来创建源程序
提交程序	当用户确认编写的源程序正确后，通过该系统将源程序上传到教师机
浏览所有提交程序	当客户提交程序以后，可以在客户端浏览所有上传的程序，以确定上传是否正常
调试程序	当用户编辑完源程序后，可以及时地对该程序进行编译、调试、运行
课堂点名	通过课堂点名用例，用户可以直接在客户端参与点名，同时在教师机上可以直观地了解学生的出勤情况
启动服务器	启动服务器后意味着服务器已经做好了接收客户端连接请求的准备
停止服务器	当停止服务器后，客户程序将不能再与教师机通信，也就是整个系统的运行结束
接收客户端程序	接收客户上传的程序，并进行编译处理
管理客户信息	当客户连接服务器时，服务器将获得所有客户的信息包括姓名、学号、班级，所在机器名、所在机器 IP 地址、所在机器网卡的 MAC 地址，同时判断用户是否作弊

当通过考察系统需求来找出角色和用例时，发现有些需求并不能分配给特定的用例，这些需求是针对整个系统的。我们将这类需求记录在补充规约中。针对在线测评平台，在表 1-10 中展示了一些补充规约内容。

表 1-10　系统的补充规约

分　类	描　述
可用性	系统应该提供帮助
可靠性	系统应当可持续使用，保证客户数据不丢失

分　类	描　　述
性能	在 100Mb/s 的局域网连接速度上,120 位用户同时使用时,保证响应速度不超过 0.1s
可支持性	所有的错误应当被标记时间信息并记录在系统错误记录文件中
开发和部署环境	该系统应该在局域网进行开发和部署

找出基本的角色和用例的集合之后,就该给它们之间的关系进行建模。在 UML 中角色和用例之间的关系被描述为关联关系。一个角色与一个特定的用例之间至多有一个关联关系,一个用例至少与一个特定的角色之间存在关联关系。图 1-17 展示了在线测评平台角色与用例之间的交互图。

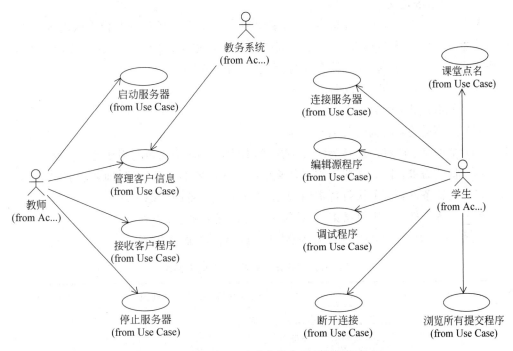

图 1-17　在线测评平台中角色与用例的初步交互

4)用例排序

本系统是通过一系列的迭代而开发出来的,在迭代中增量地交付系统的功能。功能被开发的序列是需要选择的,目的是及早地针对并缓解项目的重大风险。在线测评平台中,得到了如下的用例排序表:

(1)启动服务器;

(2)连接服务器;

(3)提交程序;

(4)接收客户程序;

(5)编辑程序;

（6）调试程序；

（7）管理客户信息；

（8）断开连接；

（9）停止服务；

（10）课堂点名；

（11）浏览所有上传文件。

5）需求复审

复审是把握质量的关口,需求复审需要核实这些需求是否确实捕获了目标系统的范围以及相应的行为,同时,相应的开发团队也要确保自己理解需要构建的内容,并找出需要进一步理解的信息领域。

3. 精化系统定义

至此,我们已经拥有一些初步资料,说明系统要完成的任务以及相应的范围。现在,要将注意力转向精化初步系统定义,从而获得对需求更深入的了解。该工作流程的主要工作是进一步细化用例、精化补充规约、重组用例模型。

在细化用例的时候,要说明以下的信息。

（1）名称：用例的名称。

（2）简要描述：用例的目的和用途。

（3）事件流：针对系统行为的文字描述,其内容表述为角色与系统之间的交互。

（4）特殊需求：针对那些不在事件流中的需求内容的文字描述,即非功能需求。

（5）前置条件：为了执行特定用例,系统所应当具备的状态。

（6）后置条件：当用例结束时,系统可能出现的状态。

在表 1-11 中给出针对"连接服务器"用例的事件流描述内容。

表 1-11 "连接服务器"用例的事件流

名　称	"连接服务器"用例的事件流
基本事件流	1. 该用例在服务器启动后才能启动 2. 输入服务器的 IP 地址和端口号 3. 输入用户的姓名、学号、班级 4. 连接服务器,如果 IP 地址没有输入、用户信息不全,则备选事件序列 1。如果输入的 IP 地址不正确,则备选事件序列 2 5. 该用例结束
备选事件序列 1	1. 当 IP 地址、用户信息不完整时,提示用户输入相应信息 2. 该用例结束
备选事件序列 2	1. 当 IP 地址不正确时,连接服务器发生错误,向用户发出错误通知 2. 该用例结束

1.8.3　系统分析

分析活动的目标是建立解决方案的雏形,为设计活动打下基础。

1. 分析概述

分析活动关注系统两方面的特征：

（1）系统的整体架构；

（2）系统元素的雏形以及它们如何交互以实现系统的功能行为。

在分析活动中将勾勒软件架构的轮廓和找出用户界面中的元素，并细化用户与系统交互的情形。同时还要找出分析类以及分析类的责任和交互关系。

2. 定义初始框架

1）开发架构纵览

在这个步骤中，将建立一个架构的纵览，方式是借鉴已经开发的类似系统或者类似领域的应用经验。对于在线测评平台而言，将采用图 1-18 所示的架构纵览。

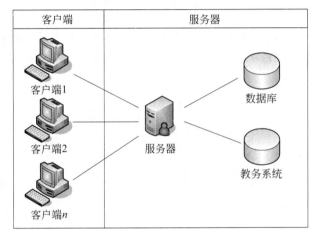

图 1-18　系统的初始框架

2）调查可用设计资产

在这个步骤中，一个重要的工作就是找出那些可以利用的设计资产，直接用它们作为系统的组成部分。在线测评平台中的教务系统可以直接与现有的教务系统连接，不用自己开发。

3）定义初始部署模型

基于架构纵览与找出的设计资产，开发一个高层次的部署模型。该模型展示系统将在哪些节点上运行，以及这些节点之间的连接。部署模型能够帮助程序员理解系统的物理分布状况以及系统运行的复杂程度。图 1-19 展示了本系统初始部署模型。

4）结构化设计模型

在这一步骤中，将确定设计模型的结构，也就是说，要定义若干个设计包，并用设计包将设计模型中的元素分成若干个部分。图 1-20 揭示了在线测评平台所采取的设计模型结构。

5）找出关键抽象

关键抽象是在系统范围上的一些重要概念，主要是从需求中得到，关键抽象通过

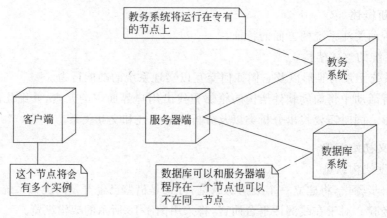

图1-19 系统初始部署模型

UML的构造型《entity》以类来表述。针对在线测评平台,通过阅读词汇表以及用例描述的内容,将那些用于描述系统功能的、反复出现的词汇作为关键抽象。图1-21捕获了系统中的关键抽象。

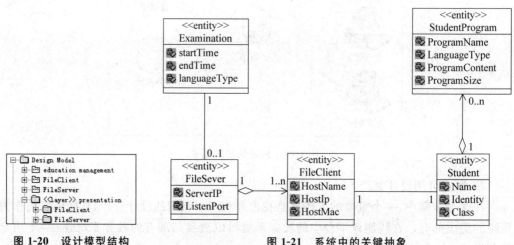

图1-20 设计模型结构   **图1-21 系统中的关键抽象**

3. 分析行为

分析行为的重点是在初始结构的基础上添加分析层面的系统元素,并通过这些元素实现用例所描述的需求。分析行为有两组主要的活动,在第一组活动中,创建用户体验模型,该模型关注每个用例如何通过屏幕的形式实现。第二组活动是用例分析活动,该活动关注每个用例如何被分析类实现。两组活动的基本输入信息都是用例,分别得到相应的用例实现内容,不过分别使用不同的模型要素(屏幕和分析类)。图1-22和图1-23分别展示了用屏幕和用分析类描述的用户体验模型。

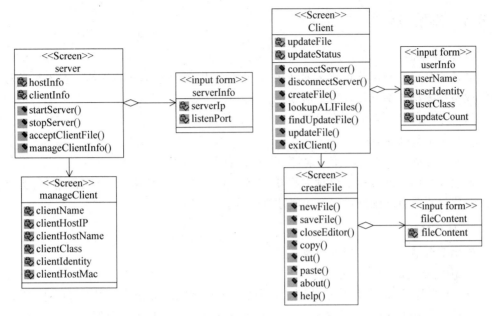

图 1-22 用屏幕描述的用户体验模型

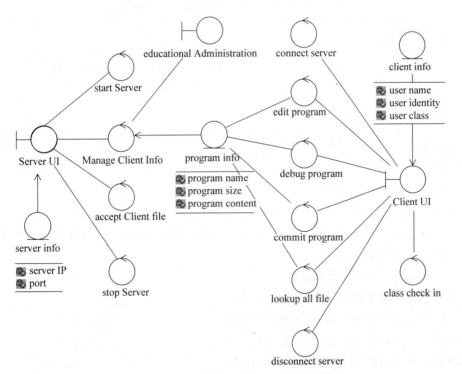

图 1-23 用分析类描述的用户体验模型

1.8.4 系统设计

1．设计概述

设计的目标是利用分析产生的结果，得出可以用于快速实施的规约。在设计阶段主要完成精化架构和细化设计两个活动。

精化架构活动主要完成：

（1）优化系统架构；

（2）确定系统主要的设计元素，实现从分析到设计的转换。

细化设计活动的目标是继续对已确定的设计元素进行精化，找出其内容、行为和关系。精化过程只有详细到可以实施时才算完成。

2．精化架构

精化架构活动将采用如下步骤。

1）确定系统的设计机制

设计和实施机制实际就是遇到不同问题的不同解决方法，在统一过程中将设计方法称为设计机制，把实施办法称为实施机制。表 1-12 列出了在线测评平台选择的设计和实施机制。

表 1-12　在线测评平台选择的设计和实施机制

分 析 机 制	实 施 机 制	选 择 理 由
留存(用户会话)	管理会话状态	客户端的用户信息存储在客户端对应的套接字会话当中。客户端创建的源代码将存储在一个临时缓存当中。这样的数据将客户端退出系统时清除
表示层请求处理	处理来自用户界面的用户请求	
系统参数管理	参数存储在外部，由系统读取	决定将系统参数存储在文本文件或 XML 文件中，系统启动时一次性将其载入内存

2）确定系统的主要设计元素

在确定系统主要设计元素的活动中将确定设计类、设计子系统、接口等系统的核心设计元素。在这些核心设计元素中粒度最大的是设计子系统，最小的是设计类。在确定设计元素时应按照如下步骤进行。

（1）确定设计子系统及其接口。

确定设计子系统时将采用一些指导性原则，首先，将实体类进行分类，使得每个实体类都可以用一个设计子系统进行管理。其次，观察用例的实现，找出参与这些实现的控制类，并对其分组，把责任相似或相关的归为同一设计子系统。然后，把涉及同类实体类的职责进行分组。按照如上原则，在线测评平台确定了如图 1-24 所示的子系统。

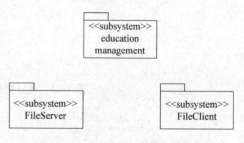

图 1-24　在线测评平台的子系统

设计子系统确定之后,需要查看分析阶段的用例实现,从中找出各组职责,从而确定子系统的接口。图 1-25 描述了各子系统实现的接口。

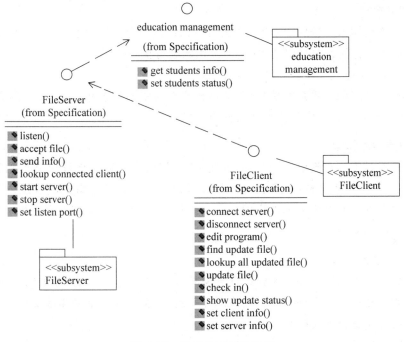

图 1-25　子系统实现的接口

（2）确定设计类。

根据分析阶段的结果,可以初步确定在线测评平台有以下几个设计类,如图 1-26 所示。

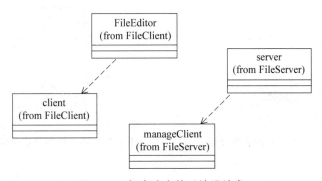

图 1-26　初步确定的系统设计类

3．细化设计

细化设计的目标是改进前面确定的设计元素,确定它们的内容、行为和关系的详细内容,直到使它们详细地可以交付实施为止。

1.8.5 系统实施

1.实施概述

在系统实施阶段,要精化设计子系统、接口、设计类等设计元素,主要实现两个目标:

(1) 定义实施元素的组织结构(包括源代码和可执行代码)。

(2) 产生实施元素,并进行单元测试。

实施活动产生的结果是实施模型,实施模型包含实施目录和实施文件,实施目录代表磁盘上的一个物理目录,实施文件代表磁盘上的一个物理文件。

2.构造实施模型

设计模型是构造实施模型的基础,因此,很大程度上可以从设计模型得到实施模型。然而,应该记住这两个结构有不同的使用目的,设计模型提供逻辑上的系统划分,用于管理设计的复杂性。实施模型提供物理上的系统划分,用于管理实施的复杂性。图 1-27 描述了本系统的实施模型。

3.实施设计元素

实施设计元素活动主要是实施设计子系统、接口和设计类。该活动产生的结果是这些设计元素的相应实施文件。对于在线测评平台,将会产生如下的实施文件:

① 源文件(如 java 文件);

② 编译文件(如 java 字节码文件)。

图 1-28 展示了本系统的部分实施元素。

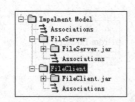

图 1-27 本系统的实施模型

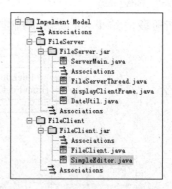

图 1-28 系统的部分实施元素

1.8.6 系统运行环境及配置

1.运行环境

1) 服务器端

操作系统:Windows XP 或 Windows 7。

内存:1GB。

运行协议:TCP/IP 协议。

运行环境：jre 1.4 或更高版本。

2）客户端

操作系统：Windows XP 或 Windows 7。

内存：1GB。

运行协议：TCP/IP 协议。

运行环境：jre 1.4 或更高版本。

客户端数量：不超过 120 台。

2．安装方法

运行安装程序 setup.exe，当在服务器端安装时，选择"服务器端"，当在客户端安装时，选择"客户端"。安装完成后，在桌面和开始菜单出现"程序设计在线测评平台"字样，用户可通过双击和单击相应的图标启动程序。

1.8.7　系统使用说明

1．服务器端

（1）运行服务器端程序将出现如图 1-29 所示的界面。

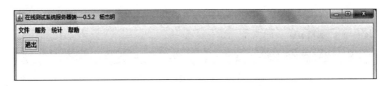

图 1-29　服务器端界面

（2）选择"文件"菜单，然后选择"系统选项"，如图 1-30 所示。

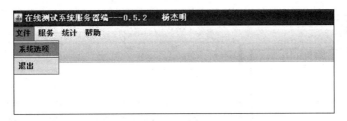

图 1-30　文件菜单

（3）将显示如图 1-31 所示的窗口。在该窗口中，"监听端口"用来设置服务器接收服务的监听端口（该端口号和客户端的端口号一致）。"最大客户数"是设置服务器服务的最大客户数（不超过 120 个客户端）。"授课班级"选择当前正在上课的班级。

（4）"系统选项"设置完成后，用户可以启动服务器，如图 1-32 所示。

（5）服务器启动完成后，可以选择"统计"菜单中的"显示当前登录用户"菜单项（见图 1-33）。

（6）"当前登录用户"界面如图 1-34 所示。其中，1 区显示正在上课的班级；2 区显示的内容是正在上课班级的学生中没有登录到服务器的学生名单；3 区显示的已经登录到

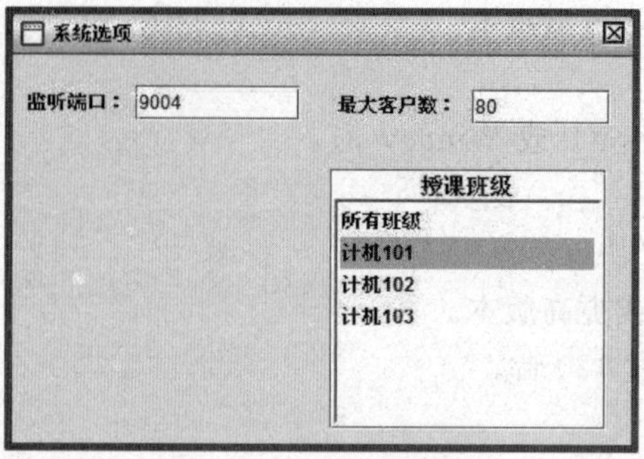

图 1-31 “系统选项”窗口

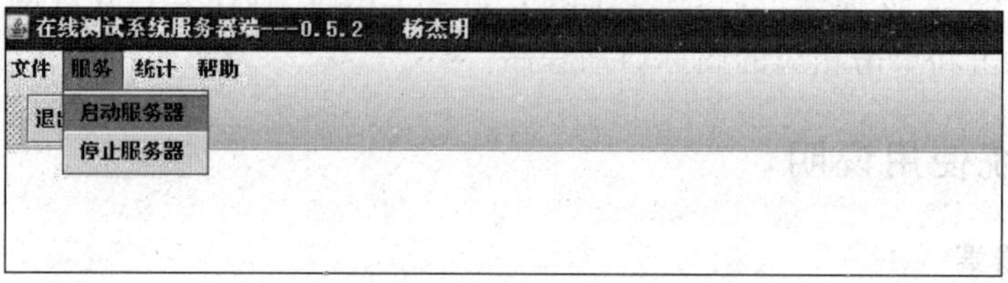

图 1-32 服务菜单

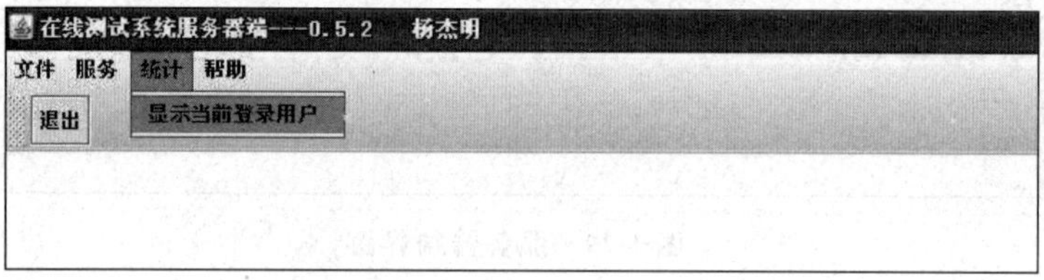

图 1-33 统计菜单

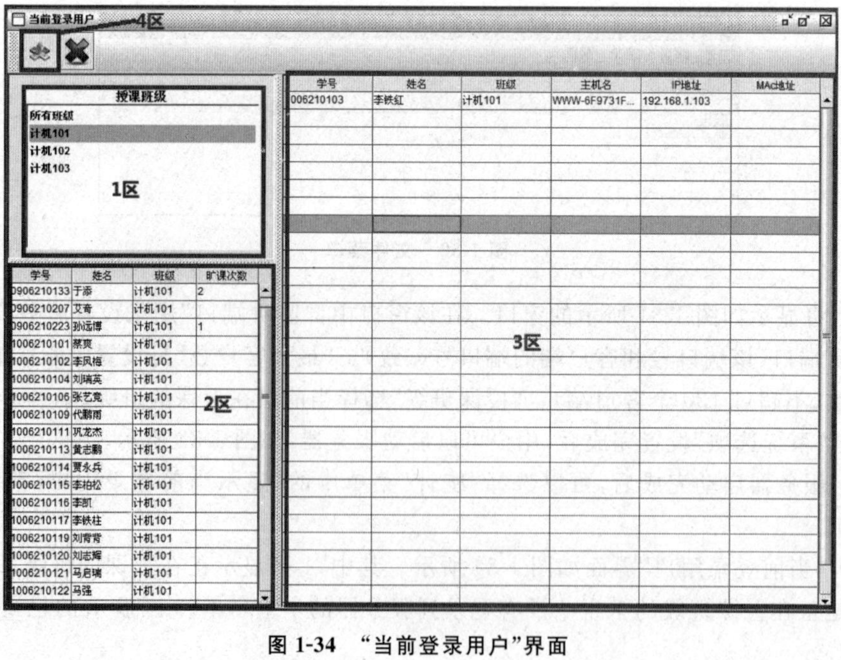

图 1-34 “当前登录用户”界面

服务器的学生名单以及该学生所使用的客户机相关信息；4 区所指按钮的功能是将旷课学生的名单保存到文件中。

2. 客户端

（1）客户端程序启动后，将显示如图 1-35 所示。

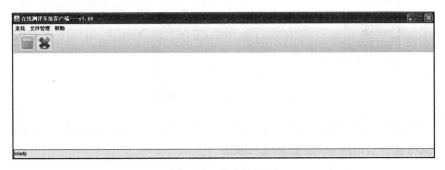

图 1-35 客户端界面

（2）选择"系统"菜单中的"系统属性"，如图 1-36 所示。

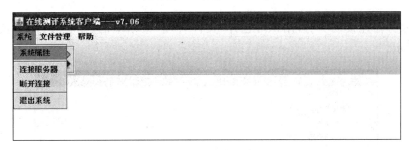

图 1-36 系统属性

（3）"系统属性"的界面如图 1-37 所示，其中，"服务器地址"是服务器端的 IP 地址（必须正确，否则连接不上服务器）；"服务器端口"设置服务器监听的端口号；"客户姓名"输入学生的姓名；"客户学号"输入该学生的学号；"客户班级"选择该学生所在班级；"客户部门"选择该学生所在的院系。所有信息都输入正确后，单击"确定"按钮。

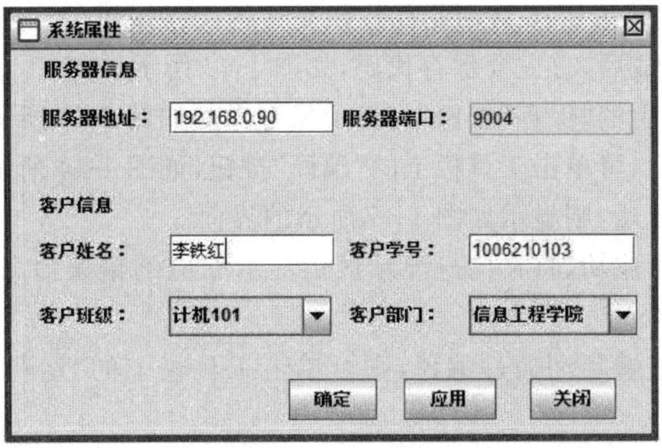

图 1-37 系统属性界面

（4）"系统属性"设置完成后,用户可以选择"系统"菜单中的"连接服务器"菜单项,如图 1-38 所示。

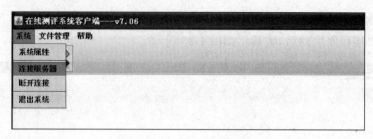

图 1-38　客户端连接服务器

（5）如果连接服务器成功,将在主窗口下方的信息栏中显示"服务器连接完成!!!"的信息,否则将显示错误信息,如图 1-39 所示。

图 1-39　服务器连接完成

（6）服务器连接成功后,用户可选择"文件管理"菜单中的"新建文件…"菜单项,如图 1-40 所示。

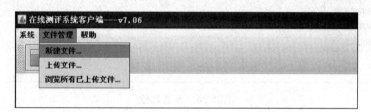

图 1-40　新建文件

（7）系统将显示如图 1-41 所示界面。该界面是学生编写程序的主要界面。其中,1 区是代码编辑区域,该区域已经屏蔽了复制、粘贴功能,所有的代码必须手动输入;2 区是代码行号提示区;3 区是代码编译和运行时信息反馈区;4 区所指的按钮是保存按钮;5 区所指按钮是编译代码按钮;6 区所指的按钮是运行代码按钮

（8）代码编写完成后,首先要保存代码,如图 1-42 所示。

（9）单击工具栏上的"保存"按钮,将显示保存界面如图 1-43 所示。

（10）代码保存后,可单击工具栏上的"编译"按钮,如图 1-44 所示。

（11）如果编译成功,则显示如图 1-45 所示的界面。

（12）如果编译不成功,将在信息显示区中显示相应的错误信息,学生将根据该信息修改代码（见图 1-46）。

（13）如果代码能够顺利通过编译,则可单击工具栏上的"运行"按钮来运行该代码（见图 1-47）。

（14）运行结果如图 1-48 所示。

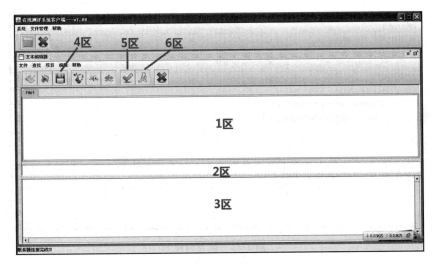

图 1-41　文本编辑器

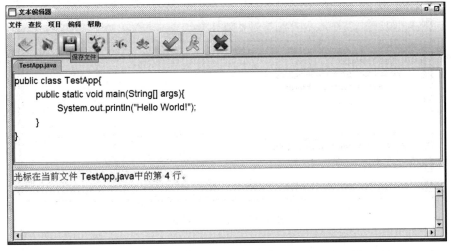

图 1-42　保存文件

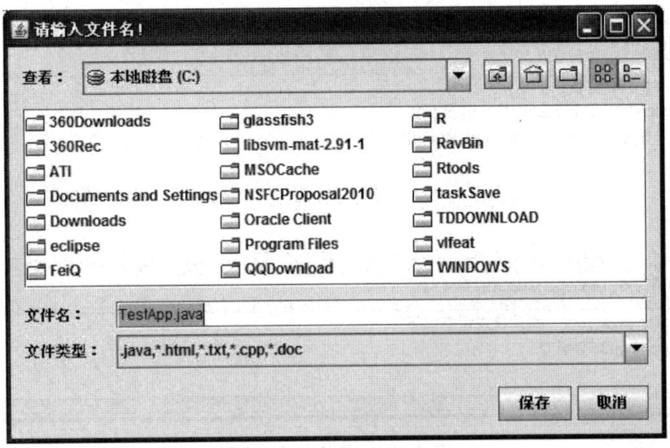

图 1-43　保存文件对话框

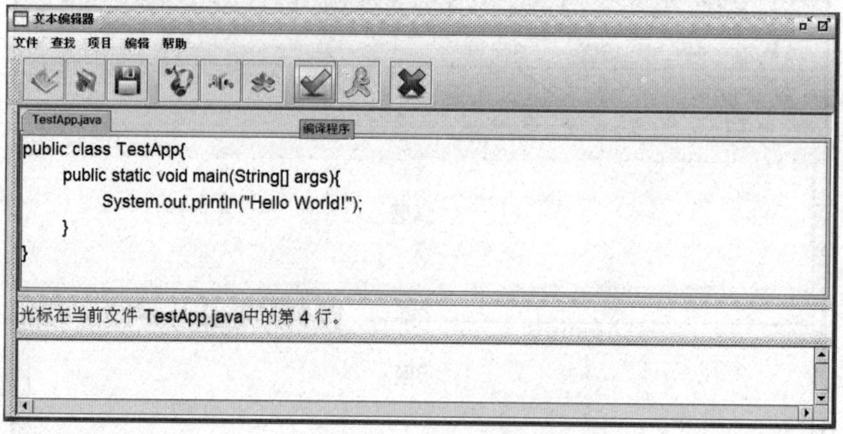

图 1-44 编译程序

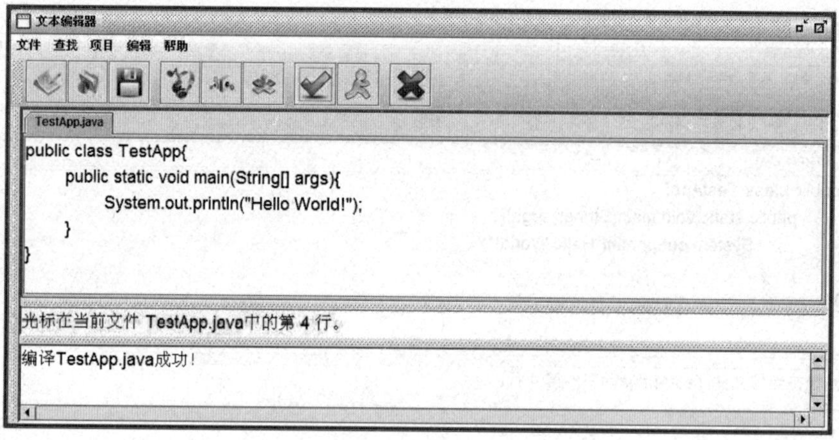

图 1-45 编译成功界面

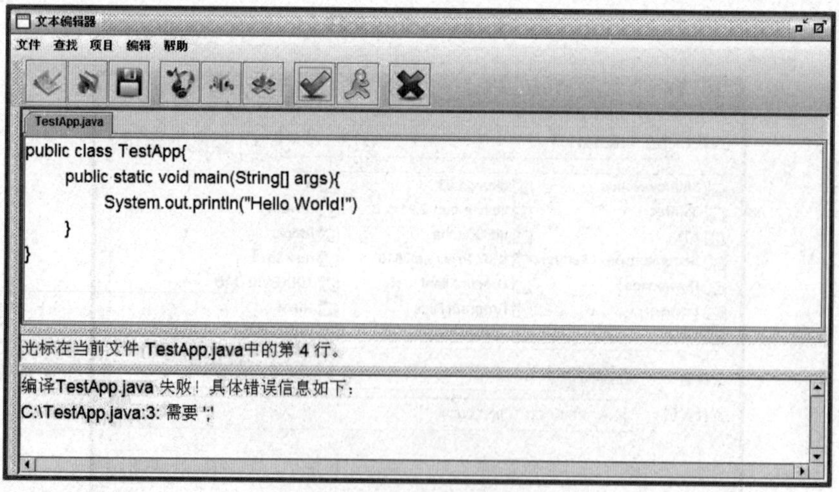

图 1-46 编译失败界面

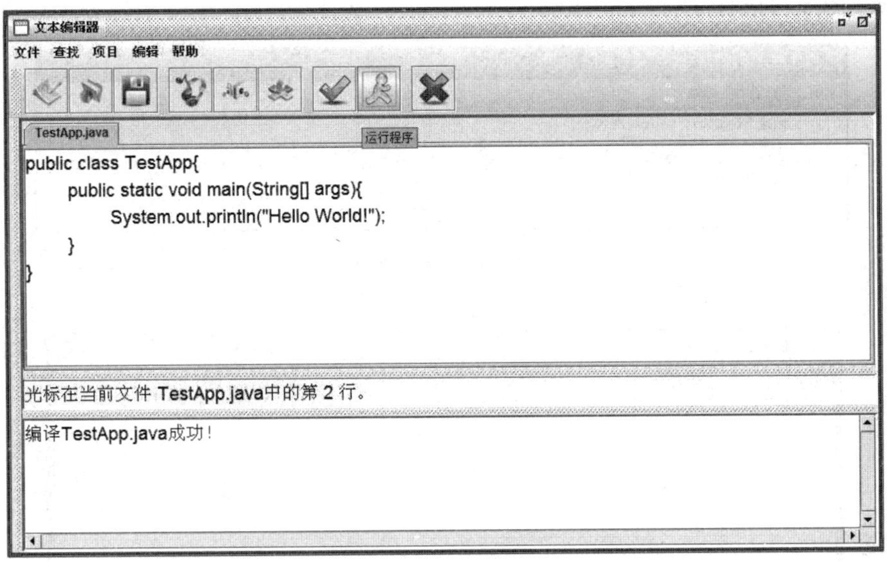

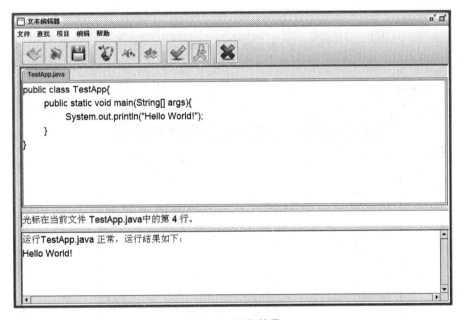

图 1-47 运行程序

图 1-48 运行结果

（15）代码通过编译并且运行正确后，学生就可以选择"文件管理"菜单中的"上传文件…"菜单项来上传该代码到服务器上。

（16）上传文件界面如图 1-50 所示。"题号"表示正在上传的代码的作业编号；"文件名"是待上传的文件名，这里只显示，不能输入；"查找文件"功能是要选择待上传的文件；"上传"是将文件上传到服务器同时进行编译。

（17）单击"查找文件"按钮后，将显示打开文件对话框，切换到代码保存的目录，则可看到刚才编写的代码,如图 1-51 所示。

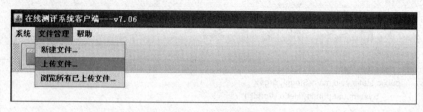

图 1-49 上传文件

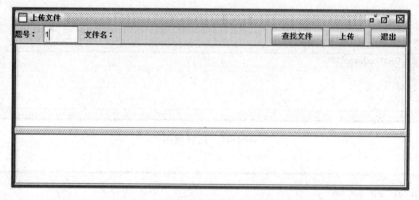

图 1-50 上传文件

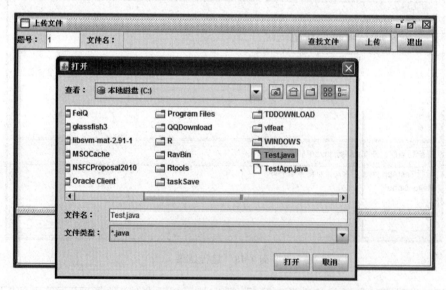

图 1-51 查找文件

(18) 如果学生不选择刚才编写的代码,而选择了另一个代码文件,则会显示如图 1-52 所示的提示信息。所以学生只能选择自己编写的代码,而不能选择其他代码,这样就可有效地防止复制代码的作弊行为。

(19) 如果学生正确地选择了自己编写的代码文件,代码的文件名和内容将显示在相应的位置,如图 1-53 所示。

图 1-52   读取错误对话框

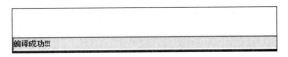

图 1-53   上传文件界面

(20) 单击"上传"按钮,完成代码上传,如果代码上传成功并且编译正确,则会在主窗口下端的信息栏中分别显示"上传成功!!!"和"编译成功!!!"的信息,如图 1-54 所示。

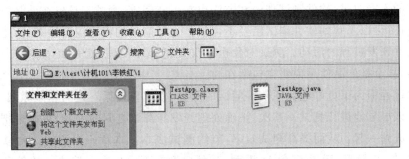

图 1-54   上传成功界面

(21) 学生的代码上传后,在服务器的某个位置将会保存该学生的代码以及编译结果,如图 1-55 所示。

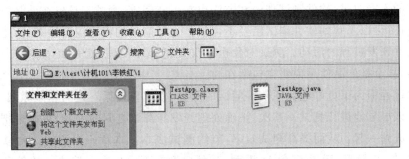

图 1-55   上传文件的位置

(22) 代码上传成功后,学生可以选择"文件管理"菜单中的"浏览所有已上传文件"菜单项来查看自己上传到服务器的代码,如图 1-56 所示。

在线测评系统客户端---v7.06
系统
文件管理
帮助
新建文件...
上传文件...
浏览所有已上传文件...

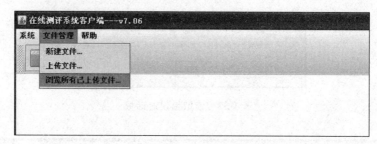

图 1-56　浏览文件

(23) 已经上传代码的相关信息将显示在如图 1-57 所示的界面中。

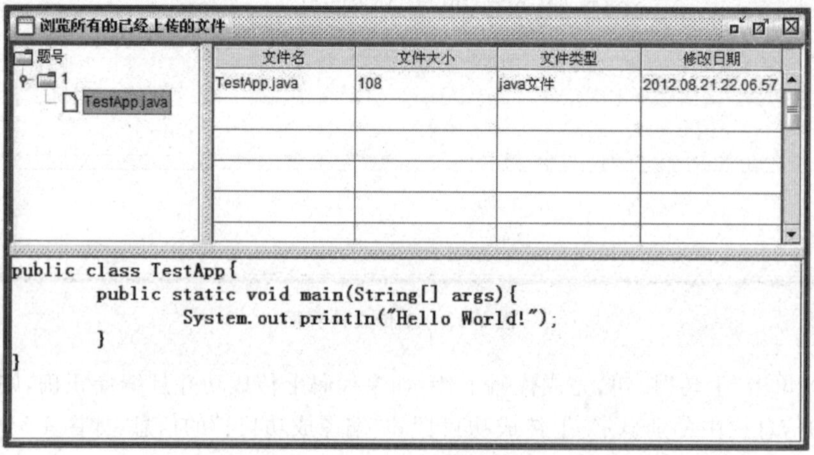

浏览所有的已经上传的文件
题号
1
TestApp.java
文件名
文件大小
文件类型
修改日期
TestApp.java
108
java文件
2012.08.21.22.06.57
public class TestApp{
public static void main(String[] args){
System.out.println("Hello World!");
}
}

图 1-57　上传文件信息

本章小结

本章介绍了软件测试发展的历程,以及其在国内的发展状况。随着软件开发过程和开发技术的不断改进,软件测试理论和方法也在不断完善,测试工具也在蓬勃发展。通过本章的论述,可以了解到软件测试已经不再只是进行简单的程序逻辑检查,而是一个伴随着整个软件开发过程的活动。测试对象也不仅仅是程序代码,而开发过程中产生的所有软件产品,甚至是产品使用说明也包括在内。

测试过程中为了更好地保证软件测试的质量,首先要遵循一定的测试原则,最为重要的就是应该尽早地进行测试。其次,正确处理开发与测试之间的关系,更好地把开发与测试过程集成到一起。从而提高测试效率,节约测试成本。本章所介绍的几种软件开发与测试模型,如 V 模型、W 模型和 H 模型,三种模型在不同程度上反映了软件开发与软件测试的关系。其中,V 模型非常明确地标明了测试过程中存在的不同级别,并且清楚地描述了测试和开发过程中各阶段的对应关系。而 W 模型作为 V 模型的改进,更好地体现了软件开发与软件测试工作的同步性,更为明确地指出测试的对象不仅仅是程序本身,而且包括需求分析、概要设计和详细设计说明书,强调了软件测试是软件开发过程中的一项重要的工作,贯穿于整个软件开发过程。H 模型则从微观的角度来看待软件测试过程。最后一个做好测试工作的关键因素就是精心地组织和安排软件测试的工作流程,本章把测试工作分为几个阶段,分别阐述了通用的测试工作流程,但要求读者在工作中,根据每个项目的具体情况制定可行的测试流程。

各种测试技术是软件测试工作的敲门砖,本章从不同的角度介绍了软件测试技术的分类。从是否需要执行被测软件的角度,可分为静态测试(Static Testing)和动态测试(Dynamic Testing);从测试用例设计的角度,可分为黑盒测试和白盒测试;按照软件测试过程和测试策略,可分为单元测试、集成测试、确认测试、系统测试和验收测试。

另外,本章还专门介绍了目前在实际工作中对软件测试的错误认识,希望读者能够明确软件测试的目的,正确地认识软件测试工作的必要性和重要性。

习题

1. 选择题

(1) 软件测试的目的是( )。

    A. 避免软件开发中出现的错误   B. 发现软件中出现的错误

    C. 容忍软件中出现的错误   D. 修改软件中出现的错误

(2) 以下关于软件测试原则的叙述中,不正确的是( )。

    A. 测试用例不仅选用合理的输入数据,还要选择不合理的输入数据

    B. 应制定测试计划并严格执行,排除随意性

    C. 对发现错误较多的程序段,应进行更深入的测试

    D. 程序员应尽量测试自己的程序

(3) 以下关于测试时机的叙述中,正确的是( )。

    A. 应该尽可能早地进行测试

    B. 若能推迟暴露软件中的错误,则修复和改正错误所花费的代价就会降低

    C. 应该在代码编写完成后开始测试

    D. 需求分析和设计阶段不需要测试人员参与

(4) 软件测试对象包括( )。

①软件代码   ②文档   ③数据

    A. ①②   B. ①③   C. ②③   D. ①②③

2. 问答题

(1) 什么是软件测试?简述其目的与原则。

(2) 软件测试阶段是如何划分的?

（3）简述软件测试过程。

（4）"软件测试能够保证软件的质量"这句话对吗？软件测试和软件质量之间是什么关系？

（5）简述软件开发进程与测试进程的关系。

（6）什么是回归测试？什么时候进行回归测试？

第2章

离散数学和图论基础

【本章要点】

- 与软件测试相关的离散数学基础知识；

- 图的表示和相关定义；

- 程序图、有限状态机和状态图在软件测试中的作用。

【本章目标】

- 掌握有关测试的一些数学知识，包括集合、函数和图论基础等；

- 理解并掌握图的表示方法和相关定义；

- 理解并能够应用程序图、有限状态机和状态图在不同层次上描述软件系统。

正如软件开发过程是一个需要逻辑思维的过程一样，软件测试也同样需要掌握和使用一些数学描述和分析的方法。这些数学知识就是使用的工具，借助这些工具才能使测试工作更严谨、精确和高效。本章将介绍一些用于测试的数学基础知识。

一般而言，在功能性测试中，通常要用到离散数学知识，而在结构性测试领域中，则要用到一些关于图论的知识。

2.1 集合论

集合对于大家并不陌生，在中学、大学都学过关于集合的知识。集合论可分为：自然和不言自明两种。自然的集合论把集合看作是基本术语，可把集合看作一个单位，或一个整体。

例如，引入正好有 30 天的月份，应用集合论的表示法可以写成：$M_1 = \{4\ 月, 6\ 月, 9\ 月, 11\ 月\}$ 读作"M_1 是元素为 4 月、6 月、9 月、11 月的集合"。

对于集合必须注意以下几点：

① 集合的元素是确定的，对于集合，任一元素或属于此集合或不属于此集合，两者必居其一。若一元素是集合成员，用 $\in$ 表示，若不是集合成员，则用 $\notin$ 表示；如 4 月 $\in M_1$，12 月 $\notin M_2$。

② 集合中的每个元素均不相同，即 $\{4\ 月, 6\ 月, 9\ 月, 11\ 月\}$ 与 $\{4\ 月, 6\ 月, 6\ 月, 9\ 月, 11\ 月\}$ 是一样的。

集合的表示法有以下三种。集合 M_1 由 4 月,6 月,9 月,11 月组成,可写成 $M_1=$ {4 月,6 月,9 月,11 月},这种将集合所有元素一一列出的表示法叫做"枚举法",但有时也可以只列出一部分元素,可以通过分辨出规则推出其余的部分,如 $M_1=$ {1 月,2 月,3 月,4 月…} 表示全体月份的集合。列出方法只适合少量元素的集合,或元素符合某种明显模式的集合。

集合还可以有另外一种方法表示,就是用一个集合所具有的共同性质来刻画这个集合,如:

$$N = \{t : t \text{ 是等边三角形}\}$$

这种使用决策规则的方法的主要缺点是逻辑上太复杂,尤其是当采用谓词演算时。而且当决策规则引用自己的时候会出现循环问题,如著名的理发师问题:{是为所有不刮自己的胡子的人刮胡子的人},但是测试人员很少使用自引用。

对于集合元素的个数没有任何限制,它可以是有限个或无限个。一个集合若由有限个元素组成,则叫作有限集;一个集合由无限个元素组成,则叫作无限集。特别地,对于元素个数为零的集合叫作空集,用 $\varnothing$ 表示。空集在集合论中有重要的位置,空集不包含元素。空集是唯一的,而 $\varnothing$、{$\varnothing$}、{{$\varnothing$}} 都是不同集合。如果集合被决策规则定义为永远失败,那么该集合就是空集。

集合论的表示能力主要表现在集合基本操作上:并、交和补。

定义:

由集合 A、B 所有元素合并组成的集合,叫作集合 A 与 B 的并集,记作 $A \bigcup B$;

由集合 A、B 所有的公共元素组成的集合,叫作 A 与 B 的交集,记作 $A \bigcap B$;

由集合 A、B 中所有属于 A 而不属于集合 B 的元素叫作集合 A 对集合 B 的差集,记作 $A-B$;

集合 A 的补集可定义为:$\wedge A = E - A$;

还可以由差集定义对称差:

集合 A、B 的对称差(或叫布尔和)$A+B$ 可定义为:$A+B=(A-B) \bigcup (B-A)$

使用集合操作通过现有集合构建新集合,又定义了集合之间的关系来确定新集合和老集合之间的关联方式。给定两个集合 A、B,可定义三种基本集合关系:

定义:

A 是 B 的子集,记作 $A \subseteq B$,当且仅当 $a \in A => a \in B$。

A 是 B 的真子集,记作 $A \subset B$,如果 $A \subseteq B$ 且存在 b,使得 $b \in B$ 但 $b \notin A$ 则称 A 是 B 的真子集。

A 和 B 是相等集合,记作 $A=B$,当且仅当 $A \subseteq B \bigcap B \subseteq A$。

集合的一个划分是一种非常特殊的情况,对于测试人员非常重要。"划分"的含义就是将一个整体分成小块,使得所有事物都在某个小块中,不会遗漏。

定义:

给定集合 B,以及 B 的一组子集 A_1、$A_2 \cdots A_n$,这些子集是 B 的一个划分,当且仅当:$A_1 \bigcup A_2 \bigcup \cdots \bigcup A_n = B$,且 $i \neq j => A_i \bigcap A_j = \varnothing$

由于一个划分是一组子集,因此常常把单个子集看作是划分的元素。

"划分"的定义对于测试人员非常重要，一方面保证 B 的所有元素都在某个子集中，另一方面保证任意一个元素都不在两个子集中。

由于划分的两个界定性质会产生重要保证：完备性和无冗余性，因此划分的概念对于测试人员很有用。当研究功能性测试时，可看到功能性测试的固有弱点是漏洞和冗余性：很可能有些内容没有被测试，而另外一些内容被测试多次。功能性测试的一个主要困难就是难以找到合适的划分。

2.2 函数

在数学领域，函数是一种关系，这种关系使一个集合中的每一个元素对应到另一个（可能相同的）集合中的唯一元素。函数的概念对于数学和数量学的每一个分支来说都是最基础的。函数是软件开发和测试的核心概念，所有功能性测试的基础都是函数。

简而言之，函数是将唯一的输出值赋予每一输入的"法则"。这一"法则"可以用函数表达式、数学关系，或者一个将输入值与输出值对应列出的简单表格来表示。函数最重要的性质是其决定性，即同一输入总是对应同一输出（注意，反之未必成立）。从这种视角，可以将函数看作"机器"或者"黑盒"，它将有效的输入值变换为唯一的输出值。通常将输入值称作函数的参数，将输出值称作函数的值。

任何程序都可以看作是将其输入与其输出关联起来的函数。用数学公式表示函数，输入是函数的定义域，输出是函数的值域。定义：

给定的集合 A 和 B，函数 f 是 $A \times B$ 的一个子集，使得对于 a_i、$a_j \in A$，b_i、$b_j \in B$，对于 $f(a_i) = b_i$，$f(a_j) = b_j$，若 $b_i \neq b_j$ 则推出 $a_i \neq a_j$。

在上面的定义中，输入值的集合 A 称为 f 的定义域；可能的输出值的集合 B 称为 f 的对映域。函数的值域是指定义域中全部元素通过映射 f 得到的实际输出值的集合。注意：把对映域称作值域是不正确的，函数的值域是函数的对映域的子集。

计算机科学中，参数和返回值的数据类型分别确定了子程序的定义域和值域。因此定义域和值域是函数一开始就确定的强制约束。另一方面，值域和实际的实现有关。

函数分以下几种类型：

单射函数，将不同的变量映射到不同的值。即若 x 和 y 属于定义域，则仅当 $x = y$ 时有 $f(x) = f(y)$。

满射函数，其值域即为其对映域。即对映射 f 的对映域中的任意 y，都存在至少一个 x 满足 $f(x) = y$。

双射函数，既是单射的又是满射的，也叫一一对应。双射函数经常被用于表明集合 X 和 Y 是等势的，即有一样的基数，如果在两个集合之间可以建立一个一一对应，则说这两个集合等势。

所有这些对于测试很重要。单射函数和满射函数，意味着基于定义域还是基于值域的功能性测试，一对一函数要求比多对一函数要多得多的测试。

复合函数在软件开发中有着很多实践。假设一个函数的值域是另一个函数的定义域：

$$f: A \rightarrow B$$
$$g: B \rightarrow C$$
$$h: C \rightarrow D$$

设 $a \in A$、$b \in B$、$c \in C$、$d \in D$，并且 $f(a)=b$、$g(b)=c$、$h(c)=d$，则函数 g 和 f 的复合为：

$$h. g. f(a) = h(g(f(a))) = h(g(b)) = h(c) = d$$

由于复合函数会出现的定义域/值域兼容性的问题可能会对测试人员造成困扰。对于测试人员有帮助的一面是，对于给定函数，其逆函数充当某种"交叉检查"，而这常常可以加快功能性测试用例的标识。

2.3 关系

现实世界中，任何两个或多个事物之间总是存在这样或那样的联系，在逻辑学中称这种联系为关系。通俗地讲，关系就是客观世界一定范围的对象之间的某种特定联系。

函数是关系的一种特例：两者都是某个笛卡儿积的子集，对于函数我们规定定义域元素不能与多个值域元素关联，"函数"意味着事物之间存在着某种确定的关系表示。并不是所有关系都严格地是函数，如果将学生和老师的关系看作是学生集合与老师集合之间的映射，一名学生可以有多名老师教授不同学科的知识，一名老师又可以教授多名学生，这是一种多对多的映射。而函数与关系都是以集合论为基础的。

1. 集合之间的关系

定义：

给定两个集合 A 和 B，关系 R 是笛卡儿积 $A \times B$ 的一个子集。

如果希望描述整个关系，则通常只写 $R \subseteq A \times B$。对于特定元素 $a_i \in A$、$b_i \in B$，记作 $a_i R b_i$。

2. 关系的表示

关系表示事物之间的某种联系，二元关系表示两个事物之间的关系，如果把这两个事物分别放在一边，如果某两个元素有关系，那么就在它们之间画一条有向线，用这种方式表示关系，称作关系图，其具体画法如下：

（1）集合 A 和 B 中的每个元素 x 都用一个圆圈表示，该圆圈称作关系图的节点。

（2）如果 xRy，那么用一条带箭头的有向直线或弧线连接起来，方向由 x 指向 y。

（3）如果 $A=B$，对于 xRx，在节点 x 上有一条以自己为起点和终点的自回路。

这里必须对"势"进行解释。势在用于集合时，是指集合中的元素的个数。由于关系也是集合，因此可以期望关系的势是指有多少有序对偶在集合 $R \subseteq A \times B$ 中。但是，实际上并非如此。

定义：

给定两个集合 A 和 B，一个关系 $R \subseteq A \times B$，关系 R 的势是：

· 一对一势，当且仅当 R 是 A 到 B 的一对一函数；

- 多对一势,当且仅当 R 是 A 到 B 的多对一函数;
- 一对多势,当且仅当至少有一个元素 $a \in A$ 在 R 中的两个有序对偶中,即 $(a, b_i) \in R$ 和 $(a, b_j) \in R$;
- 多对多势,当且仅当至少有一个元素 $a \in A$ 在 R 中的两个有序对偶中,即 $(a, b_i) \in R$ 和 $(a, b_j) \in R$。并且至少有一个元素 $b \in A$ 在 R 中的两个有序对偶中,即 $(a_i, b) \in R$ 和 $(a_j, b) \in R$。

函数映射到值域上或值域中之间的差别可以与关系类比,这就是参与概念。

定义:

给定两个集合 A 和 B,一个关系 $R \subseteq A \times B$,关系 R 的参与是:

- 全参与,当且仅当 A 中的所有元素都在 R 的某个有序对偶中;
- 部分参与,当且仅当 A 中有元素都不在 R 的某个有序对偶中;
- 上参与,当且仅当 B 中的所有元素都在 R 的某个有序对偶中;
- 中参与,当且仅当 B 中有元素都不在 R 的某个有序对偶中。

通俗地说,如果它适用于 A 的每个元素则关系是全参与;如果它不适用于 A 的所有元素则关系是部分参与。描述这种差别的另一种方式是强制参与和可选参与。类似地,如果它适用于 B 的每个元素,关系是上参与;如果它不适用于 B 的所有元素,关系是中参与。全参与/部分参与和上参与/中参与都具有平行性。平行集合就是要求在关系上有方向,但是事实上不需要这种方向性。也许是因为笛卡儿乘积是由有序对偶组成,明显地拥有第一和第二元素。

这里再了解一下,有三个或更多集合组成的关系,这种关系比笛卡儿乘积复杂得多。有三个集合 A、B、C,以及一个关系 $R \subseteq A \times B \times C$。希望关系严格地定义在三个元素上,还是定义在一个元素和一个有序对偶上。由此,还会涉及势和参与的定义。对于参与来说是直接而简明的,但是势是二元性质的。这就需要对此有充分、细致的考虑。在测试过程中,期望对测试用例和规格说明,可以实现对偶之间有某种形式的全参与。

测试人员需要理解关系的定义,关系的定义直接与被测软件性质有关。在基于输出的功能测试中,就有必要了解上参与和中参与的差别。

3. 单个集合上的关系

这里要接触两个比较重要的关系——排序关系和等价关系。二者的共同点是都定义在单个集合上,均使用了关系的具体性质。

首先,对关系进行定义。设 A 是一个集合,$R \subseteq A \times A$ 是定义在 A 上的一个关系,$\langle a, a \rangle$、$\langle a, b \rangle$、$\langle b, a \rangle$、$\langle b, c \rangle$、$\langle a, c \rangle \in R$。关系具有四个特殊属性:

关系 $R \subseteq A \times A$ 是:

- 自反的,当且仅当所有 $a \in A$,$\langle a, a \rangle \in R$。
- 对称的,当且仅当 $\langle a, b \rangle \in R \Rightarrow \langle b, a \rangle \in R$。
- 反对称的,当且仅当 $\langle a, b \rangle$、$\langle b, a \rangle \in R \Rightarrow a = b$。
- 传递的,当且仅当 $\langle a, b \rangle$、$\langle b, c \rangle \in R \Rightarrow \langle a, c \rangle \in R$。

排序关系有方向,简单地像 $\leqslant$、$\geqslant$、$\Rightarrow$,等等。自反性就是"不比……小","不比……大"。排序关系在软件中常常会用到,比如在数据库、数据结构中就有涉及。常见的排序关系的应用有数据访问、树状结构和数组。

给定集合的幂集合,是给定集合的所有子集的集合。集合 A 的幂集合记作 $P(A)$。子集关系 $\subseteq$ 是 $P(A)$ 上的一种排序关系,因为它是自反的,任何集合都是其自身的一个子集。它同时也是反对称的,就是说集合本身是相等的,并且它还是传递的。

等价关系也是常见的关系:相等和重叠就是两个等价关系。假设有集合 B 上的某个划分 A_1、$A_2 \cdots A_n$,我们说 B 的两个元素 b_1 和 b_2 是相关的(即 $b_1 R b_2$),如果 b_1 和 b_2 是在相同的划分元素中。这个关系是自反的(任何元素都在其自己的划分中)、是对称的(如果 b_1 和 b_2 是在某个划分元素中,那么 b_2 和 b_1 也是在这个划分元素中)、是传递的(b_1 和 b_2 是在同一个集合中,b_2 和 b_3 也在同一个集合中,则 b_1 和 b_3 在同一个集合中)。通过划分定义的关系叫作由划分归纳的等价关系。反之,如果从定义在一个集合上的等价关系开始,则可以根据与该等价关系相关的元素定义子集。这就是划分,叫作由等价关系归纳的划分。这种划分中的集合叫作等价类。最终结果是划分和等价关系可以相互交换,这一点对于测试人员来说是很重要的概念。划分有两个性质,即完备性和无冗余性。在测试领域中,划分的两个性质是对软件测试的广度的最好的证明。不仅如此,只测试等价类中的一个元素,并假设剩余的元素有类似的测试结果,可大大提高测试效率。

2.4 命题逻辑

命题对于命题逻辑来说是一个原始的概念,不能在命题逻辑的范围内给出它的精确定义,只能描述它的性质。命题也是基本术语,像集合一样不能定义。凡是能分辨其真假的语句都叫作命题。而且命题是无歧义的,命题就是要么是真要么是假的,给定一个语句,总能确定命题的真假。命题必须为陈述句,不能为疑问句、祈使句、感叹句等。

通常采用小写字母 p、q 和 r 表示命题。命题逻辑有着和集合论相似的操作,表达式和标识。命题的真值只有两种,T 代表真,而 F 代表假。

不能分成更简单的陈述句的命题为简单命题或原子命题,否则称为复合命题。复合命题使用命题联结词联结简单命题而得到。三种基本的逻辑操作符是与($\wedge$)、或($\vee$)、非($\neg$)。这些操作符有时又叫作合取、析取和非。非是唯一的一元逻辑操作符,其他都是二元操作符。联结词的定义如下:

- 设 p 是任意命题,复合命题"非 p"称为 p 的否定(非),记为 $\neg p$。
- 设 p 和 q 是任意命题,复合命题"p 且 q"称为 p 和 q 的合取(与),记为 $p \wedge q$。
- 设 p 和 q 是任意命题,复合命题"p 或 q"称为 p 和 q 的析取(或),记为 $p \vee q$。
- 复合命题与简单命题之间的真值关系如表 2-1 所示,其中 0 代表假,1 代表真。
- 设 p 和 q 是任意命题,复合命题"如果 p 则 q"称为 p 单条件 q,记为 $p \rightarrow q$。
- 设 p 和 q 是任意命题,复合命题"p 当且仅当 q"称为 p 与 q 的双条件,记为 $p \leftrightarrow q$。

$p \vee q$ 的逻辑关系是 $p \vee q$ 为真当且仅当 p 和 q 中至少有一个为真。但自然语言中的"或"既可能具有相容性,也可能具有排斥性。命题逻辑中采用了"或"的相容性。

表 2-1　简单命题和复合命题真值表

p	q	$\neg p$	$p \wedge q$	$p \vee q$	$p \rightarrow q$	$p \leftrightarrow q$
1	1	0	1	1	1	1
1	0	0	0	1	0	0
0	1	1	0	1	1	0
0	0	1	0	0	1	1

　　命题公式的真值只与命题公式中所出现的命题变量的真值赋值有关,如果命题公式中含有 n 个命题变量,则对这些命题变量的真值赋值共有 $2n$ 种不同情况,可通过一个表,列出在这所有情况下命题公式的真值,这种表称为该命题公式的真值表。给定一个逻辑表达式,总能通过由括号确定的顺序"构造出"真值表来,如表达式$((p \vee q) \rightarrow ((\neg p) \leftrightarrow (q \wedge r)))$具有以下真值表(见表 2-2)。

表 2-2　命题公式的真值表

p	q	r	$(p \vee q)$	$(\neg p)$	$(q \wedge r)$	$((\neg p) \leftrightarrow (q \wedge r))$	$((p \vee q) \rightarrow ((\neg p) \leftrightarrow (q \wedge r)))$
0	0	0	0	1	0	0	1
0	0	1	0	1	0	0	1
0	1	0	1	1	0	0	0
0	1	1	1	1	1	1	1
1	0	0	1	0	0	1	1
1	0	1	1	0	0	1	1
1	1	0	1	0	0	1	1
1	1	1	1	0	1	0	0

　　设 A 为任意命题公式:

　　(1) 如果命题公式 A 在任意的真值赋值函数下的取值都为 1,则称 A 为永真式(tautology)(或称重言式);

　　(2) 如果命题公式 A 在任意的真值赋值函数下的取值都为 0,则称 A 为矛盾式(contradiction);

　　(3) 如果命题公式 A 不是矛盾式,则称 A 为可满足式。

　　下面讨论逻辑等价。具有相同的真值表的两个逻辑表达式,不管基本命题取什么真值,这些表达式都永远具有相同的真值,定义为:

　　两个命题 p 和 q 是等价的(记作 $p \Leftrightarrow q$),当且仅当真值表相同。"当且仅当"有时记作双向条件,因此,命题 p 当且仅当 q 实际上是$(p \rightarrow q) \wedge (q \rightarrow p)$,记作 $p \leftrightarrow q$。所以也可以这样定义:

　　设 p、q 是两个命题公式,如果 $p \leftrightarrow q$ 是永真式,则称命题公式 p 和 q 是等价的,记作 $p \Leftrightarrow q$。

使用真值表,不难证明下面的定理:

【定理】 设 p、q、r 是任意的命题公式,有

① 双重否定律:$p \Leftrightarrow (\neg(\neg p))$。

② 等幂律:$p \Leftrightarrow (p \vee p)$,$p \Leftrightarrow (p \wedge p)$。

③ 交换律:$(p \vee q) \Leftrightarrow (q \vee p)$,$(p \wedge q) \Leftrightarrow (q \wedge p)$。

④ 结合律:$((p \vee q) \vee q) \Leftrightarrow p(\vee(q \vee q))$,$((p \wedge q) \wedge q) \Leftrightarrow p \wedge (q \wedge q))$。

⑤ 分配律:$(p \vee (q \wedge C)) \Leftrightarrow (p \vee q) \wedge (p \vee C))$,$(p \wedge (q \vee r)) \Leftrightarrow ((p \wedge q) \vee (p \wedge r))$。

⑥ 德摩根律:$(\neg(p \vee q)) \Leftrightarrow ((\neg p) \wedge (\neg q))$,$(\neg(p \wedge q)) \Leftrightarrow ((\neg p) \vee (\neg q))$。

⑦ 吸收律:$(p \vee (p \wedge q)) \Leftrightarrow p(p \wedge (p \vee q)) \Leftrightarrow p$。

⑧ 零律:$(p \vee 1) \Leftrightarrow 1$,$(p \wedge 0) \Leftrightarrow 0$。

⑨ 同一律:$(p \vee 0) \Leftrightarrow p$,$(p \wedge 1) \Leftrightarrow p$。

⑩ 排中律:$(p \vee (\neg p)) \Leftrightarrow 1$。

⑪ 矛盾律:$(p \wedge (\neg p)) \Leftrightarrow 0$。

⑫ 蕴涵等值式:$(p \rightarrow q) \Leftrightarrow ((\neg p) \vee q)$。

⑬ 等价等值式:$(p \leftrightarrow q) \Leftrightarrow ((p \rightarrow q) \wedge (q \rightarrow p))$。

⑭ 假言易位:$(p \rightarrow q) \Leftrightarrow ((\neg q) \rightarrow (\neg p))$。

⑮ 等价否定等值式:$(p \leftrightarrow q) \Leftrightarrow ((\neg p) \leftrightarrow (\neg q))$。

⑯ 归谬论:$((p \rightarrow q) \wedge (p \rightarrow (\neg q))) \Leftrightarrow (\neg p)$。

上述定理中的 0 代表真值为 0 的任意命题常量,而 1 代表真值为 1 的任意命题常量。

2.5 概率论

在研究软件测试时,如研究语句执行特定路径概率的时候,需要使用概率论。在此,介绍概率论的初步知识和测试中用到的一些概念。

概率论作为一门数学分支,它所研究的内容一般包括随机事件的概率、统计独立性和更深层次上的规律性。

概率是随机事件发生的可能性的数量指标。在独立随机事件中,如果某一事件在全部事件中出现的频率,在更大的范围内比较明显的稳定在某一固定常数附近,就可以认为这个事件发生的概率为这个常数。对于任何事件的概率值一定介于 0 和 1 之间。

这里从基本概念开始讨论,即事件的概率。

事件的概率是指结果可能性相等的有限样本空间 S 中的事件 E 的概率,就是 $p(E) = |E|/|S|$。

这个定义依赖输出结果的经验,样本空间是所有可能结果的集合,事件是结果的子集。作为测试人员,关心发生的事情,把这些事情叫作事件,并说所有事件的集合是论域空间。接下来,用命题定义事件,使得命题能够引用论域空间中的元素。现在,对于某个论域空间 U 和某个关于 U 的元素的命题 p,有以下定义:

命题 p 的真值集合 T 记作 $T(p)$,是 p 为真的论域空间 U 中的所有元素的集合。

命题要么是真,要么是假,因此命题 p 将论域空间划分为两个子集,即 $T(p)$ 和

$(T(p))'$,二者的并集为 U。$(T(p))'$ 即为 $T(\neg p)$,命题 p 为真的概率记作 $\Pr(p)$。

下面给出有关概率的一些定理,这些定理涉及给定论域空间、命题 p 和 q,真值集合 $T(p)$ 和 $T(q)$:

(1) $\Pr(\neg p)=1-\Pr(p)$

(2) $\Pr(p \wedge q)=\Pr(p) \times \Pr(q)$

(3) $\Pr(p \vee q)=\Pr(p)+\Pr(q)-\Pr(p \wedge q)$

以上定理结合了集合论和命题恒等式,为操作概率表达式提供了强有力的代数能力。

有一类随机事件,它具有两个特点:第一,只有有限个可能的结果;第二,各个结果发生的可能性相同。具有这两个特点的随机现象叫作"古典概型"。

在客观世界中,存在大量的随机现象,随机现象产生的结果构成了随机事件。如果用变量来描述随机现象的各个结果,就叫作随机变量。

随机变量有有限和无限的区分,一般又根据变量的取值情况分成离散型随机变量和非离散型随机变量。一切可能的取值能够按一定次序一一列举,这样的随机变量叫作离散型随机变量;如果可能的取值充满了一个区间,无法按次序一一列举,这种随机变量就叫作非离散型随机变量。

2.6 用于测试的图

图论是拓扑学的一个分支,它以图为研究对象,研究节点和边组成图形的数学理论和方法。图论中的图是由若干给定的点及连接两点的边所构成的图形,这种图形通常用来描述某些事物之间的某种特定关系,用点代表事物,用连接两点的边表示相应两个事物间具有这种关系。

测试中使用两种基本图:无向图和有向图。而后者是前者的特例,首先介绍无向图,之后讨论有向图时就可以继承很多概念。

这里给出一些概念。

2.6.1 图

图(又叫作线性图)是一种由两种集合定义的抽象数据结构,即一个节点集合和一个构成节点之间连接的集合。图的更形式化的定义如下:

图 $G=(V,E)$ 由节点的有限(并且非空)集合 V 和节点无序对偶集合 E 组成。

$$V = \{n_1, n_2, \cdots, n_m\} \quad 和 \quad E = \{e_1, e_2, \cdots, e_p\}$$

其中,每条边 $e_k=\{n_i, n_j\}$,n_i、$n_j \in V$。

节点有时又叫作顶点,边有时又叫作弧,有时又把节点叫作弧的端点。通常用圆圈表示节点,用节点对之间的连线表示边。通常把节点看作程序语句,用各种边表示控制流或定义/使用关系。

定义 1 节点的度:图中节点的度是以该节点作为端点的边的条数。

定义 2 关联矩阵:拥有 m 个节点和 n 条边的图 $G=(V,E)$ 的关联矩阵是 $m \times n$ 矩阵,其中第 i 行第 j 列的元素是1,当且仅当节点 i 是边 j 的一个端点,否则该元素是0(见表2-3)。

表 2-3　图 2-1 的关联矩阵

	e_1	e_2	e_3	e_4	e_5
n_1	1	1	0	0	0
n_2	1	0	0	0	0
n_3	0	1	1	1	0
n_4	0	0	1	0	0
n_5	0	0	0	1	1
n_6	0	0	0	0	1

定义 3　相邻矩阵:拥有 m 个节点和 n 条边的图 $G=(V,E)$ 的相邻矩阵是 $m \times m$ 矩阵,其中第 i 行第 j 列的元素是1,当且仅当节点 i 和节点 j 之间存在一条边,否则该元素是0。

相邻矩阵是对称的(元素 i、j 永远等于元素 j,i),行的和是节点的度(与关联矩阵一样)(见表2-4)。

表 2-4　图 2-1 中图的相邻矩阵

	n_1	n_2	n_3	n_4	n_5	n_6
n_1		1	0	0	0	0
n_2	1	0	0	0	0	0
n_3	1	0	0	1	1	0
n_4	0	0	1	0	0	0
n_5	0	0	1	0	0	1
n_6	0	0	0	0	1	0

定义 4　路径。路径是一系列的边,对于序列中的任何相邻边对偶 e_i、e_j,边都拥有相同的(节点端点)(见表2-5)。

表 2-5　图 2-1 的一些路径

路　　径	节点序列	边序列
n_1 和 n_4 之间	n_1,n_3,n_4	e_2,e_3
n_2 和 n_4 之间	n_2,n_1,n_3,n_4	e_1,e_2,e_3
n_1 和 n_6 之间	n_1,n_3,n_5,n_6	e_2,e_4,e_5

定义 5　连接性:节点 n_i 和 n_j 是被连接的,当且仅当它们都在同一条路径上。

定义 6　图的组件:是相连节点的最大集合。

图 2-1 中的图有 1 个组件：$\{n_1, n_2, n_3, n_4, n_5, n_6\}$

定义 7 圈数，图 G 的圈数由 $V(G) = e - n + p$ 给出，其中：

- e 是 G 中的边数，n 是 G 中的节点数。
- p 是 G 中的组件数。
- $V(G)$ 是图中不同区域的个数。

图 2-1 中图的圈数 $V(G) = 5 - 6 + 1 = 0$

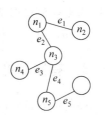

图 2-1 有 6 个节点和 5 条边的图

在软件测试领域，适合使用的图主要有程序图、有限状态机、状态图。程序图主要用于单元测试层次，有限状态机和状态图则适合用来描述系统级行为，当然也可以用于较低层次的测试。

2.6.2 程序图

程序图是图论在软件测试中最常见的使用。程序图的传统定义：节点是程序语句，边表示控制流（从节点 i 到节点 j 有一条边，当且仅当对应节点 j 的语句可以立即在节点 i 对应的语句之后执行）。经过改进的程序图定义：节点要么是整个语句，要么是语句的一部分，边表示控制流（从节点 i 到节点 j 有一条边，当且仅当对应节点 j 的语句或语句的一部分，可以立即在节点 i 对应的语句或语句的一部分之后执行）。程序的有向图公式化能够非常准确地描述程序的测试方面的问题。基本结构化程序设计的构造，例如，串行、选择和循环可以用如图 2-2 所示的有向图表示。

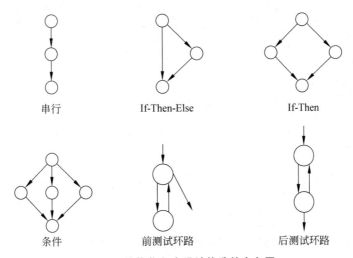

串行　　　　If-Then-Else　　　　If-Then

条件　　　　前测试环路　　　　后测试环路

图 2-2 结构化程序设计构造的有向图

当把这些构造用于结构化程序中，对应的图要么是嵌套的，要么是压缩的。但是单入口、单出口的评判准则要求在程序图中有唯一的原节点和唯一的汇节点。事实上，非结构化的"空心节点"会产生非常复杂的程序图。例如，GoTo 语句会引入边，当 GoTo 语句用于跳入或跳出循环时，所产生的程序图甚至更复杂。在这个方面最早进行研究的学者之一是 Thomas McCabe，他把图的圈数作为程序复杂度现已成为普遍采用的指标。当执行程序时，所执行的语句构成程序图中的一条路径。环路和判断大大增加了可能的路径数。

因此，需要在测试时适当缩减路径数目，如让循环只做一次或二次。

测试时，对于注释和数据说明语句等非执行语句可以不考虑。

2.6.3　有限状态机

有限状态机已经成为一种相当标准的表示需求规格说明的方法。所有结构化分析的实时扩展，都要使用某种形式的有限状态机，并且几乎所有形式的面向对象分析也都要使用有限状态机。有限状态机是一种有向图，其中状态是节点，转移是边。源状态和吸收状态是初始节点和终止节点，路径被建模为通路，等等。大多数有限状态机表示方法都要为边（转移）增加信息，以指示转移的原因和作为转移的结果要产生的操作。

图 2-3 是一个简单的自动柜员机（SATM）系统，该图描述了用于个人标识编号 PIN尝试部分的有限状态机，它包含 5 个状态（空闲、等待第一次 PIN 尝试等）和 8 个用边表示的转移。转移上的标签所遵循的规则是，"分子"是引起转移的事件，"分母"是与该转移关联的操作。事件是必须给出的，即转移不能无缘由的发生，但是可以没有操作。有限状态机是表示可能发生的各种事件，以及发生不同结果的简单方法。客户只能有三次机会输入正确的 PIN 数字。假设第一次输入不正确，系统会采取输出操作，并做出相应的提示。如果输入的 PIN 不正确，则机器会进入一个不同的状态，等待第二次尝试。第二次PIN 尝试状态转移时的事件和操作，与第一次转移的事件和操作相同。

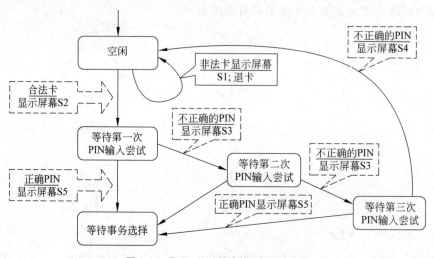

图 2-3　用于 PIN 尝试的有限状态机

有限状态机可以执行，但是首先要定义一些约定，一条约定是活动状态的概念。我们说系统"处于"一定状态，如果系统被建模为有限状态机，则活动状态是指"我们所处"的状态。另一条约定是，有限状态机可能有一个初始状态，即最初进入该有限状态机时是活动的状态。

在任何时间一次只能有一个状态是活动的。还可以把转移看作是瞬间发生，引起转移的事件也是一次发生一个。为了执行有限状态机，要从初始状态开始，并提供引起状态转换的事件序列。每次事件发生时，转移都会改变活动状态，并发生新的事件。通过这种方式,一系列事件就会选择通过有限状态机的状态路径(也就是与之等效的转移)。

2.6.4 状态图

David Harel 在开发状态图表示法时有两个目标:他要将维恩图描述层次结构的能力以及有向图描述连接性的能力结合在一起,开发出一种可视化标示法(Harel,1998)。结合到一起,这些能力为一般有限状态机的"状态爆炸"问题提供了一种理想的答案。所产生的结果是高度精巧和非常精确的标记,能够由商业化的 CASE 工具提供支持。著名的工具有 iLogix 公司的 StateMate 系统。状态图现在被 Rational 公司选为统一建模语言,即 UML 的控制模型。

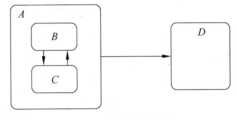

图 2-4 状态图的团点

Harel 使用与方法无关的术语"团点"表示状态图的基本构建块。团点可以像维恩图显示集合包含那样地包含其他团点。团点还可以像在有向图中连接节点一样地通过边连接其他团点。在图 2-4 中,团点 A 包含两个团点 B 和 C,通过边连接。团点 A 通过边与团点 D 连接。

根据 Harel 的意图,可以把团点解释为状态,把边解释为转移。完整的状态图支持一种精致的语言,定义转移如何发生和什么时候发生。状态图与一般有限状态机相比,能够以更精细的方式运行。执行状态图需要使用与 Petri 网标记类似的概念。状态图的"初始状态"由没有源状态的边表示,当状态嵌入在其他状态内部时,使用同样的方式显示低层初始状态。在图 2-5 中,状态 A 是初始状态,当进入到这个状态时,也进入低层状态 B。当进入某个状态时,可以认为该状态是活动的,这可与 Petri 网中的被标记地点类比。状态图工具采用色彩表示哪个状态活动的,并等效于 Petri 网中的标记地点。图 2-5 中有一些微妙的地方,从状态 A 转移到状态 D 初看起来是有歧义的,因为它没有区分状态 B 和 C。约定是,边必须开始和结束于状态的周围。如果状态包含子状态,就像图中的 A 一样,边会"引用"所有的子状态。因此,从 A 到 D 的边意味着转移可以从状态 B 或从状态 C 发生。如果有从状态 D 到状态 A 的边,如图 2-6 所示,则用 B 来表示初始状态这个事实,意味着转移实际上是从状态 D 到状态 B。这种约定可以大大减缓有限状态机向"空心代码"发展的趋势。

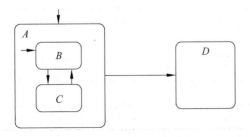

图 2-5 状态图中的初始状态

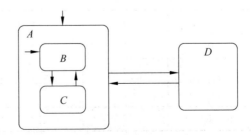

图 2-6 进入子状态的默认入口

最后要讨论的一个状态图的特性就是并发状态图概念。图 2-7 中状态 D 的虚线用于表示状态 D 实际上引用两个并发状态 E 和 F。Harel 的约定是将状态标签 D 移到该状态周边的矩形标号上。虽然这里没有显示出来，但是可以把 E 和 F 想象为并发执行的平行机器。由于从状态 A 出来的边在状态 D 的周边终止，因此当转移发生时，机器 E 和 F 都是活动的，即被标记的。

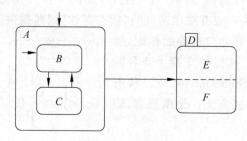

图 2-7　并发状态

本章小结

软件测试本身需要数学描述和分析工具，本章主要讨论了软件人员需要掌握的一些基本的离散数学和图论基础知识，读者可以在实际工作中使用这些工具在不同层次上描述软件系统。如可以在单元测试级别使用程序图来描述软件的程序结构；可以使用有限状态机和状态图来描述软件系统的行为。在进行软件测试的过程中可以借助这些工具进一步标识测试用例，并设计测试数据。

习题

1. 请列出下列集合中的所有元素：

(1) 大于 4 并小于 28 的所有素数的集合。

(2) 大于 38 并小于 60 的所有素数的集合。

2. 测试中常用的图有哪些？适用的场景分别是什么？

3. 完成下面的简单命题和复合命题真值表。

p	q	$\neg p$	$p \wedge q$	$p \vee q$	$p \to q$
0	1				
1	0				
0	0				
1	1				

第 3 章

白 盒 测 试

【本章要点】

- 白盒测试的概念；
- 逻辑覆盖测试；
- 常见的边界值类型；
- 基本路径的计算；
- 循环语句的处理；
- 程序插桩的方法。

【本章目标】

- 理解并掌握白盒测试的概念；
- 了解白盒测试和调试的异同；
- 理解并掌握各种白盒测试技术方法及其特点和适用情况。

3.1 白盒测试概述

在软件工程中，简单地说白盒测试就是一种用于检查代码是否按照预期工作的验证技术，又称结构测试(Structural Testing)、逻辑驱动测试(Logic-driven Testing)或基于程序的测试(Program-based Testing)。"白盒"是指可视的，"盒子"是指被测试的软件。所以说白盒测试是一种可视的测试软件的方法，即它把测试对象看作一个透明的盒子，测试人员要了解程序结构和处理过程，按照程序内部逻辑测试程序，检查程序中的每条通路是否按照预定要求工作。白盒测试的主要特点就是它主要针对被测程序的源代码，测试者可以完全不考虑程序的功能。白盒测试的过程如图 3-1 所示。

读者可能会问，用户在使用软件的过程中关心的只是软件的功能，为什么在软件测试的过程中要花费时间和精力来做白盒测试呢？

其中的一个原因就在于软件自身存在的缺陷：

(1) 逻辑错误和不正确假设与一条程序路径被运行的可能性成反比。当主要功能、条件或控制完成后，常常会在后续的工作中开始出现错误，设计者通常能够很好了解常用功能，但当处理特殊情况时则容易出现问题，并且难以被发现。

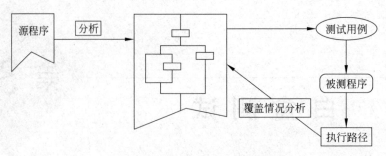

图 3-1　白盒测试过程示意图

（2）很多读者经常认为某条逻辑路径不可能被执行，但程序的逻辑流有时是和直觉不一致的，也就是说关于控制流和数据流的一些无意识的假设可能导致设计错误，此时只有路径测试才能发现这些错误。

（3）随机错误难以避免。把一个程序翻译为程序设计语言源代码后，有可能产生某些笔误，虽然语法检查机制能够发现很多错误。但是，还有一些错误只有在测试开始时才能发现。而错误在每个逻辑路径上出现的几率是一样的。

另外一个原因就在于功能测试本身的局限性。简单地说，如果程序实现了没有被描述的行为，功能测试是无法发现的（病毒就是这样一个例子），这将会给软件带来隐患，而白盒测试就能够发现这样的缺陷。正如 Beizer 所说："错误潜伏在角落里，聚集在边界上。"相对而言白盒测试能够更容易地发现它。

白盒测试方法大体可分为静态分析和动态测试。但是，白盒测试的用例设计技术有多种，在稍后的章节中将会作具体介绍。那么，在对被测软件进行白盒测试时，主要对程序进行哪些方面的检查呢？有如下几点：

（1）保证一个模块中的所有独立执行路径至少测试一次；

（2）对所有逻辑判定取值 true 和 false 的两种情况都至少测试一次；

（3）在循环边界和运行界限内执行循环体；

（4）测试内部数据结构的有效性。

在软件测试领域，有六种基本的测试类型：单元测试、集成测试、功能测试/系统测试、可接受性测试、回归测试和 Beta 测试。白盒测试可以用在其中的三种测试类型中。

1．单元测试

单元指的就是一个不能够再分割成其他组件的组件。那么单元测试就是对一组相关组件或单元的独立测试。软件工程师书写白盒测试用例的目的就是用来检查单元编码是否正确。单元测试是十分重要的，因为在单元与其他代码集成之前，它能够确保代码的可靠性。代码一旦同底层基代码集成到一起，就难以对所发现的软件缺陷进行定位。而且，因为是软件工程师自己书写和运行单元测试，软件公司常常不对单元测试过程中所发现的缺陷进行跟踪，也就是不公开单元测试的缺陷。因此，最好自己先找出错误，在还没有提交给测试人员之前先修复它。研究表明，大约有 65% 的缺陷可以在单元测试中发现。

2．集成测试

集成测试就是对集成到一起的软件组件和硬件组件进行的测试，用于评估这些组件之间能否进行正确的交互。书写集成测试用例的主要目的就是为了检查各种组件之间的接口。如果测试员能够很好地了解某个测试用例需要多个程序单元进行交互,那么在集成测试中可以使用黑盒测试用例。另外,测试员也可以书写白盒测试用例来检查他们所熟悉的各个单元接口。

3. 回归测试

回归测试是一种具有选择性的对系统或组件的重复测试,用来验证对软件所做的修改没有带来不良的影响,系统或组件仍然符合特定的需求。正如集成测试一样,回归测试既可以使用黑盒测试,也可以使用白盒测试,或者把二者组合起来进行测试。白盒的单元测试和集成测试用例都可以保存起来,作为回归测试的一部分重新运行。

在白盒测试过程中,我们必须使用预先确定的输入来运行代码以便检查程序的正确性,确保代码能够产生预期的输出。因此,程序员通常要书写桩模块和驱动模块进行白盒测试。驱动模块就是用于触发被测模块的一个软件模块,一般要提供测试输入、控制和监测并报告测试结果。最简单的形式就是使用一行能够调用一个方法的代码。例如,如果想移动球场上的一个运动员,驱动代码可能是这样,即 movePlayer(Player,diceRoll);这个驱动代码可能被主方法调用。而白盒测试用例将要执行这行驱动代码并且检查运动员的位置(如使用 player. getPosition()方法),以确保运动员现在处于运动场上的相应位置。桩模块就是能够代替软件模块的计算机程序语句,可以模拟实际组件行为的组件或对象。例如,若 movePlayer 方法还没有完成,那么就可以暂时使用下面所示的代码,把运动员移动到标识为 1 的位置。

```
Public void movePlayer(Player player,int diceValue){
Player.setPosition(1);}
```

当然,最后要由正确的程序逻辑来代替这个方法。但是,开发桩模块的程序员可以调用正在开发的代码中的方法,甚至是一个还没有规定预期行为的方法。桩模块和驱动模块通常被看作是随时可以抛弃的代码,但是可以通过填写这些代码来实现真正的方法,也可以把驱动模块作为自动化测试用例。

3.1.1 白盒测试与调试的异同

白盒测试与调试的最终目的都是让被测应用(AUT)可以正常安全地运行,都是保证软件质量过程的一个环节。那么,白盒测试和调试有哪些不同呢?

从承担的任务来看,白盒测试同其他类型测试一样,它的任务是发现所开发的项目中的缺陷;但是,调试不属于测试,其任务是纠正软件中的缺陷。

从最终的结果来看,白盒测试有预知的结果,不可预知的只是程序是否通过测试,并且成功测试的结果是发现错误的症状,从而引起调试的进行;而调试的结果是消除项目中的错误。

从执行的过程来看,软件测试只是发现程序中有错误的迹象,没有错误定位,也不需要找到出错原因;软件调试是根据测试报告的记录,在软件测试后纠正错误的工作,包括确定错误位置和修改错误。测试是一个发现错误、改正错误、重新测试的过程;而调试是一个推理过程。

从准备工作来看，测试从已知的条件开始，使用预先定义的程序；调试一般是以不可知的内部条件开始，做统一性调试。

从执行的计划性来看，测试是有计划的并要进行测试设计；而调试则不受时间约束。

测试的执行是有规程的；而调试的执行往往要求程序员进行必要推理以至知觉的"飞跃"。

从执行的人员来看，测试经常是由独立的测试组在不了解软件设计的条件下完成的，而调试必须由程序员来完成。

从所使用的工具来看，大多数白盒测试的执行和设计可由工具支持，而调试程序员能利用的工具主要是调试器。

3.1.2　白盒测试的分类

程序的结构形式是白盒测试的主要依据。程序结构主要用流程图 N-S 图来表示程序 的执行路径数目庞大，让程序的所有路径都执行一次是不可能的。对一个具有多重选择和循环嵌套的程序，有无数个不同的路径。如图 3-2 所示的一个小程序的流程图，它包括了一个执行 20 次的循环。包含的不同执行路径数达 5^{20} 条，对每一条路径进行测试需要 1 毫秒，假定一年工作 365×24 小时，要想把所有路径测试完，需 3170 年。

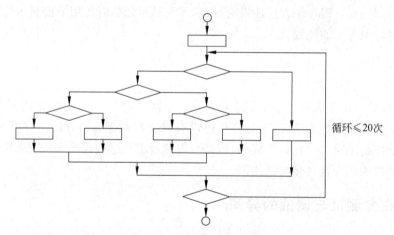

循环≤20次

图 3-2　循环程序流程图

由此可见，彻底的测试（穷举测试）是无法实现的。但是为了检查程序的正确性，每完成一个代码模块时，却需要设计一定的测试用例。因此，为了节省时间和资源，提高测试效率，就必须采用一些方法和技巧有选择地设计测试用例，以达到最佳的测试效果。白盒测试用例设计技术就是研究如何用最少的测试用例来最大限度地发现软件中的错误。常用测试用例设计方法有：

（1）逻辑覆盖测试；

（2）边界值测试；

（3）基本路径测试；

（4）循环语句测试；

（5）程序插桩测试；

（6）数据流测试；

（7）变异测试。

3.2 白盒测试用例设计技术

3.2.1 逻辑覆盖测试

结构测试是依据被测程序的逻辑结构设计测试用例，驱动被测程序运行完成的测试。结构测试中的一个重要问题是，弄清测试进行到什么程度才可以结束测试。可以根据实际情况并参考如下结构测试的覆盖准则进行决定。

1. 语句覆盖

例 3-1

```
IF((A>1)AND(B=0))THEN
    X=X/A
IF((A=2)OR(X>1))THEN
    x=x+1
```

上述程序段的流程图如图 3-3 所示。

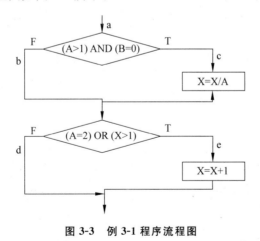

图 3-3 例 3-1 程序流程图

在测试时，首先设计若干个测试用例，然后运行被测程序，使程序中的每个可执行语句至少执行一次。如果选用的测试用例是：

```
A=2
B=0        CASE 1
X=3
```

则程序按路径 ace 执行。这样该程序段的 4 个语句均得到了执行，从而达到了语句覆盖。

如果选用的测试用例是：

```
A=2
B=1        CASE 2
X=3
```

则程序按路径 abe 执行。此时该程序段只执行了其中的 3 个语句，所以未达到语句覆盖。

从程序中每个语句都得到执行这一点来看，语句覆盖的方法似乎能够比较全面地检验每一个语句。但即使程序中每个语句都得到执行，也不能保证程序完全正确。

假如这一程序段中两个判断的逻辑运算有问题：第一个判断的运算符 AND 错成运算符 OR，或是第二个判断中的运算符 OR 错成了运算符 AND。这时仍使用测试用例 CASE 1，程序仍将按路径 ace 执行。这时虽然也达到了语句覆盖，却发现不了判断中逻辑运算的错误。

与其他几种逻辑覆盖比较起来，语句覆盖是比较弱的覆盖原则。达到了语句覆盖可能给人们一种心理的满足，以为每个语句都测试过，似乎可以放心了。其实这仍然是不十分可靠的。

语句覆盖在测试被测程序中，除去对检查不可执行语句有一定作用外，并没有排除被测程序包含错误的风险。这是因为被测程序并非语句的无序堆积，语句之间存在着许多有机的联系。

2. 判定覆盖

按判定覆盖准则进行测试是指，设计若干测试用例运行被测程序，使得程序中每个判断的取真分支和取假分支的情况至少经历一次，即判断的真假值均曾被满足。所以，判定覆盖又称为分支覆盖。

仍以上述程序段为例，若选用的两组测试用例分别是：

```
CASE 1        CASE 3
A=2           A=1
B=0           B=0
X=3           X=1
```

则可分别执行路径 ace 和 abd。从而使两个判断的 4 个分支 c、e 和 b、d 分别得到覆盖。

若选用另外两组测试用例：

```
CASE 4        CASE 5
A=3           A=2
B=0           B=1
X=3           X=1
```

则可分别执行路径 acd 和 abe。同样使两个判断的 4 个分支 c、e 和 b、d 分别得到覆盖。

上述两组测试用例不仅满足了判定覆盖，同时还达到了语句覆盖的目的。但是，在此程序段中的第 2 个判断条件 x>1 如果错写成 x<1，使用上述测试用例 CASE 5，照样能按原路径执行(abe)，而不影响结果。所以，判定覆盖只能达到判定覆盖仍无法确定判断内部条件的错误。

3．条件覆盖

条件覆盖是指设计若干测试用例,执行被测程序以后,要使每个判断中每个条件的可能取值至少满足一次。

在上述程序段中,第一个判断应考虑到:

A>1 取真值,记为 T_1;

A>1 取假值,即 A≤1 时,记为 $\overline{T}_1$;

B=0 取真值,记为 T_2;

B=0 取假值,即 B≠0 时,记为 $\overline{T}_2$

第二个判断应考虑到:

A=2 取真值,记为 T_3;

A=2 取假值,即 A≠2 时,记为 $\overline{T}_3$;

X>1 取真值,记为 T_4;

X>1 取假值,即 X≤1,记为 $\overline{T}_4$;

表 3-1 中给出了 3 个测试用例:CASE6、CASE7、CASE8,执行该程序段所走路径及覆盖条件。

表 3-1　条件覆盖测试用例 1

测试用例	A	B	X	路径	覆 盖 条 件
CASE6	2	0	3	ace	T_1,T_2,T_3,T_4
CASE7	1	0	1	abd	$\overline{T}_1,T_2,\overline{T}_3,\overline{T}_4$
CASE8	2	1	1	abe	$T_1,\overline{T}_2,T_3,\overline{T}_4$

从表 3-1 中可以看到,3 个测试用例把 4 个条件的 8 种情况均做了覆盖。

进一步分析后,可以发现这些测试用例在覆盖了 4 个条件的 8 种情况的同时,把两个判断的 4 个分支 b、c、d、e 似乎也覆盖了。这样是否可以说达到了条件覆盖,也实现了判定覆盖呢? 来分析另一种情况,假定选用两组测试用例是 CASE8 和 CASE9,执行程序段的覆盖情况如表 3-2 所示。

表 3-2　条件覆盖测试用例 2

测试用例	A	B	X	所走路径	覆盖分支	覆 盖 条 件
CASE8	1	0	3	abe	be	$\overline{T}_1,T_2,\overline{T}_3,T_4$
CASE9	2	1	1	abe	be	$T_1,\overline{T}_2,T_3,\overline{T}_4$

这一覆盖情况表明,覆盖条件的测试用例不一定覆盖了分支。事实上,它只覆盖了 4 个分支中的两个。为了解决这一矛盾,需要兼顾条件和分支覆盖的需求。

4．判定-条件覆盖

判定-条件覆盖要求设计足够的测试用例,使得判断中每个条件的所有可能至少出现一次,并且每个判断本身的判定结果也至少出现一次。

例子中两个判断各包含两个条件,这 4 个条件在两个判断中可能有 8 种组合:

(1) A>1,B=0 记为 $T_1 T_2$;

(2) A>1,B≠0 记为 $T_1 \overline{T_2}$;

(3) A≤1,B=0 记为 $\overline{T_1} T_2$;

(4) A≤1,B≠0 记为 $\overline{T_1} \overline{T_2}$;

(5) A=2,X>1 记为 $T_3 T_4$;

(6) A=2,X≤1 记为 $T_3 \overline{T_4}$;

(7) A≠2,X>1 记为 $\overline{T_3} T_4$;

(8) A≠2,X≤1 记为 $\overline{T_3} \overline{T_4}$。

这里设计了 4 个测试用例,用以覆盖上述 8 种条件组合,如表 3-3 所示。

表 3-3　判定-条件覆盖

测试用例	A	B	X	覆盖组合号	所走路径	覆盖条件
CASE1	2	0	3	(1)(5)	ace	T_1, T_2, T_3, T_4
CASE8	2	1	1	(2)(6)	abe	$T_1, \overline{T_2}, T_3, \overline{T_4}$
CASE9	1	0	3	(3)(7)	abe	$\overline{T_1}, T_2, \overline{T_3}, T_4$
CASE10	1	1	1	(4)(8)	abd	$\overline{T_1}, \overline{T_2}, \overline{T_3}, \overline{T_4}$

注意到,这一程序共有 4 条路径。以上 4 个测试用例固然覆盖了条件组合,同时也覆盖了 4 个分支,但仅覆盖了 3 条路径,却漏掉了路径 acd。前面讨论的多种覆盖准则,有的虽然提到了所走路径问题,但尚未涉及路径的覆盖,而能否全面覆盖路径在软件测试中仍是个重要问题,因为程序要取得正确的结果,就必须消除遇到的各种障碍,沿着特定的路径顺利执行。只有程序中每一条路径都进行了检验,才能说对程序进行了全面检验。

5. 路径覆盖

按路径覆盖要求进行测试是指设计足够多测试用例覆盖程序中所有可能的路径。

针对例 3-1 中的程序有 4 条可能路径

ace 记为 L1

abd 记为 L2

abe 记为 L3

acd 记为 L4

这里给出 4 个测试用例:CASE1、CASE7、CASE8 和 CASE11,使其分别覆盖这 4 条路径,见表 3-4。

表 3-4　路径覆盖

测试用例	A	B	X	覆盖路径
CASE1	2	0	3	ace
CASE7	1	0	1	abd
CASE8	2	1	1	abe
CASE11	3	0	1	acd

这里所用的程序很短,只有 4 条路径。在实际应用中一般不太复杂的程序,其路径数都是一个庞大的数字,要在测试中覆盖所有路径是不可能的。为解决这一难题只得把覆盖的路径数压缩到一定限度内,例如,只执行一次程序中的循环体。但即使对于路径数很有限的程序已经达到了路径覆盖,仍然不能保证被测程序的正确性。测试的目的并非要证明程序的正确性,而是要尽可能找出程序中的错误。确实并不存在一种十全十美的测试方法,能够发现所有的错误。想要在有限的时间内用有限的方法来发现所有的程序错误是不可能的,这涉及有关软件测试局限性的问题。

3.2.2　边界值分析

等价类划分和边界值分析为软件测试提供了一种设计白盒测试用例的策略。毫无疑问,在测试过程中应该经常考虑使用这两种方法。例如,如果某个人想买一座房子,但是它可能有也可能没有足够的资金。这时就可以考虑使用这两种方法,那么应该包括如下几个测试用例:

(1) 房子的价格是 100 万元,买主有 200 万元现金(有足够资金购买房子);

(2) 房子的价格是 100 万元,买主有 50 万元现金(没有足够资金购买房子);

(3) 房子的价格是 100 万元,买主有 99 万元现金(边界值);

(4) 房子的价格是 100 万元,买主有 101 万元现金(边界值)。

在测试的过程中,对于程序中存在的循环,考虑使用等价类划分的方法测试时要使用正常值来执行循环操作。如使用边界值分析方法来测试,一定要给循环条件赋予低于正常值、正常值、高于正常值等边界值。

3.2.3　基本路径测试

基本路径测试是 Tom McCabe[MCC76]首先提出的一种白盒测试技术,允许测试用例设计者导出一个过程设计的逻辑复杂性测度,并使用该测度作为指南来定义执行路径的基本集。从该基本集导出的测试用例保证对程序中的每一条语句至少执行一次。

在使用基本路径方法设计时要使用到流图或程序图。流图使用符号来描述逻辑控制流,每一种结构化构成元素有一个相应的流图符号。其中,圆代表一个或多个语句,称为流图的节点;一个处理方框序列和一个菱形决策框可被映射为一个节点;流图中的箭头,称为边或连接,代表控制流,类似于流程图中的箭头;一条边必须终止于一个节点,即使该节点并不代表任何语句。由边和节点限定的范围称为区域。计算区域时应包括图外部的范围。任何过程设计表示法都可被翻译成流图。当程序设计中遇到复合条件时,生成的流图就会变得更为复杂。当条件语句中用到一个或多个布尔运算符(如逻辑 OR、AND、NAND、NOR)时,就出现了复合条件。包含条件的节点被称为判定节点,可以从每一个判定节点发出两条或多条边。

下面引入环形复杂度的概念。环形复杂度是一种为程序逻辑复杂性提供定量测度的软件度量,将该度量用于基本路径方法,计算所得的值定义了程序基本集的独立路径数量,并提供了确保所有语句至少执行一次的测试数量的上界。

独立路径是指程序中至少引进一个新的处理语句集合或一个新条件的任一路径。采用程序图的术语,即独立路径必须至少包含一条在定义路径之前不曾用到的边。如果只是已有路径的简单合并,并未包含任何新边,则不是独立路径。如果能将测试设计为强迫运行这些路径(基本集),那么程序中的每一条语句将至少被执行一次,每一个条件执行时都将分别取 true 和 false。应该注意到基本集并不唯一,实际上,给定的过程设计可派生出任意数量的不同基本集。

那么,如何才能知道需要寻找多少条路径呢?由于环形复杂度是以图论为基础,能够提供非常有用的软件度量,因此通过对环形复杂度的计算可以得到这个问题的答案。可用如下 3 种方法之一来计算复杂性:

(1) 控制流图中区域的数量对应于环形的复杂性。

(2) 控制流图 G 的环形复杂度——$V(G)$,定义为 $V(G)=E-N+2$,E 表示控制流图中边的数量,N 表示程序图中节点数量。

(3) 控制流图 G 的环形复杂度——$V(G)$,也可定义为 $V(G)=P+1$,P 是控制流图 G 中判定节点的数量。

更重要的是,$V(G)$ 的值提供了组成基本集的独立路径的上界,并由此得出覆盖所有程序语句所需的测试设计数量的上界。下面根据环形复杂度的值讨论如何导出测试用例,步骤如下:

(1) 以设计或代码为基础,画出相应的控制流图。

(2) 确定所得程序图的环形复杂性。可采用上面给出的任意一种算法来计算环形复杂性——$V(G)$。

(3) 确定线性独立的路径的一个基本集。$V(G)$ 的值提供了程序控制结构中线性独立的路径的数量。

(4) 准备测试用例,强制执行基本集中每条路径。测试人员可选择数据以便在测试每条路径时适当设置判定节点的条件。

(5) 执行每个测试用例,并和期望值比较,一旦完成所有测试用例,测试者可以确定在程序中的所有语句至少被执行一次。

要注意的是,某些独立路径不能以独立的方式被测试,即穿越路径所需的数据组合不能形成程序的正常流,在这种情况下,这些路径必须作为另一个路径测试的一部分进行测试。具体过程请读者参考例 3-2。

例 3-2

```
public void Sort(int iRecordNum,int iType)
0  {
1    int x=0;
2    int y=0;
3    while (iRecordNum--)
4    {
5      if(iType==0)
6        x=y+2;
7      else
```

```
8   if(iType==1)
9   x=y+10;
10  else
11  x=y+20;
12  }
13  }
```

画出其对应的控制流图,如图 3-4 所示。

如果在程序中遇到复合条件,例如,条件语句中有多个布尔运算符(逻辑 OR、AND)时,为每一个条件创建一个独立的节点,其中包含条件的节点称为判定节点,从每一个判定节点发出两条或多条边。

例 3-3

```
1   if(a‖b)
2   x=5;
3   else
4   y=10;
5   …
```

对应的逻辑如图 3-5 所示。

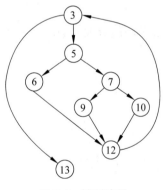

图 3-4 控制流图

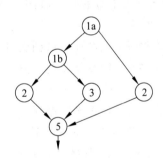

图 3-5 逻辑图

(1) 计算圈复杂度。

根据前面公式,对应图 3-5 中代码的圈复杂度,计算如下:程序图中有 4 个区域;$V(G)=11$ 条边-9 节点$+2=4$;或 $V(G)=3$ 个判定节点$+1=4$。

(2) 导出测试用例。

根据上面的计算方法,可得出 4 个独立的路径:

路径 1   3-13(iRecordNum$=0$)

路径 2   3-5-6-12-3-13(iRecordNum ≥ 0,iType$=0$)

路径 3   3-5-7-9-12-3-13(iRecordNum ≥ 0,iType$=1$)

路径 4   3-5-7-10-12-3-13(iRecordNum ≥ 0,iType$\neq 1$,iType$\neq 0$)

最后,就可以根据上面的独立路径,去设计输入数据,使程序分别执行到上面 4 条路径。如果取 iRecordNum$=3$;iType$=1$,那么将遍历路径 4,预期的结果为 x$=10$。

3.2.4 循环语句测试

循环测试是一种白盒测试技术，注重于循环构造的有效性。n 循环结构测试用例的设计循环可以划分为以下几种模式，如图 3-6 所示。

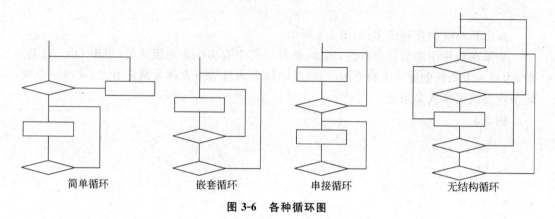

简单循环　　　嵌套循环　　　串接循环　　　无结构循环

图 3-6　各种循环图

可以使用如下方法设计循环测试用例。

1. 简单循环

下列测试集用于简单循环，其中 n 是允许通过循环的最大次数。

1）简单循环

（1）零次循环：从循环入口到出口。

（2）一次循环：检查循环初始值。

（3）二次循环：两次通过循环。

（4）m 次循环：检查多次循环。

（5）最大次数循环 n、比最大次数多一次 $n+1$、少一次的循环 $n-1$。

例 3-4　求最小值，如图 3-7 所示。

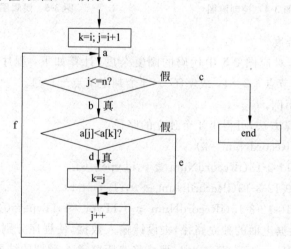

图 3-7　例 3-4 程序流程图

```
k=i;
for(j=i+1;j<=n;j++)
if(A[j]<A[k])k=j;
```

测试用例的选择,如表 3-5 所示。

表 3-5　简单循环测试用例

循环	i	n	A[i]	A[i+1]	A[i+2]	k	路径
0	1	1				i	ac
1	1	2	1	2		i	abefc
			2	1		i+1	abdfc
2	1	3	1	2	3	i	abefefc
			2	3	1	i+2	abefdfc
			3	2	1	i+2	abdfdfc
			3	1	2	i+1	abdfefc

说明:d 改 k 的值,e 不改 k 的值。

2.嵌套循环

如果将简单循环的测试方法用于嵌套循环,可能的测试数目就会随嵌套层数成几何级增加,下面是一种减少测试数目的方法:

(1)从最内层循环开始,将其他循环设置为最小值;

(2)对最内层循环使用简单循环,而使外层循环的迭代参数(即循环计数)最小,并为范围外或排除的值增加其他测试;

(3)逐步外推,对其外面一层循环进行测试,测试时保持其他外层循环为最小值,并使其他的嵌套循环变量为"典型"值;

(4)重复上述过程,直到测试所有的循环。

3.串接循环

如果串接循环的循环都彼此独立,可以使用嵌套的策略测试。但是如果两个循环串接起来,而第一个循环是第二个循环的初始值,则这两个循环并不是独立的。如果循环不独立,则推荐使用嵌套循环的方法进行测试。

4.无结构循环

不能测试,重新设计出结构化的程序后再进行测试。

3.2.5　程序插装

在软件动态测试中,程序插桩(Program Instrumentation)是一种基本的测试手段。

方法简介:往被测程序中插入操作,实现测试目的的方法。

最简单的插桩:在程序中插入打印语句 printf("…")语句。这样就可以在运行程序以后,一方面检验测试结果数据,另一方面借助插入语句给出的信息了解程序的动态执行特性。

如果想要了解一个程序在某次运行中所有可执行语句被覆盖的情况，或是每个语句实际执行次数，最好的办法就是利用程序插桩技术。

例 3-5 求取个整数 X 和 Y 的最大公约数。

相应的程序如下：

```
int gsd(int X,int Y)
{
    int Q=X;
    int R=Y;
    while(Q!=R)
    {
      if(Q>R)
        Q=Q-R;
      else R=R-Q;
    }
    return Q;
}
```

可以根据程序绘制出其流程图，为了记录该程序中语句的执行次数，使用插桩技术插入如下语句：

```
C(i)=C(i)+1, i=1,2,…,6
```

插桩之后的流程图如图 3-8 所示。

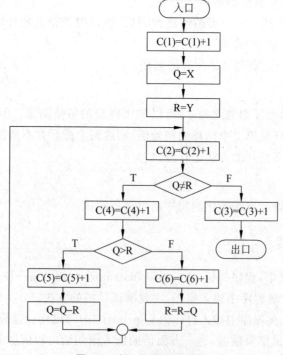

图 3-8 例 3-5 程序流程图

程序从入口开始执行,到出口结束,凡经历的计数语句都能记录下来该程序的执行次数。如果在程序的入口处还插入了对计数器 C(i) 初始化的语句,在出口处插入了打印这些计数器的语句,就构成了完整的插桩程序。它就能记录并输出在各程序点上语句的实际执行次数。图 3-9 为插桩之后的程序,箭头所指为插入的语句。

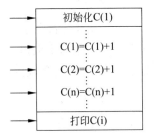

设计插桩程序时需要考虑的问题包括:

(1) 需要探测哪些信息;

(2) 在程序的什么部位设置探测点;

(3) 需要设置多少个探测点。

图 3-9　插桩程序示意图

前两个问题需要结合具体的问题解决,并不能给出笼统的回答。至于第三个问题,需要考虑如何设置最少的探测点。

3.2.6　其他白盒测试方法

1. 数据流测试

数据流测试只关注变量接收值的点和使用(引用)这些值的点的结构性测试形式。可以用作路径测试的"真实性检查"。基于数据流覆盖的测试有助于填补边覆盖和路径覆盖之间的空缺。程序的数据流通常是在其控制流的基础上进行描述的,主要是指程序中变量的定义-使用关系,涉及如下几个概念:

(1) 如果程序中的变量出现在赋值号左边,称为对变量的定义(definition);

(2) 如果变量出现在赋值号的右边,则称为对变量的计算使用(c-use:computation use);

(3) 如果变量出现在谓词表达式中,则称为对变量的判定使用(p-use:predicate use),并根据所在谓词表达式的值分为真(t)和假(f);

(4) 对于程序的一条路径 $(i, n_i, n_2, \cdots, n_m, n_j)$,如果从 n_1 到 n_m 的节点中不包含对变量 x 的定义,则称为关于该变量的定义清除(definition-clear)的路径;

(5) 如果节点 n_d 包含对 x 的一个定义,而节点 n_{c-use} 包含对 x 的一个计算使用,并且由 n_d 到 n_{c-use} 是一条对 x 的定义清除的路径,那么 n_d 和 n_{c-use} 就是 x 的一个定义-计算使用关系(definition-c-use),表示为 (n_d, n_{c-use}, x);

(6) 如果节点 n_d 包含对 x 的一个定义,而节点 n_{p-use} 包含对 x 的一个判定使用,那么 n_d 和 n_{p-use} 就是 x 的一个定义-判定使用关系(definition-p-use),根据判定式的真假相应地表示为 $(n_d, (n_{p-use}, t), x)$ 和 $(n_d, (n_{p-use}, f), x)$;

(7) 经过定义-使用对(包括 c-use 和 p-use)的路径称作定义-使用路径(du-paths)。

给定一个测试用例集,假设 P 是运行这个测试用例集所经过的程序的完整路径集,如果 P 满足如下条件,则可定义相应的数据流测试覆盖标准如下。

- 定义覆盖:如果 P 覆盖了程序中所有的定义,也就是 P 包含从每一个定义到其某一相应使用(c-use 或 p-use)的定义-清除路径。

- 使用覆盖:如果 P 覆盖了程序中从每一个定义出发到所有与之相对应的使用(包括 c-use 和 p-use)的定义-清除路径。

- 定义-使用覆盖：如果 P 覆盖了与程序中每一个定义相对应的所有定义-使用路径，也就是说，如果一个定义-使用对之间存在多个路径，则这些路径都应被覆盖。

上述覆盖标准的强度是递增的，不过它们的强度都介于边覆盖和路径覆盖之间。数据流策略既考虑了数据运算方面，又考虑了程序的控制流方面，从而更有利于发现代码级的错误，不失为一种较好的测试方法，尤其是在路径覆盖无法实现的情况下。

2. 变异测试

变异测试（mutation testing）的提出始于 20 世纪 70 年代末期，是一种错误驱动测试，即针对某类特定程序错误而进行的测试，也是一种比较成熟的排错性测试方法（排错性测试方法的基本思想是通过检验测试数据集的排错能力来判断软件测试的充分性）。

假设 P 在测试集 T 上是正确的，可以找出 P 的变异体的某一集合：$M=\{M(P)\ |M(P)$ 是 P 的变异体\}，若变异体 M 中每一个元素在 T 上都存在错误，则可以认为源程序 P 的正确程度较高；否则若 M 中某些元素在 T 上不存在错误，则可能存在以下 3 种情况：

（1）这些变异体与源程序 P 在功能上是等价的；

（2）现有的测试数据不足以找出源程序 P 与其变异体的差别；

（3）源程序 P 可能含有错误，而某些变异体却可能是正确的。

变异测试方法的理论基础来源于以下两个基本假设：

（1）程序员的能力假设，即假设被测程序是由具有足够程序设计能力的程序员编写，因此所编写的程序是接近正确的；

（2）组合效应假设，它假设简单的程序设计错误和复杂的程序设计错误之间具有组合效应，即一个测试数据如果能够发现简单的错误，那么也可以发现复杂的错误。正是这两个基本假设才确定了变异测试的基本特征，通过变异算子对程序作一个较小的语法变动来产生一个变异体。

本章小结

在白盒测试中，可以使用各种测试方法的综合测试。在测试中，应尽量先用工具进行静态结构分析。测试中可采取先静态后动态的方式：先进行静态结构分析、代码检查和静态质量度量，再进行覆盖率测试。利用静态分析的结果作为引导，通过代码检查和动态测试的方法对静态分析结果进行进一步的确认，使测试工作更为有效。覆盖率测试是白盒测试的重点，一般可使用基本路径测试法；对于软件的重点模块，应使用多种覆盖率标准衡量代码的覆盖率。在不同的测试阶段，测试的侧重点不同：在单元测试阶段，以代码检查、逻辑覆盖为主；在集成测试阶段，需要增加静态结构分析、静态质量度量；在系统测试阶段，应根据黑盒测试的结果，采取相应的白盒测试。

习题

1. 选择题

(1) 以下关于白盒测试的叙述中,不正确的是(　　)。

    A. 白盒测试仅与程序的内部结构有关,完全可以不考虑程序的功能要求

    B. 逻辑覆盖法是一种常用的白盒测试方法

    C. 程序中存在很多判定和条件,不可能实现 100% 的条件覆盖

    D. 测试基于代码,无法求额定设计正确与否

(2) 对于逻辑表达式 $((a\&b)||c)$,需要(　　)个测试用例才能完成条件组合覆盖。

    A. 2　　　　　　　　B. 3　　　　　　　　C. 4　　　　　　　　D. 5

(3) 逻辑覆盖法不包括(　　)。

    A. 分支覆盖　　　　　　　　　　　B. 语句覆盖

    C. 需求覆盖　　　　　　　　　　　D. 修正条件判定覆盖

(4) 如果某测试用例集实现了某软件的路径覆盖,那么它一定同时实现了该软件的
(　　)。

    A. 判定覆盖　　　　　　　　　　　B. 条件覆盖

    C. 判定/条件覆盖　　　　　　　　D. 组合覆盖

(5) 使用白盒测试方法时,确定测试数据的依据是指定的覆盖标准和(　　)。

    A. 程序的注释　　　　　　　　　　B. 程序的内部逻辑

    C. 用户使用说明书　　　　　　　　D. 程序的需求说明

2. 综合题

(1) 简述白盒测试用例的设计方法,并进行分析总结。

(2) 分析归纳逻辑覆盖的各种策略,并比较每种覆盖的特点,分析在怎样的情况下采用何种覆盖方式。

(3) 请按照各种覆盖方法为下述语句设计测试用例。

```
if(a>2 && b<3 &&(c>4 || d<5))
{
statement;
}
else
{
statement;
}
```

(4) 针对 test 函数按照基本路径测试方法设计测试用例。

```
int Test(int i_count, int i_flag)
  {
```

```
            int i_temp=0;
            while(i_count>0)
            {
              if(0==i_flag)
              {
                i_temp=i_count+100;
                break;
              }
              else
              {
                if(1==i_flag)
                {
                  i_temp=i_temp+10;
                }
                else
                {
                  i_temp=i_temp+20;
                }
              }
              i_count--;
            }
            return i_temp;
          }
```

（5）用逻辑覆盖法对下面的 Java 代码段进行测试（画出程序流程图及控制流图，并写出每种覆盖准则对应的测试用例及执行路径）。

```
public char function(int x, int y){
    char t;
    if((x>=90)&&(y>=90)){
        t='A';
    } else {
            if((x+y)>=165){
            t='B';
            }else {
                      t='C';
                  }
        }
    return t;
}
```

（6）下面是选择排序的程序，将数组中的数据按从小到大的顺序进行排序。

```
public void select_sort(int a[])
{
    int i,j,k,t,n;
```

```
n=a.length;
for(i=0;i<n-1;i++)
{
    k=i;
    for(j=i+1;j<n;j++)
    {
        if(a[j]<a[k])
        {
            k=j;
        }
    }
    if(i!=k)
    {
        t=a[k];
        a[k]=a[i];
        a[i]=t;
    }
}
```

要求：

① 计算此程序段的环形复杂度 $V(G)$；

② 用基路径测试法给出测试路径；

③ 为各测试路径设计测试用例。

第 4 章

黑 盒 测 试

【本章要点】

- 黑盒测试的概念；
- 使用黑盒测试的原则和策略；
- 等价类的划分；
- 边界值的划分；
- 因果图的构成；
- 决策表和错误推测法的应用。

【本章目标】

- 理解并掌握黑盒测试的概念；
- 掌握应用黑盒测试的原则；
- 理解并掌握如何进行等价类的划分；
- 理解并掌握如何进行边界值分析；
- 理解并掌握如何使用因果图设计测试用例；
- 理解如何使用决策表进行测试用例的设计；
- 理解各种黑盒测试技术的特点及其适用的情况。

黑盒测试也称作功能测试和行为测试，主要是根据功能需求来测试程序是否按照预期工作。黑盒测试的目的是尽量发现代码所表现的外部行为的错误，主要有以下几类：

（1）功能不正确或不完整；

（2）接口错误；

（3）接口所使用的数据结构错误；

（4）行为或性能错误；

（5）初始化和终止错误。

通过这些测试，就可以确定软件所实现的功能是否符合规格说明。但是，也可以用来证明软件代码中是否有错误以及缺陷存在，这一点也是很重要的。

最好不要让编写被测模块代码的程序员以及了解程序代码结构的人员来做黑盒测试计划或运行黑盒测试。因为程序员容易按照编写代码的思路来做测试，而我们做测试的目的是为了能够满足用户的需求。总之，大部分组织都是由独立的测试团队来完成黑盒测试。这些测试人员不是开发人员,甚至有时由第三方的测试员来承担。做黑盒测试时,测试人员根据某个程序给定的输入,应该能够理解并详细说明程序的预期输出。黑盒测试的示意图如图 4-1 所示,可以看出黑盒测试只考虑程序的输入和输出,无须考虑程序的内部代码。

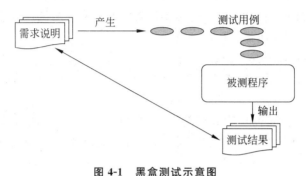

图 4-1　黑盒测试示意图

4.1　黑盒测试概述

4.1.1　黑盒测试和白盒测试的异同

在很多书中,关于黑盒测试和白盒测试的定义以及二者之间的区别有很多讨论,那么二者的不同之处究竟表现在哪些方面呢?

1. 执行测试人员不同

黑盒测试通常由用户以及非开发人员来进行;而白盒测试通常要有了解软件内部结构的开发人员来做。

2. 测试覆盖目标不同

如果用一个盒子来代替整个软件系统,那么黑盒测试可以看成是一种系统测试。而对盒子内部的多个单元的测试就可以称作为白盒测试。

黑盒测试的目标是覆盖所有的用户需求;而白盒测试的目标是覆盖所有的代码,这也是两个最常见的覆盖准则,都有不同的商业工具支持。

3. 测试方法不同

黑盒测试是基于功能需求来定义测试,而结构测试则是基于代码本身来定义测试的。两种方法所使用的测试工具不同,工具生产商把进行代码覆盖率检查的工具称为白盒测试工具,把一些能够捕捉输入数据或进行 GUI 界面回放的工具称作黑盒测试工具。

4. 评估测试方法不同

在测试过程中,有时候不借助工具是无法判断被测软件是否存在缺陷的,因为这些缺陷可能会由于软件自身的容错性等因素而隐藏起来,内存泄露和指针错误就是这样一个例子。在测试过程中,使用一些专门的测试技术就可以检测、诊断并显示程序中存在的这些问题。例如，使用针对源代码进行测试的工具，当测试驱动程序运行结束后就可以直接显示测试结果。因为这些技术是使用代码工具来跟踪软件内部的工作过程，因此称为白盒测试技术。与之相比，黑盒测试技术只是简单地观察程序的正常输出。

正是因为二者在以上各方面有着明显的不同，有时候也把黑盒测试称作基于用户的测试、基于需求的测试、可用性测试、行为测试等。而把白盒测试称作开发人员的测试、单元或代码覆盖测试、结构测试，等等。

下面请读者考虑以下几个问题：

（1）如果程序员为了确保能够满足功能需求而测试一个类，这属于黑盒测试还是白盒测试？

（2）如果非开发人员使用能够跟踪代码的测试工具来产生测试，以确保大部分代码都被执行到。只要软件没有被挂起或崩溃就认为测试通过了，这属于黑盒测试还是白盒测试？

（3）灰盒测试属于黑盒测试还是白盒测试？

4.1.2　黑盒测试的原则和策略

随着软件开发速度的加快，用户需求变化趋势的加快，不断变化的需求会导致一些功能发生变化。因此，黑盒测试作为一种测试方法也需要不断地进行调整。由于黑盒测试不涉及内部结构和代码知识，而是根据规格说明书进行的，因此在选择黑盒测试的方法方面要考虑以下原则和策略。

1. 黑盒测试的原则

（1）根据软件规格说明书设计测试用例。

（2）有针对性地查找问题，并且正确定位等价类。

（3）检查功能是否有缺陷或错误现象。

（4）根据测试的重要性来确定测试等级和测试重点。

（5）检查在接口处输入的信息是否能正确接收，以及接收后能否输出正确的结果。

（6）认真选择测试策略。

2. 黑盒测试的策略

（1）在任何情况下都必须采用边界值分析法，这种方法设计出来的测试用例对发现程序的错误是非常有用的。

（2）必要时采用等价类划分法补充测试用例。

（3）对照程序逻辑，检查已设计的测试用例的逻辑覆盖程度。如果它没有达到要求的覆盖标准，则应当补充更多的测试用例。

（4）如果程序的功能说明中含有输入条件的组合情况，则应该一开始就选用因果图法。

（5）对于业务流清晰的系统，可以利用场景法贯穿整个测试案例过程，在案例中综合使用各种测试方法。

4.2 黑盒测试用例设计技术

测试过程中,最为理想的情况就是能够对程序进行全面的测试。但是,正如人们所说的,开发和执行测试用例也需要一定的成本。那么,既要保证已经开发了一定数量的可以针对用户经常使用的功能或频繁使用的功能进行测试的用例,又要尽量避免开发多余的测试用例,每个测试用例应该能够分别从不同角度来测试程序,发现不同的软件缺陷,而且要尽可能简单,因为测试用例本身也容易出错。

常用的黑盒测试用例设计方法主要有以下几种:等价类划分法、边界值分析法、因果图法、决策表法和错误推测法等方法。

4.2.1 等价类划分法

等价类划分法是一种重要的、常用的黑盒测试方法,它将不能穷举的测试过程进行合理分类,从而保证设计出来的测试用例具有完整性和代表性。例如,设计这样的测试用例来实现一个对所有实数进行开平方运算($y=\mathrm{sqrt}(x)$)的程序的测试。

由于开平方运算只对非负实数有效,这时需要将所有的实数(输入域 x)进行划分,可以分成正实数、0 和负实数。假设选定 $+1.4444$ 代表正实数,-2.345 代表负实数,则为该程序设计的测试用例的输入为 $+1.4444$、0 和 -2.345。

等价类划分法:是把所有可能的输入数据,即程序的输入域划分为若干部分(子集),然后从每一个子集中选取少数具有代表性的数据作为测试用例。

等价类:指某个输入域的子集合。在该子集合中,各个输入数据对于揭露程序中的错误都是等效的,它们具有等价特性,即每一类的代表性数据在测试中的作用都等价于这一类中的其他数据。这样,对于表征该类的数据输入将能代表整个子集合的输入。因此,可以合理地假定:测试某等价类的代表值等效于对于这一类其他值的测试。

等价类是输入域的某个子集合,而所有等价类的并集就是整个输入域。因此,等价类对于测试有两个重要的意义:

(1) 完备性——整个输入域提供一种形式的完备性。

(2) 无冗余性——若互不相交则可保证一种形式的无冗余性。

问题:那么,如何划分等价类呢?

先从程序的规格说明书中找出各个输入条件,再为每个输入条件划分两个或两个以上的等价类,形成若干的互不相交的子集。采用等价类划分法设计测试用例通常分两步进行:

(1) 确定等价类,列出等价类表。

(2) 确定测试用例。

划分等价类可分为两种情况:

(1) 有效等价类——是指对软件规格说明而言,是有意义地、合理地输入数据所组成的集合。利用有效等价类,能够检验程序是否实现了规格说明中预先规定的功能和性能。

（2）无效等价类——是指对软件规格说明而言，是无意义地、不合理地输入数据所构成的集合。利用无效等价类，可以测试程序异常处理的情况，检查被测对象的功能和性能的实现是否有不符合规格说明要求的地方。

等价类划分的依据如下。

（1）按照区间划分：在输入条件规定了取值范围或值的个数的情况下，可以确定一个有效等价类和两个无效等价类。

（2）按照数值划分：在规定了一组输入数据（假设包括 n 个输入值），并且程序要对每一个输入值分别进行处理的情况下，可确定 n 个有效等价类（每个值确定一个有效等价类）和一个无效等价类（所有不允许的输入值的集合）。

例如，程序输入 x 取值于一个固定的枚举类型 $\{1,3,7,15\}$，且程序中对这 4 个数值分别进行了处理，则有效等价类为 $x=1$、$x=3$、$x=7$、$x=15$，无效等价类为 $x\neq1,3,7,15$ 的值的集合。

（3）按照数值集合划分：在输入条件规定了输入值的集合或规定了"必须如何"的条件下，可以确定一个有效等价类和一个无效等价类（该集合有效值之外）。

（4）按照限制条件或规则划分：在规定了输入数据必须遵守的规则或限制条件的情况下，可确定一个有效等价类（符合规则）和若干个无效等价类（从不同角度违反规则）。

（5）细分等价类：在确知已划分的等价类中各元素在程序中的处理方式不同的情况下，则应再将该等价类进一步划分为更小的等价类，并建立等价类表。

在设计测试用例时，应同时考虑有效等价类和无效等价类测试用例的设计。根据已列出的等价类表可确定测试用例，具体过程如下：

首先，为等价类表中的每一个等价类分别规定一个唯一的编号。

其次，设计一个新的测试用例，使它能够尽量覆盖尚未覆盖的有效等价类。重复这个步骤，直到所有的有效等价类均被测试用例所覆盖。

最后，设计一个新的测试用例，使它仅覆盖一个尚未覆盖的无效等价类。重复这一步骤，直到所有的无效等价类均被测试用例所覆盖。

针对是否对无效数据进行测试，可以将等价类测试分为标准等价类测试和健壮等价类测试。

标准等价类测试——不考虑无效数据值，测试用例使用每个等价类中的一个值。

健壮等价类测试——主要的出发点是考虑了无效等价类。对有效输入，测试用例从每个有效等价类中取一个值；对无效输入，一个测试用例有一个无效值，其他值均取有效值。健壮等价类测试存在两个问题：

（1）需要花费精力定义无效测试用例的期望输出；

（2）对强类型的语言没有必要考虑无效的输入。

例 4-1　三角形问题。

输入 3 个正整数 a、b、c，分别作为三角形的 3 条边，通过程序判断由 3 条边构成的三角形的类型为等边三角形、等腰三角形、一般三角形（特殊的还有直角三角形），以及构不成三角形。现在要求输入 3 个整数 a、b、c，必须满足以下条件：

条件 1　$1\leqslant a\leqslant100$　　　　　　　条件 4　$a<b+c$

条件 2　$1\leqslant b\leqslant 100$　　　　　　条件 5　$b<a+c$

条件 3　$1\leqslant c\leqslant 100$　　　　　　条件 6　$c<a+b$

分析:在多数情况下,是从输入域划分等价类的,但并非不能从被测程序的输出域反过来定义等价类,事实上,这对于三角形问题是最简单的划分方法。在三角形问题中,有 4 种可能的输出:等边三角形、等腰三角形、一般三角形和非三角形。利用这些信息能够确定下列输出(值域)等价类。

$$R_1 = \{<a,b,c>:边为 a,b,c 的等边三角形\}$$
$$R_2 = \{<a,b,c>:边为 a,b,c 的等腰三角形\}$$
$$R_3 = \{<a,b,c>:边为 a,b,c 的一般三角形\}$$
$$R_4 = \{<a,b,c>:边为 a,b,c 不能组成三角形\}$$

三角形问题的标准等价类测试用例和健壮等价类测试用例,分别如表 4-1 和表 4-2 所示。

表 4-1　标准等价类测试用例

测试用例	a	b	c	预期输出
Test1	10	10	10	等边三角形
Test2	10	10	5	等腰三角形
Test3	3	4	5	一般三角形
Test4	4	1	2	非三角形

表 4-2　三角形问题的 7 个健壮等价类测试用例

测试用例	a	b	c	预 期 输 出
Test1	5	6	7	一般三角形
Test2	−1	5	5	a 值超出输入值定义域
Test3	5	−1	5	b 值超出输入值定义域
Test4	5	5	−1	c 值超出输入值定义域
Test5	101	5	5	a 值超出输入值定义域
Test6	5	101	5	b 值超出输入值定义域
Test7	5	5	101	c 值超出输入值定义域

例 4-2　保险公司计算保费费率的程序。

某保险公司的人寿保险的保费计算方式为:保费=投保额×保险费率

其中,保险费率依点数不同而有别,10 点及 10 点以上保险费率为 0.6%,10 点以下保险费率为 0.1%;而点数又是由投保人的年龄、性别、婚姻状况和抚养人数来决定,具体规则如表 4-3 所示。

表 4-3　保险费率计算规则

年　　龄			性　　别		婚　　姻		抚 养 人 数
20～39	40～59	其他	M	F	已婚	未婚	1 人扣 0.5 点 最多扣 3 点 （四舍五入取整）
6 点	4 点	2 点	5 点	3 点	3 点	5 点	

（1）分析程序规格说明中给出和隐含的对输入条件的要求，列出等价类表（包括有效等价类和无效等价类）。

年龄：一位或两位非零整数，值的有效范围为 1～99。

性别：一位英文字符，只能取值'M'或'F'。

婚姻：字符，只能取值'已婚'或'未婚'。

抚养人数：空白或一位非零整数（1～9）。

点数：一位或两位非零整数，值的范围为 1～99。

（2）根据（1）中的等价类表，设计能覆盖所有等价类的测试用例。等价类和测试用例分别如表 4-4 和表 4-5 所示。

表 4-4　等价类

输入条件	有效等价类	编号	无效等价类	编号
年龄	20～39 岁	1		
	40～59 岁	2		
	1～19 岁 60～99 岁	3	小于 1	12
			大于 99	13
性别	单个英文字符	4	非英文字符	14
			非单个英文字符	15
	'M'	5	除'M'和'F'之外的其他单个字符	16
	'F'	6		
婚姻	已婚	7	除'已婚'和'未婚'之外的其他字符	17
	未婚	8		
抚养人数	空白	9	除空白和数字之外的其他字符	18
	1～6 人	10	小于 1	19
	6～9 人	11	大于 9	20

表 4-5　等价类测试用例

测试用例编号	输 入 数 据				预期输出
	年龄	性别	婚姻	年龄	性　　别
1	27	F	未婚	空白	0.6%
2	50	M	已婚	2	0.6%

测试用例编号	输 入 数 据				预期输出
	年龄	性别	婚姻	年龄	性 别
3	70	F	已婚	7	0.1%
4	0	M	未婚	空白	无法推算
5	100	F	已婚	3	无法推算
6	99	男	已婚	4	无法推算
7	1	Child	未婚	空白	无法推算
8	45	N	已婚	5	无法推算
9	38	F	离婚	1	无法推算
10	62	M	已婚	没有	无法推算
11	18	F	未婚	0	无法推算
12	40	M	未婚	10	无法推算

4.2.2 边界值分析法

边界值分析法就是对输入或输出的边界值进行测试的一种黑盒测试方法。通常边界值分析法是作为对等价类划分法的补充,这种情况下,其测试用例来自等价类的边界。

为什么使用边界值分析法?无数的测试实践表明,大量的故障往往发生在输入定义域或输出值域的边界上,而不是在其内部。因此,针对各种边界情况设计测试用例,通常会取得很好的测试效果。那么如何用边界值分析法设计测试用例呢?

首先,确定边界情况。通常输入或输出等价类的边界就是应该着重测试的边界情况。

然后,选取正好等于、刚刚大于或刚刚小于边界的值作为测试数据,而不是选取等价类中的典型值或任意值。

常见的边界值:

- 对 16 位的整数而言 32 767 和 $-32\,768$ 是边界;
- 屏幕上光标在最左上、最右下位置;
- 报表的第一行和最后一行;
- 数组元素的第一个和最后一个;
- 循环的第 0 次、第 1 次和倒数第 2 次、最后一次。

边界值分析使用与等价类划分法相同的划分,只是边界值分析假定错误更多地存在于划分的边界上,因此在等价类的边界上以及两侧的情况设计测试用例。

例 4-3 测试计算平方根的函数。

输入:实数

输出:实数

规格说明:当输入一个 0 或比 0 大的数的时候,返回其正平方根;当输入一个小于 0 的数时,显示错误信息"平方根非法-输入值小于 0"并返回 0;库函数 Print-Line 可以用来输出错误信息。

等价类划分：

可以考虑如下划分：

输入<0 或≥0；

输出≥0 或 Error。

测试用例有两个：

输入 4，输出 2，对应于输入≥0 及输出≥0。

输入－10，输出 0 和错误提示，对应于输入<0 和输出 Error。

边界值分析：

划分输入≥0 的边界为 0 和最大正实数；划分输入<0 的边界为最小负实数和 0。由此得到以下测试用例：

输入：{最小负实数}

输入：{绝对值很小的负数}

输入：0

输入：{绝对值很小的正数}

输入：{最大正实数}

通常情况下，软件测试所包含的边界检验有几种类型：数字、字符、位置、质量、大小、速度、方位、尺寸、空间等。相应地，以上类型的边界值应该在：最大/最小、首位/末位、上/下、最快/最慢、最高/最低、最短/最长、空/满等情况下。

表 4-6 为边界值测试用例。

表 4-6 边界值测试用例

项	边界值	测试用例的设计思路
字符	起始－1 个字符/结束＋1 个字符	假设一个文本输入区域允许输入 1～255 个字符，输入 1～255 个字符作为有效等价类；输入 0～256 个字符作为无效等价类，这几个数值都属于边界条件值
数值	最小值－1/最大值＋1	假设某软件的数据输入域要求输入 5 位的数据值，可以使用 10 000 作为最小值、99 999 作为最大值；然后使用刚好小于 5 位和大于 5 位的数值来作为边界条件
空间	小于空余空间一点/大于满空间一点	例如，在用 U 盘存储数据时，使用比剩余磁盘空间大一点（几千字节）的文件作为边界条件

在多数情况下，边界值条件是基于应用程序的功能设计而需要考虑的因素，可以从软件的规格说明或常识中得到，也是最终用户可以很容易发现问题的情况。然而，在测试用例设计过程中，某些边界值条件是不需要呈现给用户的，或者说用户是很难注意到的，但同时确实属于检验范畴内的边界条件，称为内部边界值条件或子边界值条件。内部边界值条件主要有下面几种。

1. 数值的边界值检验

计算机是基于二进制进行工作的，因此，软件的任何数值运算都有一定的范围限制

（见表 4-7）。

表 4-7　计算机数值运算的范围

项	范 围 或 值
位（bit）	0 或 1
字节（byte）	0～255
字（word）	0～65 535（单字）或 0～4 294 967 295（双字）
千（K）	1024
兆（M）	1 048 576
吉（G）	1 073 741 824

2. 字符的边界值检验

在计算机软件中，字符也是很重要的表示元素，其中 ASCII 和 Unicode 是常见的编码方式（见表 4-8）。

表 4-8　常用字符对应的 ASCII 码值

字　符	ASCII 码值	字　符	ASCII 码值
空（null）	0	A	65
空格（space）	32	a	97
斜杠（/）	47	Z	90
0	48	z	122
冒号（;）	58	单引号（'）	96
@	64		

在实际的测试用例设计中，需要将基本的软件设计要求和程序定义的要求结合起来，即结合基本边界值条件和内部边界值条件来设计有效的测试用例。

选择测试用例的原则：

（1）如果输入条件规定了值的范围，则应取刚达到这个范围的边界值以及刚刚超过这个范围边界的值作为测试输入数据；

（2）如果输入条件规定了值的个数，则用最大个数、最小个数和比最大个数多 1 个、比最小个数少 1 个的数作为测试数据；

（3）根据程序规格说明的每个输出条件，使用原则（1）；

（4）根据程序规格说明的每个输出条件，使用原则（2）；

（5）如果程序的规格说明给出的输入域或输出域是有序集合（如有序表、顺序文件等），则应选取集合中的第一个和最后一个元素作为测试用例；

（6）如果程序中使用了一个内部数据结构，则应当选择这个内部数据结构的边界上的值作为测试用例；

(7) 分析程序规格说明,找出其他可能的边界条件。

采用边界值分析测试的基本思想是:故障往往出现在输入变量的边界值附近。因此,边界值分析法利用输入变量的最小值(min)、略大于最小值(min+)、输入值域内的任意值(nom)、略小于最大值(max−)和最大值(max)来设计测试用例。

边界值分析法是基于可靠性理论中称为"单故障"的假设,即有两个或两个以上故障同时出现而导致软件失效的情况很少。也就是说,软件失效基本上是由单故障引起的。因此,在边界值分析法中获取测试用例的方法是:

(1) 每次保留程序中一个变量,让其余的变量取正常值,被保留的变量依次取 min、min+、nom、max− 和 max;

(2) 对程序中的每个变量重复(1)。

例 4-4 有两个输入变量 x1($a \leqslant x1 \leqslant b$)和 x2($c \leqslant x2 \leqslant d$)的程序 F 的边界值分析测试用例如图 4-2 所示。

$$\{<x_{1nom}, x_{2min}>, <x_{1nom}, x_{2min}+>, <x_{1nom}, x_{2nom}>, <x_{1nom}, x_{2max}>, <x_{1nom}, x_{2max}->,$$
$$<x_{1min}, x_{2nom}>, <x_{1min}+, x_{2nom}>, <x_{1max}, x_{2nom}>, <x_{1max}-, x_{2nom}>\}$$

例 4-5 有二元函数 $f(x, y)$,其中 $x \in [1, 12]$,$y \in [1, 31]$;则采用边界值分析法设计的测试用例是:

$$\{<1, 15>; <2, 15>; <11, 15>; <12, 15>; <6, 15>; <6, 1>; <6, 2>; <6, 30>;$$
$$<6, 31>\}$$

推论:对于一个含有 n 个变量的程序,采用边界值分析法测试程序会产生 $4n+1$ 个测试用例。

健壮性测试是作为边界值分析的一个简单的扩充,它除了对变量的 5 个边界值分析取值外,还需要增加一个略大于最大值(max+)以及略小于最小值(min−)的取值,检查超过极限值时系统的情况。因此,对于有 n 个变量的函数采用健壮性测试需要 $6n+1$ 个测试用例。前面例 4-5 中的程序 F 的健壮性测试如图 4-3 所示。

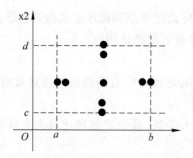
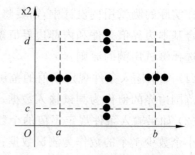

图 4-2　两变量函数的边界值分析测试用例　　图 4-3　两变量函数的健壮性测试用例

4.2.3 因果图法

等价类划分法和边界值分析法都是着重考虑输入条件,但没有考虑输入条件的各种组合、输入条件之间的相互制约关系。这样虽然各种输入条件可能出错的情况已经测试到了,但多个输入条件组合起来可能出错的情况却被忽略了。

如果在测试时考虑输入条件的各种组合,则可能的组合数目将是天文数字,因此必须考虑采用一种适合于描述多种条件的组合、相应产生多个动作的形式来进行测试用例的设计,这就需要利用因果图(逻辑模型)。

一些程序的功能可以用判定表(或称决策表)的形式来表示,并根据输入条件的组合情况规定相应的操作。因果图法就是一种利用图解法分析输入的各种组合情况,从而设计测试用例的方法,它适合于检查程序输入条件的各种组合情况。

采用因果图法设计测试用例的步骤:

(1) 列出模块的原因(输入条件)和效果(动作),且给每个原因和效果一个标识符;

(2) 列出原因——效果图;

(3) 由于语法或环境的限制,有些原因和结果的组合情况是不可能出现的。为表明这些特定情况,在因果图上使用特殊的符号标明约束条件;

(4) 把因果图转换成判定表;

(5) 把判定表的每一列写成一个测试用例。

使用因果图法进行测试有如下几个优点:

(1) 考虑了输入情况的各种组合以及各个输入情况之间的相互制约关系。

(2) 能够帮助测试人员按照一定的步骤,高效率地开发测试用例。

(3) 因果图法是将自然语言规格说明转化成形式语言规格说明的一种严格的方法,可以指出规格说明存在的不完整性和二义性。

为了对该方法有进一步理解,对因果图中所使用的符号作如下说明。在因果图中出现的 4 个符号,分别表示 4 种关系(参见图 4-4,其中 c_i 表示原因,通常在图的左部,e_i 表示结果,通常在图的右部。c_i 和 e_i 都可取值 0 或 1,0 表示某状态不出现,1 表示某状态出现)。

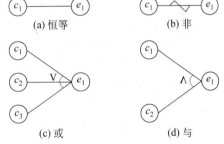

图 4-4 因果图的基本符号

① 恒等:若 c_1 是 1,则 e_1 也是 1,否则 e_1 为 0;

② 非:若 c_1 是 1,则 e_1 是 0,否则 e_1 为 1;

③ 或:若 c_1 或 c_2 或 c_3 是 1,则 e_1 是 1,否则 e_1 为 0;

④ 与:若 c_1 和 c_2 都是 1,则 e_1 是 1,否则 e_1 为 0。

因果图中使用了简单的逻辑符号,以直线连接左右节点。左节点表示输入状态(或称原因),右节点表示输出状态(或称结果)。

在实际问题中,输入状态相互之间还可能存在某些依赖关系,称为"约束"。例如,某些输入条件本身不可能同时出现,输出状态之间也往往存在约束。在因果图中,以特定的符号标明这些约束,如图 4-5 所示。

对输入条件的约束如下所示。

(1) E 约束(异):a 和 b 中至多有一个可能为 1,即 a 和 b 不能同时为 1;

(2) I 约束(或):a、b 和 c 中至少有一个必须是 1,即 a、b 和 c 不能同时为 0;

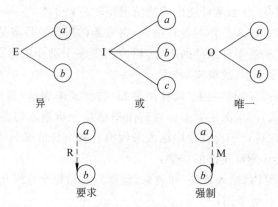

图 4-5　约束符号

（3）O 约束（唯一）：a 和 b 中必须有一个、且仅有一个为 1；

（4）R 约束（要求）：a 是 1 时，b 必须是 1，即不可能 a 是 1 时，b 是 0；

（5）输出条件的约束是 M 约束（强制）：若结果 a 是 1，则结果 b 强制为 0。

因果图法最终生成的是决策表。利用因果图生成测试用例的基本步骤如下：

（1）分析软件规格说明中哪些是原因（即输入条件或输入条件的等价类），哪些是结果（即输出条件），并给每个原因和结果赋予一个标识符；

（2）分析软件规格说明中的语义，找出原因与结果之间、原因与原因之间对应的关系，根据这些关系画出因果图；

（3）由于语法或环境的限制，有些原因与原因之间、原因与结果之间的组合情况不可能出现。为表明这些特殊情况，在因果图上用一些记号表明约束或限制条件；

（4）把因果图转换为决策表；

（5）根据决策表中的每一列设计测试用例。

例 4-6　用因果图法测试以下程序。

程序的规格说明要求：输入的第一个字符必须是♯或 ＊，第二个字符必须是一个数字，此情况下进行文件的修改；如果第一个字符不是♯或 ＊，则给出信息 N，如果第二个字符不是数字，则给出信息 M。

（1）分析程序的规格说明，列出原因和结果（见表 4-9）。

表 4-9　原因和结果列表

原　　因	结　　果
c_1：第一个字符是♯	e_1：给出信息 N
c_2：第一个字符是 ＊	e_2：修改文件
c_3：第二个字符是一个数字	e_3：给出信息 M

（2）找出原因与结果之间的因果关系、原因与原因之间的约束关系，画出因果图（见图 4-6）。

（3）将因果图转换成决策表，见表 4-10。

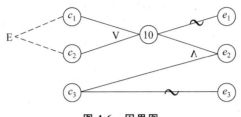

图 4-6　因果图

表 4-10　决策表

选项 ＼ 规则	1	2	3	4	5	6	7	8
条件：c_1	1	1	1	1	0	0	0	0
c_2	1	1	0	0	1	1	0	0
c_3	1	0	1	0	1	0	1	0
10			1	1	1	1	0	0
动作：e_1							√	√
e_2			√		√			
e_3				√		√		√
不可能	√	√						
测试用例			♯3	♯A	*6	*B	A1	GT

注：判定表是分析和表达多逻辑条件下执行不同操作的情况下的工具，它可以把复杂的逻辑关系和多种条件组合的情况表达得既具体又明确。

（4）根据（3）中的决策表，设计测试用例的输入数据和预期输出（见表 4-11）。

表 4-11　因果图法的测试用例

测试用例编号	输 入 数 据	预 期 输 出
1	♯3	修改文件
2	♯A	给出信息 M
3	*6	修改文件
4	*B	给出信息 M
5	A1	给出信息 N
6	GT	给出信息 N 和信息 M

4.2.4　决策表法

在所有的黑盒测试方法中，基于决策表（也称判定表）的测试是最为严格、最具有逻辑性的测试方法。

决策表：决策表是分析和表达多逻辑条件下执行不同操作的情况的工具（见表 4-12）。

表 4-12　决策表举例

选项	规则	1	2	3	4	5	6	7	8
问题	觉得疲倦？	Y	Y	Y	Y	N	N	N	N
	感兴趣吗？	Y	Y	N	N	Y	Y	N	N
	糊涂吗？	Y	N	Y	N	Y	N	Y	N
建议	重读					√			
	继续						√		
	跳下一章							√	√
	休息	√	√	√	√				

决策表的优点：能够将复杂的问题按照各种可能的情况全部列举出来，简明并避免遗漏。因此，利用决策表能够设计出完整的测试用例集合。

在一些数据处理问题中，某些操作的实施依赖于多个逻辑条件的组合，即针对不同逻辑条件的组合值，分别执行不同的操作，决策表很适合于处理这类问题。

决策表通常由以下 4 部分组成。

(1) 条件桩：列出问题的所有条件。

(2) 条件项：针对条件桩给出的条件列出所有可能的取值。

(3) 动作桩：列出问题规定的可能采取的操作。

(4) 动作项：指出在条件项的各组取值情况下应采取的动作。

将任何一个条件组合的特定取值及相应要执行的动作称为一条规则。在决策表中贯穿条件项和动作项的一列就是一条规则。

构造决策表的 4 个步骤：

(1) 确定规则的个数，有 n 个条件的决策表有 2^n 个规则（每个条件取真、假值）；

(2) 列出所有的条件桩和动作桩；

(3) 填入动作项，得到初始决策表；

(4) 简化决策表，合并相似规则。

若表中有两条以上规则具有相同的动作，并且在条件项之间存在极为相似的关系，便可以合并。合并后的条件项用符号－表示，说明执行的动作与该条件的取值无关，称为无关条件。

表 4-13 为三角形问题的决策表。

表 4-13　三角形问题的决策表

规则	条件	规则 1-8	规则 9	规则 10	规则 11	规则 12	规则 13	规则 14	规则 15	规则 16
条件：	c_1：a、b、c 构成三角形？	N	Y	Y	Y	Y	Y	Y	Y	Y
	c_2：a＝b？	－	Y	Y	Y	Y	N	N	N	N
	c_3：a＝c？	－	Y	Y	N	N	Y	Y	N	N
	c_4：b＝c？	－	Y	N	Y	N	Y	N	Y	N

续表

规则　＼　条件	规则 1-8	规则 9	规则 10	规则 11	规则 12	规则 13	规则 14	规则 15	规则 16
动作：a_1：非三角形	√								
a_2：一般三角形									√
a_3：等腰三角形					√		√	√	
a_4：等边三角形		√							
a_5：不可能			√	√		√			

决策表测试法适用于具有以下特征的应用程序：

if-then-else 逻辑突出；输入变量之间存在逻辑关系；涉及输入变量子集的计算；输入与输出之间存在因果关系。

适用于使用决策表设计测试用例的情况：

（1）规格说明以决策表形式给出，或较容易转换为决策表。

（2）条件的排列顺序不会也不应影响执行的操作。

（3）规则的排列顺序不会也不应影响执行的操作。

（4）当某一规则的条件已经满足，并确定要执行的操作后，不必检验别的规则。

（5）如果某一规则的条件要执行多个操作，这些操作的执行顺序无关紧要。

4.2.5　错误推测法

错误推测法的概念：基于经验和直觉推测程序中所有可能存在的各种错误，从而有针对性地设计测试用例的方法。

错误推测方法的基本思想：列举出程序中所有可能有的错误和容易发生错误的特殊情况，根据它们选择测试用例。

例如，在单元测试时曾列出的许多在模块中常见的错误、以前产品测试中曾经发现的错误等，这些就是经验的总结。还有输入数据和输出数据为 0 的情况、输入表格为空格或输入表格只有一行等，这些都是容易发生错误的情况，可选择这些情况下的例子作为测试用例。

本章小结

在选择测试方法时，应遵循以下原则：根据程序的重要性和一旦发生故障将造成的损失来确定测试等级和测试重点，认真选择测试策略，以便能尽可能少地使用测试用例，发现尽可能多的程序错误。因为一次完整的软件测试过后，如果程序中遗留的错误过多并且严重，则表明该次测试是不足的，而测试不足则意味着让用户承担隐藏错误带来的危险，但测试过度又会带来资源的浪费。因此，测试需要找到一个平衡点。

读者在确定测试策略时，可参考一下几条原则：

（1）在任何情况下都必须采用边界值分析法，这种方法设计的测试用例发现程序错误的能力最强。

（2）必要时采用等价类划分法补充测试用例。

（3）采用错误推断法再追加测试用例。

（4）对照程序逻辑，检查已设计出的测试用例的逻辑覆盖程度。如果没有达到要求的覆盖标准，则应当再补充更多的测试用例。

（5）如果程序的功能说明中含有输入条件的组合情况，则应一开始就选用因果图法。

习题

1. **选择题**

（1）以下关于黑盒测试的叙述中，不正确的是（　　）。

    A. 不需要了解程序内部的代码及实现

    B. 容易知道用户会用到哪些功能，会遇到哪些问题

    C. 基于软件开发文档，所以也能知道软件实现了文档中的哪些功能

    D. 可以覆盖所有代码

（2）以下不属于黑盒测试方法的是（　　）。

    A. 等价类划分法　　　　　　　　B. 边界值分析法

    C. 错误推测法　　　　　　　　　D. 静态结构分析法

（3）划分软件测试属于白盒测试还是黑盒测试的依据是（　　）。

    A. 是否执行程序代码　　　　　　B. 是否能看到软件设计文档

    C. 是否能看到被测源程序　　　　D. 运行结果是否确定

2. **综合题**

（1）简述黑盒测试方法的特点。

（2）健壮等价类测试与标准等价类测试的主要区别是什么？

（3）试为三角形问题中的直角三角形开发一个决策表和相应的测试用例。注意：存在等腰直角三角形。

（4）给定二元函数 $f(x,y)$，输入变量 x、y 分别满足 $x\in[1,16]$，$y\in[1,51]$。写出该函数采用边界值分析法设计的测试用例。

第 5 章

单 元 测 试

【本章要点】

- 单元测试的定义；
- 单元测试同集成测试和系统测试的区别；
- 单元测试环境的组成；
- 单元测试的分析方法；
- 单元测试的用例设计方法；
- 单元测试的过程；
- 单元测试举例。

【本章目标】

- 掌握单元测试的概念；
- 了解单元测试的误区；
- 了解单元测试与集成测试和系统测试的区别；
- 掌握单元测试的策略；
- 掌握单元测试分析的方法；
- 掌握单元测试用例设计方法；
- 掌握单元测试的过程。

通俗地说,工厂在组装一台电视机之前,对每个元件所进行的测试就类似于软件开发过程中的单元测试。对于程序员来说,单元测试是每天必做的工作,如除了极简单的函数外,每写完一个函数,总是要执行一下,看看它所实现的功能是否正常;甚至有时还要想办法输出一些数据,如弹出窗口应该显示的信息。当然这种单元测试属于非正规的临时单元测试,针对代码的测试很不完整,代码覆盖率要超过 70% 都很困难。很多人尤其是初学者可能会问：为什么要进行烦人的单元测试? 那些刚刚接触完全测试概念的开发人员也常常会考虑到这个问题。原因就在于未经测试覆盖的代码可能会遗留大量细小的错误,这些错误还会互相影响,当 bug 暴露出来的时候难以调试,大大提高后期测试和维护成本,降低开发商的市场竞争力。

在传统的软件测试过程中,单元测试是最早开始进行的测试,是在代码编写完成之后才进行的测试,使用最多的技术就是白盒测试。同时它也是集成测试的基础,因为只有通过了单元测试的模块,才可以把它们集成到一起进行集成测试;否则,即使集成测试通过了,投入使用的软件也会像地基不牢的摩天大楼一样暗藏着很多不安全因素。随着软件开发技术的不断进步,以及人们对软件测试工作重要性认识的增强,这个阶段的测试通常在项目详细设计阶段就已经开始了。由于在软件开发周期后期可能会因为需求变更或功能完善等原因对某个单元的代码做一些改动,因此不妨把单元测试看成一种活动,从详细设计开始一直贯穿于整个项目开发的生命周期中。

总之,单元测试是十分重要的,通常被认为是提高软件质量,降低开发成本的必由之路。

5.1　单元测试概述

传统软件对"单元"一词有各种定义,如:
- 单元是可以编译和执行的最小软件组件;
- 单元是决不会指派给多个设计人员开发的软件组件。

实际上,"单元"的概念和被测应用(AUT)的设计方法,以及在其开发过程中采用的实现技术有关。基本单元必须具备一定的基本属性,有明确的规格定义,以及与其他部分接口的明确定义等,并且能够清晰地与同一程序中的其他单元划分开来。

对于结构化的编程语言而言,程序单元通常指程序中定义的函数或子程序,单元测试就是指对函数或子程序进行的测试;但有时候也可以把紧密相关的一组函数或过程看作一个单元,举例来说:如果函数 A 只调用另一个函数 B,并且函数 B 和函数 A 的代码总处于一定的范围之内,那么在执行单元测试时,就可以将 A 和 B 合并为一个单元进行测试。对于面向对象的编程语言而言,程序单元通常指特定的一个具体的类或相关的多个类,单元测试主要是指对类的测试;但当一个类特别复杂时,就会把方法作为一个单元进行测试。对于同面向对象软件关联密切的 GUI 应用程序而言,单元测试一般是在"按钮级"进行。

那么,什么是单元测试?通常而言,单元测试是在软件开发过程中要进行的最低级别的测试活动,或者说是针对软件设计的最小单位——程序模块,进行正确性检验的测试工作。其目的在于发现每个程序模块内部可能存在的差错。在单元测试活动中,软件的独立单元将在与程序的其他部分相隔离的情况下进行测试,主要工作分为两个步骤:人工静态检查和动态执行跟踪。前者主要是保证代码算法的逻辑正确性(尽量通过人工检查发现代码的逻辑错误)、清晰性、规范性、一致性、算法高效性,并尽可能地发现程序中没有发现的错误。后者就是通过设计测试用例,执行待测程序来跟踪比较实际结果与预期结果来发现错误。

经验表明,使用人工静态检查法能够有效地发现 30%～70% 的逻辑设计和编码错误。但是代码中仍会有大量的隐性错误无法通过视觉检查发现,必须通过跟踪调试法细心分析才能够捕捉到。所以,动态跟踪调试方法也成了单元测试的重点与难点。

单元测试应该在什么时候进行最好?笼统地说就是越早越好,那么应该早到什么程度? XP 开发理论讲究 TDD,即测试驱动开发,先编写测试代码,再进行开发。但在实际的工作中,可以不必过分强调先测试什么后测试什么。一些有经验的开发人员建议,先编写产品函数的框架,然后编写测试函数,再针对产品函数的功能编写测试用例,最后编写产品函数的代码,每写一个功能点都运行测试,随时补充测试用例。所谓先编写产品函数的框架,是指先编写函数空的实现,有返回值的任意返回一个值,编译通过后再编写测试代码,这时函数名、参数表、返回类型都应该确定下来了,所编写的测试代码以后需要修改的可能性比较小。

单元测试是其他级别测试工作展开的基础,其重要性不言而喻。那么,单元测试应该由谁来完成比较合适呢? 也许读者会想当然的认为单元测试应该由测试人员来进行,其实这种想法是错误的。单元测试与其他测试不同,单元测试可看作是编码工作的一部分,在编码的过程中考虑测试问题,得到的将是更优质的代码,因为在这时程序员对代码应该做些什么了解得最清楚。如果不这样做,等到某个模块崩溃时程序员可能已经忘记了代码是怎样工作的。即使是在强大的工作压力下,也必须重新把它弄清楚,这又要花费许多时间。进一步说,这样做出的更正往往不会那么彻底,可能更脆弱。因此一般应该由程序员完成单元测试工作,并且在提交产品代码的同时也提交测试代码。当然,为了确保软件质量,测试部门可以对其进行必要的审核。

单元测试的分工大致如下:一般由开发组在开发组组长监督下进行,保证使用合适的测试技术,根据单元测试计划和测试说明文档中制定的要求,执行充分的测试;由编写该单元的开发组中的成员设计所需要的测试用例,测试该单元并修改缺陷。其中,测试包括设计和执行测试脚本和测试用例,并且要记录测试结果和单元测试日志。另外,在进行单元测试时,最好要有一个专人负责监控测试过程,见证各个测试用例的运行结果。当然,可以从开发组中选一人担任,也可以由质量保证代表担任。

经常有人问,既然单元测试对开发人员来说如此重要,那么对于客户或最终使用者而言也是这么重要吗? 它与验收测试有关吗? 这些问题很难回答。事实上,在做单元测试时常常不关心整个产品的确认、验证和正确性,甚至也不关心性能方面的问题。而主要是证明代码的行为和期望一致,因此单元测试的对象常常是一些规模很小、非常独立的片段。只有当所有单独部分的行为都通过了验证,确保它们和期望一致,才能够建立起对产品的信心,从而开始做进一步的集成测试。如果在程序员不能够保证正在写的这些代码和预期一致的情况下,做其他任何形式的测试只不过是在浪费时间而已。

充分的单元测试不但能够使得开发工作变得更轻松,而且会对设计工作的改进提供帮助,甚至大大减少花费在调试上面的时间。

总之,单元测试的目标就是验证开发人员所编写的代码是否可以按照其所设想的方式执行并产生符合预期值的结果,确保产生符合其需求的可靠程序单元。符合需求的代码通常应该具备以下性质:正确性、清晰性、规范性、一致性、高效性等(根据优先级别排序)。

(1)正确性是指代码逻辑必须正确,能够实现预期的功能;

(2)清晰性是指代码必须简明、易懂,注释准确没有歧义;

(3)规范性是指代码必须符合企业或部门所定义的共同规范,包括命名规则,代码风格等;

（4）一致性是指代码必须在命名上（如相同功能的变量尽量采用相同的标示符）、风格上都保持统一；

（5）高效性是指代码不但要满足以上性质，而且需要尽可能降低代码的执行时间。

5.1.1　单元测试误区

如果在单元测试阶段就应该发现的 bug 遗留到软件开发的后期阶段，此时修改它将会浪费大量的项目资源，因为与缺陷所在单元相关联的模块测试以及包括该单元在内的集成测试都要进行回归测试。好的单元测试就在于能否尽早发现更多的 bug，从而降低软件开发的成本。

在软件开发过程中，最可怕的就在于需求被频繁地修改和变动，因为这些变化最终都要反映在代码中。也就是说，代码本身出现的 bug 并不多，更多 bug 的产生是由于变化后的代码破坏了源代码功能造成的，所以只要发生了变化，必须保证进行完整的回归测试。高质量的单元测试会大大简化系统的集成过程，因为所有被集成的单元都是可以信赖的。

能否把单元测试工作做好的关键就在于是否能够明确测试所针对的目标，对测试过程进行很好的监控和管理，适当地使用某些自动化工具来支持测试过程。科学合理地安排和进行这些活动，可以在最低开发成本下得到可靠的软件。

为了使读者更清晰地认识到单元测试的重要性，下面列举一些在实际工作中对单元测试的误解并加以澄清。

1. 单元测试是一种浪费时间的工作

编码工作完成之后，开发人员常常希望能够尽快进行软件的集成工作，这样就可以看到实际的系统开始运行工作了，而把单元测试活动看作是通往这个阶段点的障碍，推迟了对整个系统进行联调的时间。

事实上，没有经过单元测试而集成的系统能够正常工作的可能性是很小的，而且存在各种类型的 bug，软件甚至无法运行。接下来不得不将大量的时间花费在跟踪那些隐藏在各个单元里的 bug 上面，当然不排除个别情况下，这些 bug 可能是微不足道的，但是总的来说，这样会延长软件的开发周期，而且当系统投入使用时也无法确保它能够可靠运行。

在实际工作中，进行计划完整的单元测试和编写实际的代码所花费的精力大致上是相同的。单元测试工作一旦完成了，很多 bug 将被纠正，在手头拥有稳定可靠的单元模块的情况下，开发人员能够进行更高效的系统集成工作，这才是真实意义上的进展。所以说单元测试不是在浪费时间。

使用一些单元测试支持工具可以使单元测试更加简单和有效，但这不是必需的。单元测试即使是在没有工具支持的情况下也是一项非常有意义的活动。

2. 单元测试只能证明代码做了什么

那些没有首先为每个单元编写一个详细的规格说明而直接进入编码阶段的开发人员经常会有这样的抱怨。当编码完成以后，要执行该单元的测试任务时，他们就阅读这些代码,查看这些代码实际上做了什么,也就是说测试工作是完全建立在代码的基础上。当然,所有的这些测试工作能够表明的事情就是编译器工作正常,此外无法证明任何事情。他们也许能够发现(希望能够)罕见的编译器 bug,但是他们能够做的仅仅是这些。

如果他们首先写好一个详细的规格说明,测试能够以规格说明为基础,代码就能够针对它的规格说明,而不是针对自身进行测试。这样的测试仍然能够抓住编译器的 bug,同时也能找到更多的编码错误,甚至是一些规格说明中的错误。好的规格说明可以使测试的质量更高。

在实践中可能会出现这样的情况:一个开发人员接到一个只有代码没有规格说明的单元的测试任务。此时,应该怎样做才能更好地进行单元测试呢?第一步就是理解这个单元原本要做什么,而不是它实际上做了什么。比较有效的方法就是通过阅读程序代码和注释,以及调用它和被它调用的相关代码,然后倒推出一个概要的规格说明,也可以用手工或使用某种工具画出流程图。最后对这个概要规格说明进行走读,以确保这个规格说明没有基本的错误,再根据它来设计单元测试。

3. 我是个很棒的程序员,我是不是可以不进行单元测试?

在每个开发团队中都可能有非常擅长于编程的开发人员,他们开发的软件总是可以最先正常运行。因此有人认为他们所开发的代码就可以不用进行单元测试了。

在现实生活中,每个人都会犯错误,更何况真正的软件系统是非常复杂的,即使是编程高手也无法保证不犯任何错误。因此,不能期望那些没有经过充分测试和 bug 修改过程的软件系统可以正常工作。虽然编码工作不是一个可以一次性通过的过程,但是开发人员可以通过开发一些可重复的单元测试来节省测试时间。

4. 集成测试能捕捉到所有的 bug

在前面的讨论中,已经从侧面对这个问题进行了阐述。这个论点不正确的原因就在于,如果没有做单元测试,就进行软件集成工作,而软件规模越大集成就越复杂。不难想象,开发人员花费大量的时间很可能仅仅是为了使软件能够运行,导致实际的测试方案无法执行,因为没有经过单元测试的模块可能存在着很多软件缺陷,甚至会导致软件无法集成。

即使软件可以运行,开发人员又要面对这样的问题:如何在考虑软件全局复杂性的前提下对每个单元进行全面测试。甚至在建立一种单元调用的测试条件时,要全面地考虑单元被调用时的各种入口参数。因此,在软件集成阶段,对单元功能全面测试的复杂程度远远地超过独立进行的单元测试过程。最后将无法进行全面的测试,遗漏甚至忽略了很多缺陷。

类比一下,假设要清洗一台已经完全装配好的食物加工机器。无论喷了多少水和清洁剂,一些食物的小碎片还是会粘在机器的死角位置,只有任其腐烂并等待以后再想办法。但换个角度想想,如果这台机器是拆开的,这些死角也许就不存在或者更容易接触到了,并且每一部分都可以毫不费力地进行清洗。

5. 单元测试的成本效率不高

开发组织的测试水平高低是与他们对那些未发现的 bug 潜在后果的重视程度成正

比的。如果被软件开发人员所忽视的一个小小的 bug(但是用户可不会这样)经常出现，甚至有时会发生死机的情况。那么，这将会影响软件开发组织的信誉，失去用户对开发者的信任。

很多研究成果表明，无论什么时候做出修改都要进行完整的回归测试，在生命周期中尽早地对软件产品进行测试将使效率和质量得到最好的保证。bug 发现得越晚，修改它所需的成本就越高，因此从经济角度来看，应该尽可能早地查找和修改 bug。而单元测试就是一个在修改费用变得过高之前，能够在早期抓住 bug 的一个最佳时机。

与集成测试和系统测试等其他级别相比，单元测试的创建更简单，维护更容易。与那些复杂且旷日持久的集成测试，或是不稳定的软件系统相比，单元测试所需的费用是很低的。

下面这个图表摘自《实用软件度量》(Capers Jones，McGraw-Hill 1991)，它列出了准备测试、执行测试和修改缺陷所花费的时间(以一个功能点为基准)，这些数据显示单元测试的成本效率大约是集成测试的两倍、系统测试的三倍(参见条形图 5-1)。(域测试(field test)指在软件投入使用以后，针对某个领域所做的所有测试活动)这个图表并不表示开发人员不应该进行后续阶段的测试，真正意图是表明尽可能早地排除尽可能多的 bug，可以减少以后各个阶段测试的费用。

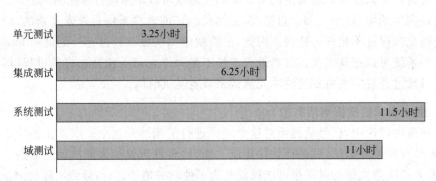

图 5-1　测试成本效率对比

总之，在经过了单元测试之后，系统集成过程将会大大地简化。开发人员可以将精力集中在单元之间的交互作用和全局的功能实现上，而不会陷入充满很多 bug 的单元之中不能自拔。

5.1.2　单元测试与集成测试区别

单元测试对象是实现具体功能的单元，一般对应详细设计中所描述的设计单元，往往在详细设计阶段把这些模块分配给不同的开发小组。集成测试是针对概要设计所包含的模块以及模块组合进行的测试。

单元测试所使用的主要测试方法是基于代码的白盒测试，而集成测试所使用的主要测试方法是基于功能的黑盒测试。

因为集成测试须在所有要集成的模块都通过了单元测试之后才能进行，也就是说在测试时间上，集成测试要晚于单元测试，所以单元测试的好坏直接影响着集成测试。

单元测试的工作内容包括模块内程序的逻辑、功能、参数传递、变量引用、出错处理、需求和设计中有具体的要求等方面测试。集成测试的工作内容主要是验证各个接口、接口之间的数据传递关系、模块组合后能否达到预期效果。

虽然单元测试和集成测试有一些区别，但是二者之间也有着千丝万缕的联系。目前集成测试和单元测试的界限趋向模糊。有时也会在单元测试中引入集成测试的方法，如为了减少编写桩模块代码的工作量，有时也采用的自底向上的测试方法。总之，无论单元测试还是集成测试，其最终目的都是为了发现软件开发过程中所引入的错误，而无须一味地追究二者的区别。

5.1.3 单元测试与系统测试区别

单元测试与系统测试的区别不仅仅在于测试的对象和测试的层次的不同，最重要的区别是测试性质不同。在单元测试过程中，单元测试的执行早于系统测试，测试的是软件单元的具体实现、内部逻辑结构以及数据流向等。系统测试属于后期测试，主要是根据需求规格说明书进行的，是从用户角度来进行的功能测试和性能测试等，证明系统是否满足用户的需求。

单元测试中发现的错误容易进行定位，并且多个单元测试可以并行进行；而系统测试发现的错误比较难定位。

这里以单元测试与系统测试阶段所做的验收测试为例来进一步说明二者之间的区别。单元测试注重系统的内部，比如体系构造、系统的框架结构等，是要保证系统各个部分得以安全的正常执行。验收测试则是在系统可以正常运行之后才进行，更注意系统的细节部分，比如系统界面是否美观，系统的操作是否人性化，等等。单元测试则是从开发者的角度考虑的，验收测试则是从用户的角度出发。

5.2 单元测试环境

单元测试环境的建立是单元测试工作进行的前提和基础，在测试过程中所起到的作用不言而喻。显然，单元测试的环境并不一定是系统投入使用后所需的真实环境。那么，应该建立一个什么样的环境才能够满足单元测试的要求呢？本节，将向读者介绍如何建立单元测试的环境。

由于一个模块或一个方法（Method）并不是一个独立的程序，在测试时要同时考虑它和外界的联系，因此要用到一些辅助模块，来模拟与所测模块相联系的其他模块。一般把这些辅助模块分为以下两种：

（1）驱动模块（driver）：相当于所测模块的主程序。它接收测试数据，把这些数据传送给所测模块，最后再输出实际测试结果。

（2）桩模块（stub）：用于代替所测模块调用的子模块。桩模块可以进行少量的数据操作，不需要实现子模块的所有功能，但要根据需要来实现或代替子模块的一部分功能。

那么，所测模块和与它相关的驱动模块及桩模块共同构成了一个"测试环境"，如

图 5-2 所示。为了能够正确地测试软件,驱动模块和桩模块的编写特别是桩模块,可能需要模拟实际子模块的功能,因此桩模块的开发就不是很轻松。人们常常希望驱动模块和桩模块的开发工作比较简单,实际开销相对低些。比如说,有时候因为编写桩模块是困难费时的,就会尽量避免编写桩模块,即在项目进度管理时将实际桩模块的代码编写工作安排在被测模块前编写。提高实际桩模块的测试频率从而更有效地保证产品质量,提高测试工作的效率。但是,为了保证能够向上一级模块提供稳定可靠的实际桩模块,为后续模块测试打下良好的基础,驱动模块还是必不可少的。遗憾的是,仅用简单的驱动模块和桩模块有时不能完成某些模块的测试任务。

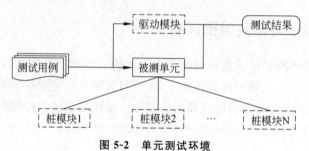

图 5-2　单元测试环境

为了确保可以高质量完成单元测试,在设计桩模块和驱动模块的时候最好多考虑一些环境因素(所有的潜在输入和实际环境的代表物都需要考虑),如系统时钟、文件状态、单元加载地点,以及与实际环境相同的编译器、操作系统、计算机等,这些都要在测试设计过程中给予关注。

对于每一个包或子系统可以根据所编写的测试用例来编写一个测试模块类做驱动模块,用于测试包中所有的待测试模块。最好不要在每个类中用一个测试函数的方法,来测试跟踪类中所有的方法。这样的好处在于:

(1) 能够同时测试包中所有的方法或模块,也可以方便地测试跟踪指定的模块或方法。

(2) 能够联合使用所有测试用例对同一段代码执行测试,发现问题。

(3) 便于回归测试,当某个模块做了修改之后,只要执行测试类就可以执行所有被测的模块或方法。这样不但能够方便检查、跟踪所修改的代码,而且能够检查出修改对包内相关模块或方法所造成的影响,使修改引进的错误得以及时发现。

(4) 复用测试方法,使测试单元保持持久性,并可以用既有的测试来编写相关测试。

(5) 将测试代码与产品代码分开,使代码更清晰、简洁;提高测试代码与被测代码的可维护性。

在建立单元测试环境时,除了会需要一些桩模块和驱动模块以便使被测对象能够运行起来之外,还要模拟生成测试数据或状态,为单元运行准备动态环境。为了便于测试工作的顺利开展,最好还要考虑对测试过程的支持,例如,测试结果的统计、分析和保留、测试覆盖率的记录等。另外,测试人员在构建单元测试环境时可借助很多测试工具,如在对使用 Java 语言开发的程序进行单元测试时可以借助 JUnit,在本书后面的相关章节中将会对 JUnit 工具进行专门的介绍,并列举出使用 JUnit 进行测试的例子。

在这里读者要注意的是,驱动模块和桩模块是测试时使用的软件,不是软件产品的组成部分,不能和最终的软件一起提交。

最后要强调的一点是,测试代码也是用一般的方式编写和编译,它和项目中的普通源码是一样的。测试代码可能偶尔会用到某些额外的程序库,但是除此之外,测试代码再也没有任何特别之处——它们也只是普通代码而已。

5.3 单元测试策略

单元测试涉及的测试技术通常有针对被测单元需求的功能测试、用于代码评审和代码走读的静态测试、白盒测试、状态转换测试和非功能测试。大部分情况下会选择使用白盒测试,参与测试的主要人员均为开发组成员,因为他们对单元的结构十分了解。这里的非功能测试是指对单元的性能、压力或者可靠性的测试,并不是单元测试的重点,但在适当的时候也要进行,因为单元模块性能的好坏会间接地影响整个系统的性能。

为了提高单元测试的质量,只了解这些单元测试技术还远远不够,还要选择合适的测试策略。在选择测试策略时,主要考虑如下 3 种方式:自顶向下(top down unit testing)的单元测试策略、自底向上的单元测试策略(bottom up unit testing)和孤立的单元测试策略(isolation unit testing)。

5.3.1 自顶向下的单元测试策略

步骤如下:

(1) 从最顶层开始,把顶层调用的单元做成桩模块。

(2) 对第二层测试,使用上面已测试的单元做驱动模块。

(3) 以此类推,直到全部单元测试结束。

优点:可以在集成测试之前为系统提供早期的集成途径。由于详细设计一般都是自顶到下进行设计的,这样自顶向下的单元测试测试策略在顺序上同详细设计一致,因此测试可以与详细设计和编码工作重叠进行。

缺点:单元测试被桩模块控制,随着单元测试的不断进行,测试过程也会变得越来越复杂,测试难度以及开发和维护的成本都不断增加;要求的低层次的结构覆盖率也难以得到保证;由于需求变更或其他原因而必须更改任何一个单元时,就必须重新测试该单元下层调用的所有单元;低层单元测试依赖顶层测试,无法进行并行测试,使测试进度受到不同程度的影响,延长测试周期。

总结:从上述分析中,不难看出该测试策略的成本要高于孤立的单元测试成本,因此从测试成本方面来考虑,并不是最佳的单元测试策略。在实际工作中,当单元已经通过独立测试后,可以选择此方法。

5.3.2 自底向上的单元测试

步骤如下:

（1）对模块调用图上的最底层模块开始测试，模拟调用该模块的模块为驱动模块。

（2）对上一层模块进行单元测试，用已经被测试过的模块做桩模块。

（3）以此类推，直到全部单元测试结束。

优点：不需要单独设计桩模块。无须依赖结构设计，可以直接从功能设计中获取测试用例；可以为系统提供早期的集成途径；在详细设计文档中缺少结构细节时可以使用该测试策略。

缺点：随着单元测试的不断进行，测试过程会变得越来越复杂，测试周期延长，测试和维护的成本增加；随着各个基本单元逐步加入，系统会变得异常庞大，因此测试人员不容易控制；越接近顶层的模块的测试其结构覆盖率就越难以保证；另外，顶层测试易受底层模块变更的影响，任何一个模块修改之后，直接或间接调用该模块的所有单元都要重新测试。由于只有在底层单元测试完毕之后才能够进行顶层单元的测试，所以并行性不好。另外，自底向上的单元测试也不能和详细设计、编码同步进行。

总结：相对其他测试策略而言，该测试策略比较合理，尤其是需要考虑对象或复用时。它属于面向功能的测试，而非面向结构的测试。对那些以高覆盖率为目标或者软件开发时间紧张的软件项目来说，这种测试方法不适用。

5.3.3　孤立测试

步骤：无须考虑每个模块与其他模块之间的关系，分别为每个模块单独设计桩模块和驱动模块，逐一完成所有单元模块的测试。

优点：该方法简单、容易操作，因此所需测试时间短，能够达到高覆盖率。因为一次测试只需要测试一个单元，其驱动模块比自底向上的驱动模块设计简单，而其桩模块的设计也比自顶向下策略中使用的桩模块简单。另外，各模块之间不存在依赖性，所以单元测试可以并行进行。如果在测试中增添人员，可以缩短项目开发时间。

缺点：不能为集成测试提供早期的集成途径，依赖结构设计信息，需要设计多个桩模块和驱动模块，增加了额外的测试成本。

总结：该方法是比较理想的单元测试方法，如辅助适当的集成测试策略，有利于缩短项目的开发时间。

在单元测试中，为了有效地减少开发桩模块的工作量，可以考虑综合自底向上测试策略和孤立测试策略。

5.4　单元测试主要任务

有一些开发者，在做单元测试的时候，只编写一个测试，只是让所有代码从头到尾跑一次，只测试一条能够正确执行的路径。如果测试通过了，就认为测试已经完成了。但是，现实工作中的单元测试，远远没有这么简单，常常会遇到各种糟糕的情况，如代码运行后常常会抛出异常；硬盘的剩余空间不足；网络出现故障；缓冲区溢出；代码潜藏着一些bug，等。这就是软件开发"工程"的特点，土木设计师在设计一座桥梁的时候，必须要考虑桥梁的负载、强风的影响、地震、洪水等灾害的发生。显然,在测试这座桥梁的时候,不能够简单地选择在风和日丽的一天,只要一辆车顺利通过就结束测试。因此,在做单元测试的时候,要确认:在任何情况下,这段代码是否和期望一直一致,比如,突然断电、网络故障、硬盘空间不足等情况。因此,在做单元测试时要做完善和全面的单元测试分析,确定测试内容。初学者往往会觉得很茫然,不知道如何下手,本节将从不同侧面对这个问题进行详细讨论。

对于方法或类来说,很难一下子发现所有可能出问题的地方,找到所有潜藏的 bug。经验丰富的人常常能够轻松地分析出系统最可能出现的问题,但是对于没有经验或经验很少的工作人员来讲,是很难做到这一点的。可是,最终用户在使用过程中迟早会发现程序中遗留的 bug。下面为大家总结了一些测试分析的指导原则,使读者在测试工作中能够有的放矢、有章可循。

一般可以从如下几个方面进行分析和测试。

1. 判断得到的结果是否正确

因为,对于测试而言,首要的任务就是查看一下所期望的结果是否正确,即对结果进行验证。这些简单的测试,可根据需求说明进行。假如没有明确的文档,可以询问相关人员,自己确定一些需求,或者安排用户参与以便及时获得反馈,对自己确定的需求假设进行调整。因为在整个软件开发的生命周期中,需求的更新都有可能使得判断代码是否"正确"的标准改变。对于那些涉及大量测试数据的测试,读者可考虑使用一个独立的数据文件存储这些数据,做单元测试直接读取这些数据,但前提是在使用数据文件之前要进行仔细检查,以免引入不必要的错误。总之,无论有什么困难都必须要想尽各种办法确认结果的正确性。

2. 判断是否满足所有的边界条件

边界条件是指软件计划的操作界限所在的边缘条件。边界条件测试是单元测试中最后也是最重要的一项任务。众所周知,软件经常在边界上失效,采用边界值分析技术,针对边界值及其左、右设计测试用例,很有可能发现新的错误。边界上的错误常常是防不胜防的,在使用边界值测试的方法时,不妨结合实际项目参考以下测试技巧:

(1) 输入完全伪造或者和要求不一致的数据,如给程序提供一个根本就不存在的文件或路径。

(2) 输入一个格式错误的数据,如一个类似 softwaretesting@sohu 这样的没有顶层域名的电子邮件地址。

(3) 提供一个空值或者不完整的值(如 null 和 0.0)。

(4) 与正常值相差很远的值,例如,把人员年龄输入为 10 000 岁。

(5) 假如一个列表中不允许有重复的数值存在,就可以给它传入一组存在重复数值的列表;如果某个字段的值要求唯一,那么可以输入两个或多个相同的数值进行测试。

(6) 如果要求按照一定的顺序存储一些数据,那么可以输入一些顺序打乱的数据来做测试。

(7) 对于一些做了安全限制的部分,尽量通过各种途径尝试能否绕过安全限制的测试。如很多系统都分成好几个子系统，或者对于系统的一些功能进行了权限设置，因此没有权限的工作人员是不能使用相关功能的，那么可以没有权限的用户身份登录系统，测试是否能够登录成功或能否使用没有被赋予权限的功能。

（8）如果功能的启用有一定的顺序限制，就用和期望不一致的顺序来进行测试。如一般系统都要求用户正式进入工作页面之前先登录，那么就可以测试一下是否不登录也能进入工作页面。

除了之外，可能还会存在更多的边界值情况，有的书中把边界值测试归纳为 6 种情形，即一致性（实际数值是否和预期的一致）、顺序性（实际数值是否像预期的那样有序或者无序）、区间性（实际值是否位于合理的最小值和最大值之内）、依赖性（代码是否引用了一些不在代码本身控制范围之内的外部资源）、存在性（实际数值是否非 null、非 0、在一个集合中等）、基数性（是否恰好有足够的值）、相对或者绝对的时间性（所有事情的发生是否有序？是否是在正确的时刻？是否恰好及时？）。读者在实际工作中也应该注意积累这方面的经验，提高软件测试的技巧。

3．分析能否使用反向关联检查

在实际程序中，有一些方法可以使用反向的逻辑关系来验证它们。例如，为了检查某一条记录是否成功地插入数据库，可以使用查询语句来验证。但要注意原方法和它的反向测试中的错误可能会同时掩盖一些 bug。所以，可能的话尽量使用不同的方法来做反向测试。

4．分析是否能使用其他手段来交叉检查一下结果

一般而言，对某个值进行计算会有一种以上的算法，但会因考虑到运行效率或其他方面的原因而选择其中的一种。那么，可以使用剩下算法中的一个进行交叉检查来进行测试。当然也可以利用升级前实现同样功能的代码来检查新版本。此外，对于面向对象的应用软件，还可以使用类本身有关联关系的不同数据做测试。

5．分析是否可以强制一些错误发生

在实际使用过程当中，总会有意想不到的情况和错误发生，如网络出现了故障、磁盘空间不足、内存不足等。如果某个方法依赖于网络、数据库或 Servlet 引擎等，那么就要模拟这些外部条件产生错误的情况来做单元测试。但这并不一定要求测试人员手工来模拟，可以借助一些相关的工具，如 EasyMock（可以把它集成到 JUnit 测试框架中）。

6．分析模块接口

数据在接口处出错就好像丢了进入大门的钥匙，无法进行下一步的工作，只有在数据能正确流入、流出模块的前提下，其他测试才有意义。测试接口正确与否应该考虑下列因素：

（1）输入的实际参数与形式参数的个数是否相同；

（2）输入的实际参数与形式参数的属性是否匹配；

（3）输入的实际参数与形式参数的量纲是否一致；

（4）调用其他模块时所给实际参数的个数是否与被调模块的形参个数相同；

（5）调用其他模块时所给实际参数的属性是否与被调模块的形参属性匹配；

（6）调用其他模块时所给实际参数的量纲是否与被调模块的形参量纲一致；

（7）调用预定义函数时所用参数的个数、属性和次序是否正确；

（8）是否存在与当前入口点无关的参数引用；

（9）是否修改了只读型参数；

（10）对全程变量的定义各模块是否一致；

（11）是否把某些约束作为参数传递。

如果模块内包括外部输入输出，还应该考虑下列因素：

① 文件属性是否正确；

② OPEN/CLOSE 语句是否正确；

③ 格式说明与输入输出语句是否匹配；

④ 缓冲区大小与记录长度是否匹配；

⑤ 文件使用前是否已经打开；

⑥ 是否处理了文件尾；

⑦ 是否处理了输入输出错误；

⑧ 输出信息中是否有文字性错误。

7. 分析局部数据结构

局部数据结构往往是错误的根源，对其检查主要是为了保证临时存储在模块内的数据在程序执行过程中完整、正确，因此应仔细设计测试用例，力求发现下面几类错误：

（1）被测模块中是否存在不合适或不一致的数据类型说明；

（2）被测模块中是否残留未赋值或未初始化的变量；

（3）被测模块中是否存在错误的初始值或错误的默认值；

（4）被测模块中是否有不正确的变量名（拼错或不正确地截断）；

（5）被测模块中是否存在数据结构的不一致；

（6）被测模块中是否会出现上溢、下溢和地址异常。

除了局部数据结构外，如果可能，单元测试时还应该查清全局数据（例如 FORTRAN 的公用区）对模块的影响。

8. 分析独立路径

在模块中应对每一条独立执行路径进行测试，单元测试的基本任务是保证模块中每条语句至少执行一次。此时设计测试用例是为了发现因计算错误、比较不正确和控制流不适当而造成的错误，发现这些错误的最常用且最有效的测试技术就是基本路径测试和循环测试。常见的错误通常包括：

（1）运算符优先级理解或使用错误；

（2）混合类型运算错误；

（3）变量初始化错误；

（4）精度不够；

（5）表达式符号错误。

比较判断与控制流常常紧密相关，此类测试用例还应致力于发现下列错误：

（1）不同数据类型的对象之间进行比较；

（2）错误地使用逻辑运算符或优先级；

（3）因计算机表示的局限性，期望理论上相等而实际上不相等的两个量相等；

（4）比较运算或变量出错；

（5）循环终止条件不可能出现；

（6）迭代发散时不能退出；

（7）错误地修改了循环变量。

9．分析出错处理是否正确

一个好的设计应能预见各种出错条件，并进行适当的出错处理，即预设各种出错处理通路。出错处理是模块功能的一部分，这种带有预见性的机制保证了在程序出错时，对出错部分及时修补，因此出错处理通路同样需要认真测试，此类测试应着重检查下列问题：

（1）输出的出错信息是否易于理解；

（2）错误陈述中能否提供足够的定位出错信息；

（3）显示错误与实际遇到的错误是否相符；

（4）异常处理是否得当；

（5）在程序进行出错处理前，错误条件是否已经引发系统的干预。

5.5 单元测试步骤

前面已经了解了有关单元测试的一些常识性知识，下面简单介绍一下单元测试的过程。工作性质的不同，决定了工作的侧重点也会不同，因此程序开发人员在单元测试的过程中关注更多的是程序代码本身和已经实现的功能。因此，站在他们的角度看，单元测试的过程就是在编写测试方法之前，首先考虑如何对方法进行测试，然后编写测试代码；下一步就是运行某个测试，或者同时运行该单元的所有测试，确保所有测试都通过。目的就是，在不直接引入 bug 的同时，也不会破坏程序的其他部分。最后就是检查和分析测试结果。读者可能担心这样会很麻烦，其实现在有很多单元测试工具可供开发人员使用，能够大大简化测试过程。相比较而言，专业测试人员则应该关注整个测试过程。但二者的出发点和实质是一样的，都是为了达到使软件质量能够得到保证的目标。图 5-3 从宏观的角度概括了单元测试的工作过程图。

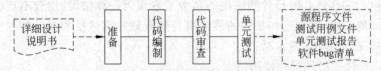

图 5-3 单元测试工作过程

1．单元测试进入和退出准则（见表 5-1 和表 5-2）

表 5-1 进入准则

要　　素	判　断　准　则
详细设计说明书 单元测试用例	• 经过审查 • 获得批准 • 进入配置库

表 5-2　退出准则

要　　素	判 断 准 则
源代码文件 源代码文件清单	• 源代码文件获得批准 • 源代码文件进入配置库的源代码区 • 测试用例源代码通过同级评审
软件 Bug 清单 单元测试报告	• 提交测试负责人 • 提交软件产品配置管理

注：与代码相关的数据文件、修改日志、编译环境文件和源程序文件清单也包含在源代码文件中。

2．单元测试过程

1）准备阶段

• 根据程序员的实际水平进行有关编程语言、编程规范、编程方法、编程工具、调试方法、配置管理等方面的培训。

• 根据测试人员的实际水平进行有关测试方法、测试工具、问题汇报方法等方面的培训；有关被测产品的功能培训。

• 准备开发及测试工具和环境，如有必要在各编码组内对临时的编译环境和调试方法进行约定。

• 对详细设计说明书需要做进一步确认工作，保证接口、工作流程的一致性。如果是多人参与开发，还需根据实际情况对参与人员进行设计讲解工作。

• 根据单元划分情况编写单元测试用例，并审查是否达到测试需求。

2）编制阶段

• 程序员依据详细设计，进行程序单元的编制工作（包括建立相关的构造环境），并调试和检查。

• 在更正测试问题时，修改源码和测试用例，提交新的源码文件。

3）代码审查阶段

（1）将编制的源代码文件进行静态代码审查，填写代码审查表（作为单元测试报告附录形式提交）。

（2）在代码审查阶段，必须执行的活动有以下几个项目。

① 检查算法的逻辑正确性：确定所编写的代码算法、数据结构定义（如队列、堆栈等）是否实现了模块或方法所要求的功能。

② 模块接口的正确性检查：确定形式参数个数、数据类型、顺序是否正确；确定返回值类型及返回值的正确性。

③ 输入参数有没有做正确性检查：如果没有做正确性检查，确定该参数无需做参数正确性检查，否则请添加上参数的正确性检查。经验表明，缺少参数正确性检查的代码是造成软件系统不稳定的主要原因之一。

④ 调用其他方法接口的正确性：检查实参类型正确与否、传入的参数值正确与否、参数个数正确与否，特别是具有多态性的方法。返回值正确与否，有没有误解返回值所表示的意思。最好对每个被调用的方法的返回值用显示代码做正确性检查，如果被调用方法出现异常或错误，程序应该给予反馈，并添加适当的出错处理代码。

⑤ 出错处理：模块代码要求能预见出错的条件，并设置适当的出错处理，以便程序出错时，能重做安排，保证其逻辑的正确性，这种出错处理应当是模块功能的一部分。若出现下列情况之一，则表明模块的错误处理功能包含有错误或缺陷：出错的描述难以理解；出错的描述不足以对错误定位，不足以确定出错的原因；显示的错误信息与实际的错误原因不符；对错误条件的处理不正确；在对错误进行处理之前，错误条件已经引起系统的干预等。

⑥ 保证表达式、SQL 语句的正确性；检查所编写的 SQL 语句的语法、逻辑的正确性。对表达式应该保证不含二义性，对于容易产生歧义的表达式或运算符优先级（如《、=、》、&&、||、++、--等）可以采用扩号"()"运算符避免二义性，这样一方面能够保证代码的正确可靠，同时也能够提高代码的可读性。

⑦ 检查常量或全局变量使用的正确性；确定所使用的常量或全局变量的取值和数值、数据类型；保证常量每次引用同它的取值、数值和类型的一致性。

⑧ 表示符定义的规范一致性；保证变量命名能够见名知义，并且简洁、规范、容易记忆、最好能够拼读。并尽量保证用相同的表示符代表相同功能，不要将不同的功能用相同的表示符表示；更不要用相同的表示符代表不同的功能意义。

⑨ 程序风格的一致性、规范性；代码必须能保证符合企业规范，保证所有成员的代码风格一致、规范、工整。例如，对数组做循环，不要一会儿采用下标变量从下到上的方式（如 for(i=0;i++;i<10)），一会儿又采用从上到下的方式（如 for(i=10;i--;i>0)）；应该尽量采用统一的方式，或者统一从下到上，或者统一从上到下。建议采用 for 循环和 while 循环，不要采用 do{}while 循环等。

⑩ 检查程序中使用到的神秘数字是否采用了表示符定义。神秘的数字包括各种常数、数组的大小、字符位置、变换因子以及程序中出现的其他以文字形式写出的数值。在程序源代码里，一个具有原本形式的数对其本身的重要性或作用没提供任何指示性信息，会导致程序难以理解和修改。对于这类神秘数字必须采用相应的标量来表示；如果该数字在整个系统中都可能使用到，务必将它定义为全局常量；如果该神秘数字在一个类中使用可将其定义为类的属性，如果该神秘数字只在一个方法中出现务必将其定义为局部变量或常量。

⑪ 检查代码是否可以优化、算法效率是否最高。如 SQL 语句是否可以优化，是否可以用 1 条 SQL 语句代替程序中的多条 SQL 语句的功能，循环是否必要，循环中的语句是否可以抽出到循环之外等。

⑫ 检查程序是否清晰、简洁、容易理解。注意：冗长的程序也可能是清晰的。

⑬ 检查方法内部注释是否完整；是否清晰简洁；是否正确反映了代码的功能，错误的注释比没有注释更糟；是否做了多余的注释；对于简单的一看就懂的代码没有必要注释。

⑭ 检查注释文档是否完整；对包、类、属性、方法功能、参数、返回值的注释是否正确且容易理解；是否会落了或多了某个参数的注释，参数类型是否正确，参数的限定值是否正确。特别是对于形式参数与返回值中关于神秘数值的注释，如对于类型参数，应该指出各个参数代表的含义。对于返回结果集（result set）的注释，应该注释结果集中包含哪些字段及字段类型、字段顺序等。

4）单元测试阶段

从配置库获取源码文件,设计测试用例,执行测试用例,并利用相关测试工具对单元代码进行测试,将测试结论填写到单元测试报告和软件 bug 清单中。

把软件 bug 清单和测试用例执行结果提交测试负责人,并纳入质量管理。对源码文件进行的测试,视程序存在缺陷的情况,可能要重复进行,直至问题解决。

单元测试的执行者,一般情况下可由程序的编码者进行,特殊情况可由独立于编码者的测试人员进行。

5）评审、提交阶段

对源代码文件进行同级评审,给出评审结论(由审查人员填写产品批准表),并将其提交配置库中。

上述过程完成后,开发人员应提交源代码、代码清单、单元测试用例代码及单元测试报告。测试人员提交该版本的软件 bug 清单,代码审查人员提交产品批准表。

上面所列出的测试环节可供读者参考,在具体的单元测试过程中可能会因实际工作要求的不同和具体单元测试目标的不同会有所增加、补充或修改,当然也有一些公司内部会专门规定相关的单元测试流程和单元测试规范。

5.6　单元测试用例设计

通过前面的学习读者已经了解到,测试用例就是测试数据及与之相关的测试规程的一个特定集合,它是为验证被测试程序(为测试路径或验证是否符合特定需求)而产生的。在单元测试过程中,测试用例的设计应与复审工作相结合,根据设计信息选取测试数据,将增加发现上述各类错误的可能性;另外,在确定测试用例的同时,应给出期望结果,以便进行测试分析和判断。单元测试用例的设计既可以使用白盒测试也可以使用黑盒测试,但应以白盒测试为主。

白盒测试进入的前提条件是测试人员已经对被测试对象有了一定的了解,基本上明确了被测试软件的逻辑结构。具体过程就是通过针对程序逻辑结构设计和加载测试用例,驱动程序执行,检查程序在不同点的状态,以确定实际的状态是否与预期的状态一致。

一般来说,为了度量测试的完整性,测试工作中通常要求达到一定的覆盖率。因为通过覆盖率的统计可以知道测试是否充分,对软件的哪个部分所做的测试不够,指导我们如何设计增加覆盖率的测试用例,这样可以提高测试质量,尽量避免设计无效的用例。白盒测试的范畴内通常使用下面几种测试覆盖率来度量测试,如语句覆盖、判定覆盖、条件覆盖、判定条件覆盖、路径覆盖等。白盒测试最低应该达到的覆盖率目标:语句覆盖率达到100%,分支覆盖率达到100%,覆盖程序中主要的路径,主要路径是指完成需求和设计功能的代码所在的路径和程序异常处理执行到的路径。

测试人员在实际工作中要根据不同的覆盖要求来设计面向代码的单元测试用例,运行测试用例后至少应该实现如下几个覆盖需求:

(1)对程序模块的所有独立的执行路径至少覆盖一次;

(2)对所有的逻辑判定,真假两种情况至少覆盖一次;

（3）在循环的边界和运行界限内执行循环体；

（4）测试内部数据结构的有效性等。

黑盒测试是要首先了解软件产品具备的功能和性能等需求，再根据需求设计测试用例以验证程序内部活动是否符合设计要求的活动。黑盒测试范畴内通常使用功能覆盖度量测试的完整性。而功能覆盖率中最常见的就是需求覆盖，目的就是通过设计一定的测试用例，使得每个需求点都被测试到。其次，还包括接口覆盖（又叫入口点覆盖），其目的就是通过设计一定的测试用例使系统的每个接口都被测试到。黑盒测试达到的覆盖率目标是：程序单元正确地实现了需求和设计上要求的所有功能，满足性能要求，同时程序单元要有可靠性和安全性。

测试人员在实际工作中至少应该设计能够覆盖如下需求的基于功能的单元测试用例：

（1）测试程序单元的功能是否实现；

（2）测试程序单元性能是否满足要求（可选）；

（3）是否有可选的其他测试特性，如边界、余量、安全性、可靠性、强度测试、人机交互界面测试等。

无论是白盒测试还是黑盒测试，每个测试用例都应该包含下面 4 个关键元素：

（1）被测单元模块初始状态声明，即测试用例的开始状态（仅适用于被测单元维持了调用中间状态的情况）；

（2）被测单元的输入，包含由被测单元读入的任何外部数据值；

（3）该测试用例实际测试的代码，用被测单元的功能和测试用例设计中使用的分析来说明，如单元中哪一个决策条件被测试；

（4）测试用例期望的输出结果（在测试进行之前的测试说明中定义）。

1. 测试用例设计步骤

步骤 1：首先运行被测单元。

在单元测试说明中，应该把通过简单的方法就能够执行被测单元的测试用例作为第一个测试用例，因为当这个测试用例运行成功时可以增强人的自信心。如果运行失败，最好选择一个更简单的输入对被测单元进行测试/调试。

这个阶段适合的技术有：

（1）模块设计说明导出的测试；

（2）对等区间划分。

步骤 2：正面测试（positive testing）。

正面测试的测试用例用于验证被测单元能够执行应该完成的工作。测试设计者应该查阅相关的设计说明，每个测试用例应该测试模块设计说明中一项或多项陈述。如果涉及多个设计说明，最好使测试用例的序列对应一个模块单元的主设计说明。

这个阶段适合的技术有：

（1）设计说明导出的测试；

（2）对等区间划分；

（3）状态转换测试。

步骤 3：负面测试(negative testing)。

负面测试用于验证软件不执行其不应该完成的工作。这一步骤主要依赖于错误猜测，需要依靠测试设计者的经验判断可能出现问题的位置。

适合的技术有：

(1) 错误猜测；

(2) 边界值分析；

(3) 内部边界值测试；

(4) 状态转换测试。

步骤 4：模块设计需求中其他测试特性用例设计

如果需要，应该针对性能、余量、安全需要、保密需求等设计测试用例。在有安全保密需求的情况下，重视安全保密分析和验证是方便的。针对安全保密问题的测试用例应该在测试说明中进行标注。同时应该加入更多的测试用例测试所有的保密和安全问题。

适合的技术有：

设计说明导出的测试。

步骤 5：覆盖率测试用例设计。

应该增加更多的测试用例到单元测试说明中以达到特定的测试覆盖率目标。覆盖率测试一般要求语句覆盖率和判断覆盖率。

适合的技术有：

(1) 分支测试；

(2) 条件测试；

(3) 数据定义——使用测试；

(4) 状态转换测试。

步骤 6：测试执行。

使用上述 5 个步骤设计的测试说明在大多数情况下可以实现一个比较完整的单元测试。到这一步，就可以使用测试说明构造和执行测试过程。测试过程可能是特定测试工具的一个测试脚本。测试过程的执行可以查出模块单元的错误，然后进行修复和重新测试。在测试过程中的动态分析可以产生代码覆盖率测量值，以指示是否已经达到了覆盖目标。因此需要在测试设计说明中增加一个完善代码覆盖率的步骤。

步骤 7：完善代码覆盖。

由于模块单元的设计文档规范不一，测试设计中可能引入人为的错误，测试执行后，复杂的决策条件、循环和分支的覆盖率目标可能并没有达到，这时需要进行分析找出原因，导致一些重要执行路径没有被覆盖的可能原因有：

(1) 不可行路径或条件，应该标注测试说明证明该路径或条件没有测试的原因。

(2) 不可到达或冗余代码，正确处理方法是删除这种代码。当使用防卫式程序设计技术(defensive programming techniques)时，如有疑义不要删除。

(3) 测试用例不足，应该重新提炼测试用例，设计更多的测试用例添加到测试说明中以覆盖没有执行过的路径。

理想情况下，覆盖完善阶段应该在不阅读实际代码的情况下进行。然而，实际上，为达到覆盖率目标，看一下实际代码也是需要的。

适合的技术有：

（1）分支测试；

（2）条件测试；

（3）设计定义——试验测试；

（4）状态转换测试。

2. 面向对象应用程序的单元测试用例设计

前面所讲述的内容属于针对传统软件进行测试的技术，其中的大部分测试方法已在第 3、4 章中进行了详细叙述，这里不再赘述。读者可能会问，在对面向对象软件进行单元测试时也使用这些方法吗？回答是肯定的。但是，还会用到一些不同的测试用例设计技术，接下来将会对几种常见的方法进行介绍。

自 20 世纪 80 年代中后期以来，面向对象软件开发技术发展迅速，获得了越来越广泛的应用，在面向对象的分析、设计技术以及面向对象的程序设计语言方面，均获得了很丰富的研究成果。与之相比，面向对象软件测试技术的研究还相对薄弱。例如，对面向对象的程序测试应当分为多少级尚未达成共识。这是因为面向对象的程序的执行实际上是执行一个由消息连接起来的方法序列，而这个方法序列往往是由外部事件驱动的。在面向对象语言中，虽然信息隐藏和封装使得类具有较好的独立性，有利于提高软件的易测试性和保证软件的质量，但是，这些机制与继承机制和动态绑定给软件测试带来了新的课题。从目前的研究现状来看，研究较多地集中在类和对象状态的测试方面。

对面向对象软件的类测试相当于传统软件的单元测试。但与传统软件的单元测试不同，它往往关注模块的算法细节和模块接口间流动的数据，面向对象软件的类测试是由封装在类中的操作和类的状态行为所驱动。因为属性和操作是被封装的，对类之外操作的测试通常是徒劳的。封装使我们难以获得对象的状态，继承也给测试带来了难度，即使是彻底复用的，对每个新的使用语境也需要重新测试。多重继承更增加了需要测试的语境的数量，使测试进一步复杂化。如果从超类导出的测试用例被用于相同的问题域，那么对超类导出的测试用例集可能用于子类的测试，然而，如果子类被用于完全不同的语境，则超类的测试用例将没有多大用途，必须设计新的测试用例集。

在类的生命周期中，类测试只是一个初始的测试阶段。类作为独立的成分可以多次在不同的应用系统中重复使用，这些成分的用户可要求每个类是可靠的，并无须了解其实现细节。这样的类要尽可能多地进行测试，因为关心的是类单元本身，而不是它所处的上下文，如类库中的 List、Stack 等基本类。

类的测试用例可以先根据其中的方法设计，然后扩展到方法之间的调用关系。如果类中的方法都已定义了前置/后置条件，则可参考这些条件设计对各方法进行测试所需的测试用例。一般情况下，根据方法的前置、后置条件以及关于类的约束条件，利用一些传统的测试方法，也能设计出较完善的测试用例。

类测试也采用功能性测试和结构性测试，即黑盒测试和白盒测试。功能性测试以类的规格说明为基础，它主要检查类是否符合其规格说明的要求。此外，还可基于对象-状态转移图和数据流方法进行测试。

1) 功能性测试

功能性测试包括两个层次：类的规格说明和方法的规格说明。

(1) 类的规格说明：是各方法规格说明的组合及对类所表示概念的广义描述。对于数据类型的形式化描述也可以用来对类进行定义，但类比类型的含义更广泛，具有更确切的语义，尤其是类之间的继承关系也可以被表示出来了。

一个 Java 类的规格说明具有多层性，但对它的用户说来，它只包括了在类定义公共区中方法的说明，子类所能见到的父类是其 public 和 protected 区域中的内容，一个类中所定义的方法可分为 3 个存取层次：public，protected 和 private。这些方法可以各自分开独立考虑，一个类是所有这些的综合。

(2) 方法的规格说明：每个独立方法的规格说明可以用其前置/后置条件描述。根据前置条件选择相应的测试用例，就可以检查其产生的输出是否满足后置条件而完成对独立方法的测试，对独立方法的测试与对独立过程的测试方法类似。

2) 结构性测试

结构性测试对类中的方法进行测试，它把类作为一个单元来进行测试。测试分为两层：第一层考虑类中各独立方法的代码；第二层考虑方法之间的相互作用，每个方法的测试要求能针对其所有的输入情况。对于一个类的测试要保证类在其状态的代表集上能够正确工作，构造函数的参数选择以及消息序列的选择都要满足这一准则。因此，在这两个不同的测试层次上应分别做到：

(1) 方法的单独测试。结构性测试的第一层是考虑各独立的方法，这可以与过程的测试采用同样的方法，两者之间最大的差别在于方法改变了它所在实例的状态。这就要取得隐藏的状态信息来估算测试的结果，传给其他对象的消息被忽略，而以桩来代替，并根据所传的消息返回相应的值，测试数据要求能完全覆盖类中代码，可以用传统的测试技术来获取。

(2) 方法的综合测试。第二层要考虑一个方法调用本对象类中的其他方法和从一个类向其他类发送信息的情况。单独测试一个方法时，只考虑其本身执行的情况，而没有考虑动作的顺序问题，测试用例中加入了激发这些调用的信息，以检查它们是否正确运行了。对于同一类中方法之间的调用，一般只需要极少甚至不用附加数据，因为方法都是对类进行存取，故这一类测试的准则是要求遍历类的所有主要状态。

3) 基于对象-状态转移图的面向对象软件测试

面向对象设计方法通常采用状态转移图建立对象的动态行为模型。状态转移图用于刻画对象响应各种事件时状态发生转移的情况，节点表示对象的某个可能状态，节点之间的有向边通常用"事件/动作"标出。

如图 5-4 所示的示例中，表示当对象处于状态 A 时，若接收到事件 e 则执行相应的操作 a 且转移到状态 B。因此，对象的状态随各种外来事件发生怎样的变化，是考察对象行为的一个重要方面。

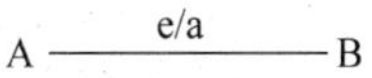

A ———— e/a ———— B

图 5-4 对象-状态转换图

基于状态的测试是通过检查对象的状态在执行某个方法后是否会转移到预期状态的一种测试技术。使用该技术能够检验类中的方法能否正确地交互，即类中的方法是否能通过对象的状态正确地通信。对象的状态是通过对象的数据成员的值反映出来,所以检查对象的状态实际上就是跟踪监视对象数据成员的值的变化。如果某个方法执行后对象的状态未能按预期的方式改变,则说明该方法有错误。

状态转移图中的节点代表对象的逻辑状态,而非所有可能的实际状态。理论上讲,对象的状态空间是对象所有数据成员定义域的笛卡儿乘积。当对象含有多个数据成员时,要对对象所有可能的状态进行测试是不现实的,这就需要简化对象的状态空间,同时又不失对数据成员取值的“覆盖面”。简化对象状态空间的基本思想类似于黑盒测试中常用的等分区间的方法。依据软件设计规范或分析程序源代码,可以从对象数据成员的取值域中找到一些特殊值和一般性的区间。特殊值是设计规范中说明有特殊意义,在程序源代码中逻辑上需特殊处理的取值。位于一般性区间中的值不需要区别各个值的差别,在逻辑上以同样方式处理。例如下面的类定义:

```
1.  …
2.  public class Account{
3.  string  name;
4.  int accNum;
5.  int balance;
6.  …
7.  }
```

依据常识可知,特殊值情况 name＝NULL, accNum＝0, balance＝0;一般区间内 name!＝NULL, accNum＜0 或 accNum＞0, balance＜0 或 balance＞0。

进行基于状态的测试时,首先要对被测试的类进行扩充定义,即增加一些用于设置和检查对象状态的方法。尝试对每一个数据成员设置一个改变其取值的方法。另一项重要工作是编写作为主控的测试驱动程序,如果被测试的对象在执行某个方法时还要调用其他对象的方法,则需编写桩程序代替其他对象的方法。测试过程为:首先生成对象,接着向对象发送消息把对象状态设置到测试实例指定的状态,再发送消息调用对象的方法,最后检查对象的状态是否按预期的方式发生变化。

基于状态测试的主要步骤:

(1) 依据设计文档,或者通过分析对象数据成员的取值情况空间,得到被测试类的状态转移图;

(2) 给被测试的类加入用于设置和检查对象状态的新方法,导出对象的逻辑状态;

(3) 对于状态转移图中的每个状态,确定该状态是哪些方法的合法起始状态,即在该状态时,对象允许执行哪些操作;

(4) 在每个状态,从类中方法的调用关系图最下层开始,逐一测试类中的方法;

(5) 测试每个方法时,根据对象当前状态确定出对方法的执行路径有特殊影响的参数值,将各种可能组合作为参数进行测试。

4) 类的数据流测试

数据流测试是一种白盒测试方法,它利用程序的数据流之间的关系来指导测试的选择。现有的数据流测试技术能够用于类的单个方法测试及类中通过消息相互作用的方法的测试中,但这些技术没有考虑到当类的用户随机的触发一系列的方法时而引起的数据流交互关系。为了解决这个问题,测试研究人员提出了一个新的数据流测试方法,这个方法支持各种类的数据流交互关系。对于类中的单个方法及类中相互作用的方法,可以采用类似于一般的数据流测试方法;对于可以从外部访问类的方法,以及以任何顺序调用类时,计算数据流信息,并利用它来测试这些方法之间可能的交互关系。

(1) 数据流分析。

当数据流测试用于单个过程的单元测试时,定义-引用对可利用传统的迭代的数据流分析方法来计算,这种方法利用一个控制流图(control flow graph)来表示程序,其中的节点表示程序语句,边表示不同语句的控制流,且每一个控制流图都加上了一个入口和一个出口。为了将数据流测试技术应用到交互式过程中,需要有更精确的计算。过程间数据流分析(interprocedural dataflow analysis)可以计算定义在一个过程中,而引用又在另一个过程中的定义-引用对,这种技术可以计算全局变量的定义-引用对,另外它在计算定义-引用对时还考虑指针变量及别名的影响。

利用上面的算法为程序建立一个过程间控制流图,它把单个的过程和控制流图结合在一起,并把每一个调用点用一个调用节点和一个返回节点代替,通过加入从调用节点到输入节点的边及从输出节点到返回节点的边表示过程的调用,从而把整个控制流图联系在一起。

(2) 类及类测试。

类是个独立的程序单位,它应该有一个类名并包括属性说明和服务说明两个主要部分。对象是类的一个实例,不失一般性,这里构造一个类的模型。如图 5-5 所示一个计算学生成绩的例子,它包括公开的方法如构造函数 Student()、averageGrade()、addCourse(int grade)、deleteCourse(int courseNum)、display()等。

```
1   public class Student{
2   int N=10;
3   private String name;
4   private int idNumber;
5   private float average;
6   private int a[N];
7   public Student(String name, int idNumber1){
8     String name=name;
9     int idNumber=idNumber1;
10  average=0;
11  for(int i=0;i<N;i++)a[i]=-1;
12  }
13  private float averageGrade(){
14  int i; int j=0;
15  float sum=0;
```

图 5-5　类 Student 的部分代码

```
16   for(i=0;i<N;i++)
17   if(a[i]>=0)
18   { sum+=a[i]; j++; }
19   float average1=sum/j;
20   return average1;
21   }
22   public Boolean addCourse(int grade){
23   int i;
24   for(i=0;i<N;i++)
25   if(a[i]<0)
26   break;
27   if(i<N){
28   a[i]=grade;
29   average=averageGrade();
30   return true;
31   }
32   else
33   return false;
34   }
35   public Boolean deleteCourse(int courseNum){
36   int i;
37   if(courseNum>N)
38   return false;
39   else {
40   for(i=0;i<N;i++)
41   if(i==courseNum-1)
42   break;
43   a[i]=-1;
44   average=averageGrade();
45   return true;
46   }
47   }
48   public void display(){
49   system.out.println(name+"的平均成绩是"+average);
50   }
51        }
```

图 5-5（续）

这里用类调用图（class call graph）来表示类的调用结构,在图 5-6 中,节点表示方法,边表示方法间的过程调用,图 5-6 为类 Student 的类调用图,addCourse()和 deleteCourse()调用 averageGrade(),则 有 一 条 由 addCourse()指 向 averageGrade()的边以及一条由 deleteCourse()指向 averageGrade()的边;图中还有一些虚线,它表示从类外部发给这些公开方法的消息。

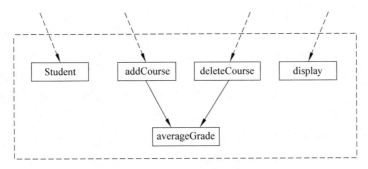

图 5-6　Student 的类调用图

对类进行三级测试,定义如下。

- 方法内部测试(intra-method testing):测试单个方法,相当于单元测试。
- 方法间测试(inter-method testing):在类中与其他方法一起测试一个直接或间接调用的公开方法,相当于集成测试。
- 类内部测试(intra-class testing):测试公开方法在各种调用顺序时的相互作用关系,由于类的调用能够激发一系列不同顺序的方法,可以用类内部测试来确定类的相互作用关系顺序。由于公开方法的调用顺序是无限的,只能测试其中一个子集。

为了说明这些级别的测试,结合图 5-6 所示的 Student 类进行描述。在类 Student 进行方法内部测试,分别测试每一个方法(共有 5 个),在对 addCourse()进行方法间测试时则要把addCourse()和averageGrade()等方法集成起来;类似地在对 deleteCourse()进行方法间测试时则要把 deleteCourse()和 averageGrade()等方法集成起来。

由于构造函数 Student 及方法 display 没有调用其他方法,对它们进行方法内和方法间的测试是等价的。为了进行类内测试,可以选择诸如<Student,addCourse,display>和<Student,addCourse,addCourse,deleteCourse,display>这样的测试序列。

(3) 数据流测试。

为了支持现有的类内部测试技术,需要一个基于代码的测试技术来识别需要测试的类的部件,这种技术就是数据流测试,它考虑所有的类变量及程序点说明的定义-引用对(def-use pairs)。在类中共有 3 种定义-引用对需要测试,这 3 种类型分别与前一节所定义的相对应,在下面的定义中,设 C 为需要测试的类,d 为表示一个包含定义(definition)的状态,u 为包含引用(use)的状态。

① 方法内部定义-引用对(intra-method def-use pairs):设 M 为类 C 中的一个方法,如果 d 和 u 都在 M 中,且存在一个程序 P 调用 M,则在 P 中当 M 激发时,(d,u)为一个引用对,那么(d,u)为一个方法内部定义-引用对。

② 方法间定义-引用对(inter-method def-use pairs):当 M_0 被激发时,设 M_0 为 C 中的一个公开方法,$\{M_1,M_2,\cdots,M_n\}$ 为 C 直接或间接调用的方法集。设 d 在 M_i 中,u 在 M_j 中,且 M_i、M_j 都在 $\{M_1,M_2,\cdots,M_n\}$ 中,如果存在一个程序 P 调用 M_0,则在 P 中当 M_0 激发且 $M_i \neq M_j$ 或 M_i、M_j 被同一个方法分别激发时,(d,u)为一个引用对,那么(d,u)为一个方法间定义-引用对。

③ 类内部定义-引用对(intra-class def-use pairs):当 M_0 被激发时,设 M_0 为 C 中的一个公开方法,$\{M_1, M_2, \cdots, M_n\}$ 为 C 直接或间接调用的方法集。当 N_0 被激发时,设 N_0 为 C 中的一个公开方法(可能与方法 M_0 相同),$\{N_1, N_2, \cdots, N_n\}$ 为 C 直接或间接调用的方法集,设 d 在 $\{M_1, M_2, \cdots, M_n\}$ 的某个方法中,u 在 $\{N_1, N_2, \cdots, N_n\}$ 中,如果存在一个程序 P 调用 M_0 和 N_0,且在 P 中(d,u)为一个引用对,并且在 d 执行之后,u 执行之前,M_0 的调用就中止了,那么(d,u)为一个类内部定义-引用对。

一般来说,方法内部定义-引用对出现在单个的方法中,且测试定义-引用对的相互作用时也限于这些方法中。例如,在 Student 类中,averageGrade 方法中包含一个关于 sum 的方法内部定义-引用对(18,19),即变量 sum 在 18 行中定义,sum 的引用则在 19 行中。方法间定义-引用对出现单个公开方法被调用后方法之间相互作用之中,它们定义出现在一个方法中,引用则出现在通过公开方法直接或间接调用这个方法的另一个方法中。例如在类 Student 中,addCourse 方法调用 averageGrade()方法,接收 a[i]的值并使用在 addCourse 方法中,定义引用对(28,18)是一个方法间定义-引用对,即 a[i]的定义出现在方法 addCourse 中(28 行)而 a[i]的使用出现在方法 averageGrade 中(18 行)。

类内部定义-引用对出现在一系列公开方法被激发时。例如,在方法序列 <addCourse,display>中,addCourse 通过调用 averageGrade 计算出平均分 average,而 display 则显示该学生的有关信息(包括 average)。在该调用序列中,在程序的 44 行对 average 进行了定义,而在程序的 49 行对该变量进行了引用,这样(44,49)就构成了类内部定义-引用对。

上面所提及的 3 种定义-引用对在类的测试中非常有用。例如,当使用"all-uses"数据流覆盖准则时,则方法内的定义-引用对(18,19)就能检测 averageGrade 是否能正确执行,计算出学生的平均分 average。方法间的定义-引用对(28,18)可以检测增加的课程成绩是否正确地存放到数组中相应的位置上。类内部定义-引用对(44,49)可以检测是否能将增加课程后的平均分信息取出来。类内部定义-引用对还有一个好处:指导测试者选取应该运行的方法序列和不必运行的方法序列。例如,为了执行类内定义-引用对(44,49),必须测试方法序列<addCourse,display>;然而没有类内定义-引用对开始于方法 display 而结束于方法 addCourse,因此测试者可以不必测试方法序列<display,addCourse>。

(4) 计算类的数据流信息。

为了支持类的数据流测试,必须计算类的各种定义-引用对。前面描述的算法对于计算方法内部及方法间的定义-引用对是有用的,但由于它需要一个完整的程序来构造一个控制流图,因此不能直接用于计算类内部定义-引用对。为了计算类内部定义-引用对,必须考虑当一系列的公开方法被调用时的相互作用。可以考虑建立一个图来描述这些相互作用,然后用类似的算法来计算它。

为了计算类的 3 种定义-引用对,可以构造一个类控制流图(Class Control Flow Graph,CCFG),其算法如下:

Step1 为类构造类调用图,作为类控制流图的初值;

Step2 把框架(frame)加入类调用图中;

Step3　根据相应的控制流图替换类调用图中的每一个调用节点,对于类 C 中的每一个方法 M,在类调用图中用方法 M 的控制流图替代方法 M 的调用节点,并更新相应的边;

Step4　用调用节点和返回节点替换调用点,对于类调用图中的每一个表示类 C 中调用方法 M 的调用点 S,用一个调用节点和返回节点代替调用点 S;

Step5　把单个的控制流图连接起来,对于类控制流图中的每一个方法 M,加上一条从框架调用节点到输入节点的边和一条从输出节点到框架返回节点的边,其中输入节点和输出节点都在方法 M 的控制流图中;

Step6　返回完整的类控制流图。

有了类的控制流图,就可以基于各种逻辑覆盖标准来设计测试用例。从而通过运行这些测试用例就可以对类进行测试,发现代码中隐藏的缺陷。

本节中,介绍了类的数据流测试技术,定义了 3 种数据流测试,为了区分这 3 种测试的定义-引用对,可以把类作为一个单输入单输出的程序,并为这个程序构造一个类控制流图(见图 5-7)。

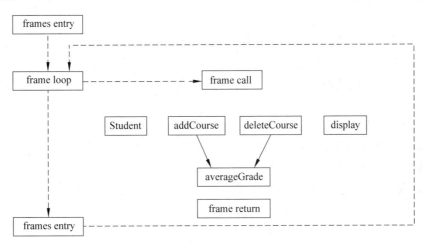

图 5-7　Student 包含框架的类调用图

5.7　单元测试案例

从上一节所介绍的单元测试过程中,已经了解到单元测试的大体过程。由于在线测评平台既是使用面向对象程序语言 Java 开发的应用程序,同时也是图形用户界面应用程序,用户可以任何顺序触发任意一个或多个事件。对于这类程序通常可以采取以下两种方法进行单元测试:

(1)编写驱动程序,运行测试用例;

(2)由于这类应用程序的按钮具有功能,因此也可在"按钮级"进行单元测试。

也就是说,可以将图形用户界面作为测试床。虽然这样做感觉好像系统级单元测试,但实际是可行的。之所以说是系统级的,是因为测试用例输入要通过系统级用户提供输入事件，并将系统实际输出与预期测试结果相比较。在线测评平台中 DataUtil 类，适合采用第一种方法进行测试；而大部分类的单元测试完全可以采用第二种方法进行，即在"按钮级"上进行单元测试。由于第二种方法相对简单，也易于进行，因此本节书中仅以 DataUtil 类为例讨论如何编写驱动程序进行单元测试。

1. 单元测试计划

1）简介

这份文档的目标是详细描述 DataUtil 类的测试过程。

2）本测试的总目标

检查 DataUtil 类实现的对数据库中的数据进行查询、更新等方法是否正确。

3）完整性需求

在测试该模块是否正确实现了功能之前，应该做如下 3 项工作：

（1）数据库服务器已经正确安装并启动。

（2）数据库已经建立。

（3）建立测试环境。

4）单元测试终止标准

（1）硬件资源不足或故障造成软件无法运行。

（2）软件运行后无法正确显示。

（3）所有功能测试均已经完成。

5）资源需求

（1）软件资源包括：

- 操作系统 Windows。
- Web 服务器 Tomcat。
- 数据库服务器 Access。
- 浏览器 Microsoft IE 6.0。
- 测试工具 Eclipse 中集成的 JUnit。

（2）硬件资源与开发用 PC 配置相同即可。

（3）测试进度：略（用户根据软件的重要性和复杂性进行确定）。

6）准备测试的特征

- 更新数据。
- 删除数据。
- 修改数据。
- 查询数据。

7）不准备测试的特征

本次测试将不考虑是否能够同其他模块集成。

8）测试方法

数据测试：借助 JUnit 测试工具，在 JUnit 框架下编写测试驱动程序对该类进行测试。

9）通过/失败标准

每个测试用例的通过/失败标准都有它预期的结果来描述。如果在执行一个测试用例时得到了预期的结果，那么测试就通过了。如果在执行一组测试用例时没有得到预期的结果，那么测试就失败了。如果因为构建中存在一些阻碍性缺陷而未能执行某项测试，则该测试的结果将记为"受阻"。

要让该模块退出单元测试阶段，需要至少在软件的一个构建上运行本测试计划定义的所有测试用例。所有运行的测试都要通过，在测试结束时不能有未修复的灾难级错误。

10）测试结束后须提交的产物

包括以下几个文档：

- 本测试计划。
- 测试规格说明文档。
- 测试结果报告。
- 向测试经理和开发经理提交的每日测试状态报告。
- 缺陷报告。

11）测试执行人员

由开发人员来执行该模块的测试。

12）风险和应急计划

如果在执行该模块的测试之前，测试工作没有完全准备好，那么测试负责人将参加其他模块的开发设计会议。

2. 测试的设计和开发

为了方便读者分析并测试 DataUtil 类，参考本节中的案例，从不同的角度增加或修改测试用例，编写测试驱动程序，附 DataUtil 类代码如下：

```java
package online.exam.db;
import java.sql.*;
import java.util.Hashtable;
public class DataUtil {
    private static DataUtil data=null;
    private String strUrl="jdbc:odbc:driver={Microsoft Access Driver(*.mdb)};
    DBQ="+System.getProperty("user.dir")+"\\data.mdb";;
    //private  String  strUrl =" jdbc: mysql://localhost/onlineexam? user =
    yjmonline&password=123456";
    private String strDriver="com.mysql.jdbc.Driver";
    private String strSql;
    private Connection conn;
    private Statement stmt;
    private PreparedStatement prestmt;
    private ResultSet rs;
      /**
      *
      *
```

```
        */
    private DataUtil(){
        try{
            Class.forName("sun.jdbc.odbc.JdbcOdbcDriver");
            //Class.forName(strDriver);
            conn=DriverManager.getConnection(strUrl);

        }catch(SQLException e){
            System.out.print(e);
        }catch(ClassNotFoundException e){


        }
    }
    /**
     *
     * @return 返回数据连接的单一对象
     */
    public static  DataUtil getDataUtil(){
        if(data==null){
            data=new DataUtil();
            return data;
        }else{
            return data;
        }
    }
    /**
     *
     * @param strSql
     */
    public void setStrSql(String strSql){
        this.strSql=strSql;
    }
    /**
     *
     * @return
     */
    public ResultSet getResultSet(){
        try{
prestmt = conn. prepareStatement (strSql, ResultSet. TYPE _ SCROLL _ INSENSITIVE,
ResultSet.CONCUR_UPDATABLE);
            rs=prestmt.executeQuery();
        }catch(SQLException e){
        }
        return rs;
```

```
    }
    /**
     *
     * @param parm
     * @return
     */
    public ResultSet getResultSet(Hashtable parm){
        try{
prestmt = conn.prepareStatement(strSql, ResultSet.TYPE_SCROLL_INSENSITIVE,
ResultSet.CONCUR_UPDATABLE);
            int i=1;
            Object obj;
            while((obj=parm.get(i))!=null){
                if(obj instanceof Integer){
                    prestmt.setInt(i,(Integer)obj);
                }
                if(obj instanceof String){
                    prestmt.setString(i,(String)obj);
                }
                i++;
            }
            rs=prestmt.executeQuery();
        }catch(SQLException e){
        }
        return rs;
    }
    /**
     *
     * @param parm
     */
    public void   exeSql(Hashtable parm){
        try{
            prestmt=conn.prepareStatement(strSql);
            int i=1;
            Object obj;
            while((obj=parm.get(i))!=null){
                if(obj instanceof Integer){
                    prestmt.setInt(i,(Integer)obj);
                }
                if(obj instanceof String){
                    prestmt.setString(i,(String)obj);
                }
                i++;
            }
```

```
            prestmt.execute();
        }catch(SQLException e){
        }
    }
    /**
     *
     * @param strSql
     * @return
     */
    public boolean exeSql(String strSql){
        int rowcount=-1;
        try{
            stmt=conn.createStatement();
            //rs=stmt.executeQuery(strSql);
            rowcount=stmt.executeUpdate(strSql);

        }catch(SQLException e){
            String s=e.toString();
            return false;
        }
        if(rowcount>0){
            return true;
        }else{
            return false;
        }
    }
    /**
     *
     *
     */
    public void close(){
        try{
            if(stmt!=null){
                stmt.close();
            }
            if(prestmt!=null){
                prestmt.close();
            }
            if(conn!=null){
                conn.close();
            }
        }catch(SQLException e){
            String s=e.toString();
        }
```

```
    }
}
```

从上述代码的类图如图 5-8 所示。

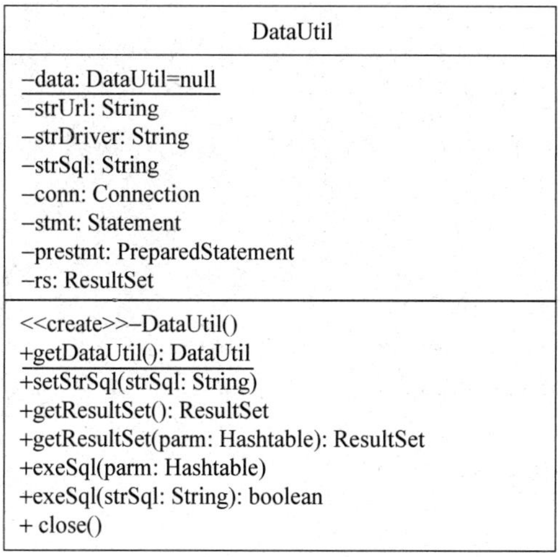

```
┌─────────────────────────────────────────┐
│                 DataUtil                 │
├─────────────────────────────────────────┤
│ –data: DataUtil=null                     │
│ –strUrl: String                          │
│ –strDriver: String                       │
│ –strSql: String                          │
│ –conn: Connection                        │
│ –stmt: Statement                         │
│ –prestmt: PreparedStatement              │
│ –rs: ResultSet                           │
├─────────────────────────────────────────┤
│ <<create>>–DataUtil()                    │
│ +getDataUtil(): DataUtil                 │
│ +setStrSql(strSql: String)               │
│ +getResultSet(): ResultSet               │
│ +getResultSet(parm: Hashtable): ResultSet│
│ +exeSql(parm: Hashtable)                 │
│ +exeSql(strSql: String): boolean         │
│ + close()                                │
└─────────────────────────────────────────┘
```

图 5-8　DataUtil 类图

测试驱动程序：

```java
import java.sql.*;
import java.sql.SQLException;
import online.exam.db.DataUtil;
import junit.framework.*;
public class TestDataUtil extends TestCase {
    DataUtil db=null;
    public TestDataUtil(String method){
        super(method);
    }
    @Override
    protected void setUp(){
        db=DataUtil.getDataUtil();
    }
    @Override
    protected void tearDown(){
        db.close();
    }
    public void testgetResultSet(){
        getResultSet("彭月", "2011306010104", "计机 111");
    }
    public void getResultSet(String clientName, String clientIdentity,
            String clientClass){
        boolean rtn=false;
```

```
            String sqlSelect="select * from allstudents where sname='"
                    +clientName+"' and sNumber='"+clientIdentity
                    +"' and sClass='"+clientClass+"'";
            db.setStrSql(sqlSelect);
            ResultSet rs=db.getResultSet();
            try {
                if(!rs.next()){
                    rtn=false;
                } else {
                    rtn=true;
                }
            } catch(SQLException e){
                // TODO Auto-generated catch block
                e.printStackTrace();
            }
            assertTrue("asd",rtn);
        }
    }
```

3．测试的执行

这一步很简单，可使用 Eclipse 开发环境来运行测试。但初学者要注意在使用 Java 语言开发环境中是否已经正确的集成了测试工具。在本例中，Eclipse 已经集成了 JUnit 测试工具。

4．测试结果

运行测试程序后，得到了预期的测试结果。

思考题：在本例中，只给出了查询数据的测试，请读者在上述驱动程序的基础上考虑并自行编写对另外几项功能测试的代码，调试后运行。

5．测试总结

（略）

思考题：本程序故意设置了一些缺陷，有待读者在测试过程中发现和完善。请读者下载并安装本书测试案例使用的在线测评平台源程序，随机选取合适的黑盒测试用例设计方法和策略来设计一些测试用例，在按钮级别上完成感兴趣的其他单元测试。

在很多书籍以及相关的软件测试资料中，很多人都认为单元测试就是白盒测试，这很容易使读者混淆单元测试和白盒测试。那么，请读者思考一下：这样的说法对吗？ 如果你认为不对，那么单元测试和白盒测试有什么不同？

提示：

（1）白盒测试是一种测试用例设计技术；

（2）单元测试是软件测试过程中的一个测试级别，在测试的过程中经常用到的测试用例设计技术就是白盒测试。

读者要注意的一点是，一个单元的测试可能要用到不止一种白盒测试技术。另外，在实际测试过程中，可以把白盒测试和黑盒测试技术结合起来进行单元测试。

5.8 单元测试经验总结

测试人员在进行测试的工作过程中,应该注意积累测试工作经验,这样可以缩短单元测试的时间,提高测试效果和效率。

(1)在做单元测试的过程中,要灵活选用测试用例设计技术,可以首先使用黑盒测试用例设计技术,然后根据相应的覆盖率统计再补充白盒测试用例。这样既减少了测试工作的重复,又保证了单元测试的完整性。

(2)设计驱动程序时,要保证测试逻辑的正确性。否则,即使代码正确也不能保证测试通过。测试通过后,不要随便删除测试代码,以便在后期的软件维护过程中进行回归测试。确保变更的代码没有对软件的其他部分造成不良影响。当然,需求变更的情况除外。

(3)有时候可能会遇到这样的情况,代码是绝对正确合理的,可是却不能通过相应的测试。那么,此时应该考虑是否发生了需求变更。

(4)如果测试没有达到相应的测试覆盖要求,可以针对未覆盖的代码补充测试用例。

(5)应该尽量开发简单测试驱动代码,增强其可读性。最重要的是,单元测试代码中不能包含分支和逻辑语句,因为这意味着有多个测试在同时进行。这样将会使测试代码变得难以理解和维护。

(6)尽量开发易于执行的测试,增强对测试代码的信心。一般情况下,有两种类型的测试代码:一种是无须任何配置就能够运行;一种是必须进行相关的配置才能够运行。显然,需要的是前者。

(7)避免各个测试之间存在任何的关联,以便在需要时单独运行每个测试。

本章小结

通过单元测试,验证开发人员所编写的代码是可以按照设想的方式执行的,并产生了符合预期值的结果。这就实现了单元测试的目的。相比后面阶段的测试,单元测试的创建更简单,维护更容易,并且可以更方便地进行重复。从全程的费用来考虑,比起那些复杂且旷日持久的集成测试,或是不稳定的软件系统来说,单元测试所需的费用是很低的。

模块单元设计完毕之后的开发阶段就是单元测试。值得注意的是,如果在编写代码之前就进行单元测试,测试设计就会显得更加灵活,因为一旦代码完成,对软件的测试可能就受制于代码,倾向于测试该段代码完成什么功能,而不是真正的测试,需要做的应该是测试这段代码应该做什么。因此,应该把单元测试的设计放在详细设计阶段。

习题

1. 选择题

(1)单元测试中用来模拟被测模块调用者的模块是(   )。

      A．父模块   B．子模块   C．驱动模块   D．桩模块

（2）不属于单元测试内容的是（   ）。

      A．模块接口测试   B．局部数据结构测试

      C．路径测试   D．用户界面测试

（3）在进行单元测试时，常用的方法是（   ）。

      A．采用黑盒测试，辅之以白盒测试   B．采用白盒测试，辅之以黑盒测试

      C．只是用黑盒测试   D．只是用白盒测试

2．综合题

（1）单元测试有哪些步骤？各个步骤有哪些实施内容？

（2）简述单元测试的目的和意义。

（3）单元测试策略主要有哪些，并描述这些策略。

（4）什么是驱动模块和桩模块？为下面的函数构造一个驱动模块。

```
int divide(int a, int b)
{
  int c;
  if(b==0){printf("除数不能为 0"); return 0;}
  c=a/b;
  return c;
}
```

第6章

集 成 测 试

【本章要点】

- 集成测试的定义；
- 集成测试与系统测试的区别；
- 集成测试与开发之间的关系；
- 集成测试的分析方法；
- 集成测试策略的选择；
- 集成测试环境的搭建；
- 集成测试用例设计的方法。

【本章目标】

- 了解集成测试与系统测试的区别；
- 了解集成测试与开发过程之间的关系；
- 了解集成测试的层次和集成测试的重点；
- 理解集成测试的概念和集成测试的过程；
- 掌握集成测试的分析方法及集成测试的策略。
- 掌握集成测试用例设计的方法。

6.1 集成测试概述

如果说软件开发过程是一个从需求到概要设计、详细设计以及编码的一个逐步细化的过程，那么从单元测试到集成测试和系统测试的过程就是对系统的一个逆向求证的过程。在这个过程中，集成测试（integration testing）是介于单元测试和系统测试之间的过渡阶段，与软件概要设计阶段相对应，是单元测试的扩展和延伸。也就是说，在做集成测试之前，单元测试已经完成，并且集成测试所使用的对象应当是成功通过了单元测试的单元，如果不经过单元测试，那么集成测试的效果将受到影响，并且会增加测试的成本，甚至导致整个集成测试工作无法进行。最简单的集成测试就是把两个单元模块集成或者说组合到一起，然后对它们之间的接口进行测试。当然实际的集成测试过程并不是这么简单，通常要根据具体情况采取不同的集成测试策略将多个模块组装成为子系统或系统，测试组成被测应用的各个模块能否以正确、稳定、一致的方式接口和交互,即验证其是否符合软件开发过程中的概要设计说明书的要求。有时,把集成测试称为组装测试、联合测试、子系统测试或部件测试。软件测试用例设计方法分为白盒测试和黑盒测试两大类。一般情况下,集成测试设计采用的都是黑盒测试用例设计的方法。但随着软件复杂度的增加,尤其是在大型的应用软件中常常会使用把白盒测试与黑盒测试结合起来进行测试用例设计,因此有越来越多的学者把集成测试归结为灰盒测试(Gray Box Testing)。一般这样定义集成测试:根据实际情况对程序模块采用适当的集成测试策略组装起来,对系统的接口以及集成后的功能进行正确性检验的测试工作。

6.1.1 集成测试与系统测试的区别

由于集成测试介于单元测试与系统测试的过渡阶段,因此初学者常常会把集成测试和系统测试混淆在一起。那么,读者不妨从下面几个角度来区别集成测试和系统测试。

1. 测试对象

集成测试的测试对象是由通过了单元测试的各个模块所集成起来的组件。而系统测试的测试对象,除了软件之外,还有计算机硬件及相关的外围设备、数据采集和传输机构、计算机系统操作人员等的整个系统。

2. 测试时间

前面已经介绍过,集成测试是介于单元测试和系统测试之间的测试。显然,在测试时间上,集成测试先于系统测试。

3. 测试方法

由于集成测试处在单元测试和系统测试的过渡阶段,为了提高软件的可靠性通常会采用白盒和黑盒测试相结合的测试方法,也可称之为灰盒测试。而系统测试通常使用黑盒测试。

4. 测试内容

集成测试的主要内容就是各个单元模块之间的接口,以及各个模块集成后所实现的功能,而系统测试的主要内容是整个系统的功能和性能。

5. 测试目的

集成测试的主要目的是发现单元之间接口的错误,以及发现集成后的软件同软件概要设计说明不一致的地方,以便确保各个单元模块组合在一起后,能够达到软件概要设计说明的要求,协调一致地工作。而系统测试的主要目的是通过与系统需求定义相比较之后发现软件与系统定义不符合或矛盾的地方。

6. 测试角度

集成测试工作的开展更多的是站在测试工作人员的角度上,以便发现更多的问题。系统测试工作的开展更多的是站在用户的角度来进行,证明系统的各个组成部分能够协调一致的工作,以及验证软件在其运行的软件环境和硬件环境下都可以正常运行,确定被测应用可以被用户或操作者接受。

在软件开发过程中,不可能严格地把二者区别开来。因此,随着软件开发过程的不断改进,集成测试和系统测试的区别正在逐渐淡化。但以上所提到的几点内容有助于读者更好地把握和理解整个测试过程。

6.1.2 集成测试与开发的关系

有经验的软件开发和测试人员都知道,软件测试和开发永远是相辅相成的,良好的测试能够及时发现开发过程中的缺陷或错误,从而可以降低开发成本。而良好的开发过程有利于测试工作的进行,能够提高测试工作的效率。那么,集成测试与开发有什么关系呢?

在第 1 章中,已向大家介绍并分析了软件开发与测试 V 模型,从该模型中可以看出集成测试是和软件开发过程中的概要设计阶段相对应的,而在软件概要设计中关于整个系统的体系结构就是集成测试用例中输入的基础。作为软件设计的骨架,从一个成熟的体系结构中,可以清晰地看出大型系统中的组件或子系统的层次构造。那么,软件产品的层次、组件分布、子系统分布等也就一目了然,为集成测试策略的选取提供重要的参考依据,从而减少集成测试过程中的桩模块和驱动模块开发的工作量,促使集成测试快速、高质量的完成。而集成测试可以服务于架构设计,可以检验所设计的软件架构中是否有错误和遗漏,以及是否存在二义性。当然,集成测试和架构设计是相辅相成的。

为了使读者更好的了解集成测试与开发的关系,图 6-1 给出了软件基本结构图。

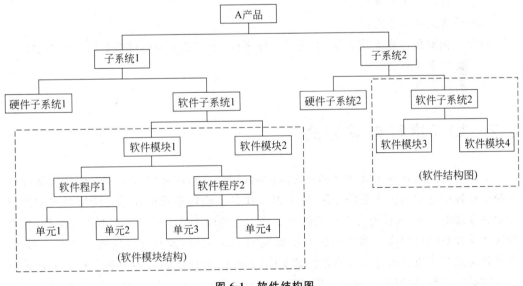

图 6-1 软件结构图

6.1.3 集成测试的重点

前面已了解到,集成测试的大体内容就是测试模块之间的接口和各个模块集成后实现的功能。在单元测试结束后,就要开始做集成测试。那么,在做集成测试时应该把测试的重点放在哪几个方面呢?

(1) 各个模块连接起来后,穿过模块接口的数据是否会丢失,是否能够按期望值传递给另外一个模块。

(2) 各个模块连接起来后,需要判断是否仍然存在单元测试时所没发现的资源竞争问题。

(3) 分别通过单元测试的子功能模块集成到一起能否实现所期望的父功能。

(4) 兼容性,检查引入一个模块后,是否对其他与之相关的模块产生负面影响。

(5) 全局数据结构是否正确,是否被不正常修改。

(6) 集成后,每个模块的误差是否会累计扩大,是否会达到不可接受的程度。

6.1.4　集成测试的层次

从各种软件开发与测试模型中,都可以看出一个软件产品的开发要经历多个不同的开发和测试阶段,可以说软件开发和测试过程是一个分层设计和不断细化的过程。总体来讲,开发人员经过分层次的设计,由小到大逐步细化最终完成整个软件的开发;测试人员要从单元测试开始,然后对所有通过单元测试的模块进行集成测试,最后将系统的所有组成元素组合到一起进行系统测试。那么,从集成测试自身来讲如何来划分测试层次呢?

对于传统软件来说,按集成粒度不同,可以把集成测试分为以下 3 个层次,即:

(1) 模块内集成测试。

(2) 子系统内集成测试。

(3) 子系统间集成测试。

对于面向对象应用系统来说,按集成粒度不同,可以把集成测试分为以下 2 个层次:

(1) 类内集成测试。

(2) 类间集成测试。

6.2　如何进行集成测试

由于集成测试处在单元测试和系统测试的过渡阶段,因此集成测试工作的好坏在整个测试过程中起着至关重要的作用,它负责查找各个模块集成前在单元测试时遗漏的以及无法发现的 bug,而且要为系统测试打基础。若集成测试工作做得不够周密细致,很可能就会导致我们难以应对系统测试时所发现的 bug 定位,浪费宝贵的测试资源。那么,应该如何进行集成测试才能够满足测试工作的要求,避免遇到各种不利于测试工作进行的问题呢? 显然,做好集成测试分析是解决问题的关键所在。后续章节中,详细地介绍了集成测试分析的方法、集成测试中使用的测试策略、测试用例设计以及集成测试的过程等相关知识。

6.2.1　集成测试分析

如同软件开发之前要进行系统分析一样,在集成测试执行之前需要对被测应用进行集成测试分析,这将对整个集成测试过程起指导性作用。在这个过程中,主要是进行体系结构分析、模块分析、接口分析、风险分析、可测试性分析、集成测试策略分析等。

1. 体系结构分析

前面已经讲过,体系结构能够为集成测试策略的选择提供非常有价值的参考,减少集成测试过程中驱动模块和桩模块开发的工作量。因此,体系结构的分析十分重要。那么,如何来进行体系结构的分析呢?

这里可以从两个角度进行。首先,跟踪需求分析,对要实现的系统划分出结构层次图,类似于图 6-1。当然,如果设计人员在做需求分析时,使用了相关的建模工具,如 IBM 的 Rational Rose 等。那么,可以直接利用工具生成的现成视图进行体系结构的分析。这些图形会在测试人员需要确定集成测试的层次和模块集成的顺序,以及是否开发桩模块或驱动模块时提供重要的参考。

其次,是对系统各个组件之间的依赖关系进行分析,据此确定集成测试的粒度,即集成模块的大小。集成模块的划分需要掌握一定的原则和相关的技巧,因为除了要确定模块的大小之外,还要考虑是否需要桩模块和驱动模块?是否能够有效地降低消息接口的复杂度?而且模块大小划分是否恰到好处,关系到集成测试效率的高低,间接影响测试周期的长短,以及软件成本的投入。

2. 模块分析

模块分析可以看作是在体系结构分析工作基础之上的细化,它在集成测试的过程中,也是一个非常重要的环节,直接影响集成测试的工作量、进度以及质量,因此也需要认真对待。一般,可从以下几个角度进行模块分析:

(1) 确定本次要测试的模块;

(2) 找出与该模块相关的所有模块,并且按优先级对这些模块进行排列;

(3) 从优先级别最高的相关模块开始,把被测模块与其集成到一起;

(4) 然后依次集成其他模块。在该过程中需要考虑这些模块与已经集成的模块之间的消息流是否容易模拟,是否易于控制。

以 ClientMain 类为例,与其相关的模块有多个,这些模块的优先级从高到低依次是系统属性输入、数据连接、创建文件、上传文件、浏览文件。因为,只有和数据连接组件正确地集成到一起,才能够与服务器建立连接,只有创建了文件才能够上传并浏览。

如何衡量模块的划分是否合理呢?读者可参考如下几点来判断:

(1) 被集成的几个模块之间的关系必须密切。

(2) 可以方便地隔离集成模块的外围模块。也就是说,外围模块同集成模块之间没有过多、过频繁的调用关系。尽量避免考虑编写桩模块和桩函数,替代被隔离的模块所实现的功能。

(3) 能够简便地模拟外围模块向集成模块发送消息。

(4) 外围模块向被测试的集成模块发送的消息能够模拟实际环境中的大多数情况。

前面已经讲过,错误常常容易扎堆。也就是说错误可能会集中到一个模块中。相关的统计数据也表明一段程序中已经发现的错误数和尚未发现的错误数是成正比的。对于这样的模块可以把它看成"易错模块"。在实际测试工作中,一般把系统中的模块划分成3 个等级:"易错模块"、"一般易错模块"和"不易错模块"。集成测试时可以针对不同的等级,投入不同程度的测试成本,给予不同程度的重视。例如,测试时间非常紧张的情况下,可以把测试重点主要放在"易错模块"上,减少"一般易错模块"和"不易错模块"的集成测试,甚至对这些模块采取大爆炸集成策略(一次把所有模块集成到一起进行测试)。因此,在划分模块时工作重点就是判断系统中哪些模块是"易错模块"。那么,"易错模块"应该有哪些特性呢?

（1）与多个软件需求相关,或与关键功能相关;

（2）处于系统架构的顶层;

（3）本身实现逻辑复杂或容易出错;

（4）要满足一定的性能需求;

（5）被多个模块调用或被频繁调用(这类模块不一定出错,但是对整个系统的影响至关重要,因此把它归为此类模块中)。

了解了以上划分和确定关键模块的基本原则之后,读者可能会产生这样的疑问,在实际的测试工作中,需要采取哪些具体措施来分析和确定关键模块呢? 读者可参考以下几条建议:

（1）测试人员应该与设计和开发人员进行充分交流,因为设计和开发人员是软件的生产者,他们对自己的产品最了解,知道那些模块是系统中的关键模块;

（2）借助于静态分析工具对系统的各模块进行分析,寻找高内聚模块、被多次调用的模块或处于系统控制顶层的模块;

（3）根据需求分析来确定关键模块以及与关键模块相关的模块,同时找出要满足特殊需求的模块;

（4）根据开发过程中的各种文档、代码走读以及对每个模块做单元测试时的相关记录来确定最易出错或风险最大的模块。

3. 接口分析

从前面学习的内容中,已经了解到集成测试的主要内容包括对模块接口的测试,也可以说接口测试是集成测试的重点。这就要求我们必须对被测对象的接口进行周密细致地分析,对接口进行分类,分析并找出通过接口传递的数据。

接口的划分要以概要设计为基础,一般通过以下几个步骤来完成:

（1）确定系统的边界、子系统的边界和模块的边界;

（2）确定模块内部的接口;

（3）确定子系统内模块间接口;

（4）确定子系统间接口;

（5）确定系统与操作系统的接口;

（6）确定系统与硬件的接口;

（7）确定系统与第三方软件的接口。

在各种软件的开发过程中,会接触到各种各样的接口,可以把这些接口大致划分为系统内接口(系统内部各模块交互的接口)和系统外接口(外部系统,如人、硬件和软件等与系统交互的接口)两类,其中前者是集成测试的重点,并且可以把它进一步划分为以下几类接口。

- 函数或方法接口:通过分析函数或方法的调用和被调用关系来确定。
- 消息接口:这类接口主要应用在面向对象系统和嵌入式系统中。消息接口的特点是:软件模块间并不直接发生关系,而是按照接口协议进行通信。
- 类接口:类接口是面向对象系统中最基本的接口,该接口往往都要通过继承、参数类、对于不相同类方法调用等策略来实现。
- 其他接口:其他类型接口包括全局变量、配置表、注册信息、中断等。这类接口具有一定的隐蔽性,往往测试人员会忽略这部分接口。这类接口经常是测试不充分的。在对这类接口进行测试时可以借助专门的自动化工具。

那么,接口数据分析就是对通过接口进行传递的数据进行分析,针对不同类型的接口,要采取不同的分析方法。在分析的过程中可以直接设计出相应的测试用例。

1) 函数接口分析

要关注其参数个数、参数属性(参数的数据类型、是输入还是输出)、参数前后顺序、参数的等价类情况、参数的边界值情况,必要的时候还要对各种组合情况加以分析。

2) 消息接口分析

主要分析消息的类型、消息域、域的顺序、域的属性、域的取值范围、可能的异常值等。必要的时候也要对其组合情况加以分析。

3) 类接口和交互方式分析

在面向对象应用程序中,很多类都要与其他类进行交互。因此,在这类应用程序中类交互的测试就称为集成测试的重点,对类接口和交互方式进行详细的分析就成为集成测试的重中之重。类接口和交互方式大致可以分为如下几类:

- 公共操作将一个或多个类命名为正式参数的类型;
- 公共操作将一个或多个类的命名作为返回值的类型;
- 类的方法创建了另一个类的实例,将其作为实现中不可缺少的一部分;
- 类的方法引用某个类的全局实例(好的设计人员会尽量减少全局变量的使用);
- 对于其他类接口的分析,主要分析其读写属性、并发性、等价类和边界值。

总之,接口分析涉及的内容很多,测试人员在工作中还要根据项目自身的特点,在参照上述指导性原则的基础上多和开发人员交流,尽量能够对应用程序进行全面接口分析,以便更好地进行测试设计,因为接口分析的好坏在很大程度上影响着集成测试工作质量的高低。

4. 风险分析

有时因为测试资源的限制,常常不能对应用程序进行彻底测试,因此在测试过程中除了做一些基础的集成测试分析之外,在进行集成测试之前还要进行风险分析,以便根据风险分析的指数来决定每个测试的优先级。那么,在测试时间紧张的情况下,就可以根据测试的优先级别对测试内容进行取舍,最大程度降低风险发生的可能性。

通常意义上来讲,风险指的是任何威胁到项目目标成功实现的因素。而对于测试来说,风险就是指一个有可能发生的事件,一旦这个事件发生将会给我们带来损失。损失包括时间上的延误、经济上的损失甚至破产。在任何实际项目中，都具有一系列的风险，其中一些风险的级别可能会高些，一些风险的级别可能会低些。测试人员在进行风险分析时，可以通过预测风险发生的可能性以及估算由于风险所带来的影响的严重程度，排列出风险级别的高低。在基于风险的测试中，最基本的原则就是对风险级别最高的部分进行充分的测试，确保不会遗漏任何具有破坏性的缺陷。

风险通常分为以下 3 种类型。

（1）项目风险：包括项目管理和项目环境的风险（如具备一定技术水平的测试人员不足），类似的风险是无法在测试过程中直接测试到的。

（2）商业风险：它和领域的相关概念及规则息息相关。如某个行业的规则改变了，那么系统的需求也要随之改变。当被测试的系统所应用的领域稳定性不好时，就会造成需求稳定性的降低，使商业风险增加。在这种情况下，就要求系统的测试系列对系统架构的可扩展性和可修改性进行检查。

（3）技术风险：这是针对应用程序的具体实现而言的，主要和代码级的测试有关。

风险分析是一个定义风险并且找出阻止潜在的问题变成现实的方法的过程。它是开发计划中的一部分，它对于确定在开发中需要哪些测试、如何分配测试资源来说十分重要。通常把风险分析分为风险识别、风险评估和风险处理 3 个阶段。

1）风险识别

风险的来源有很多种，和多种因素相关联（如用户的需求、实现软件的程序语言以及使用的开发工具等）。可以通过观察，调查研究，参考相关资料和经验数据，听取专家意见，根据相关的风险识别知识等方法识别风险。

在集成测试中，常见的风险包括：

- 技术风险，指测试人员对集成测试技术掌握比较薄弱或没有类似产品的集成测试经验；产品缺乏相关技术文档尤其是缺乏对接口描述的细节；测试人员缺乏产品背景知识；对相关集成测试工具了解不够、操作不熟练等风险。
- 人员风险，如人员变动频繁，人员到位不及时，缺乏有经验的老员工等。
- 物料仪器风险，测试环境如硬件风险；物料仪器申购风险；测试工具无法及时到位风险等。
- 管理风险：版本计划变更风险；人员、时间、计划变更风险；缺乏有效配置管理；过程失控；开发进度延迟等。
- 市场风险：市场需求变更；市场供货时间更改等。

2）风险评估

对已识别的风险要进行评估，主要任务是确定风险发生的概率和后果。该阶段结束后，应该输出一个按照风险级别排序的风险分析列表。例如，在线测评平台中，可以为其中的几个测试用例进行这样的风险标识，见表 6-1。

通过表 6-1 中的风险信息可以看出"连接服务器"模块的风险级别和关键程度最高，其次是"创建文件"、"上传文件"。在不可能延长项目开发时间的情况下，通常是尽早安排高风险测试用例的执行。实际工作中，将会使用发生频率和关键程度这两个指标来决定具体的测试重点。通用的策略是，在每个测试用例中选取这两个指标值的最大值作为排序依据。

表 6-1　测试用例的风险级别对照

功　能	风险级别	发生频率	关键程度	功 能 说 明
连接服务器	高	高	高	只有连接服务器成功,才能够实现用户信息验证、上传文件等功能
创建文件	高	高	中	供学生编辑和调试代码
上传文件	高	高	中	供学生提交自己程序,作为课程考核的依据
浏览文件	低	中	低	供学生浏览自己程序

3）风险处理

一旦风险被识别、评估以及风险量被确定之后,就要考虑各种风险的处理方法。针对集成测试过程来说,一般用于风险处理的方法有 3 种。

(1) 风险控制:包括主动采取措施避免风险、消灭风险,或一旦风险发生,立即采用紧急应急方案,力争将损失减少到最低程度。

(2) 风险自留:如果风险量被确认不大,不超过集成测试应急资源时,可以将该风险留在项目组中。

(3) 风险转移:将风险转移给另一方或其他测试阶段。

5. **可测试性分析**

在项目开发工作的开始,就应当把系统的可测试性分析作为一项需求,在进行系统分析和设计时加以考虑。因为随着集成测试的不断进行,系统的可测试性会逐渐下降,对于一个接口不可测的系统,想要实现集成测试是相当困难的,需要开发大量测试代码或接口测试工具,无疑会增加额外的测试成本,浪费有限的测试资源。因此,必须尽可能早地分析接口的可测试性,提前为后续的测试工作做好准备。

6. **集成测试策略分析**

集成测试策略分析的主要任务就是根据被测对象选择合适的集成测试策略。那么,如何来衡量所选用的集成测试策略是否合适呢? 读者可参考如下几点来判断:

(1) 可以对被测对象进行比较充分的测试,尤其是关键模块。

(2) 按照选用的集成测试策略划分的模块及接口清晰明了,尽可能地减小后续操作难度和辅助工作量(如桩模块和驱动程序的开发)。

(3) 相对于整体工作量来说,需要投入的集成测试资源大致合理,参加测试的各种资源(如人力、环境、时间等)能够得到充分利用。

6.2.2　集成测试策略

周密细致的集成测试分析为选择和确定集成测试策略提供了重要的参考依据,因此说集成测试策略是建立在测试分析基础之上的。实际上就是指被测软件模块的集成方式、方法。打个比方:从北京到上海去旅行,根据实际交通条件,可以选择多种方式前往。例如,如果资金充足、时间紧张就可以乘飞机去,节省了宝贵的时间,但是这样一来就会错过沿途优美的风景。如果资金不足、时间又很充裕就可以乘火车去，虽然旅行的时间长一点，但在可接受范围内，而且可以一饱眼福。同样进行集成测试的方式也有很多种，每种方式有其自身的优缺点，因此要根据系统自身的实际特点，选择合适的测试策略。那么，常见的集成测试策略都有哪些呢？每种集成测试策略有哪些特点呢？集成测试策略有很多，例如，大爆炸集成、自顶向下集成、自底向上集成、三明治集成、基于调用图的集成、基于路径的集成、分层集成、基于功能的集成、高频集成、基于进度的集成、基于风险的集成、基于事件的集成、基于使用的集成、客户/服务器的集成、分布式集成，等等。读者要明确一点，在实际测试过程中，并不是只能采用一种集成测试策略，可以根据软件系统的体系结构和层次结构将多种集成测试策略综合起来，完成对被测应用的集成测试。下面将对这些集成测试策略进行详细介绍。

1. 基于分解的集成

根据组织测试的方式不同，基于分解的集成测试可以分为非增量式和增量式两大类。非增量式测试（也称作大爆炸集成）就是分别对系统中每个模块进行单元测试，然后将所有的模块按照层次结构图组装到一起进行测试，最终得到所要求的软件。增量式测试与非增量式测试相反，是一个逐步集成的过程。增量式集成（或组装）是首先对一个个模块进行模块测试，然后将这些模块逐步组装成较大的系统，在组装的过程中边连接边测试，以发现连接过程中产生的问题。它按不同的集成次序可分为两种方法，即自顶向下集成和自底向上集成。

1）大爆炸集成

（1）目的：尽可能缩短测试时间，使用最少的测试用例验证系统。

（2）定义：大爆炸集成属于非增值式集成（No-Incremental Integration）的一种方法，也称为一次性组装或整体拼装。这种集成测试策略的做法就是把所有通过单元测试的模块一次性集成到一起进行测试，不考虑组件之间的互相依赖性及可能存在的风险。

（3）方法：假设要对某个系统的部分功能（包括 4 个模块）进行测试，其功能分解如图 6-2 所示。

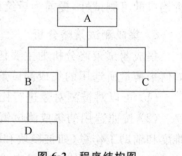

图 6-2　程序结构图

具体测试过程如下：

① 对模块 A 进行测试。

在结构图中，可以看出模块 A 调用了两个模块，分别为 B 模块和 C 模块，但没有被其他模块调用，因此只需给它配置两个桩模块，这里称为 S1 和 S2。桩模块开发调试结束后，就可以对模块 A 进行测试，直至测试通过。

② 对模块 B 进行测试。

在结构图中，可以看出模块 B 调用了一个模块 D，同时被模块 A 调用，因此需要给模块 B 配置一个桩模块和一个测试驱动模块（分别称为 S3 和 D1），桩模块和测试模块开发结束后，就可以对模块 B 进行测试，直至测试通过。

③ 对模块 C 和模块 D 进行测试。

在结构图中，模块 C 和 D 都是只被一个模块调用（分别为 A 和 B），而没有调用其他模块。因此只需要为它们分别开发和配置一个测试驱动模块就可以进行测试了，直至测试通过。

④ 把通过单元测试的所有模块组装到一起进行集成测试。

以上测试过程如图 6-3 所示。

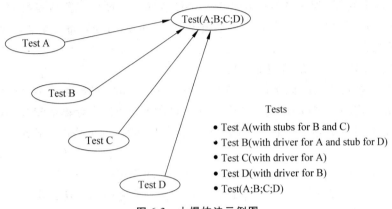

Tests
- Test A(with stubs for B and C)
- Test B(with driver for A and stub for D)
- Test C(with driver for A)
- Test D(with driver for B)
- Test(A;B;C;D)

图 6-3　大爆炸法示例图

（4）优点：

- 可以并行调试所有模块，因此能够充分利用人力、物力资源，加快工作进度。
- 需要的测试用例数目少，因此测试用例设计的工作量相对比较小。
- 测试方法简单、易行。

（5）缺点：

- 不能充分对各个模块之间的接口进行充分测试，因此很容易遗漏掉一些潜在的接口错误（如数据传递错误）。
- 不能很好地对全局数据结构进行测试。
- 如果一次集成的模块数量多，集成测试后可能会出现大量的错误，因此难以进行错误定位和修改。另外，修改了一处错误之后，很可能新增更多的新错误，新旧错误混杂，给程序的完善带来很大的麻烦。因此，往往要经过很多次集成测试才能够运行成功。
- 即使集成测试通过，也会遗漏很多错误（如接口错误等），从而增加系统测试的工作量，软件的可靠性难以得到很好保证。

（6）适用范围：

- 只需要修改或增加少数几个模块的前期产品稳定的项目。
- 功能少，模块数量不多，程序逻辑简单，并且每个组件都已经过充分单元测试的小型项目。
- 基于严格的净室软件工程（由 IBM 公司开创的开发零缺陷或接近零缺陷的软件的成功做法）开发的产品，并且在每个开发阶段，产品质量和单元测试质量都相当高的产品。

2）自顶向下集成

（1）目的：从顶层控制（主控模块）开始，采用同设计顺序一样的思路对被测系统进行测试，来验证系统的稳定性。

（2）定义：自顶向下的集成测试就是按照系统层次结构图，以主程序模块为中心，自上而下按照深度优先或者广度优先策略，对各个模块一边组装一边进行测试。深度优先集成是沿着系统层次结构图的纵向方向，按照一个主线路径自顶向下把所有模块逐渐集成到结构中进行测试，但是主线路径的选择是任意的。广度优先集成是沿着系统层次结构图的横向方向，把每一层中所有直接隶属于上一层的所有模块逐渐集成起来进行测试，一直到最底层。

（3）方法：集成测试的过程如下所示。

① 把主控模块作为测试驱动，所有与主控模块直接相连的模块作为桩模块；

② 根据集成的方式（深度优先或者广度优先），逐渐使用实际模块替换相应的下层桩模块；再用桩模块代替他们的直接下属模块，与已通过测试的模块或子系统组装成新的子系统；

③ 在每个模块被集成时，都必须已经通过了单元测试；

④ 进行回归测试（重新执行以前做过的全部或部分测试），以确定集成新模块后没有引入错误；

⑤ 从上述过程中的第（2）步开始重复执行，直到所有模块都已经集成到系统中为止。

下面仍然以图 6-2 为例来介绍采用自顶向下的集成测试策略，按照深度优先方式进行详细集成测试的过程。

Step1　以先左后右的方式选择模块集成主线路径。

Step2　先对主控模块 A 进行测试，即使用桩模块 S1 和 S2 来代替模块 A 实际调用的模块 B 和 C，然后对其进行测试，如图 6-4（a）所示。

Step3　使用实际模块 B 来代替图 6-4（a）中的桩模块 S1，使用桩模块 S3 来代替模块 B 所调用的模块 D，然后进行测试，如图 6-4（b）所示。

Step4　使用实际模块 D 代替桩模块 S3，然后进行测试，如图 6-4（c）所示。

Step5　使用实际模块 C 代替桩模块 S2，然后进行测试，如图 6-4（d）所示。

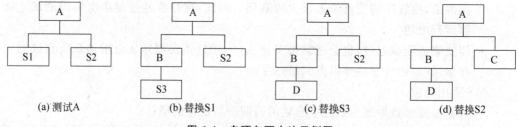

图 6-4　自顶向下方法示例图

（4）优点：在测试的过程中，可以先验证主要的控制和判断点。在一个功能划分合理的程序模块结构中，判断常常出现在较高的层次中，可以提前做测试，提前发现问题。即使不幸发现主要控制点有问题，也能够及时做相应的修改，减少返工。从这一点来看这种测试策略是十分有效的。

① 选择深度优先组合方式，可以首先实现和验证一个完整的软件功能，可先对逻辑输入的分支进行组装和测试，检查和克服潜藏的错误和缺陷，验证其功能的正确性，为此

后主要分支的组装和测试提供保证；

② 能够较早验证功能可行性，给开发者和用户带来成功的信心；

③ 只有在个别情况下，才需要驱动程序（最多不超过一个），减少了测试驱动程序开发和维护的费用；

④ 由于测试和开发的顺序是一致的，因此可以和开发设计工作一起并行执行集成测试，能够灵活适应目标环境；

⑤ 容易进行故障隔离和错误定位。如果主程序模块 A 通过了测试，加入模块 B 后出现错误，那么可以判断错误可能是出现在 B 模块或 A 模块与 B 模块接口。

（5）缺点：

① 在测试时需要为每个模块的下层模块提供桩模块，桩模块的开发和维护费用大；

② 底层组件的需求变更可能会影响到全局组件，需要修改整个系统的多个上层模块，因此，容易破坏部分先前构造的测试包；

③ 由于底层组件在顶层组件之后才能得到验证，因此要求控制模块具有比较高的可测试性；

④ 随着测试的进行，底层模块的不断加入，整个系统变得越来越复杂，可能会导致底层模块特别是被重用的模块测试不够充分。

（6）适用范围：这种集成测试策略适用于大部分采用结构化编程方法的软件产品，并且产品的结构相对比较简单。一般的大型复杂项目往往会综合使用多种集成测试策略。那么，在实际工作中，对具有哪些特点的产品进行测试时，可以考虑使用自顶向下的集成测试策略呢？读者可参考以下几个特点来判断所测软件是否适合使用该方法：

① 控制结构比较清晰和稳定的应用程序；

② 系统高层的模块接口变化的可能性比较小；

③ 产品的低层模块接口还未定义或可能会经常因需求变更等原因被修改；

④ 产品中的控制模块技术风险较大，需要尽可能提前验证；

⑤ 需要尽早看到产品的系统功能行为；

⑥ 在极限编程（extreme programming）中使用测试优先的开发方法。

3）自底向上集成

（1）目的：从依赖性最小的底层模块开始，按照层次结构图，逐层向上集成，验证系统的稳定性。

（2）定义：自底向上集成是从系统层次结构图的最底层模块开始进行组装和集成测试的方式。对于某一个层次的特定模块，因为它的子模块（包括子模块的所有下属模块）已经组装并测试完成，所以不再需要桩模块。在测试过程中，如果想要从子模块得到信息可以通过直接运行子模块得到。也就是说，在集成测试的过程中只需要开发相应的驱动模块就可以了。

（3）方法：

① 从最底层的模块开始组装，组合成一个能够完成制定的软件子功能的构件；

② 编制驱动程序，协调测试用例的输入与输出；

③ 测试集成后的构件；

④ 使用实际模块代替驱动程序，按程序结构向上组装测试后的构件；

⑤ 重复上面的第 2 步，直到系统的最顶层模块被加入系统中为止。

这里也以图 6-2 为例，来说明自底向上集成测试的过程。本例还是按照深度优先方式，以先左后右的方式作为主线路径进行集成测试。具体过程如下：

按照深度优先方式，对树状结构图中处于最下层的叶子节点模块 D 进行测试。

Step1   模拟调用模块 D 的模块 B，开发并配置驱动模块 d1，然后把驱动模块 d1 和模块 D 集成到一起进行测试。

Step2   模拟模块 A 调用模块 B 的调用关系，开发并配置驱动模块 d2。然后把驱动模块 d2 与通过集成测试的模块 B 和模块 D 集成起来并进行测试。

Step3   模拟模块 A 调用模块 C 的调用关系，为模块 C 设置驱动模块 d3，然后把驱动模块 d3 和模块 C 集成到一起进行测试。

Step4   把模块 A 同其他模块集成，对整个系统进行测试。

集成过程如图 6-5 所示。

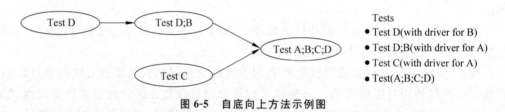

Tests
- Test D(with driver for B)
- Test D;B(with driver for A)
- Test C(with driver for A)
- Test(A;B;C;D)

图 6-5   自底向上方法示例图

（4）优点：

- 由于驱动模块模拟了所有调用参数，即使数据流并未构成有向的非环状图，生成测试数据也没有困难。

- 可以尽早验证底层模块的行为。任意一个叶子模块通过单元测试后，都可以随时进行集成测试，并且驱动模块的开发还有利于规范和约束系统上层模块的设计，可在一定程度上增加系统的可测试性。

- 在集成测试的开始，可以同时对系统层次结构图中的每个分支集成测试，与使用自顶向下策略的集成测试比较而言，提高了测试效率。

- 由于对上层模块进行测试之前，就下层模块的行为已经得到了验证。因此与采用自顶向下的集成策略的系统相比，对实际被测模块的可测试性要求要少。

- 减少了桩模块的工作量。

- 容易对错误进行定位。

（5）缺点：

- 直到最后一个模块加进去之后才能看到整个系统的框架；

- 只有到测试过程的后期才能发现时序问题和资源竞争问题；

- 驱动模块的设计工作量大，但可以通过复用对每个模块进行单元测试时所开发的驱动模块，来减少驱动模块设计的工作量（当然，这要求程序员能够具备一定的程序开发技巧；并且，测试人员具备一定的编程能力）；

- 由于顶层模块的测试要到集成测试的最后才能进行，因此不能及时发现高层模块设计上的错误。对于那些在整个体系中控制结构非常关键的产品来说,受到的影响就更大。

（6）适用范围：与自顶向下的集成方式类似,该方法适用于大部分产品的结构相对比较简单,采用结构化编程方法的软件产品。采用自底向上集成策略进行集成测试的系统,一般还应该具有的特点如下所示。

- 底层模块接口比较稳定的产品;
- 高层模块接口变更比较频繁的产品;
- 底层模块开发和单元测试工作完成较早的产品。

以上讨论的几种集成测试的方法都属于基于功能分解的集成。三者的优缺点可以简单概括如下：非增量测试(大爆炸集成测试)方法简单易行,但不容易发现模块接口中的错误。很多缺陷可能在集成测试的最后阶段才会被发现。而对于增量式集成测试方法来说,由于差错是分布在不同模块中的,可及早发现错误,定位错误、修改错误,并且可以对模块反复校验。因此,就这些优点而言,增量测试要比非增量测试效果好,但是需要开发测试驱动程序和桩模块。与自底向上集成方式相比,自顶向下集成可以做到逐步求精,一开始就能让测试人员看到整个系统的框架,但是需要桩模块,特别是在集成输入输出模块之前,很难在桩模块中表示测试数据。而自底向上集成由于驱动模块模拟了所有调用参数,即使数据流并未构成有向的非环状图,生成测试数据也没有困难,克服了由于桩模块的局限性而造成的测试数据表示问题,但它不能先从全局考虑,必须等到最后一个模块集成完毕,才能得出整体的测试结果。自底向上的集成方式特别适合于关键模块在结构图底部的情况。

2．三明治集成

（1）目的：综合利用自顶向下和自底向上两种集成测试策略的优点。

（2）定义：三明治集成是一种混合增殖式测试策略,综合了自顶向下和自底向上两种集成方法的优点,因此也属于基于功能分解集成。如果借助图来介绍三明治集成的话,就是在各个子树上真正进行大爆炸集成。桩和驱动器的开发工作都比较小,不过代价是作为大爆炸集成的后果,在一定程度上增加了定位缺陷的难度。

（3）方法：

首先,确定以哪一层为界来决定使用三明治集成策略(在图 6-6 中,确定以 B 模块为界);

其次,对模块 B 及其所在层下面的各层使用自底向上的集成策略;

再次,对模块 B 所在层上面的层次使用自顶向下的集成策略;

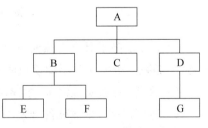

图 6-6　三明治集成策略示意图

然后,把模块 B 所在层各模块同相应的下层集成;

最后,对系统进行整体测试。

应用三明治集成策略还有一个技巧,即尽量减少设计驱动模块和桩模块的数量。在本例中的集成测试过程，使用模块 B 所在层各模块同相应的下层先集成的策略，而不是使用模块 B 所在层各模块同相应的上层先集成的策略，就是考虑到这样做可以减少桩模块的设计。以 B 模块为例，如果先同其下层集成，只需要设计一个驱动模块（模拟模块 A 调用模块 B 的调用关系）；而先同上层集成再同下层集成需要设计两个桩模块（分别模拟模块 E 和模块 F）。

那么，以模块 B 所在层为界，使用三明治集成的具体步骤如下：

① 对 E、F 模块分别进行单元测试；

② 对 G 模块进行单元测试；

③ 对 A 模块进行测试；

④ 把 E、F 模块同 B 模块集成；

⑤ 把 D、G 模块集成到一起进行测试；

⑥ 对所有模块（整个系统）进行集成测试。

集成过程如图 6-7 所示。

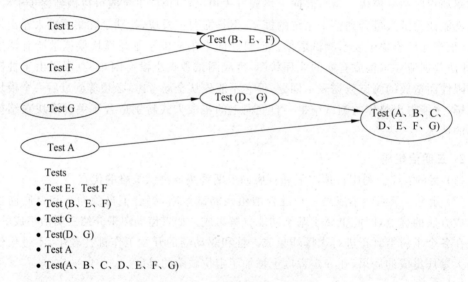

Tests
- Test E；Test F
- Test（B、E、F）
- Test G
- Test(D、G)
- Test A
- Test(A、B、C、D、E、F、G)

图 6-7　三明治集成示意图

（4）优点：除了具有自顶向下和自底向上两种集成策略的优点之外，运用了一定的技巧，能够减少桩模块和驱动模块的开发。

（5）缺点：在被集成之前，中间层不能尽早得到充分的测试。

（6）适用范围：多数软件开发项目都可以应用此集成测试策略。

3. 修改过的三明治集成

（1）目的：充分发挥测试的并行性，弥补三明治集成中不能充分测试中间层的缺点。

（2）定义：（略）。

（3）方法：可以按照下面几个步骤来进行三明治集成测试：

① 并行测试目标层，目标层上面一层，目标层下面一层。其中对目标层上面一层使

用自顶向下集成测试策略,目标层下面一层使用自底向上集成测试策略,对目标层使用独立测试策略(即对该层模块设计桩模块和驱动模块完成对目标层的测试)。

② 并行测试目标层与目标层上面一层的集成和目标层与目标层下面一层的集成。

这里仍然以图 6-6 为例,那么具体的测试过程如图 6-8 所示。

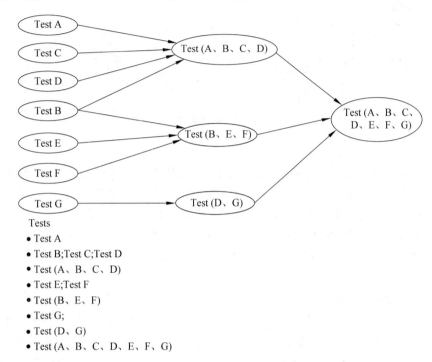

Tests
- Test A
- Test B;Test C;Test D
- Test (A、B、C、D)
- Test E;Test F
- Test (B、E、F)
- Test G;
- Test (D、G)
- Test (A、B、C、D、E、F、G)

图 6-8　改进三明治集成示意图

(4)优点:
- 具有三明治集成的所有优点,且对中间层能够尽早进行比较充分的测试;
- 该策略的并行度相对比较高。

(5)缺点:中间层如果选择不适当,可能会增加驱动模块和桩模块工作量的设计负担。

(6)适用范围:大多数软件开发项目。

4. 基于调用图的集成

前面讨论的几种集成测试方法实质上都属于基于分解的集成方式,它的缺点主要就是以系统功能分解为基础。如果把功能分解图细化为单元调用图,则可以使集成测试向结构性测试方法发展,避免基于分解集成方法存在的一些缺陷。单元调用图是一种有向图,节点表示程序单元,边对应程序调用。即如果单元 A 调用单元 B,则从单元 A 到单元 B 有一条有向边。

基于调用图的集成方式有两种,即成对集成和相邻集成。下面对这两种方式进行简单介绍,假设某个系统的部分调用图如图 6-9 所示。

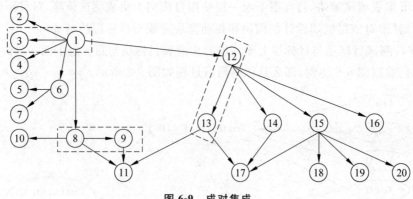

图 6-9　成对集成

1) 成对集成

成对集成的思想就是免除桩/驱动器开发工作,使用实际代码来代替桩/驱动器。看起来有点类似大爆炸集成方式,但是我们把这种集成限制在调用图中的一对单元上。

成对集成的方法就是对应调用图的每一个边建立并执行一个集成测试会话。虽然要完成多个集成测试过程,但是可以大大减少桩和驱动器开发的工作量。以图 6-9 为例:将要完成 23 个集成测试过程,其中用虚矩形框包围的部分就是其中的 3 个成对集成过程。

2) 相邻集成

这里的相邻是针对节点而言的,节点的邻居就是由给定节点引出的节点集合。在有向图中,节点邻居包括所有直接前驱节点和所有直接后继节点。按照前面给出的定义,图 6-9 中对于节点 12 来说,它的邻居有节点 13、14、15、16,节点 15 的邻居就包括节点 12、17、18、19、20。根据给定的调用图,可以这样计算邻居数量:每个内部节点有一个邻居,如果叶节点直接连接到根节点还要加上一个邻居。因此,得到:

邻居＝节点－汇节点

根据这个公式就可以计算出图 6-10 中,包括 20 节点－12 汇节点＝8 个邻居。那么,相邻集成的方法就是对应每个邻居建立并执行一个集成测试会话,同样大大降低了集成测试过程中桩和驱动器的开发工作量。实质上和前面讲过的三明治集成测试有些类似,只不过相邻集成不是基于分解图而是基于调用图进行测试的。

相邻集成的特点决定了它也具有缺陷隔离困难的缺点,尤其是有大量邻居的情况更是如此。另外还有一个问题就是,当发现同时属于多个邻居的节点(如节点 17)中存在缺陷时,要更改该单元的代码才能清除缺陷。但这也意味着对所有包含该节点的邻居都要重新进行集成测试。如图 6-10 所示的虚线框包围部分就是两个相邻集成的过程。

5. 基于路径的集成

下面是与基于路径的集成相关的几个概念。

1) 源节点

程序中的源节点是指程序执行开始或重新开始处的语句片段。这里把单元中的第一个可执行语句看作是源节点。另外,源节点还会出现在转移控制到其他单元的节点之后。

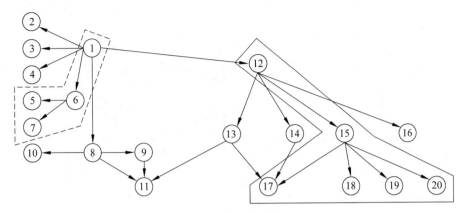

图 6-10 相邻集成

那么,在图 6-11 中的源节点有 A 模块中的 1、5 节点,模块 B 中的 1、3 节点,模块 C 中的 1 节点。

2)汇节点

汇节点是程序执行结束处的语句片段。程序中的最后一个可执行语句显然是汇节点,转移控制到其他单元的节点也是汇节点。那么,在图 4-12 中的汇节点有:A 模块中的 4、6 节点,模块 B 中的 2、4 节点,模块 C 中的 5 节点。

3)模块执行路径

模块执行路径是以源节点开始、以汇节点结束的一系列语句,中间没有插入汇节点。在图 6-11 中有 7 条模块执行路径:

$$\text{MEP}(A,1)=\langle 1,2,3,6 \rangle$$
$$\text{MEP}(A,2)=\langle 1,2,4 \rangle$$
$$\text{MEP}(A,3)=\langle 5,6 \rangle$$
$$\text{MEP}(B,1)=\langle 1,2 \rangle$$
$$\text{MEP}(B,2)=\langle 3,4 \rangle$$
$$\text{MEP}(C,1)=\langle 1,2,4,5 \rangle$$
$$\text{MEP}(C,1)=\langle 1,3,4,5 \rangle$$

4)消息

消息是一种程序设计语言机制,通过这种机制可以把控制从一个单元转移到另一个单元。在不同的程序设计语言中,消息可以被解释为子例程调用、过程调用和函数引用。约定接收消息的单元总是最终将控制返回给消息源。消息可以向其他单元传递数据。

MM-路径是穿插出现模块执行路径和消息的序列。如图 6-11 中的粗线所示,代表模块 A 调用模块 B,模块 B 调用模块 C,这就是一个 MM-路径,可用图 6-12 表示。对于传统软件来说,MM-路径永远是从主程序开始,在主程序中结束。

在进行集成测试时,选择的 MM-路径集合应该覆盖单元集合中所有从源到汇节点的路径。如果存在循环要进行压缩,产生有向无环路图,因此可解决无限多路径问题。

MM-路径是功能测试和结构性测试的一种混合。在表达输入和输出行动上,MM-路

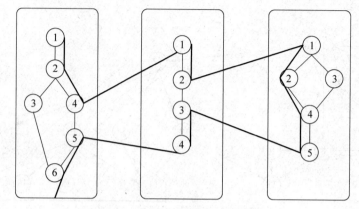

图 6-11　跨 3 个单元的 MM-路径

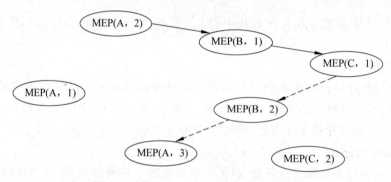

图 6-12　从图 6-11 中导出的 MM-路径图

径是功能性的,因此可以使用所有功能性测试技术。而在标识方式上,特别是 MM-路径图的标识方式上是结构性的。因此,在基于路径的集成测试过程中,很好地把功能测试和结构测试的方法结合到一起。但是,基于路径集成测试需要投入标识 MM-路径的时间。

6．分层集成

1）目的

通过增量式集成的方法验证一个具有层次体系结构的应用系统的稳定性和可互操作性。

2）介绍

分层模型在通信系统中很普遍,分层集成就是针对通信系统中的分层模型使用的一种集成策略。系统的层次划分可以通过逻辑的或物理的两种不同方式完成。从逻辑角度,一般通过功能把系统划分成不同功能层次的子系统,子系统内部具有较高的耦合性,子系统间的关系具有先行层次关系;从物理角度,可以根据不同单板内的系统划分为不同的硬件子系统,各硬件子系统之间根据连接具有线性层次关系。值得注意的是,对于那些各层次之间存在着拓扑网络关系的系统,则不适合使用该集成方法。

3）策略

分层集成的具体步骤如下：

（1）划分系统的层次。

（2）确定每个层次内部的集成策略,该策略可以使用大爆炸集成、自顶向下集成、自底向上集成和三明治集成中的任何一种策略。一般对于顶层可能还有第二层的内部采用自顶向下的集成策略;对于中间层采用自底向上的集成策略;对于底层主要进行单独测试。

（3）确定层次间的集成策略,该策略可以使用大爆炸集成、自顶向下集成、自底向上集成和三明治集成中的任何一种策略。

4）优点

其优点与其使用的层间集成测试策略类似。

5）缺点

其缺点与其使用的层间集成测试策略类似。

6）适用范围

有明显线性层次关系的产品系统。

7. 基于功能的集成

1）目的

采用增值的方法,尽早地验证系统关键功能。

2）介绍

从功能实现的角度出发,按照模块的功能重要程度组织模块的集成顺序。先对开发中最主要的功能模块进行集成测试,以此类推最后完成整个系统的集成测试。

3）策略

基于功能的集成策略具体如下:

（1）确定功能的优先级别;

（2）分析优先级最高的功能路径,把该路径上的所有模块集成到一起,必要时使用驱动模块和桩模块;

（3）增加一个关键功能,继续步骤（2）,直到所有模块都被集成到被测系统中。

4）优点

（1）直接验证系统中主要功能,最早地确认所开发的系统中关键功能得以实现;

（2）使用该方法时,在对某个模块进行测试时,根据需要会同时新增多个模块,因此测试过程比三明治策略所用时间短;

（3）验证接口的正确性时,为覆盖接口使用的实例相对要少;

（4）可以减少驱动模块的开发,只要设计和维护一个顶层模块的驱动器。

5）缺点

（1）不适用复杂系统,因为复杂系统的功能之间的相互关联性强,不易于分析主要模块;

（2）对于部分接口测试不充分,容易漏掉大量接口错误;

（3）集成测试开始的时候需要大量的桩模块的设计;

（4）容易出现相对多的冗余测试。

6）适用范围

（1）主要功能具有较大风险性的产品；

（2）探索型技术研发项目；

（3）注重功能实现的项目；

（4）对于所实现的功能信心不强的产品。

8. 高频集成

1）目的

频繁地向一个已经稳定的基线中添加新的代码，避免遗留集成故障，同时控制可能出现的基线（baseline）偏差。

2）介绍

使用快速迭代式开发或增量式开发存在不足之处，即某些错误在开始的时候只是一个最低功能限度的集成包，但随着产品开发程度的加深就会产生一些功能上的遗漏或冲突。这个时候新代码的迅速开发并汇入到系统中造成不稳定的因素。这就需要通过测试证明扩大后的系统是否稳定的，以及系统功能是否正确。这个测试过程必须及时，如果这些问题遗留到最后检查，其代价和风险可能将很巨大，高频集成就是基于这个角度考虑的。使用高频集成需要具备的条件如下：

（1）可以获得一个稳定的增量，并且完成的某子系统已经通过测试证明不存在错误；

（2）可以在一个恰当的频率间隔内增加大部分有意义的功能，例如，通过以每五天为单位来创建；

（3）测试包和代码并行开发，保证维护的是最新的版本；

（4）使用自动化，例如采用 GUI 的捕获/回放工具；

（5）使用配置管理工具，实际上是对版本的增量或变更进行维护。

3）策略

高频集成有 3 个主要的步骤，具体如下：

（1）开发人员完成要提供的代码的增量部分，同时测试人员完成相关的测试包。具体包括编写或修改代码，编写或修改对相应代码的测试包，对新增或修改过的代码进行代码走读、检视和评审，对修改或新增的组件进行静态分析，对代码进行创建工作，在新的创建上运行测试包，包括使用类似内存检测工具、性能检测工具进行跟踪检查；当组件通过所有测试时，将已修改过的测试包提交到集成测试部门。

（2）集成测试人员将开发人员修改或增加的组件集中起来形成一个新的集成体，并且在上面运行集成后的测试包。具体工作包括在一个预定的期限内，负责集成的人员暂停接受任何增量，并以此为界形成一个新系统的基线；进行创建工作，并在上面运行测试包。这个测试将包括冒烟测试和新开发的测试。如果时间允许应尽可能多地运行测试。

（3）评价结果。"在建造过程中，纠正错误是项目中优先级最高的"。在高频集成中，必须切实有效地解决下列问题：确定人员维护现有的集成测试包；确定恰当的频率间隔；确定进行创建工作的人员、集成测试工作的人员，以及进行测试的必要条件；确定当创建失败或测试没有通过时的补救措施。例如，确定系统将退回到哪个版本，如何进行问题定位和纠错；确定自动化测试方案。

4）优点

- 高效性。由于在该策略中,开发维护源代码和测试包具有同等的重要性,这对有效防止错误非常有帮助。
- 可预测性。整个开发组集中于生产一个运转的系统,而不是用于实际工作的一个系统。这有助于开发人员尽早能够预测一个可运行的系统,并提高开发人员的信心。
- 并行性。开发和集成可以并行进行。
- 对桩代码的需要不是必须的。可以避免编写和维护容易损坏的测试代码。
- 尽早查出错误。严重错误、遗漏和不正确的假设经常能较早地被揭示。
- 容易进行错误定位。错误最可能存在于新增加或修改的代码中,容易进行错误定位和修改。

5）缺点

- 测试包可能会过于简单,不容易发现有价值的问题;
- 初始阶段不能平稳地进行集成;
- 如果没有适当的标准做保证,成功的集成可能导致不应有的可信度,增加系统的风险性。

6）适用范围

应用迭代(或增量)过程模型开发的产品。

9. 基于进度的集成

1）目的

尽可能早地进行集成测试,提高开发与集成的并行性,有效地缩短进度。

2）介绍

进度压力是每个软件开发项目都会遇到的问题。为了完成进度,很多项目往往牺牲了部分质量,并且加班加点地疲劳工作。基于进度的集成就是在兼顾进度和质量两者之间寻找了一个均衡点。该集成的一个最基本的策略就是把最早可获得的代码拿来立即进行集成,必要时开发桩模块和驱动模块,在最大限度上保持与开发的并行性,从而缩短了项目集成的时间。

3）策略

（略）

4）优点

- 具有比较高的并行度;
- 能够有效缩短项目开发的进度。

5）缺点

- 可能最早拿到的模块之间缺乏整体性,只能进行独立的集成,导致许多接口必须等到后期才能验证,但此时系统可能已经很复杂,往往无法发现有效的接口问题;
- 桩模块和驱动模块的工作量可能会变得很庞大;
- 由于进度的原因,模块可能很不稳定且会不断变动,导致测试的重复和浪费。

6）适用范围

进度优先级高于质量的项目。

10.基于风险的集成

1）目的

尽可能提早验证高危模块间的接口，从而保证系统的稳定性。

2）介绍

在软件系统中，风险最高的模块间的集成往往是错误集中的地方，因此尽早地验证这些接口有助于系统的稳定，从而增强对系统信心。基于风险的集成正是基于这样的思想。因为基于风险的集成策略和基于功能的集成策略有类似的地方，一般把二者结合使用。

3）策略

（略）。

4）优点

可以对最具有风险的模块提前进行验证，有利于系统的快速稳定开发。

5）缺点

需要花费额外的测试成本，对各组件的风险进行详细分析。

6）适用范围

在应用软件项目中，有一些模块具有较大的风险。

11.基于事件的集成

1）目的

基于事件的集成，又称基于消息的集成。该方法是从验证消息路径的正确性出发，渐增式地把系统集成到一起，从而验证系统的稳定性。

2）介绍

很多嵌入式系统和面向对象系统都是属于状态机的系统，它们的工作原理都是以状态为核心根据状态而变更的。系统中，内部模块的接口主要是通过消息来完成的。因此验证消息路径的正确性对于这类系统具有比较重要的作用，基于消息/事件/线程的集成（Message-Based/Event-Based/Thread-Based Integration）就是针对这种特点而设计的一种策略。

3）策略

（1）从系统的外部分析，判断系统可能输入的消息集；

（2）选取一条消息，分析其穿越的模块；

（3）集成这些模块进行消息接口测试；

（4）选取下一条消息，重复步骤（2）和（3），直到所有模块都被集成到系统中。

在选择消息的时候可以从不同角度出发，具体如下：

① 消息的重要性，尽早验证重要的消息路径；

② 消息路径的长度，为了能有效验证消息接口的完整性和正确性，尽可能选取路径较短的消息；

③ 新的消息的选择是否能够使得新的模块被加入系统中。

4）优点

- 直观性强,直接验证系统中关键功能;
- 相对耗时少,因此测试过程比三明治策略所用时间少,使用该方法时在对某个模块进行测试时,根据需要会同时新增多个模块;
- 验证接口的正确性时,为覆盖接口使用的实例相对要少;
- 避免大量设计驱动模块,只要设计和维护一个顶层模块的驱动器。

5）缺点

- 不适用功能之间的相互关联性强、不易于分析主要模块的系统;
- 部分接口测试不完全,忽略大量接口错误;
- 设计桩模块工作量大;
- 容易出现相对大的冗余测试。

6）适用范围

- 面向对象系统;
- 基于有限状态机的嵌入式系统。

12. 基于使用的集成

1）目的

针对面向对象系统,根据类之间的依赖关系来集成系统,从而验证系统的稳定性。

2）介绍

在一个面向对象系统中,存在一些独立的类和一些相互耦合的类。基于使用的集成从分析类之间的依赖关系出发,通过从对其他类依赖最少的类开始集成,逐步扩大到有依赖关系的类,最后集成到整个系统中。通过该集成方法,可以验证类之间接口的正确性。该方法可以和分层集成或其他集成策略结合使用。

3）策略

首先划分类之间的耦合关系;然后测试独立的类;其次测试使用一些服务器类的类;最后逐步增加具有依赖性的类(即使用独立类的类),直到整个系统被集成到一起。

4）优点

与自底向上集成的优点类似。

5）缺点

与自底向上集成的缺点类似。

6）适用范围

面向对象软件系统。

13. 客户/服务器的集成

1）目的

验证客户和服务器之间交互的稳定性。

2）介绍

对于和单独的服务器组件进行松散耦合的客户端组件,可以使用客户/服务器集成来完成。和自顶向下的策略不同,在这个模型中,不存在单独的控制轨迹。

3)策略

(1)单独测试每个客户端和服务器端,必要时使用驱动模块和桩模块;

(2)把第一个客户端或客户端组与服务器进行集成;

(3)把下一个客户端或客户端组与上一个完成的系统进行集成;

(4)重复步骤(3)直到系统中所有客户端都被加入系统中。

4)优点

- 避免了大爆炸集成的风险;
- 集成次序没有大的约束,可以结合风险或功能优先级进行;
- 有利于复用和扩充;
- 支持可控制和可重复的测试。

5)缺点

在集成过程中,需要大量的驱动模块和桩模块,因此相对其他集成策略而言需求量要大一些。

6)适用范围

客户/服务器结构的系统。

6.2.3 集成测试环境

虽然集成测试环境和单元测试环境二者类似,但相对于单元测试环境而言,集成测试环境的搭建比较复杂(当然,在单机环境中运行的软件除外)。随着各种软件构件技术的不断发展,以及软件复用技术思想的不断成熟和完善,可以使用不同技术基于不同平台开发现成构件集成一个应用软件系统,使得软件复杂性也随之增加。因此在做集成测试的过程中,可能需要利用一些专业的测试工具或测试仪来搭建集成测试环境(如测试 java 类和服务器交互的工具 httpUnit;测试网页链接的测试工具 LinkBot Pro 等)。必要的时候,还要开发一些专门的接口模拟工具。

在搭建集成测试环境时,可以从以下几个方面进行考虑。

1. 硬件环境

在集成测试时,尽可能考虑实际的环境。如果实际环境不可用时,考虑可替代的环境或在模拟环境下进行,如在模拟环境下使用,需要分析模拟环境与实际环境之间可能存在的差异。对于普通的应用软件来说,由于对软件运行速度影响最大的硬件环境主要是内存和硬盘空间的大小和 CPU 的性能的优劣。因此,在搭建集成测试的硬件环境时,应该注意到测试环境和软件实际运行环境的差距,例如,很多中小型软件企业一般都是在 PC 上开发软件,甚至测试的时候也使用 PC。显而易见,在 PC 上所做的性能测试结果将会和软件在实际环境中运行的性能有很大差别。

2. 操作系统环境

目前市场上,操作系统的种类很多,同一个软件在不同的操作系统环境中运行的表现可能会有很大差别,因此在对软件进行集成测试时不但要考虑不同机型,而且要考虑到实际环境中安装的各种具体的操作系统环境。

3. 数据库环境

除了在单机上运行的应用软件除外,一般来说几乎所有的应用都使用大型关系数据库产品,常见的有 Oracle、Sybase、Informix、Microsoft SQL Server 和 IBM DB2 等。因为这些数据库产品各有千秋,用户可能会根据各自的喜好和熟悉程度来选择实际环境中使用那个数据库产品。因此,在搭建集成测试所使用的数据库环境时要从性能、版本、容量等多方面考虑,至少要针对常见的几种数据库产品进行测试。只有这样才能够使产品不但能够满足某一个用户的要求,而且可以推广到更大的市场。

4. 网络环境

网络环境也是千差万别,但一般用户所使用的网络环境都是以太网。一般来讲,把公司内部的网络环境作为集成测试的网络环境就可以了。当然,特殊环境要求除外(如有的软件运行需要无线设备)。

5. 测试工具运行环境

在系统还没有开发完成时,有些集成测试必须借助测试工具才能够完成,因此也需要搭建一个测试工具能够运行的环境。以前面集成测试工具 HttpUnit 为例,如果想要使用这款工具需要作如下几项工作:

(1) 到 HttpUnit 的主页 http://httpunit.sourceforge.net 下载最新的包文件;

(2) 将下载的 Zip 包解压缩到 c：/httpunit(后面将使用％httpunit_home％引用该目录);

(3) 如果软件是在 eclipse 环境中开发、执行的,首先启动 eclipse,建立一个 java 工程;

(4) 然后,将％httpunit_home％/lib/＊.jar;％httpunit_home％/jars/＊.jar 加入该 java 工程的 Java build Path 变量中。

上述几个步骤完成之后,测试人员就可以使用这款工具进行 java 类和服务器的交互测试了。

6. 其他环境

除了上述提到的集成测试环境外,其实还要考虑到其他一些环境,如 Web 应用所需要的 Web 服务器环境、浏览器环境等,这就要求测试人员根据具体要求进行搭建。

6.2.4　集成测试用例设计

在前面的章节中,已经介绍过集成测试要根据具体情况综合使用白盒测试和黑盒测试两种方法。其实,无论是哪一个级别的测试,都离不开基本的测试用例设计思路(白盒测试用例设计和黑盒测试用例设计),在集成测试和系统测试时需要灵活地交叉使用这些方法,以满足相应的测试覆盖率要求,如集成测试过程中最注重的功能覆盖率和接口覆盖率。前面已经讲过,功能覆盖率中最常见的就是需求覆盖,目的就是通过设计一定的测试用例,使得每个需求点都被测试到。而接口覆盖(又叫入口点覆盖)的目的就是通过设计一定的测试用例使系统的每个接口都被测试到。那么,怎么才能做到这一点呢? 毫无疑问这要求从多个角度进行测试用例的设计。本节主要讨论的就是应该从哪些角度来设计集成测试用例。

1. 为系统运行设计的用例

集成测试所关注的主要内容就是各个模块的接口是否能用,因为接口的正确与否关系到后续集成测试能否顺利进行。因此,首要的集成测试工作就是设计一些起码能够保证系统运行的测试用例,也就是验证最基本功能的测试用例。认识到这一点,就可以根据测试目标来设计相应的测试用例。

可使用的主要测试分析技术:

(1) 等价类划分;

(2) 边界值分析;

(3) 基于决策表的测试。

在线测评平台的最基本功能就是能够将用户的文件正确上传到服务器,方便教师进行评分。其前提条件是客户端能够成功连接服务器,为此需要对 ClientMain 类、ClientSystemOption 类等几个类进行集成测试。由于用户所在的班级不同,因此可以根据用户所在的班级对学生信息进行分类,即从每个班级选出一组学生数据进行测试;同样也可以使用边界值分析的方法,选择测试数据,如由于 IP 地址的每个十进制数都不能小于 0 大于 255,因此可以将测试所用的 IP 地址分为 3 类进行测试,即包含小于 0 的十进制数的 IP 地址、合法的 IP 地址、包含大于 255 的十进制数的 IP 地址。为此,本系统可以结合等价类划分和边界值分析的方法选择如表 6-2 所示的测试数据对系统的最基本功能进行测试。

表 6-2　基本功能测试用例

编　　号	输　　入	预 期 输 出
测试用例 1	选择"系统"→"系统属性",服务器地址输入 202.198.0.1,服务器端口输入 9000,姓名输入"李铁红",学号输入 1006210103;选择班级为"计机 101";所在部门为"信息工程学院",单击"确定"按钮;选择"系统"→"连接服务器"	连接服务器成功
测试用例 2	选择"系统"→"系统属性",服务器地址输入 202.198.0.1,服务器端口输入 9000,姓名输入"李凯",学号输入 1006210203;选择班级为"计机 102";所在部门为"信息工程学院",单击"确定"按钮;选择"系统"→"连接服务器"	连接服务器成功
测试用例 3	选择"系统"→"系统属性",服务器地址输入 202.198.0.1,服务器端口输入 9000,姓名输入"王伟",学号输入 1006210303;选择班级为"计机 103";所在部门为"信息工程学院",单击"确定"按钮;选择"系统"→"连接服务器"	连接服务器成功
测试用例 4	选择"系统"→"系统属性",服务器地址输入 202.198.0.1,服务器端口输入 9000,姓名输入"窦天野",学号输入 1006210403;选择班级为"软件 101";所在部门为"信息工程学院",单击"确定"按钮;选择"系统"→"连接服务器"	连接服务器成功

续表

编　号	输　入	预期输出
测试用例 5	选择"系统"→"系统属性",服务器地址输入 256.198.0.1,服务器端口输入 9000,姓名输入"李铁红",学号输入 1006210103;选择班级为"计机 101";所在部门为"信息工程学院",单击"确定"按钮;选择"系统"→"连接服务器"	提示错误信息(IP 地址输入不正确)
测试用例 6	选择"系统"→"系统属性",服务器地址输入 202.198.0.－1,服务器端口输入 9000,姓名输入"李铁红",学号输入 1006210103;选择班级为"计机 101";所在部门为"信息工程学院",单击"确定"按钮;选择"系统"→"连接服务器"	提示错误信息(IP 地址输入不正确)

2. 为正向测试设计用例

假设在严格的软件质量控制的监控下,软件各个模块的接口设计和模块功能设计完全正确无误并且满足需求,那么作为正向集成测试的一个重点就是验证这些集成后的模块,是否按照设计实现了预期的功能。基于这样的测试目标,可以直接根据概要设计文档导出相关的用例。

可使用如下几种主要测试分析技术:

(1) 输入域测试;

(2) 输出域测试;

(3) 等价类划分;

(4) 状态转换测试;

(5) 规范导出法。

在线测评平台中,为了防止学生作弊,需要系统能够识别学生上传的是否是学生自己编写的代码,并且要求服务器能够正确编译并保存学生上传的文件。为此,为了测试客户端和服务器端能否进行正常的交互,设计了如表 6-3 所示的测试用例。

表 6-3 　正向测试用例

序　号	输入操作	预期输出
TestCase 1	选择"系统"→"系统属性",服务器地址输入 202.198.0.1,服务器端口输入 9000,姓名输入"李铁红",学号输入 1006210103;选择班级为"计机 101";所在部门为"信息工程学院",单击"确定"按钮;创建能够正确编译运行的文件,上传刚才创建的文件,浏览文件,断开连接	服务器端在相应目录下保存了用户编写的程序文件;客户端可以看到刚才上传的文件;单击"断开连接"按钮,退出系统

3. 为逆向测试设计用例

在集成测试中的逆向测试包括分析被测接口是否实现了需求规格没有描述的功能,检查规格说明中可能出现的接口遗漏或者判断接口定义是否有错误,以及可能出现的接口异常错误,包括接口数据本身的错误、接口数据顺序错误等。在接口数据量庞大的情况下,如果要对所有异常的情况,以及异常情况的组合进行测试几乎是不可能的,因此在这样的情况下就可以基于一定的约束条件（如根据风险等级的大小、排除不可能的组合情况）进行测试。

对于面向对象应用程序和 GUI 程序进行测试有时还需要考虑可能出现的异常状态，包括是否遗漏了或出现不正确状态转换，遗漏了有用的消息，是否会出现不可预测的行为，是否有非法的状态转换（如从一个页面可以非法进入某些只有登录以后或经过身份验证才可以访问的页面）等。

可使用的主要测试分析技术：

（1）错误猜测法；

（2）基于风险的测试；

（3）基于故障的测试；

（4）边界值分析；

（5）特殊值测试；

（6）状态转换测试。

在线测评平台中，为了测试系统属性信息输入错误时，能否连接服务器。这里假设测试时服务器端使用的正确的 IP 地址为 202.198.0.1，正确的端口号为 9000，那么可以设计如下两个测试用例进行测试（见表 6-4）。

表 6-4 逆向测试用例

序　　号	输 入 操 作	预 期 输 出
TestCase 1	选择"系统"→"系统属性"，服务器地址输入 202.198.0.1，服务器端口输入 9002，姓名输入"李铁红"，学号输入 1006210103；选择班级为"计机 101"；所在部门为"信息工程学院"，单击"确定"按钮；选择"系统"→"连接服务器"	出现提示信息："端口号输入错误"
TestCase 2	选择"系统"→"系统属性"，服务器地址输入 202.168.0.1，服务器端口输入 9002，姓名输入"李铁红"，学号输入 1006210103；选择班级为"计机 101"；所在部门为"信息工程学院"，单击"确定"按钮；选择"系统"→"连接服务器"	出现提示信息："IP 输入错误"

4. 为满足特殊需求设计用例

在早期的软件测试过程中，安全性测试、性能测试、可靠性测试等主要在系统测试阶段才开始进行，但是现在的软件测试过程中，已经对这些满足特殊需求的测试过程进行了细化。在大部分软件产品的开发过程中，模块设计文档就已经明确地指出了接口要达到的安全性指标、性能指标等，此时就应该在单元测试和集成测试阶段开展满足特殊需求的测试，为整个系统是否能够满足这些特殊需求把关。

可使用的主要测试分析技术：规范导出法。

在线测评平台中，用户的特殊需求就是防止学生作弊，有以下两个需求：

（1）在创建文件时不能使用拷贝粘贴功能；

（2）只能上传自己刚刚编写的文件。

为此，可以设计如表 6-5 所示的测试用例进行测试。

表 6-5　特殊需求测试用例

序　号	输　入　操　作	预　期　输　出
TestCase 1	选择"系统"→"系统属性",服务器地址输入 202.198.0.1,服务器端口输入 9000,姓名输入"李铁红",学号输入 1006210103;选择班级为"计机 101";所在部门为"信息工程学院",单击"确定"按钮;创建能够正确编译运行的文件,在这个过程中右击;上传其他文件;上传刚才创建的文件;浏览文件;断开连接	创建文件的过程中右击后,复制粘贴功能不可用;用户上传其他文件时有错误提示

5. 为高覆盖设计用例

与单元测试所关注的覆盖重点不同,在集成测试阶段关注的主要覆盖是功能覆盖和接口覆盖(而不是单元测试所关注的路径覆盖、条件覆盖等),通过对集成后的模块进行分析,来判断哪些功能以及哪些接口(如对消息的测试,既应该覆盖到正常消息也应该覆盖到异常消息)没有被覆盖到则设计测试用例。

可使用的主要测试分析技术:

(1) 功能覆盖分析;

(2) 接口覆盖分析。

6. 测试用例补充

在软件开发的过程中,难免会因为需求变更等原因,有功能增加、特性修改等情况发生,因此不可能在测试工作的一开始就 100% 完成所有的集成测试用例的设计,这就需要在集成测试阶段能够及时跟踪项目变化,按照需求增加和补充集成测试用例。保证进行充分的集成测试。

7. 注意事项

在集成测试的过程中,要考虑软件开发成本、进度和质量这 3 个方面的平衡。不能顾此失彼,也就是说要重点突出(在有限的时间内进行穷尽的测试是不可能的)。那么,首先要保证对所有重点的接口以及重要的功能进行充分的测试,然后在时间允许的前提下做其他测试。另外,在测试的过程中要吸取和积累经验,这样在今后的测试工作中就可以少走弯路。用例设计要充分考虑到可回归性以及是否便于自动化测试的执行,因为借助测试工具来运行测试用例,对测试结果进行分析,在一定程度上可以提高测试效率,节省有限的时间资源和人力资源。

6.2.5　集成测试过程

一个测试从开发到执行遵循一个过程,不同的组织对这个过程的定义会有所不同。根据集成测试不同阶段的任务,可以把集成测试划分为 5 个阶段:计划阶段、设计阶段、实施阶段、执行阶段和评估阶段,如图 6-13 所示。在实际工作中,读者可以参考美国电气与电子工程师协会制定的相关标准。

1. 计划阶段

在前面的章节中,简单介绍过测试计划的重要性,计划的好与坏影响着后续测试工作

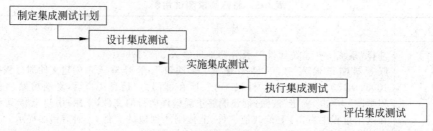

图 6-13　集成测试过程

的进行。所以集成测试计划的制定对集成测试的顺利实施也起着至关重要的作用。那么，应该在软件测试生命周期中的哪一个阶段制定集成测试计划呢？一般安排在概要设计评审通过后大约一个星期的时候，参考需求规格说明书、概要设计文档、产品开发计划时间表来制定。当然，集成测试计划不可能一下子就能完成，需要通过若干个必不可少的活动环节，如：

（1）确定被测试对象和测试范围；

（2）评估测试对象的数量及难度，即工作量；

（3）确定角色分工和划分工作任务；

（4）标识出测试各个阶段的时间、任务、约束等条件；

（5）考虑一定的风险分析及应急计划；

（6）考虑和准备集成测试需要的测试工具、测试仪器、环境等资源；

（7）考虑外部技术支援的力度和深度，以及相关培训安排；定义测试完成标准。

通过上述步骤，最后就可以得到一份周密详实的集成测试计划。但是，在集成测试计划定稿之前可能要经过几次修改和调整才能够完成，直到通过评审为止。其实，即使定稿之后也可能因为类似需求变更等原因而必须进行修改。

2．设计阶段

周密的集成测试设计如同指挥棒一样，是测试人员行动的指南。一般在详细设计开始时，就可以着手进行。可以把需求规格说明书、概要设计、集成测试计划文档作为参考依据。当然也是在概要设计通过评审的前提下才可以进行。需要开展如下工作：

（1）被测对象结构分析；

（2）集成测试模块分析；

（3）集成测试接口分析；

（4）集成测试策略分析；

（5）集成测试工具分析；

（6）集成测试环境分析；

（7）集成测试工作量估计和安排。

通过上述这些步骤之后，输出一份具体的集成测试方案，最后提交给相关人员进行评审。

3．实施阶段

前面已经介绍过，只有在要集成的单元都顺利通过测试以后才能进行集成测试。因此,必须等某些模块的编码完成后才能够进行。在实施的过程中,要参考需求规格说明书、概要设计、集成测试计划、集成测试设计等相关文档来进行。集成测试实施的前提条件就是详细设计阶段的评审已经通过,通常要通过这样几个环节来完成,即:

(1) 集成测试用例设计;

(2) 集成测试规程设计;

(3) 集成测试代码设计(系统需要);

(4) 集成测试脚本开发(系统需要);

(5) 集成测试工具开发或选择(系统需要)。

通过上述这些步骤,可以得到相应的产品,即集成测试用例、集成测试规程、集成测试代码(系统具备该条件)、集成测试脚本(系统具备该条件)、集成测试工具(系统具备该条件)。最后,把输出的测试用例和测试规程等产品提交给相关人员进行评审。

4.执行阶段

这是集成测试过程中一个比较简单的阶段,只要所有的集成测试工作准备完毕,测试人员在单元测试完成以后就可以执行集成测试。当然,须按照相应的测试规程,借助集成测试工具(系统具备该条件),并把需求规格说明书、概要设计、集成测试计划、集成测试设计、集成测试用例、集成测试规程、集成测试代码(系统具备该条件)、集成测试脚本(系统具备该条件)作为测试执行的依据来执行集成测试用例。前提条件就是单元测试已经通过评审。当测试执行结束后,测试人员要记录下每个测试用例执行后的结果,填写集成测试报告,最后提交给相关人员评审。

5.评估阶段

当集成测试执行结束后,要召集相关人员,如测试设计人员、编码人员、系统设计人员等对测试结果进行评估,确定是否通过集成测试。

6.2.6 集成测试举例

在本节中,前面的内容着重介绍了如何进行集成测试分析,从哪些角度来设计集成测试用例,以及集成测试过程等。只有了解了这些内容,读者才不至于在进行集成测试时无从下手,下面通过两个不同类型的例子讨论如何进行软件集成测试。

例 6-1 GUI 程序——在线测评平台的集成测试。

在对一个软件系统进行集成测试之前,首先应该了解其特点。由于在线测评平台是使用 Java 语言来实现的 GUI 应用程序,只有一个客户端,一个服务器端,功能清晰简单。对于这类应用程序不太需要进行集成测试,这样测试的负担基本都在系统测试上。但为了使读者能够理解如何进行集成测试,本节将讨论借助 JUnit 测试工具,为了验证客户和服务器之间交互的稳定性而进行的客户端和服务器端的集成测试,该集成测试涉及 ClientMain 类和 ServerMain 类,这两个类的代码稍多(可到出版社网站下载),不便将类图放在教材中,读者可使用 UML 工具生成类图,以便了解程序结构,具体代码可到本书提供的网址中下载。

为了完成二者之间的集成测试,最重要的工作就是设计测试用例和编写调试集成测试驱动程序。对于测试用例的设计读者可基于 6.2.4 节中提到的方法进行。

测试目的：验证用户信息输入正确后客户端能否正常连接服务器。

测试用例：如表 6-6 所示。

表 6-6　集成测试用例

IP 地址	端口号	姓名	学　　号	班　级	所 在 单 位	预 期 结 果
"192.168.1.101"	"9002"	彭月	"2011306010104"	"计机 111"	"信息工程学院"	连接服务器成功

测试环境：安装 Windows 操作系统；安装 Eclipse

测试程序如下：

```
import online.exam.client.*;
import online.exam.server.*;
import junit.framework.*;
public class TestClientMain extends TestCase {
    ClientMain clientMain=null;
    ServerMain serverMain=null;
    public TestClientMain(String method){
        super(method);
        //分别创建服务器类对象和客户端对象
        clientMain=new ClientMain();
        serverMain=new ServerMain();
    }
    public void testConnect(){
        //使服务器端窗口可见
        serverMain.setVisible(true);
        //在服务器中设置当前上课班级
        Object[] selectedClass={ "计机 111" };
        serverMain.setExamClass(selectedClass);
        //启动服务器端监听,准备接收客户端连接请求
        Thread thread=new Thread(serverMain);
        thread.start();
        //设置客户端连接服务器的相关信息
        setOption("192.168.1.101", "9002", "彭月", "2011306010104", "计机 111",
                "信息工程学院");
        //模拟客户端单击"连接服务器"菜单项,完成客户端到服务器端的连接请求
        clientMain.jConnectMenuItem.doClick();
        assertEquals("测试失败", clientMain.getjStatusLabel().getText(), "服务
器连接完成!!!");
    }
    /**
     * 该方法设置客户端连接服务器时必需的参数
     * @param serverAddress          服务器端 IP 地址
     * @param serverPort             服务器端端口号
```

```
 *  @param clientName          学生姓名
 *  @param clientIdentity       学生学号
 *  @param clientClass          学生所在班级
 *  @param clientDeparment      学生所在系部
 * /
private void setOption(String serverAddress, String serverPort,
        String clientName, String clientIdentity, String clientClass,
        String clientDeparment){
    clientMain.setServerAddress(serverAddress);
    clientMain.setServerPort(serverPort);
    clientMain.setClientName(clientName);
    clientMain.setClientIdentity(clientIdentity);
    clientMain.setClientClass(clientClass);
    clientMain.setClientDeparment(clientDeparment);
    }
}
```

测试结果：服务器连接完成

思考：上例仅使用一组数据进行了测试,远远不能对客户端和服务器端进行充分的集成测试,需要读者从不同的角度,基于不同的目标进行测试用例的设计,如应该测试当用户输入的数据为非法数据,某数据项为空的数据时,客户端和服务器端的交互能否正常运行。请读者根据上述驱动程序使用表 6-7 中提供的测试数据进行客户端和服务器端的集成测试,并给出实际输出和预期输出是否一致的结论。

表 6-7　补充集成测试用例

序　号	输　　入	预 期 输 出
Test case 1	服务器地址："192.168.0.90",服务器端口："9004",姓名:"李铁红",学号:"1006210103",班级:计机 101;学院:信息工程学院	连接服务器成功
Test case 2	服务器地址："192.168.0.90",服务器端口："9004",姓名:"李铁红",学号:"1006210102",班级:计机 101;学院:信息工程学院	提示用户信息错误
Test case 3	服务器地址："192.168.0.90",服务器端口："9004",姓名:"李铁",学号:"1006210103",班级:计机 101;学院:信息工程学院	提示用户信息错误
Test case 4	服务器地址："192.168.0.90",服务器端口："9004",姓名:"李铁",学号:"1006210102",班级:计机 101;学院:信息工程学院	提示用户信息错误
Test case 5	服务器地址："192.168.0.90",服务器端口："9000",姓名:"李铁红",学号:"1006210102",班级:计机 101;学院:信息工程学院	提示用户信息错误
Test case 6	服务器地址："192.168.0.90",服务器端口："9000",姓名:"李铁",学号:"1006210103",班级:计机 101;学院:信息工程学院	提示用户信息错误
Test case7	服务器地址："192.168.0.90",服务器端口："9000",姓名:"李铁",学号:"1006210102",班级:计机 101;学院:信息工程学院	提示用户信息错误
Test case8	服务器地址："192.168.0.1",服务器端口："9004",姓名:"李铁红",学号:"1006210103",班级:计机 101;学院:信息工程学院	提示用户信息错误

续表

序　号	输　入	预 期 输 出
Test case9	服务器地址："192.168.0.1"，服务器端口："9004"，姓名："李铁红"，学号："1006210102"，班级：计机 101；学院：信息工程学院	提示用户信息错误
Test case10	服务器地址："192.168.0.1"，服务器端口："9004"，姓名："李铁"，学号："1006210103"，班级：计机 101；学院：信息工程学院	提示用户信息错误
Test case11	服务器地址："192.168.0.1"，服务器端口："9004"，姓名："李铁"，学号："1006210102"，班级：计机 101；学院：信息工程学院	提示用户信息错误
Test case12	服务器地址："192.168.0.1"，服务器端口："9004"，姓名："李铁红"，学号："1006210103"，班级：计机 101；学院：信息工程学院	提示用户信息错误
Test case13	服务器地址："192.168.0.1"，服务器端口："9000"，姓名："李铁红"，学号："1006210102"，班级：计机 101；学院：信息工程学院	提示用户信息错误
Test case14	服务器地址："192.168.0.1"，服务器端口："9000"，姓名："李铁"，学号："1006210103"，班级：计机 101；学院：信息工程学院	提示用户信息错误
Test case15	服务器地址："192.168.0.1"，服务器端口："9000"，姓名："李铁"，学号："1006210102"，班级：计机 101；学院：信息工程学院	提示用户信息错误

例 6-2　面向对象应用程序——o-oClaendar 的集成测试。

o-oClaendar 应用程序是纯粹的面向对象应用程序，但没有图形用户界面，对于这类应用程序的集成测试，可以采用类似于传统软件的集成测试使用的 MM-路径。在传统软件中，提到 MM-路径时，用"消息"表示个体单元的调用，采用模块执行路径取代完整的模块。这里使用同样的缩写表示消息分开的各种方法执行序列，即方法/消息路径。与传统软件一样，方法也可能有多条内部执行路径。MM-路径从某个方法开始，当到达某个自己不发送任何消息的方法时结束，这就是消息静止点。

定义 1：面向对象软件中的 MM-路径是由消息连接起来的方法执行序列。

定义 2：原子系统功能（ASF）是一种 MM-路径，从输入端口事件开始，到输出端口事件结束。

ASF 概念描述了面向对象软件的事件驱动性质。由于 ASF 常常从端口输入事件开始，到端口输出事件结束，因此 ASF 构成传统模型所说的激励/响应路径。这种系统级输入会触发 MM-路径的方法——消息序列，这个序列有可能触发其他 MM-路径，直到最终 MM-路径序列以某个端口输出事件结束。当这种序列结束时，系统就是事件静止的，即系统在等待启动另一个 ASF 的另一个端口输入事件。就像传统软件一样，这种方法将 ASF 测试放在集成和系统级测试的重叠点上。

o-oClaendar 的伪代码如下：

```
class CalendarUnit  abstract class
   currentPos As Integer
a  setCurrentPos(pCurrentPos)
b      currentPos=pCurrentPos
   End    setCurrentPos
```

```
    Abstract protected boolean increment()
class testIt
   main()
1      testdate=instantiate Date(testMonth,testDay,testYear)    msg1
2      testdate.increment()                                     msg2
3      testdate.printDate()                                     msg3
   End   testIt


class Date
   private Day d
   private Month m
   private Year y


4      Date(pMonth,pDay,pYear)
5         y=instantiate Year(pYear)                             msg4
6         m=instantiate Month(pMonth,y)                         msg5
7         d=instantiate Day(pDay,m)                             msg6
       End   Date constructor


8      increment()
9         if(NOT(d.increment()))                                msg7
10     Then
11        if(NOT(m.increment()))                                msg8
12       Then
13         y.increment()                                        msg9
14         m.setMonth(1,y)                                       msg10
15       Else
16          d.setDay(1,m)                                       msg11
17         EndIf
18      EndIf
       End    increment


19 printDate()
20     Output(m.getMonth()+"/"+d.getDay()+"/"+y.getYear())msg12,
       msg13,msg14
   End    printDate


   class Day is A CalendarUnit
      private Month m


21 Day(pDay.Month pMonth)
22    setDay(pDay.pMonth)                                       msg15
```

```
        End    Day constructor

23   setDay(pDay.Month pMonth)
24      setCurrentPos(pDay)                                  msg16
25      m=pMonth
       End    setDay
26   getDay()
27       return currentPos
         End    getDay


28   boolean  increment()
29       currentPos=currentPos+1
30       if(currentPos<=m.getMonthSize())                    msg17
31          Then    return true
32          Else    return false
33       EndIf
         End     increment


         class Month is A CalendarUnit
         private   Year y
         private   sizeIndex=<31,28,31,30,31,30,31,31,30,31,30,31>
34   Month(pcur, Year p Year)
35       setMonth(pCurrentPos,Year pyear)                    msg18
         End    Month constructor


36   setMonth(pcur, Year pYear)
37       setCurrentPos(pcur)                                 msg19
38       y=pYear
         End    setMonth
39   getMonth()
40       return currentPos
         End    getMonth


41   getMonthSize()
42       if(y.isleap())                                      msg20
43          Then     sizeIndex[1]=29
44          Else         sizeIndex[1]=28
45       EndIf
         return sizeIndex[currentPos-1]
         End     getMonthSize


47   boolean   increment()
```

```
48          currentPos=currentPos+1
49          if(currentPos>12)
50              Then   return   false
51              Else   return   true
52          EndIf
        End      increment
```

Class Year is A CalendarUnit
```
53   Year(pYear)
54          setCurrentPos(pYear)                                    msg21
        End        Year   constructor


55   getYear()
56          return   currentPos
        End      getYear
57   boolean  increment()
58          currentPos=currentPos+1
59          return   true
        End      increment


60   boolean  isleap()
61      if(((currentPos  MOD 4=0)AND   NOT(currentPos  MOD  400=0))OR
     (currentPos  MOD  400=0))
62          Then   return   true
63          Else   return   false
64          EndIf
        End      isleap
```

从图 6-14 中可以观察面向对象集成测试,判断是以方法还是类为单元。以下是采用 2002 年 1 月 15 日实例化 Data 的部分 MM-路径,这里直接使用伪代码中的语句和消息编号。这个 MM-路径,如图 6-15 所示。

```
textIt<1>
    msg1
Date:textdate<4,5>
    msg4
Year.y<53,54>
    msg21
Year.y setCurrentPos<a,b>
    (return to Year y)
    (return to Date:textdate)
Date:textdate<6>
    msg5
Month.m<34,35>
```

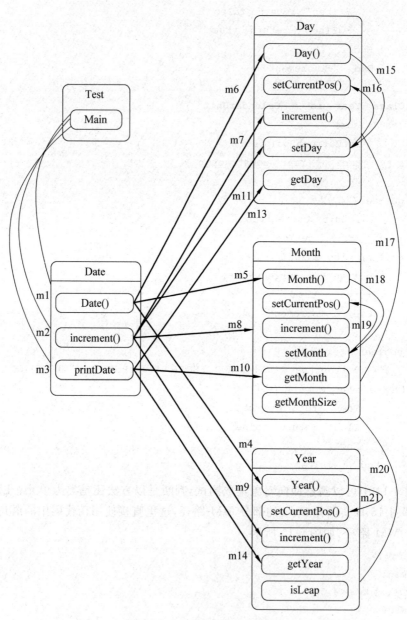

图 6-14　o-oCalendar 中的消息

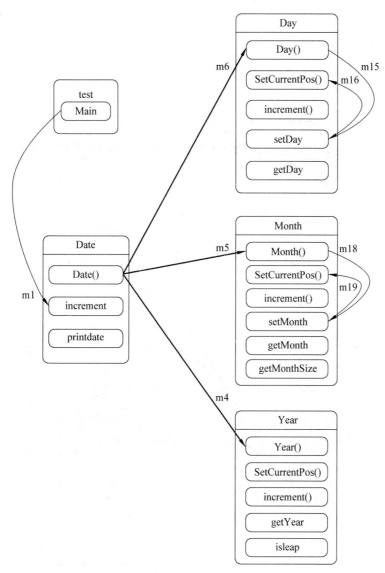

图 6-15　实例化 Date（2002 年 1 月 15 日）的 MM-路径

```
    msg18
Month: m.setCurrent<36,37>
    msg19
Month: m.setCurrentPos<a,b>
    (return to Month: m.setMonth)
    (return to Month: m)
    (return to Date:textdate)
Date:textdate<7>
    msg6
Day:d<21,22>
    msg15
```

```
Day:d.setDay<23,24>
    msg16
Day:d.setCurrentPos<a,b>
    (return to Day:d.setDay)
Day:d.setDay<25
    (return to Day:d)
    (return to Date:textdate)
```

以下是用 2002 年 4 月 30 日实例化更有意思的 MM-路径（请参见图 6-16）。

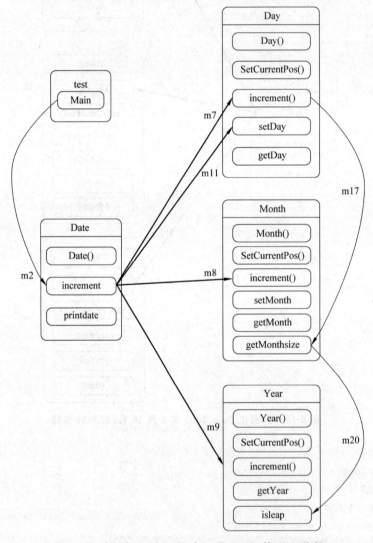

图 6-16　实例化 Date（2002 年 4 月 30 日）的 MM-路径

```
textIt<2>
    msg2
Date:textdate. increment<8,9>
    msg7
```

```
Day: d. increment<28,29>   now Day.d. CurrentPos=31
    msg17
Month: m.getMonthSize<41,42>
    msg20
Year:y.isleap<60,61,63,64>  not a leap year
    (return to Month:m.getMonthSize)
Month: m.getMonthSize<44,45,46>   return month size=30
    (return to Day: d.increment)
Day: d.increment<32,33>  ruturn false
    (return to Date:textdate.incerment)
Date:textdate.increment<10,11>
    msg8
Month: m. increment<47,48,49,51,52>  return ture
    (return to Date:textdate.incerment)
Date:textdate.increment<15,16>
    msg11
Day:d.setDay<23,24,25>  now day is 1.month is 5
    (return to Date:textdate.incerment)
Date:textdate.increment<17,18>
(return to textIt)
```

有向图的方式能够基于 MM-路径分析选择集成测试用例。图 6-14 中有向图的圈复杂度是 23,因此肯定能找到这些数量的基本路径,但是因为一条 MM-路径会覆盖这些路径中的很多条,而且还有很多路径在逻辑上是不可行的。只要能够找出覆盖所有消息的一组 MM-路径进行测试就可以了。

思考:对于 o-oCalendar 应用程序进行集成测试时,可以选择哪种黑盒测试技术设计测试用例? 请读者将 o-oCalendar 应用程序的伪代码用实际编程语言实现,然后使用等价类划分和边界值分析两种技术设计集成测试用例进行实际测试。测试结束后,请分析读者设计的测试用例没有覆盖到哪些消息,在此基础上补充测试用例。

当然,有时面向对象软件的复杂性超出了有向图的表达能力,此时读者可以选用其他描述框架,借助其来标识和设计测试用例。

6.3　集成测试经验总结

集成测试界于单元测试和系统测试之间,不易正确理解和把握。因此,有些项目在开发过程中使用调试的手段把模块或子系统一个一个集成起来,并用这种办法来替换集成测试,而忽略了正规的集成测试,致使软件中存在很多隐患,从而无法保证质量。

根据以往项目开发和测试的实践,总结了如下几条集成测试的经验:

(1)根据概要设计尽早进行集成测试计划。

(2)要根据项目的实际情况制定一些覆盖率标准,从而根据覆盖率标准来设计足够多的测试用例。然后通过覆盖率分析来衡量集成测试的充分性,补充测试用例,最终使软件质量得到保证。

（3）在选择集成测试策略时，应当综合考虑软件质量、开发成本和开发进度这 3 个因素之间的关系。

（4）要根据软件的体系结构特点，来选取集成测试策略，尽可能减少桩模块和驱动模块开发的工作量，同时要兼顾是否容易进行软件缺陷定位。

（5）在测试时，可以根据各种集成测试策略的特点把各种集成测试策略结合起来。

（6）在进行模块和接口划分时，尽量与开发人员多沟通。

（7）当因为需求变更或其他原因更改代码时，应对有改动的模块及与其关联的模块进行回归测试。

（8）从集成测试所使用的测试技术角度来说，可以使用黑盒测试。那么，经过覆盖率分析后，可以针对没有覆盖的代码或 MM-路径补充一些白盒测试用例。

（9）在必要的时候，如单独的手工测试无法完成时可以选用一些适当的集成测试工具。

（10）对容易出错的模块要进行充分的集成测试。

（11）面向对象的软件测试和传统软件的集成测试使用的技术不尽相同，对于具有图形用户界面特点的代码少的应用程序可以不使用集成测试。

本章小结

集成测试（integration testing）是介于单元测试和系统测试之间的过渡阶段，与软件概要设计阶段相对应，是单元测试的扩展和延伸。初学者特别容易把集成测试和系统测试混淆，但实际上二者之间在测试目的、测试对象和所使用的测试方法等方面都有着不同程度的差别。

如同在软件开发之前要进行系统分析一样，在做集成测试之前也需要围绕被测应用的体系结构——系统层次关系和依赖关系来进行集成测试分析，找到被测系统中的关键模块，完成模块的接口分析、数据分析、风险分析以及可测试性分析等。而且还需要借助以往的测试经验针对典型的故障情况，选择恰当的测试数据。

集成测试的策略就犹如作战方案一样，如果选取得当便能够顺利完成任务，否则将会兵败千里，甚至全军覆没。因此，要求测试人员要根据项目的实际特点选取一种或几种集成测试策略。其中最常见的几种策略就是大爆炸集成、自底向上、自顶向下和三明治集成等，也可以把这些称为基于功能分解的集成测试策略，一般用于传统软件结构的集成测试。相对而言，面向对象软件的集成测试策略有所不同，可以使用各种 UML 图形或面向对象软件的 MM-路径等方法，通过设计能够覆盖所有路径的相应数量的测试用例来完成集成测试。

无论是那个级别的测试基本都使用黑盒和白盒两大类测试用例设计技术，集成测试也是如此。但是，只掌握了这些测试用例设计技术，并不能保证能够很好地进行集成测试。关键还需要能够从不同的角度，如为系统运行设计的用例、为正向测试设计用例、为逆向测试设计用例、为满足特殊需求设计用例、为高覆盖等多个角度设计足够多数量的测试用例,以便能够进行充分周密的测试。当然,这一点是建立在测试人员详细的集成测试分析基础之上的。

由于各组织内部的要求和软件项目的差别,集成测试过程会有所不同,但大体上都要经历集成测试计划、设计、实施和执行、评估等几个阶段。

习题

1. 集成测试有哪些不同的集成方法? 简述不同方法的特点。
2. 简述基于功能分解的集成的特点,并分析其适用的应用场景。
3. 简述基于调用图的集成的特点,并分析其适用的应用场景。
4. 如图 6-17 所示,采用基于功能分解的集成方法分析模块图的集成测试会话,分别采用自顶向下、自底向上、三明治集成的方法。

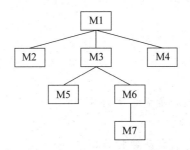

图 6-17　习题 4 的题图

第 7 章

系 统 测 试

【本章要点】
- 系统测试的定义；
- 系统测试的组织与分工；
- 系统测试的类型；
- 系统测试的测试用例设计方法；
- 系统测试的案例分析。

【本章目标】
- 进一步理解系统测试和集成测试的区别；
- 掌握系统测试的概念；
- 熟悉主要的系统测试类型及其特点；
- 了解系统测试的过程；
- 重点理解如何进行系统测试。

7.1 系统测试概述

在测试的 3 个级别中，系统级测试是最接近日常测试实践的。系统测试的根本任务就是除了要证明被测系统的功能和结构的稳定性外，还要有一些非功能测试，例如，性能测试、压力测试、可靠性测试等。最终目的是为了确保软件产品能够被用户或操作者接受。在实际软件项目开发中，系统测试常常不是十分正式，测试的主要目标不再是找出缺陷，而是证明其性能。很多软件公司尤其是中小型软件公司经常在产品交付日期截止之前压缩系统测试的时间，正确的做法应该是把系统测试看成是产品提交给用户之前的最后一道防线，给予足够的重视。

系统测试属于黑盒测试范畴，不再对软件的源代码进行分析和测试。本章将主要从以下几个方面介绍系统测试的知识：系统测试的概念、系统测试的类型、系统测试的用例设计、系统测试的执行等。

7.1.1 什么是系统测试

由于软件只是计算机系统中的一个组成部分，软件开发完成后，还要与系统中的其他部分(如计算机硬件及相关的外围设备、数据收集和传输机构、操作系统、Web 服务器、数据库服务器等)结合起来才能运行。所以在整个系统投入运行之前,要对系统的各部分进行组装和确认测试。也就是说,在各个部分都能够正常运行的前提下,确保在实际运行的软硬件环境下也能够相互配合、协调的正常工作。

　　一般而言,系统测试就是将已经集成好的软件系统,作为整个计算机系统的一个元素,与计算机硬件、外设、某些支持软件、数据和人员等其他系统元素结合在一起,在实际运行(使用)环境下,对计算机系统进行一系列的组装测试和确认测试。实际上,就是对被测系统中的各个组成部分进行的综合检验。虽然系统测试的类型有很多,而且每一种测试都有特定的目标,但所有的测试工作都是为了验证已经集成的系统中的每个部分,可以正确地完成指定的功能。

　　系统测试的目的在于通过与系统的需求定义比较,检查软件是否存在与系统定义不符合或与之矛盾的地方,以验证软件系统的功能和性能等满足其规约所指定的要求。因此,测试设计人员应该主要根据需求分析说明书来设计系统测试的测试用例。

7.1.2　系统测试的组织和分工

　　系统测试应该由测试组组长组织,测试分析员负责设计和实现测试脚本和测试用例,测试者负责执行测试脚本中记录的测试用例。一些小型测试组中测试分析员和测试者可以是一个人来担任。系统测试还要有独立测试观察员监控测试过程,同时也可以找一个客户代表非正式地观看测试过程。邀请客户代表参与系统测试的好处有很多,可以与客户建立一个良好的平台——可以显示被测系统的运行情况和面貌,也可以得到一部分的反馈意见。测试组组长需要与负责管理 IT 设备的人员联系搭建好系统测试的软硬件平台。然后,由测试组组长制定软件测试计划,此过程中需要与开发人员多沟通。完成系统测试后,需要提交系统测试的大量输出的拷贝文档,包括测试结果记录表格、系统测试日志和全面的系统测试总结报告。

7.2　如何进行系统测试

　　同集成测试一样,系统测试过程也要经历如图 7-1 所示的几个阶段:制定系统测试计划、设计系统测试、实施系统测试、执行系统测试和评估系统测试。

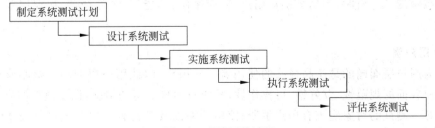

图 7-1　系统测试过程

1．计划阶段

测试计划的好与坏影响着后续测试工作的进行，系统测试计划的制定对系统测试的顺利实施起着至关重要的作用。一般是由测试设计员根据软件需求分析和项目计划来制定的。

测试计划这个过程主要分为两个阶段：准备/进行评审和评审通过。系统测试计划由测试组组长负责完成。由于系统测试计划与开发过程同时进行，所以在开始的时候应该充分考虑到总体开发情况和总体测试计划来完成。谨慎地选择测试环境，了解具体要求。在制定系统测试计划时，时间上应该留出一定的冗余，以防意外的风险情况发生时措手不及。另外，当有需求变更时要及时更新测试计划。

2．设计阶段

这个阶段的工作一般也是由测试设计员来完成。主要工作就是在参考系统测试计划和软件需求工件的基础上，对系统进行详细的测试分析，然后设计一些典型的，满足测试需求的测试用例；同时给出系统测试的大致过程。

3．实施阶段

这个阶段的工作仍然是由测试设计员来完成。主要是根据系统测试计划，使用当前的软件版本进行测试脚本的录制工作，确定软件的基线。

4．执行阶段

这是系统测试过程中一个比较简单的阶段，一般由测试人员来完成。在有些情况下，系统测试的执行要借助于工具才能够完成，如压力测试和并发性能测试等。那么，系统测试的执行工作主要就是根据系统测试计划和事先设计好的系统测试用例，以及一定测试规程进行测试脚本的回放。

5．评估阶段

当系统测试执行结束后，要召集相关人员，如测试设计人员、系统设计人员等对测试结果进行评估，以确定系统测试是否通过。主要工作就是针对手工或自动化测试工具得出的测试结果进行分析，然后形成一份测试分析报告。

7.2.1 系统测试分析

在系统测试的各个环节当中，比较关键和困难的就是系统测试的设计阶段。测试人员在做系统测试分析时，不妨分别从用户层、应用层、功能层、子系统层、协议层等几个层次入手。

1．用户层

因为用户层面向的是产品最终的使用者——用户，因此用户层的测试核心应该围绕诸如用户界面的规范性、友好性、可操作性，系统对用户支持的情况，以及数据的安全性等方面展开。测试的对象应该有用户手册、使用帮助以及支持客户的其他产品技术手册是否正确、是否易于理解、是否人性化。另外，在确保用户界面能够通过测试对象控件或入口得到相应访问的情况下，还应该测试用户界面的风格是否满足用户要求，例如，界面是否美观、直观、友好,是否更加人性化。

对于用户层的测试还应该注意可维护性测试和安全性测试。可维护性是指系统软硬件实施和维护功能的方便性,降低维护功能对系统正常运行带来的影响。安全性主要包括数据的安全性和操作的安全性两部分。只有符合规定的数据才可以访问系统,否则不能够访问系统;只有符合规定的操作权限才可以访问系统,否则不能够访问系统。

2. 应用层

应用层的测试主要是针对产品工程应用或行业应用的测试。从系统应用的角度出发,模拟实际应用环境,对系统的兼容性、可靠性、性能等进行的测试。针对整个系统的应用层测试,包含并发性能测试、负载测试、压力测试、强度测试、破坏性测试。并发性能测试是评估系统交易或业务在不断增加的情况下处理瓶颈以及能够接收业务的性能过程;强度测试是在资源缺乏的情况下,找出因资源不足或资源争用而产生的错误;破坏性测试重点关注超出系统正常负荷 N 倍情况下,错误出现状态和出现比率以及错误的恢复能力。对系统的可靠性、稳定性测试就是考验被测系统长期在一定负荷的使用环境下是否能够正常运行。对系统的兼容性测试就是测试软件与各种硬件设备兼容性,与操作系统兼容性、与支撑软件的兼容性。

此外,还包括在组网环境下,系统软件对接入设备的支持情况以及功能实现和群集性能评估的组网测试。安装测试就是测试该软件在正常和异常情况下(如磁盘空间不足、缺少目录创建权限等)是否能够进行安装,并且能按预期目标进行升级,安装后是否能够立即正常运行。对安装手册、安装脚本等也需要关注。

3. 功能层

针对产品具体功能实现的测试,即测试系统是否已经实现需求规格说明中定义的功能,以及系统功能间是否存在类似共享资源访问冲突的情况。

4. 子系统层

针对产品内部结构性能的测试。关注子系统内部的性能,子系统间接口的瓶颈。如果只有一个单个子系统,就要关注整个系统各种软硬件、接口配合情况下的整体性能。

5. 协议/指标层

针对系统所支持的协议,进行协议一致性测试和协议互通测试。

7.2.2 系统测试环境

测试环境的部署和维护是一项需要详细策划的工作,部署合理的测试环境是达到测试目标的前提条件。软件测试环境犹如一个舞台,可让所有的被测软件在这个舞台上各显其能,尽情"表演",而测试人员就像是一个个评委,对每个被测软件的"表演"打分、评判。因而,软件测试环境构建的是否合理、稳定和具有代表性,将直接影响到软件测试结果的真实性、可靠性和正确性,所以千万不可小窥软件测试环境的搭建工作,它是软件测试实施的一个重要阶段和环节;另一方面,不同(版本)的操作系统、不同(版本)的数据库,不同（版本）的网络服务器、应用服务器，再加上不同的系统架构等的组合，使得要构建的软件测试环境多种多样、不胜枚举；现在随着软件运行环境的多样性、配置各种相关参数的“浩大工程”和测试软件的兼容性等方面的需要，使得构建软件测试环境的工作变得较为复杂和频繁，如果再按照以前那种按部就班地来搭建测试环境的方法，不仅效率低下，而且灵活性、可复用性也较差。那么应该怎样解决这些问题呢？

在软件的开发过程中，创建可复用的软件构件库的技术，是软件开发人员所追求的一种高级技术；“它山之石，可以攻玉”，测试人员也可以通过构建软件测试环境库的方式来实现软件测试环境的复用，节省宝贵的测试时间。

构建可“复用”的测试环境，往往要用到如 ghost、Drive Image 等磁盘备份工具软件；这些工具软件，主要实现对磁盘文件的备份和恢复（或称还原）功能；在应用这些工具软件之前，首先要做好以下几项准备工作：

（1）确保所使用的磁盘备份工具软件本身的质量可靠性，建议使用正版软件；

（2）利用有效的正版杀毒软件检测要备份的磁盘，保证测试环境中没有病毒，并确保测试环境中所运行的系统软件、数据库、应用软件等已经安装调试好，并全部正确无误；

（3）为减少镜像文件的体积，要删除 Temp 文件夹下的所有文件，要删除 Win386.swp 文件或_RESTORE 文件夹；选择采用压缩方式进行镜像文件的创建；在安装大型应用软件时，如 Office XP、PhotoShop 6.0 等时，最好把它们安装到 D 盘，这样 C 盘就不至于过分膨胀，可使要备份的数据量大大减小；

（4）最后，再进行一次彻底的磁盘碎片整理，将 C 盘调整到最优状态。

完成了这些准备工作，就可以用备份工具逐个创建各种组合类型的软件测试环境的磁盘镜像文件了。对已经创建好的各种镜像文件，要将它们设成系统、隐含、只读属性，这样一方面可以防止意外删除、感染病毒；另一方面可以避免在对磁盘进行碎片整理时，频繁移动镜像文件的位置，从而可节约整理磁盘的时间；同时还要记录好每个镜像文件的适用范围，所备份的文件的信息等内容，最后，还要将每个镜像文件提交到专用的软件测试环境库中（一般存放在网络文件服务器上），软件测试环境库要存放在单独的硬盘分区上，不要和其他经常需要读写的文件放在一起，并尽量不要对软件测试环境库所在的硬盘分区进行磁盘整理，以免对镜像文件造成破坏。还有，软件测试环境库存放在网络文件服务器上安全性并不太高，最好同时又将它们制作成可自启动的光盘，由专人进行统一管理；一旦需要搭建测试环境时，就可通过网络、自启动的光盘或硬盘等方式，由专人负责将镜像文件恢复到指定的目录中，这项工作一旦完成，被还原的硬盘上的原有信息将完全丢失，所以请慎重使用，可先把硬盘上的原有的重要的文件资料提前备份，以防不测。

软件测试环境库构建成功后，并不意味着万事大吉、一劳永逸了，还要经常性借助 Ghost Explorer 等软件对镜像文件加以维护和更新，对改变了重要硬件配置的计算机的镜像文件有时还要利用如 SYSPREP 等分发工具来更新，等等。

“养兵千日，用兵一时”，现在软件测试环境库中的镜像文件就是你的兵了，一旦有配置软件测试环境的任务，只要你一声令下，他们立马会“奔赴前线”。在搭建在线测评平台的测试环境时，继承了这种良好的复用思想。

7.2.3 系统测试类型

通过上面的介绍,读者对系统测试的概念和测试过程都已经有了一定的了解,那么在系统测试的过程中主要使用哪些技术呢? 本节,将详细介绍各种系统测试类型。

1. 功能测试(functional test)

功能测试属于黑盒测试技术范畴,是系统测试中要进行的最基本的测试,它不用考虑软件内部的具体实现过程。主要是根据产品的需求规格说明书和测试需求列表,验证产品是否符合产品的需求规格。所以,要求执行功能测试的人员对被测系统的需求文档和规格说明和产品的业务功能十分熟悉;同时掌握一定的测试用例设计方法;除此之外,测试人员还需要了解相关的行业知识,还要对测试过程中的细节问题有所理解。只有达到了这样的要求,测试人员才能够设计出好的测试方案和测试用例,高效地进行功能测试,在测试的过程中发现被测系统中的错误功能或者纰漏的功能;有效验证所开发的系统是否达到了客户的要求;检查所开发的系统是否能按需求说明正常工作。

需求规格说明是功能测试的基本输入。因此在做功能测试之前,首先应该对需求规格进行分析,明确功能测试的重点。可按照如下步骤进行:

(1) 为所有的功能需求(其中包括隐含的功能需求)加以标识。

(2) 为所有可能出现的功能异常进行分类分析并加以标识。

(3) 对前面表示的功能需求确定优先级。因为不可能对整个系统的所有功能进行穷尽测试,当开发周期很短、测试时间很紧张的情况下尤其如此。可以根据功能测试工作量的大小,以及特定的约束指标(如风险等级)来决定对每个功能投入多少测试资源。通常按照行业应用要求的不同把软件功能分为关键功能和非关键功能。其中关键功能就是指系统的主要功能,即用户工作时必须使用的功能。例如,在画图工具软件中,对图形的显示、修改、添加图形就是关键功能。非关键功能在整个系统中起到辅助作用的功能,例如界面设计是否美观、是否友好、是否人性化等。

(4) 对每个功能进行测试分析,分析其是否可测、采用何种测试方法、测试的入口条件、可能的输入、预期输出,等等。

(5) 是否需要开发脚本或借助工具录制脚本。

(6) 确定要对哪些测试使用自动化测试,对哪些测试使用手工测试。

功能测试用例是功能测试工作的核心,常见的设计方法有如下几种:

- 规范导出法。
- 等价类划分法。
- 边界值分析法。
- 因果图。
- 判定表。
- 正交实验设计。
- 基于风险的测试。
- 错误猜测法。

除了要选取合适的测试技术之外，在书写功能测试用例时也应该遵循一定的规范（其实，所有测试用例的编写都应该遵循一定的规范），这样便于功能测试过程甚至整个软件测试过程的监控和管理，提高测试工作的效率。

经常进行的功能测试项目如下。

- 页面链接检查：每一个链接是否都有对应的页面，并且页面之间切换正确。
- 相关性检查：删除/增加一项会不会对其他项产生影响，如果产生影响，这些影响是否都正确。
- 检查按钮的功能是否正确：如 update、cancel、delete、save 等功能是否正确。
- 字符串长度检查：输入超出需求所说明的字符串长度的内容，看系统是否检查字符串长度，会不会出错。
- 字符类型检查：在应该输入指定类型的内容的地方输入其他类型的内容（如在应该输入整型的地方输入其他字符类型），看系统是否检查字符类型，是否报错。
- 标点符号检查：输入内容包括各种标点符号，特别是空格、各种引号、回车键，看系统处理是否正确。
- 中文字符处理：在可以输入中文的系统输入中文，看会否出现乱码或出错。
- 检查信息的完整性：在查看信息和 update 信息时，查看所填写的信息是不是全面，带出信息和添加的是否一致。
- 信息重复：在一些需要命名，且名字应该唯一的信息输入重复的名字或 ID，看系统有没有处理，是否报错，重名包括是否区分大小写，以及在输入内容的前后输入空格，系统是否作出正确处理。
- 检查删除功能：在一些可以一次删除多个信息的地方，不选择任何信息，按 Delete 键，看系统如何处理，是否出错；然后选择一个和多个信息，进行删除，看是否正确处理。
- 检查添加和修改是否一致：检查添加和修改信息的要求是否一致，例如添加要求必填的项，修改也应该必填；添加规定为整型的项，修改也必须为整型。
- 检查修改重名：修改时把不能重名的项改为已存在的内容，看是否处理，报错。同时，也要注意，会不会报和自己重名的错。
- 重复提交表单：一条已经成功提交的记录，"后退"后再提交，看看系统是否做了处理。
- 检查多次使用"后退"键的情况：在有"后退"的地方，"后退"，回到原来页面，再"后退"，重复多次，看会否出错。
- search 检查：在有 search 功能的地方输入系统存在和不存在的内容，看 search 结果是否正确。如果可以输入多个 search 条件，可以同时添加合理和不合理的条件，看系统处理是否正确。
- 输入信息位置：注意在光标停留的地方输入信息时，光标和所输入的信息是否跳到别的地方。
- 上传下载文件检查：上传下载文件的功能是否实现，上传文件是否能打开。对上传文件的格式有何规定，系统是否有解释信息，并检查系统是否能够做到。

- 必填项检查：应该填写的项没有填写时系统是否都做了处理，对必填项是否有提示信息，如在必填项前加＊。
- 快捷键检查：是否支持常用快捷键，如 Ctrl＋C 键、Ctrl＋V 键、Backspace 键等，对一些不允许输入信息的字段，如选人、选日期对快捷方式是否也做了限制。
- 回车键检查：在输入结束后直接按回车键，看系统处理如何，是否报错。

2. 协议一致性测试（protocol conformance testing）

这类测试在分布式系统中比较常见，这是由分布式系统的特点所决定的。在分布式系统中，很多计算功能的完成需要由分布式系统内的多台计算机相互协调合作来完成的，那么就需要这些计算机之间能够相互交换信息，而计算机之间只有遵循一定的规则（协议）才能够进行通信。因此为了能使不同厂家开发的计算机系统进行相互通信，现在已经开发了很多种标准通信协议。但因为各种通信协议是使用自然语言描述的，而不同的人理解问题的角度不同，对协议的认识也存在差异，协议实现者有可能因为理解错误而错误地实现了协议。因此需要对协议进行测试，以保证所开发的系统能够正确工作。通常包括如下几种类型的协议测试。

（1）协议一致性测试：检查所实现的系统是否与标准协议符合。

（2）协议性能测试：检查协议实体的各种性能指标（如数据传输率、连接时间、执行速度）。

（3）协议互操作性测试：验证相同协议在不同实现的环境中的相容性。

（4）协议健壮性测试：用来考验系统在外界因素下抗干扰的能力，例如通信中止、人为破坏，等等。

3. 性能测试（performance test）

性能测试在软件质量保证中起着重要的作用，包括的测试内容丰富多样。可从 3 个方面进行性能测试：应用在客户端性能的测试、应用在网络上性能的测试和应用在服务器端性能的测试。通常情况下，3 方面有效、合理的结合，可以达到对系统性能全面的分析和瓶颈的预测。

1）应用在客户端性能的测试

应用在客户端性能测试的目的是考察客户端应用的性能，测试的入口是客户端。它主要包括并发性能测试、疲劳强度测试、大数据量测试和速度测试等，其中并发性能测试是重点。

并发性能测试的过程是一个负载测试和压力测试的过程，即逐渐增加负载，直到系统的瓶颈或者不能接收的性能点，通过综合分析交易执行指标和资源监控指标来确定系统并发性能的过程。负载测试（load testing）是确定在各种工作负载下系统的性能，目标是测试当负载逐渐增加时，系统组成部分的相应输出项，例如通过量、响应时间、CPU 负载、内存使用等来决定系统的性能。负载测试是一个分析软件应用程序和支撑架构、模拟真实环境的使用，从而来确定能够接收的性能过程。压力测试（stress testing）是通过确定一个系统的瓶颈或者不能接收的性能点，来获得系统能提供的最大服务级别的测试。

并发性能测试的目的主要体现在 3 个方面：以真实的业务为依据，选择有代表性的、关键的业务操作设计测试案例，以评价系统的当前性能；当扩展应用程序的功能或者新的应用程序将要被部署时，负载测试会帮助确定系统是否还能够处理期望的用户负载，以预测系统的未来性能；通过模拟成百上千个用户，重复执行和运行测试，可以确认性能瓶颈并优化和调整应用，目的在于寻找到瓶颈问题。

当一家企业自己组织力量或委托软件公司代为开发一套应用系统的时候，尤其是以后在生产环境中实际使用起来，用户往往会产生疑问，这套系统能不能承受大量的并发用户同时访问？这类问题最常见于采用联机事务处理（OLTP）方式的数据库应用、Web 浏览和视频点播等系统。这种问题的解决要借助于科学的软件测试手段和先进的测试工具。

例如，在每月 20 日左右是电话交费的高峰期，几千个收费网点同时启动。收费过程一般分为两步，首先要根据用户提出的电话号码来查询出其当月产生费用，然后收取现金并将此用户修改为已交费状态。一个用户看起来简单的两个步骤，但当成百上千的终端，同时执行这样的操作时，情况就大不一样了，如此众多的交易同时发生，对应用程序本身、操作系统、中心数据库服务器、中间件服务器、网络设备的承受力都是一个严峻的考验。决策者不可能在发生问题后才考虑系统的承受力，预见软件的并发承受力，这是在软件测试阶段就应该解决的问题。

目前，大多数公司企业需要支持成百上千名用户，各类应用环境以及由不同供应商提供的元件组装起来的复杂产品，难以预知的用户负载和越来越复杂的应用程序，使公司担忧会发生投放性能差、用户遭受反应慢、系统失灵等问题。其结果就是导致公司收益的损失。

那么如何模拟实际情况呢？找若干台计算机和同样数目的操作人员在同一时刻进行操作，然后拿秒表记录下反应时间？这样的手工作坊式的测试方法不切实际，且无法捕捉程序内部变化情况，这样就需要压力测试工具的辅助。

测试的基本策略是自动负载测试，通过在一台或几台 PC 上模拟成百或上千的虚拟用户同时执行业务的情景，对应用程序进行测试，同时记录下每一事务处理的时间、中间件服务器峰值数据、数据库状态等。通过可重复的、真实的测试能够彻底地度量应用的可扩展性和性能，确定问题所在以及优化系统性能。预先知道了系统的承受力，就为最终用户规划整个运行环境的配置提供了有力的依据。

（1）并发性能测试前的准备工作。

测试环境：配置测试环境是测试实施的一个重要阶段，测试环境的适合与否会严重影响测试结果的真实性和正确性。测试环境包括硬件环境和软件环境，硬件环境指测试必需的服务器、客户端、网络连接设备以及打印机/扫描仪等辅助硬件设备所构成的环境；软件环境指被测软件运行时的操作系统、数据库及其他应用软件构成的环境。

一个充分准备好的测试环境有 3 个优点：一个稳定、可重复的测试环境，能够保证测试结果的正确；保证达到测试执行的技术需求；保证得到正确的、可重复的以及易理解的测试结果。

测试工具：并发性能测试是在客户端执行的黑盒测试，一般不采用手工方式，而是利用工具采用自动化方式进行。目前，成熟的并发性能测试工具有很多，选择的依据主要是测试需求和性能价格比。著名的并发性能测试工具有 QALoad、LoadRunner、Benchmark Factory 和 Webstress 等。这些测试工具都是自动化负载测试工具,通过可重复的、真实的测试,能够彻底地度量应用的可扩展性和性能,可以在整个开发生命周期、跨越多种平台、自动执行测试任务,可以模拟成百上千的用户并发执行关键业务而完成对应用程序的测试。

测试数据:在初始的测试环境中需要输入一些适当的测试数据,目的是识别数据状态并且验证用于测试的测试案例,在正式的测试开始以前对测试案例进行调试,将正式测试开始时的错误降到最低。在测试进行到关键过程环节时,非常有必要进行数据状态的备份。制造初始数据意味着将合适的数据存储下来,需要的时候恢复它,初始数据提供了一个基线用来评估测试执行的结果。

在测试正式执行时,还需要准备业务测试数据,比如测试并发查询业务,那么要求对应的数据库和表中有相当的数据量以及数据的种类应能覆盖全部业务。

模拟真实环境测试,有些软件,特别是面向大众的商品化软件,在测试时常常需要考察在真实环境中的表现。如测试杀毒软件的扫描速度时,硬盘上布置的不同类型文件的比例要尽量接近真实环境,这样测试出来的数据才有实际意义。

(2)并发性能测试的种类与指标。

并发性能测试的种类取决于并发性能测试工具监控的对象,以 QALoad 自动化负载测试工具为例。软件针对各种测试目标提供了 DB2、DCOM、ODBC、ORACLE、NETLoad、Corba、QARun、SAP、SQLServer、Sybase、Telnet、TUXEDO、UNIFACE、WinSock、WWW、Java Script 等不同的监控对象,支持 Windows 和 UNIX 测试环境。

最关键的仍然是测试过程中对监控对象的灵活应用,例如目前三层结构的运行模式广泛使用,对中间件的并发性能测试作为问题被提到议事日程上来,许多系统都采用了国产中间件,选择 Java Script 监控对象,手工编写脚本,可以达到测试目的。

采用自动化负载测试工具执行的并发性能测试,基本遵循的测试过程有测试需求与测试内容,测试案例制定,测试环境准备,测试脚本录制、编写与调试,脚本分配、回放配置与加载策略,测试执行跟踪,结果分析与定位问题所在,测试报告与测试评估。

并发性能测试监控的对象不同,测试的主要指标也不相同,主要的测试指标包括交易处理性能指标和 UNIX 资源监控。其中,交易处理性能指标包括交易结果、每分钟交易数、交易响应时间(Min 为最小服务器响应时间;Mean 为平均服务器响应时间;Max 为最大服务器响应时间;StdDev 为事务处理服务器响应的偏差,值越大,偏差越大;Median 为中值响应时间;90% 为 90% 事务处理的服务器响应时间)、虚拟并发用户数。

下面就以中国软件评测中心(CSTC)根据新华社技术局提出的《多媒体数据库(一期)性能测试需求》和 GB/T 17544《软件包质量要求和测试》的国家标准,使用工业标准级负载测试工具对新华社使用的"新华社多媒体数据库 V1.0"进行的性能测试为例来说明这个问题:性能测试的目的是模拟多用户并发访问新华社多媒体数据库,执行关键检索业务,分析系统性能。性能测试的重点是针对系统并发压力负载较大的主要检索业务,进行并发测试和疲劳测试,系统采用 B/S 运行模式。并发测试设计了特定时间段内分别在中文库、英文库、图片库中进行单检索词、多检索词以及变检索式、混合检索业务等并发测试案例。疲劳测试案例为在中文库中并发用户数 200，进行测试周期约 8 小时的单检索词检索。在进行并发和疲劳测试的同时，监测的测试指标包括交易处理性能以及 UNIX(Linux)、Oracle、Apache 资源等。

测试结束后得出的结论如下：在新华社机房测试环境和内网测试环境中，100M 带宽情况下，针对规定的各并发测试案例，系统能够承受并发用户数为 200 的负载压力，最大交易数/分钟达到 78.73，运行基本稳定，但随着负载压力增大，系统性能有所衰减。系统能够承受 200 并发用户数持续周期约 8 小时的疲劳压力，基本能够稳定运行。通过对系统 UNIX(Linux)、Oracle 和 Apache 资源的监控，系统资源能够满足上述并发和疲劳性能需求，且系统硬件资源尚有较大利用余地。当并发用户数超过 200 时，监控到 HTTP 500、connect 和超时错误，且 Web 服务器报内存溢出错误，系统应进一步提高性能，以支持更大并发用户数。建议进一步优化软件系统，充分利用硬件资源，缩短交易响应时间。

（3）疲劳强度与大数据量测试。

疲劳测试是采用系统稳定运行情况下能够支持的最大并发用户数，持续执行一段时间业务，通过综合分析交易执行指标和资源监控指标来确定系统处理最大工作量强度性能的过程。

疲劳强度测试可以采用自动化工具测试，也可以手工编写程序测试，其中后者占的比例较大。

一般情况下以服务器能够正常稳定响应请求的最大并发用户数进行一定时间的疲劳测试，获取交易执行指标数据和系统资源监控数据。如出现错误导致测试不能成功执行，则及时调整测试指标，例如降低用户数、缩短测试周期等。还有一种情况的疲劳测试是对当前系统性能的评估，用系统正常业务情况下并发用户数为基础，进行一定时间的疲劳测试。

大数据量测试可以分为两种类型：针对某些系统存储、传输、统计、查询等业务进行大数据量的测试；与压力性能测试、负载性能测试、疲劳性能测试相结合的综合数据量测试方案。大数据量测试的关键是测试数据的准备，可以依靠工具准备测试数据。

速度测试目前主要是针对关键的有速度要求的业务进行手工测速度，可以在多次测试的基础上求平均值，可以和工具测得的响应时间等指标做对比分析。

2）应用在网络上性能的测试

应用在网络上性能的测试重点是利用成熟先进的自动化测试技术进行网络应用性能监控、网络应用性能分析和网络预测。下面分别从 3 个方面来阐述。

（1）网络应用性能分析。

网络应用性能分析的目的就是准确展示网络带宽、延迟、负载和 TCP 端口的变化是如何影响用户的响应时间的。利用网络应用性能分析工具，例如 Application Expert，能够发现应用的瓶颈，可知应用软件在网络上运行时每个阶段发生的应用行为。可以解决如下问题：客户端是否对数据库服务器运行了不必要的请求？当服务器从客户端接受了一个查询，应用服务器是否花费了不可接受的时间联系数据库服务器？在投产前预测应用的响应时间；利用 Application Expert 调整应用在广域网上的性能；Application Expert 能够让你快速、容易地仿真应用性能，根据最终用户在不同网络配置环境下的响应时间，用户可以根据自己的条件决定应用投产的网络环境。

（2）网络应用性能监控。

在系统试运行之后，需要及时准确地了解网络上正在发生什么事情；什么应用在运行，如何运行；多少 PC 正在访问 LAN 或 WAN；哪些应用程序导致系统瓶颈或资源竞争，这时网络应用性能监控以及网络资源管理对系统的正常稳定运行是非常关键的。利用网络应用性能监控工具，可以达到事半功倍的效果，在这方面可以提供的工具是 Network Vantage。通俗地讲，它主要用来分析关键应用程序的性能，定位问题的根源是在客户端、服务器、应用程序还是网络。在大多数情况下用户较关心的问题还有哪些应用程序占用大量带宽，哪些用户产生了最大的网络流量，这个工具同样能满足要求。

（3）网络预测。

考虑到系统未来发展的扩展性，预测网络流量的变化、网络结构的变化对用户系统的影响非常重要。根据规划数据进行预测并及时提供网络性能预测数据。我们利用网络预测分析容量规划工具 PREDICTOR 可以做到：设置服务水平、完成日网络容量规划、离线测试网络、网络失效和容量极限分析、完成日常故障诊断、预测网络设备迁移和网络设备升级对整个网络的影响。

从网络管理软件获取网络拓扑结构、从现有的流量监控软件获取流量信息（若没有这类软件可人工生成流量数据），这样可以得到现有网络的基本结构。在基本结构的基础上，可根据网络结构的变化、网络流量的变化生成报告和图表，说明这些变化是如何影响网络性能的。PREDICTOR 提供如下信息：根据预测的结果帮助用户及时升级网络，避免因关键设备超过利用阈值导致系统性能下降；哪个网络设备需要升级，这样可减少网络延迟、避免网络瓶颈；根据预测的结果避免不必要的网络升级。

3）应用在服务器上性能的测试

对于应用在服务器上性能的测试，可以采用工具监控，也可以使用系统本身的监控命令，例如 Tuxedo 中可以使用 Top 命令监控资源使用情况。实施测试的目的是实现服务器设备、服务器操作系统、数据库系统、应用在服务器上性能的全面监控，测试原理如图 7-2 所示。

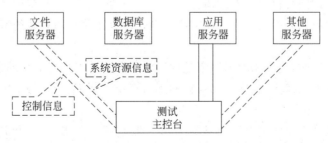

图 7-2　应用服务器上的性能测试原理图

对于安装 UNIX 操作系统的服务器来说，有如下资源监控指标。

（1）平均负载：系统正常状态下，最后 60s 同步进程的平均个数。

（2）冲突率：在以太网上监测到的每秒冲突数。

（3）进程/线程交换率：进程和线程之间每秒交换次数。

（4）CPU 利用率：CPU 占用率（％）。

（5）磁盘交换率：磁盘交换速率。

（6）接收包错误率：接收以太网数据包时每秒错误数。

（7）包输入率：每秒输入的以太网数据包数目。

（8）中断速率：CPU 每秒处理的中断数。

（9）输出包错误：发送以太网数据包时每秒错误数。

（10）包输入率：每秒输出的以太网数据包数目。

（11）读入内存页速率：物理内存中每秒读入内存页的数目。

（12）写出内存页速率：每秒从物理内存中写到页文件中的内存页数目或者从物理内存中删掉的内存页数目。

（13）内存页交换速率：每秒写入内存页和从物理内存中读出页的个数。

（14）进程入交换率：交换区输入的进程数目。

（15）进程出交换率：交换区输出的进程数目。

（16）系统 CPU 利用率：系统的 CPU 占用率（％）。

（17）用户 CPU 利用率：用户模式下的 CPU 占用率（％）。

（18）磁盘阻塞：磁盘每秒阻塞的字节数。

4. 压力测试

压力测试又称强度测试，是在各种资源超负荷情况下观察系统的运行情况。在压力测试过程中，测试人员主要关注的是非正常资源占用的情况下系统的处理时间。例如，正常情况下每秒出现 1 个或 2 个中断，测试时就应当对每秒出现 10 个中断的情形进行特殊的测试；当输入数据的量是正常情况下的 10 倍时测试系统输入功能如何反映；模拟多个用户同时执行登录等功能的大量操作等。与压力测试相关的主要资源有中断处理、缓冲区、控制器、内存、网络负载、显示终端、打印机、存储设备、事务队列、事务程序以及系统最多用户。

简而言之，压力测试就是检测当系统在短时间内活动处在峰值的反应。有时初学者常常会把压力测试同容量测试相混淆，其实二者的目标是不同的，容量测试的目标是监测系统处理大容量数据方面的能力。压力测试则是考验系统在超负载的情况下系统的反应速度。

在做压力测试时，应该采取循序渐进的测试原则。首先进行简单的多任务测试；然后当简单的压力缺陷被修正后，再增加系统的压力直至中断；最后在每个版本循环中重复进行压力测试。

在压力测试中常用的测试用例设计方法一般有规范导出法、边界值分析法、错误猜测法。

5. 容量测试

容量测试是面向数据的，在系统正常运行的范围内测试并确定系统能够处理的数据容量。也就是观察系统承受超额的数据容量的能力。

可按照如下几个步骤做容量测试：

（1）分析系统的外部数据源，然后进行分类；

（2）对每类数据源分析可能的容量限制，对于记录类型数据需要分析记录长度限制、记录中每个域长度限制和记录数量限制；

（3）对每个类型数据源，构造大容量数据对系统进行测试；

（4）分析测试结果，并与期望值比较，确定系统目前的容量瓶颈；

（5）对系统进行反复优化，直到系统达到期望的容量处理能力。

常见的容量测试有数据敏感测试、测试编译器编译能力、测试链接编辑器、模拟大规模模块电路、测试操作系统任务队列满载、测试网络中邮件或文件满载。

此类测试中常用的测试用例设计方法有规范导出法、边界值分析法和错误猜测法。

6. 安全性测试

信息化的普及给人们带来了极大的便利，但借助信息化手段的犯罪也层出不穷。一方面要用法律和道德的武器来约束不法分子的行为，另一方面要对那些涉及到敏感信息以及容易对个人造成伤害的信息系统实施必要的安全措施。由于系统应用的环境以及业务类型不同，有的是在网络环境中的，有的是关于销售业务的，有的是关于商业机密以及人事管理的，还有的是金融范畴的。但是各个系统中都存在着这样或那样的机密信息。一个完善的系统就是要具备抵御非法或非正常途径的入侵者来破坏系统的正常工作活动。安全性测试（security testing）就是要验证系统内的保护机制能否抵御入侵者的攻击。

安全性测试的测试人员需要在测试活动中，模拟不同入侵方式攻击系统的安全机制，想尽一切办法获取系统内的保密信息。通常需要模拟的活动有获取系统密码；破坏保护客户信息的软件；独占整个系统资源，使别人无法使用；使得系统瘫痪，企图在恢复系统阶段获得利益，等等。

所谓的系统安全性就是让系统非法入侵者花费更多的时间、付出更大的代价来交换其所获得的系统信息，即让非法者获得的一切信息内容贬值。那么，通常从以下几个方面评判系统安全性性能。

- 有效性（availability）：启动严格的安全性性能所花费的时间占启动整个系统所花费的时间比例。

- 生存性（survivability）：当错误发生时，系统对紧急操作的支持、错误补救措施以及恢复到正常操作的能力，即系统的抗挫能力。

- 精确性（accuracy）：衡量系统安全性控制的精度指标，围绕所出现的错误数量、发生频率及其严重性判断。

- 反应时间（response time）：出错时系统响应速度的快慢，要求一个安全性较强的系统要具备快速的反应速度。

- 吞吐量（throughput）：用户和服务请求的峰值和平均值。

在做安全性测试之前，首先要进行 4 个方面的测试分析：资产、危险、暴露出来的行为和安全性控制。这里以矩阵和检查表的方式来设计安全性测试问题。具体测试分析时可参考如下几点：

（1）对资产进行评价时，首先应该列出需要保护的资源，然后进行资产的价值和使用分析。

（2）对危险进行评价时，要列出潜在危险的源头，并对意外、故意和自然危险加以区分，最后估算危险发生的频率。

（3）列出一个危险发生时会对资产产生构成什么样的威胁，侵害和欺骗行为发生时能够影响的最大区域。

（4）对安全性功能进行评价时，首先要列出安全性功能和任务。主要关注的是人为错误和系统误操作。

通过一系列的分析之后，就要对被测系统进行适当的安全控制。它是进行安全性测试的最终目的，即依据可能引起损失或伤害的事件，找出维护安全性的功能和任务，注意在特殊系统功能或过程中的控制过程。安全性测试任务涉及面很广，下面列举常见的几种情况。

- 是否能辨别出有效口令和无效口令，并且有效口令能否被系统接纳，对于无效口令系统是否可以拒绝接受并做出相应的处理。如果同一个无效口令出现多次，系统是否可以采取适当的措施，以提高对该无效口令及相关信息的警惕和保护。
- 系统是否可以排除无效的或者有较大出入的参数以及超出范围的指令，并且对其恰当处理。错误和文件访问是否适当地被记录。系统变更过程中是否对其安全性措施进行详细记录。
- 系统配置数据是不是可以正确地导入、导出、保存，有无加密措施，并且如果系统故障数据能够恢复，还可以在其他计算机上进行备份。
- 被测系统中的权限制度是否完善。各级用户所属权限是否合理，低级别的用户和高级别的用户之间有没有越权操作的现象。
- 用户生命周期是否受限，如果用户超时，系统能否提供相应的措施保护用户所有信息。用户能否直接修改其他不属于自己范畴内的数据信息。
- 被测系统在远程操作或多用户数量操作情况下能否正常执行。
- 系统防火墙是否对系统正常功能操作产生限制。

安全性测试用例设计的方法主要包括规范导出法、边界值分析法、错误猜测法、基于风险测试法、故障插入法。

7. 恢复性测试

很多情况下，用户都要求在错误发生时保证计算机系统能够从错误中恢复过来，然后继续运行。恢复性测试的目标就是验证系统从软件或者硬件失效中恢复的能力。在测试过程中会采取各种人工干预方式使软件出错，而不能正常工作，进而检验系统的恢复能力。

在进行恢复性测试时，同样首先要进行恢复性测试分析，经常要考虑的主要问题有如下几个：

（1）恢复期间的安全性过程；

（2）恢复处理日志方面的能力；

（3）当出现供电问题时的恢复能力；

（4）恢复操作后系统性能是否下降。

常用的恢复性测试用例设计方法包括规范导出法、错误猜测法、基于故障的测试。

8. 备份测试

备份测试为了验证系统在软件或者硬件失败的事件中备份其数据的能力,它属于恢复性测试的一个部分。一般通过以下几个角度来进行备份测试的设计:

- 备份文件,并且同最初的文件进行比较;
- 文件和数据的存储;
- 完整的备份过程;
- 备份是否引起系统性能的降级;
- 手工操作过程备份的有效性;
- 备份期间的安全性过程;
- 备份期间维护处理日志的完整性。

9. GUI 测试

GUI(Graphic User Interface)即图形化用户接口,相当于软件产品的外观也可以认为是其包装。随着软件行业的迅猛发展,软件产品已经由从前的 DOS 界面进化成当今丰富多彩的人机接口界面。一个成功的软件产品必然拥有一个良好的 GUI 环境,这样可以使得用户更容易接受该软件产品,并且还有利于其操作。

GUI 测试只是软件产品界面测试的一部分,与之并列的测试还有用户友好性测试和可操作性测试,只是 GUI 将测试的重点放在对图形界面的测试中。简单地讲,GUI 就是一个分层的图形化的软件前端,通过特定的事件集中接受由用户或者系统产生的事件,生成相应的图形输出。这里的图形就是指菜单、按钮、列表、边界框等。任何图形对象都由一个固定的属性集合,属性在程序执行过程中会被赋有不同的值,不同的值的集合构成了 GUI 的状态。

GUI 测试分为两个部分:一方面要能使得界面实现与最初设计的情况相符合;另一方面要确认界面能够正确处理事件。前者指的是界面的外观是否都能与设计者的意图相一致;后者所说的界面处理则是当界面元素由于系统或用户产生的事件被触发后,是否可以按照规定的流程显示出正确的内容。要创建一个新的文档,当单击新建的图标的时候,会产生一个新的空白文档,而不是显示关闭当前文档或者其他操作界面。

虽然 GUI 测试是针对图形界面没有涉及专业的或主要的逻辑关系和算法,但是想要出色地完成被测系统的 GUI 测试并不容易。进行 GUI 测试的时候需要面对很多问题,主要有:

(1)测试中可能的状态集繁多。前面提到 GUI 状态,每个 GUI 活动序列会导致系统处于不同的状态上。GUI 活动的结果在系统不同的状态上是不同的,由此不难想象,GUI 测试需要以一个庞大的状态集作为基础,而这些工作并不能依靠人工设计,即便有专业化的工具。

(2)不易模拟的事件驱动。由于图形(按钮、边界框、菜单等)在界面上实质是用像素来表示。这就给模拟 GUI 事件的触发带来很大的困难。屏幕上任意一个像素值都能产生各种各样的用户输入。

（3）不容易区分被测系统的界面与功能。这是前期设计遗留下的后患，由于系统前期设计不合理，导致界面和系统功能混在一起，不但不容易进行测试，而且修改界面的时候就会导致很多功能性的错误。

（4）容易受主观影响。不同人的审美观以及对图形大小、颜色的认识都是不同的。究竟一个什么样的设计才能让广大的客户满意，这也是一个难题。

（5）无恰当的专业测试工具。这一点是从 GUI 测试的覆盖率角度考虑，目前这方面的研究并未成熟，也不能使用恰当的专业测试工具。所以如何把握好尺度，同样是对系统测试人员和被测系统的考验。

那么该如何处理这些问题？首先要在设计阶段将界面与功能隔离，这样就要把一个 GUI 系统分为 3 个层次：界面层、界面与功能的接口层、功能层。GUI 测试则忽略功能层，主要针对界面层和界面与功能接口层上。通过原型法获取系统需求，开始尽早测试，最好在项目需求阶段入手。简单的测试办法就是采用场景测试方法，让测试人员扮演场景中的角色，模拟各种可能的操作以及可能的操作顺序，由客户做出判断——是否可以接受这样的界面。找到了原型，则进行用例的编写。这个阶段可以适当地借助一些自动化测试工具，如 QARun、WinRunner、QARobot 等。设计测试用例的时候，首先将界面元素由简单到复杂划分为 3 个层次：界面原子层（基本的界面组成元素，一个按钮、一个下拉菜单、一个快捷方式、一个图形标志等），这个过程一定要详细、具体，将整体界面分成不可再分的界面组成元素；界面组合元素层，将多个具有相同属性或彼此协助的界面原子组合形成一类界面元素（工具栏、绘图栏、编辑菜单等）；一个完整的窗口（由一系列界面组合元素组成，拥有自己的视图的能够完成一个完整的输入输出功能的界面属性组合）。这个过程有些类似点到线、线到面的过程。然后在不同的界面层次确定不同的测试策略。原子层以原子显示属性、触发机制、功能行为、可能的状态集为主。界面组合元素层从界面原子组合顺序、排列组合、整体外观、组合后功能行为的多角度进行测试。对于完整的窗口，需要顾及整体效果、元素的位置、窗口属性和窗口可能的各种组合行为。然后对经过测试所得的数据进行分析，提取测试数据。最后使用自动化测试工具进行脚本化工作。

可以从 3 个方面来考虑如何取得测试数据，即界面中元素的外观、界面中元素的布局、界面中元素的行为。关于元素的外观，要注意它的大小、形状、颜色、对比度、明亮度，包括其所相应的文字属性。关于元素的布局，则要对元素的位置、元素的对齐方式、元素与元素之间的间隔距离、元素与背景或者元素之间的色彩搭配等获取测试数据。至于元素的行为方面，就要从回显功能、输入限制、输入提示、联机帮助、默认值、激活或取消激活、焦点状态、功能键、快捷键、操作路径以及行为撤销几个方面考虑。

在 GUI 测试中的用例设计方法有很多，规范导出法、等价类划分法、边界值分析法、因果图法、判定表法和错误猜测法，都可以适用于 GUI 测试。

10. 健壮性测试

健壮性测试又称为容错性测试。主要是测试系统在出现故障时，是否能够自动恢复或者忽略故障继续运行。为了使系统具有良好的健壮性，要求设计人员在做系统设计时必须周密细致，尤其要注意妥善地进行系统异常的处理。实际上很多开发项目在设计的过程中，设计者很容易忽略系统关于容错方面的功能，这些多半是受到了当时开发中时间、人力、物力的限制。因此系统容错性差也成为目前软件危机中的一个主要原因。不具备容错性能的系统不是一个优秀的系统,在市场上也很难被用户所接纳。

该测试常用的方法是软件故障插入测试,模拟在程序代码的特定位置出现故障情况并且观察系统行为。软件故障插入测试技术应该侧重 3 个方面,即目标系统、故障类型和插入故障的方法。

健壮性测试用例设计的常用方法有故障插入测试、变体测试和错误猜测法。

11. 兼容性测试

有些时候系统的异常是由于测试应用和其他应用或者系统不兼容而引起的。兼容性测试的目的就是检验被测应用对其他应用或者系统的兼容性,例如在对一个共享资源(数据、数据文件或者内存)进行操作时,检测两个或多个系统需求能否正常工作以及彼此交互使用。但是兼容性测试往往不受人们的关注,常常在测试过程中被测试人员省略。

进行兼容性测试,应当对操作系统、数据库、硬件配置环境等多加留意。例如,检测被测系统是否能运行于不同的操作系统环境;检测被测系统是否可以和不同的数据库交换数据;被测系统是否能在不同的硬件配置的环境下运行。此外,还应该对软件系统的协同工作、软件系统的版本加以考虑。必要的时候还应对被测系统综合考虑,针对以上各种情况进行组合测试。

在做兼容性测试时,主要关注如下几个问题:

(1) 当前系统可能运行在哪些不同的操作系统环境下?

(2) 当前系统可能与哪些不同类型的数据库进行数据交换?

(3) 当前系统可能运行在哪些不同的硬件配置的环境上?

(4) 当前系统可能需要与哪些软件系统协同工作?这些软件系统可能的版本有哪些?

(5) 是否需要综合测试?

12. 可用性测试

可用性测试是面向用户的系统测试。一般可用性测试包括对被测试系统的系统发布、系统功能、帮助等,这些可以为用户与系统提供良好的交互作用的功能。同强度测试一样,可用性测试最好在开发阶段就开始进行。如果所开发的系统不能被用户很好地使用,那么就要对系统重新设计,之后就会涉及大量的修改,这往往是软件开发过程中最忌讳的事情。

进行可用性测试时,测试人员应该关注如下几个方面:

(1) 系统中是否存在烦琐的功能以及指令;

(2) 安装过程是否复杂;

(3) 错误信息提示内容是否详细;

(4) GUI 接口是否标准;

(5) 登录是否方便;

(6) 需要用户记住内容的多少;

(7) 帮助文本是否详细;

（8）页面风格是否一致；

（9）是否会造成理解上的歧义；

（10）执行的操作是否与预期的功能相符，如单击"保存"按钮时记录是否存入数据库。

可用性测试用例设计的主要方法有规范导出法和错误猜测法。

13．可安装性测试

可安装性测试的目的就是要验证成功安装系统的能力。安装系统处在一个开发项目的结束也是被测系统的开始。顺利安装系统，会给用户一个良好的印象。所以安装过程需要简单、明了，并且相关的文档要求同样地直观、简洁。

这一点在日常工作和学习的过程中都深有体会。凡是受大家欢迎的应用软件，它们的安装过程都是轻松愉快的。因为在安装的过程中，它提供一系列简单明了的安装选项和相应的支持信息。与之相对的，另一些不成功的应用软件复杂的安装过程、晦涩的支持信息，甚至无法完成安装过程，这些都是用户无法接受的。一个软件产品的安装过程，可以看作是该软件与使用者的初次见面。设计者应该注重每一个细节，使得使用者对该软件产品产生良好的印象，从而开始逐步地接纳它。

总之，没有正确的安装根本就谈不上正确的执行，所以对于安装的测试就显得尤为重要。那么对于安装测试需要注意一些什么呢？我们认为至少应该从以下几点来考虑：

（1）自动安装还是手工配置安装，测试各种不同的安装组合，并验证各种不同组合的正确性，最终目标是所有组合都能安装成功。

（2）安装退出之后，确认应用程序可以正确启动、运行。

（3）在安装之前请备份注册表，安装之后，查看注册表中是否有多余的垃圾信息。

（4）卸载测试和安装测试同样重要，如果系统提供自动卸载工具，那么卸载之后需要检验系统是否把所有的文件全部删除，注册表中有关的注册信息是否也被删除。

（5）至少要在一台笔记本电脑上进行安装测试，因为有很多产品在笔记本电脑中会出现问题，尤其是系统级的产品。

（6）安装完成之后，可以在简单地使用之后再执行卸载操作，有的系统在使用之后会发生变化，变得不可卸载。

（7）对于客户/服务器模式的应用系统，可以先安装客户端，然后安装服务器端，测试是否会出现问题。

（8）考察安装该系统是否对其他应用程序造成影响，特别是 Windows 操作系统，经常会出现此类的问题。

安装测试用例设计的主要方法有规范导出法和错误猜测法。

14．文档测试

文档测试是对系统提交给用户的文档进行验证，并不是一般性的审查活动。通过文档测试保证用户文档的正确性并使得操作手册能够准确无误。文档测试可以辅助系统的可用性测试、可靠性测试，亦可提高系统的可维护性和可安装性。这样做可以从另一个角度发现系统中的缺陷和不足，完善整个被测系统。使用文档测试可以降低用户的支持成本,客户可以知道文档中存在的问题,并不用当面提供支持。

文档测试中需要测试人员和用户换位思考。测试人员完全站在客户的角度考虑和评价被测系统,他要按照文档中的说明进行操作,进而发现问题做好记录。测试人员需要做到以下几点:

- 对整个文档的评审由一般到具体;
- 所使用的文档可以作为多个测试用例;
- 完全按照文档中记录的内容使用系统;
- 测试所有涉及的提示和意见;
- 测试在系统中出现的全部帮助文档,并保证所有可能检索到的条目有相应的文档说明;
- 客观地测试每一条语句;
- 验证所有的错误信息以及文档中涉及的每个样例;
- 保证用户文档的可读性,尽量避免使用专业性过强的专业术语;
- 针对系统中相对薄弱的区域对其进行详细说明;
- 把系统中的缺陷并入缺陷跟踪库。

对于文档测试我们使用规范导出法进行测试即可。

15. 在线帮助测试

在线帮助给用户提供一种实时的咨询服务。一个完善的系统应该具备在线帮助的功能,可以说在线帮助是系统中不可或缺的功能。因而在线帮助测试同样显得十分必要。在线帮助测试主要用于验证系统的实时在线帮助的可操作性和准确性。

在线帮助测试围绕的中心同文档测试类似,甚至可以归结到文档测试之中。对于在线测试人员需要对下列问题给予重视:

- 帮助文档的索引是否准确无误;
- 帮助文档的内容是否贴切;
- 系统运行过程中帮助文档是否能被激活;
- 所激活的帮助内容是否符合当前操作内容;
- 帮助文档是否十分具体,可以满足客户的需求。

在线帮助测试的用例设计的主要方法就是规范导出法。

16. 数据转换测试

在实际应用中,常常会遇到环境升级的问题,同时又要保证以前的数据不能丢失,也就说要在新系统中继续使用。那么,在新系统中使用这些旧数据能否出现问题呢?这就需要进行数据转换测试。主要是为了验证已存在的数据转换并载入一个新的数据库是否有效。

数据转换测试用例的主要方法就是规范导出法。

17. 验收测试

验收测试是将程序与其最初的需求及最终用户当前的需要进行比较的过程。这是一种不寻常的测试类型,因为该测试通常是由程序的客户或最终用户来进行,一般不认为是软件开发机构的职责。对于软件按合同开发的情况,由订购方(用户)进行验收测试,将程序的实际操作与原始合同进行对照。如同其他类型的测试一样,验收测试最好的方法是设计测试用例,尽力证明程序没有满足合同要求;假如这些测试用例都是不成功的,那么就可以接受该程序。对于软件产品的情况,如计算机制造商的操作系统或编译器,或是软件公司的数据库管理系统,明智的用户首先会进行一次验收测试,以判断产品是否满足其要求。

7.2.4 系统测试用例设计

系统测试用例设计基本上都是用黑盒测试方法,也就是说测试人员在进行系统测试时无需知道系统是由结构化程序设计语言还是面向对象程序设计语言实现的。在系统测试过程中,随便生成系统测试用例很简单,关键问题是:如何确定和选择测试用例才能保证对系统进行充分的测试?除了常见的黑盒测试用例设计方法外,现在流行借助于一些行为模型或 UML 模型来设计和确定系统测试用例,同时制定一些标准,以便在避免不必要的测试用例冗余的同时度量系统测试的充分性。这里将介绍基于 UML 的系统级线索测试用例设计。

基于 UML 的系统级线索进行系统测试的前提条件是假设系统已经通过统一建模语言定义和细化。具体步骤如下:

(1) 明确软件系统的功能,至少要使用显示功能、隐藏功能和装饰功能对其进行标识;

(2) 勾画出系统界面草图,证明系统功能可以得到用户界面的支持;

(3) 通过系统功能的描述开发出高层用例,包括测试用例的名称、参与者、功能类型和功能描述 4 项信息;

(4) 在高层用例中增加"参与者行动"和"系统响应"两项信息;

(5) 扩展基本用例,增加"前提"和"结果"信息,以及有关替代事件序列信息,以及与过程早期表示的系统功能的交叉引用信息等;另外一种扩展就是添加新的测试用例;

(6) 导出真实用例,如用"在 password 文本框中输入数字 123"这样的短语来代替"输入正确密码";

(7) 选择和确定测试用例。

在选择和确定测试用例时,要考虑是否达到了相应的覆盖标准。

第一个层次:列出扩展基本用例和系统功能的关联矩阵;然后,找出可以覆盖所有功能的一组扩展基本用例;最后,通过使用这些扩展基本用例导出真实用例以及系统测试用例。

第二个层次:通过所有真实用例开发测试用例,这是系统测试所应该达到的最低限度的测试覆盖要求。

第三个层次:通过有限状态机导出测试用例。

第四个层次:通过基于状态的事件表导出测试用例。

系统级的测试类型有很多,上面介绍的系统级的测试用例设计方法为测试人员进行软件系统功能测试提供了十分有效的手段。下面将在系统测试案例研究一节介绍如何进行在线测评平台的系统测试。

7.2.5　系统测试执行

在已经明确了系统测试需求，设计好系统测试用例之后，接下来的工作就是系统测试的执行。那么，在系统测试执行的过程中，是否需要引入测试工具呢？要遵循什么样的原则呢？应该由谁来执行合适呢？使用什么样的测试数据呢？

读者可能发现有很多系统测试技术不是单靠手工测试就能够完成。尤其是那些复杂的测试，如协议一致性测试、安全性测试以及性能测试来说，没有任何辅助工具是难以完成的。其实，系统测试的执行常常需要使用相应的测试工具，对于那些涉及数据量很多的测试尤其如此，使用手工测试不但浪费时间，而且有时候也无法得到精确的测试结果，如前面所论述的性能测试就是其中的一个例子。

为了能够把系统测试工作做好，读者不妨参考下面几条原则：

- 测试人员接到一个测试任务时，如果测试用例已经给出测试手段，那么就按照测试用例来选取执行系统测试的方法，否则要判断一下该测试任务是否需要借助自动化测试工具，一般根据如下几个指标进行判断，即测试工作量的大小、测试数据的多少、手工测试的难度、测试的时间、测试的成本、回归测试的可能。
- 选取合适的测试手段之后，要充分利用各种测试和测试管理工具的功能，保存好测试脚本以及测试结果，对测试结果进行精确的分析，判断软件缺陷所在。
- 如果当前测试的不是第一个软件版本，那么就需要执行回归测试。也就是说，要在当前这个版本的系统测试中，重新测试先前系统测试周期中发现的缺陷。

在系统测试执行期间，必须把测试的结果添加到缺陷跟踪数据库中。这些缺陷一般与已经进行的单独的测试相关。然而，不同于正式的测试用例，它们通常覆盖其他缺陷。这个任务的目的是产生一个缺陷的完整报告。如果执行步骤已经被适当地记录，那么缺陷已经被记录在缺陷跟踪数据库中。如果缺陷已经被记录，这个步骤的目标变成收集和合并缺陷信息。

在系统测试过程中，测试人员要注意一定要使用具有代表性并且接近真实的数据，因为这样可以保证测试的可靠性和真实性。如果系统测试和验收测试所使用的数据相同，就可以不必考虑维护系统测试和验收测试间的一致性的问题，更容易使用户信服。如果使用真实系统或其他使用真实数据的应用存在着一定的风险性，或者数据涉及机密性事务要求进行保密，可以做一个真实数据的副本。一定要尽可能使该副本在质量、精确度和数据量上接近真实数据。对待机密性的内容，在确保其保密的前提下，使替代的数据能够表达真实数据的内容。有的时候，还需要借助边界分析或等价类划分等方法提供真正有代表性的数据，以便系统能够得到充分测试。

系统测试执行的另一个要考虑的关键因素就是决定由谁来进行测试。一般不能由程序员以及软件开发机构单独进行测试。原因如下：第一，执行系统测试的人思考问题的方式必须与最终用户相同，这意味着必须充分了解最终用户的态度和应用环境，以及程序的使用方式。如果可行的话，一位或多位最终用户是很好的执行测试的候选人。但是，由于一般的最终用户都不具备执行很多前面所描述的测试类型的能力或专业技术，因此，理想的系统测试小组应由几位专业的系统测试专家(以执行系统测试作为职业)、一位或两位最终用户的代表、一位人类工程学工程师以及该程序主要的分析人或设计者所组成。将原先的设计者包括进来并不违反先前的测试原则,即不提倡测试由自己编写的程序,因为程序自构思以来已经多人之手,所以原先的设计者不会再受到心理束缚的影响,对程序的测试不会再触及该原则。第二,系统测试是一项"随心所欲,百无禁忌"的活动,而软件开发机构会受到心理束缚,有悖于此项活动。而且大多数的开发机构最为关心的是让系统测试进行得尽可能顺利并按时完成,而不会尽力证明程序不能满足其目标。系统测试至少应由很少受开发机构左右的独立人群来执行。将测试分包给一个独立的公司来完成,这可能是最经济的执行系统测试的方式。

7.2.6　系统测试案例研究

系统测试包括功能确认测试、性能测试、恢复测试、安全测试等很多类型的测试。测试人员要根据软件系统的具体情况进行不同类型的系统测试,但对任何系统来说功能测试是必不可少。这里以在线测评平台的功能测试作为一个案例,介绍进行系统测试的具体过程。

1.　测试计划

在编制系统测试计划时,首先要了解其主要功能,其次要与客户沟通讨论系统测试需求,最终确定测试目标、终止准则、策略、测试资源配备等。实际操作中,建议至少召开一次正式会议,会议形成的结论要用会议纪要的方式确定下来,对最终确定的测试计划需要客户的签字认可。一份测试计划至少需要包括很多方面的内容,本章不打算罗列出项目测试计划中的所有内容,只就主要问题进行说明。

测试对象:在线测评平台的功能。

测试目标:在上文中已经提到,在确定测试目标时需要和用户沟通,得到用户的认可。制定合理的测试目标并不容易,尤其是受限于现有项目文档的详细程度,单靠文档描述很难制定出合理的测试目标,在本项目的测试中,结合文档描述、用户要求和个人经验,经过和用户的讨论,才最终确定了测试目标。

根据项目要求,对测试总体目标定义为"验证在线测评平台的文件创建、文件浏览、文件上传功能",其他类型的系统测试(如安全性测试、GUI 测试等)暂不作为本次测试的目标。测试结论要求给出系统主要功能能否实现,并指出问题所在。

需求和设计阶段产生的相关文档及说明是功能测试需求的首要来源,对这个系统而言,在需求文档中对系统功能的实现有如下规定:

(1) 服务器地址和端口信息必须输入正确;

(2) 用户信息必须输入正确;

(3) 服务器端程序必须启动;

(4) 必须连接服务器方能正常上传文件。

在设计文档中,对于创建文件功能有更详细的定义:

(1) 不能拷贝和粘贴;

（2）必须上传自己本次登录后创建的文件。

明确了上述测试目标就可以选择合适的测试技术进行用例设计，稍后会看到具体的测试用例。

测试策略：描述对整个测试采取的方法，本次测试的测试策略规定，测试最少为两轮，每轮测试应该执行所有的测试用例至少一次，在一轮测试过程中程序需要保持"锁定"，不允许进行修改，每轮测试结束后需要形成测试结果记录文档；所有的待验证指标都达到后才能称为本测试结束，测试结束后需要提供完整的测试报告，记录整个测试过程和中间结果。

测试终止准则：确定测试终止的原则，对本次测试，定义了每轮的终止准则"所有测试用例至少执行一次"，定义了整个测试的终止准则"所有待验证指标都达到"。

测试环境与测试工具：确定本测试需要使用的测试工具和定义需要使用的测试环境，这部分的内容非常重要，对于测试环境，在计划阶段需要尽可能地考虑到各种可能的情况，设备资源限制的情况等；否则，在测试执行时才发现环境不完整就会很被动。对于需要使用的测试工具，测试设计阶段也应该进行详细的规划，采用商用工具还是自己开发工具？到底需要哪些工具才能满足测试的需要？好的规划有助于尽早安排相关人员的配合（例如，需要找开发人员协调开发测试工具）。在本系统的测试中，测试环境方面，要求服务器端必须配置 JVM、Web 服务器、JDBC 驱动程序、SQL 数据库，客户端安装 JVM 和 IE5.0 以上版本浏览器。

测试资源配置：描述执行本测试需要的人员和时间资源，一方面可以作为工作量的评估与项目经理和客户进行沟通，另一方面，也可以尽早规划工作安排。读者可根据具体情况进行安排。

2．基于 UML 模型的测试用例设计

确定了测试计划后，就可以针对测试计划中确定的需要测试的指标设计测试用例了。同样，设计的测试用例也需要向客户解释清楚并得到客户的认可。一般来说，客户比较关注的"这个测试用例怎么能说明系统完全实现了这个功能？"和"我怎么检验你的测试结果？"，因此最好通过会议或是其他方式与客户尽可能地沟通。

在书写测试用例时，读者可以参考前面给出的性能测试用例模板，根据公司的内部要求来书写，但测试用例至少应该详细定义了用例执行的先决条件、测试输入和预期输出，以很直观的方式给出测试用例的各个要素。此外，在设计测试用例的过程中，同时需要关注的是测试数据的产生和维护。

由于《在线测评平台》是使用面向对象的程序设计语言 Java 开发的，系统使用了统一建模语言进行了定义和细化，因此本节重点讨论如何通过 UML 模型找出系统级线索测试用例。

1）系统功能

通过 1.8 节已经了解该系统的主要功能。为了下文讨论方便，本节对系统中的功能进行了编号，并进行了标识，分别指出了哪些是显式功能、隐藏功能和装饰功能（见表 7-1）。

表 7-1 在线测评平台功能

引用编号	描 述	功 能	类 别
R1	用户在 Windows 中启动在线测评平台	启动应用程序	显式功能
R2	在客户端添加用户的基本信息,包括用户姓名、用户学号、所在班级	客户信息输入	显式功能
R3	客户程序与服务器通过 IP 进行连接	连接服务器	显式功能
R4	客户将利用该系统提供的程序编辑功能来创建源程序	编辑源程序	显式功能
R5	当用户编辑完源程序后,可以及时地对该程序进行编译、调试、运行	调试程序	显式功能
R6	用户在编辑程序的过程中,随时可以存盘	保存程序	显式功能
R7	当用户确认编写的源程序正确后,通过该系统将源程序上传到教师机	提交程序	显式功能
R8	通过详细的客户端信息,可以判断出学生是否在客户机作弊	防作弊	隐式功能
R9	当客户提交程序以后,可以在客户端浏览所有上传的程序,以确定上传是否正常	浏览所有提交程序	显式功能
R10	断开当前客户机与服务器的连接	断开连接	显式功能
R11	用户在 Windows 中结束在线测评平台	退出应用程序	显式功能
R12	启动服务器后意味着服务器已经做好了接收客户端连接请求的准备	启动服务器	显式功能
R13	当停止服务器后,客户程序将不能再与教师机通信,也就是整个系统的运行结束	停止服务器	显式功能
R14	当客户连接服务器时,服务器将获得所有客户的信息包括姓名、学号、班级,所在机器名、所在机器 IP 地址、所在机器网卡的 MAC 地址,同时判断用户是否作弊	管理客户信息	隐式功能
R15	通过课堂点名用例,用户可以直接在客户端参与点名,同时在教师机上可以直观地了解学生的出勤情况	课堂点名	显式功能
R16	接收客户上传的程序,并进行编译处理	接收客户端程序	隐式功能

2) 高层用例

为了方便讨论问题,本节采用一种简短的结构化命名规则。在本例中,HUC 表示描述系统功能的高层用例(见表 7-2)。

表 7-2 高层用例

HUC1	启动应用程序
参与者	学生
类型	基本功能
描述	用户在 Windows 中启动在线测评平台

HUC2	退出应用程序
参与者	学生
类型	基本功能
描述	用户在 Windows 中结束在线测评平台
HUC3	连接服务器
参与者	学生
类型	基本功能
描述	客户程序与服务器通过 IP 进行连接
HUC4	新建文件
参与者	学生
类型	基本功能
描述	客户将利用该系统提供的程序编辑、编译、调试、运行功能来创建源程序,并将程序保存到客户端
HUC5	上传文件
参与者	学生
类型	基本功能
描述	当用户确认编写的源程序正确后,通过该系统将源程序上传到教师机
HUC6	浏览所有提交文件
参与者	学生
类型	基本功能
描述	当客户提交程序以后,可以在客户端浏览所有上传的程序,以确定上传是否正常
HUC7	断开连接
参与者	学生
类型	基本功能
描述	断开当前客户机与服务器的连接
HUC8	启动服务器
参与者	教师
类型	基本功能
描述	在 Windows 中启动在线测评平台服务器端应用程序
HUC9	停止服务器
参与者	教师
类型	基本功能
描述	在 Windows 中退出在线测评平台服务器端应用程序

续表

HUC10	管理客户信息
参与者	教师
类型	基本功能
描述	当客户连接服务器时,服务器将获得所有客户的信息包括姓名、学号、班级,所在机器名、所在机器 IP 地址、所在机器网卡的 MAC 地址,同时判断用户是否作弊
HUC11	课堂点名
参与者	教师
类型	基本功能
描述	通过课堂点名用例,用户可以直接在客户端参与点名,同时在教师机上可以直观地了解学生的出勤情况
HUC12	接收客户端程序
参与者	教师
类型	基本功能
描述	接收客户上传的程序,并进行编译处理

3）基本用例

基本用例在高层用例中增加"参与者"和"系统"事件。UML 中的参与者是系统及输入的源（即端口输入事件）。参与者可以是人员、设备、相邻系统,或诸如时间这样的抽象事物。参与者行动和系统响应（端口输出事件）的编号表示了其大致时间顺序（见表 7-3）。

表 7-3　基本用例

EUC1	启动应用程序	
参与者	学生	
类型	基本功能	
描述	用户在 Windows 中启动在线测评平台	
序列	参与者操作: 1. 用户通过 Run 命令或双击应用程序图标启动应用程序	系统客户端响应: 2. 在线测评平台客户端应用程序运行界面显示在监视器上,并准备接受用户的输入
EUC2	退出应用程序	
参与者	学生	
类型	基本功能	
描述	用户在 Windows 中结束在线测评平台	
序列	参与者操作: 1. 用户通过"退出"按钮或关闭窗口结束应用程序	系统客户端响应: 2. 在线测评平台应用程序在监视器上消失

EUC3	连接服务器		
参与者	学生		
类型	基本功能		
描述	客户程序与服务器通过 IP 进行连接		
序列	参与者操作： 1. 用户输入服务器信息和用户信息，单击"确定"按钮 3. 执行"系统"→"连接服务器"命令	系统客户端响应： 2. 客户端保存客户信息 3. 客户端将客户信息传至服务器 6. 显示连接是否成功的提示信息	系统服务器端响应： 5. 服务器端校验用户信息是否正确，并将校验结果传回客户端
EUC4	新建文件		
参与者	学生		
类型	基本功能		
描述	客户将利用该系统提供的程序编辑、编译、调试、运行功能来创建源程序，并将程序保存到客户端		
序列	参与者操作： 1. 用户执行"文件管理"→"新建文件"命令 3. 用户编辑源程序 5. 用户保存源程序 7. 用户编译源程序 9. 用户运行源程序		系统客户端响应： 2. 文本编辑器显示在监视器上 4. 用户创建的源程序显示在监视器上 6. 客户端将用户程序保存在磁盘上 8. 客户端显示编译结果 10. 客户端显示运行结果
EUC5	上传文件		
参与者	学生		
类型	基本功能		
描述	当用户确认编写的源程序正确后，通过该系统将源程序上传到教师机		
序列	参与者操作： 1. 用户执行"文件管理"→"上传文件"命令 3. 用户单击"查找文件"按钮 5. 用户选择并打开待上传文件 7. 单击"上传"按钮	系统客户端响应： 2. "上传文件"窗口显示在监视器上 4. 弹出"打开"文件窗口 6. 文件名和内容分别显示在"上传文件"窗口中 8. 将用户文件上传至服务器 10. 接收并显示上传是否成功的信息提示	系统服务器端响应： 9. 对用户程序进行编译，保存用户上传文件，并返回上传是否成功信息

续表

EUC6	浏览所有提交文件		
参与者	学生		
类型	基本功能		
描述	当客户提交程序以后，可以在客户端浏览所有上传的程序，以确定上传是否正常		
序列	参与者操作： 1. 执行"文件管理"→"浏览上传文件"命令		系统客户端响应： 2. 已上传文件显示在客户端监视器上
EUC7	断开连接		
参与者	学生		
类型	基本功能		
描述	断开当前客户机与服务器的连接		
序列	参与者操作： 1. 执行"系统"→"断开连接"命令	系统客户端响应： 2. 向服务器端发送断开连接请求 4. 显示"断开连接"提示信息	系统服务器端响应： 3. 响应客户端请求，断开连接，并返回提示信息
EUC8	启动服务器		
参与者	教师		
类型	基本功能		
描述	在 Windows 中启动在线测评平台服务器端应用程序		
序列	参与者操作： 1. 双击"在线测评平台"服务器端应用程序图标 3. 执行"服务"→"启动服务器"命令		系统服务器端响应： 2. 应用程序运行界面显示在监视器上 4. 服务器端处于监听状态，等待客户端发出请求
EUC9	停止服务器		
参与者	教师		
类型	基本功能		
描述	在 Windows 中退出在线测评平台服务器端应用程序		
序列	参与者操作： 1. 执行"服务"→"停止服务器"命令		系统服务器端响应： 2. 服务器端断开与客户端的连接

EUC10	课堂点名	
参与者	教师	
类型	基本功能	
描述	通过课堂点名用例,用户可以直接在客户端参与点名,同时在教师机上可以直观地了解学生的出勤情况	
序列	参与者操作: 1. 执行"统计"→"显示当前登录用户"命令	系统服务器端响应: 2. 显示"当前登录用户"窗口

4)扩展基本用例

扩展基本用例时高层用例的细化,要增加前提和后果信息、有关替代事件序列信息,以及与过程早期标识的系统功能的交叉引用。另一种扩展,是表示出更多用例并进行添加(见表 7-4)。

表 7-4　扩展基本用例

EEUC1	启动应用程序	
参与者	学生	
前提	在线测评应用程序已经正确安装	
类型	基本功能	
描述	用户在 Windows 中启动在线测评平台	
序列	参与者操作: 1. 用户通过 Run 命令或双击应用程序图标启动应用程序用户通过 Run 命令打开应用程序	系统客户端响应: 2. 在线测评平台客户端应用程序运行界面显示在监视器上,并准备接受用户的输入
替代序列	R1	
交叉引用后果	进入初始界面	
EEUC2	退出应用程序	
参与者	学生	
前提	在线测评应用程序处于运行状态	
类型	基本功能	
描述	用户在 Windows 中结束在线测评平台	
序列	参与者操作: 1. 用户单击"退出"按钮结束应用程序,关闭窗口结束应用程序	系统客户端响应: 2. 在线测评平台应用程序在监视器上消失
替代序列	R11	
交叉引用后果	应用程序在存储器中	

续表

EEUC3	正常连接服务器		
参与者	学生		
前提	服务器已经启动		
类型	基本功能		
描述	客户程序与服务器通过 IP 进行连接		
序列	参与者操作： 1. 执行"系统"→"系统属性"命令，输入正确的服务器信息和用户信息，单击"确定"按钮 3. 执行"系统"→"连接服务器"命令	系统客户端响应： 2. 客户端保存客户信息 4. 客户端将客户信息传至服务器 6. 显示连接成功的提示信息	系统服务器端响应： 5. 服务器端校验用户信息是否正确，并将校验结果传回客户端
替代序列	R2,R3,R12,R14		
交叉引用后果	用户信息显示在服务器端 客户端显示连接服务器成功的信息，用户可以使用"创建文件"等菜单项		
EEUC4	重复连接服务器		
参与者	学生		
前提	服务器已经启动		
类型	基本功能		
描述	客户程序与服务器通过 IP 进行连接		
序列	参与者操作： 1. 用户执行"系统"→"系统属性"命令，输入正确的服务器信息和用户信息，单击"确定"按钮 3. 执行"系统"→"连接服务器"命令 7. 用户执行"系统"→"系统属性"命令，输入正确的服务器和另一个用户信息，单击"确定"按钮	系统客户端响应： 2. 客户端保存客户信息 4. 客户端将客户信息传至服务器 6. 显示连接成功的提示信息 8. 客户端提示已有用户正常连接到服务器的信息	系统服务器端响应： 5. 服务器端校验用户信息是否正确，并将校验结果传回客户端
替代序列	行动 7 和 8 可以无限次地重复，相应的响应 8 也随之重复		

交叉引用 后果	R2,R3,R8,R12,R14 客户端提示本计算机已 有用户连接到服务器,其 他用户不能重复连接服 务器		
EEUC5	异常情况:服务器信息输 入错误		
参与者	学生		
前提	服务器已经启动		
类型	基本功能		
描述	客户程序与服务器通过 IP 进行连接		
序列	参与者操作: 1. 用户执行"系统"→"系 统属性"命令,输入错 误的服务器信息,正确 的用户信息,单击"确 定"按钮 3. 执行"系统"→"连接服 务器"命令	系统客户端响应: 2. 客户端保存客户信息 4. 客户端将客户信息传 至服务器 6. 显示无法连接服务器 的提示信息	系统服务器端响应: 5. 服务器端校验用户信息是否 正确,并将校验结果传回客 户端
	—		
替代序列	R2,R3,R12		
交叉引用 后果	客户端显示连接服务器 不成功的信息,用户需重 新输入服务器信息和用 户信息		
EEUC6	异常情况:用户信息输入 错误		
参与者	学生		
前提	服务器已经启动		
类型	基本功能		
描述	客户程序与服务器通过 IP 进行连接		
序列	参与者操作: 1. 用户执行"系统"→"系 统属性"命令,输入正 确的服务器信息,以及 错误的用户信息,单击 "确定"按钮 3. 执行"系统"→"连接服 务器"命令	系统客户端响应: 2. 客户端保存客户信息 4. 客户端将客户信息传 至服务器 6. 显示用户信息输入错 误的提示信息	系统服务器端响应: 5. 服务器端校验用户信息是否 正确,并将校验结果传回客 户端
	—		

续表

替代序列	R2,R3,R12		
交叉引用后果	客户端显示连接服务器不成功的信息,用户需重新输入服务器信息和用户信息		
EEUC7	异常情况:服务未启动		
参与者	学生		
前提	服务器未开启		
类型	基本功能		
描述	客户程序与服务器通过 IP 进行连接		
序列	参与者操作: 1. 用户执行"系统"→"系统属性"命令,输入正确的服务器信息和用户信息,单击"确定"按钮 3. 执行"系统"→"连接服务器"命令		系统客户端响应: 2. 客户端保存客户信息 4. 客户端将客户信息传至服务器 5. 显示连接不成功的提示信息
	—		
替代序列	R2,R3		
交叉引用后果	客户端显示连接服务器不成功的信息,用户需重新输入服务器信息和用户信息		
EEUC8	新建文件		
参与者	学生		
前提	已连接服务器		
类型	基本功能		
描述	客户将利用该系统提供的程序编辑、编译、调试、运行功能来创建源程序,并将程序保存到客户端		
序列	参与者操作: 1. 用户执行"文件管理"→"新建文件"命令 3. 用户编辑源程序 5. 用户保存源程序 7. 用户编译源程序 9. 用户运行源程序		系统客户端响应: 2. 文本编辑器显示在监视器上 4. 用户创建的源程序显示在监视器上 6. 客户端将用户程序保存在磁盘上 8. 客户端显示编译结果 10. 客户端显示运行结果
	—		
替代序列	R4,R5,R6,R12		
交叉引用后果	程序保存到客户端存储器中		

续表

EEUC9	上传文件		
参与者	学生		
前提	已创建文件		
类型	基本功能		
描述	当用户确认编写的源程序正确后,通过该系统将源程序上传到教师机		
序列	参与者操作: 1. 用户执行"文件管理"→"上传文件"命令 3. 用户单击"查找文件"按钮 5. 用户选择并打开刚刚保存的文件 7. 单击"上传"按钮	系统客户端响应: 2. "上传文件"窗口显示在监视器上 4. 弹出"打开"文件窗口 6. 文件名和内容分别显示在"上传文件"窗口中 8. 将用户文件上传至服务器 10. 接收并显示上传是否成功的信息提示	系统服务器端响应: 9. 对用户程序进行编译,保存用户上传文件,并返回上传是否成功信息
	—		
替代序列	R7,R16		
交叉引用			
EEUC10	异常情况:上传的不是用户刚刚创建的文件		
参与者	学生		
前提	已创建文件		
类型	基本功能		
描述	当用户确认编写的源程序正确后,通过该系统将源程序上传到教师机		
序列	参与者操作: 1. 用户执行"文件管理"→"上传文件"命令 3. 用户单击"查找文件"按钮 5. 用户选择并打开其他文件 7. 单击"上传"按钮	系统客户端响应: 2. "上传文件"窗口显示在监视器上 4. 弹出"打开"文件窗口 6. 文件名和内容分别显示在"上传文件"窗口中 8. 将用户文件上传至服务器 9. 提示用户检查输入的用户信息是否正确	
	—		

替代序列	R7,R8		
交叉引用后果	用户可重新上传正确文件		
EEUC11	浏览所有提交文件		
参与者	学生		
前提	文件已上传至服务器		
类型	基本功能		
描述	当客户提交程序以后,可以在客户端浏览所有上传的程序,以确定上传是否正常		
序列	参与者操作: 1. 执行"文件管理"→"浏览上传文件"命令	系统客户端响应: 2. 已上传文件显示在客户端监视器上	
	—		
替代序列	R9		
交叉引用后果	已上传的文件代码显示在监视器上		
EEUC12	断开连接		
参与者	学生		
前提	服务器已连接		
类型	基本功能		
描述	断开当前客户机与服务器的连接		
序列	参与者操作: 1. 执行"系统"→"断开连接"命令	系统客户端响应: 2. 向服务器端发送断开连接请求 4. 显示"断开连接"提示信息	系统服务器端响应: 3. 响应客户端请求,断开连接,并返回提示信息
	—		
替代序列	R10		
交叉引用后果	客户端和服务器断开连接		
EEUC13	启动服务器		
参与者	教师		
前提	服务器程序已正确安装		

类型	基本功能		
描述	在 Windows 中启动在线测评平台服务器端应用程序		
序列	参与者操作： 1. 双击"在线测评平台"服务器端应用程序图标 3. 执行"服务"→"启动服务器"命令	系统服务器端响应： 2. 应用程序运行界面显示在监视器上 4. 服务器端处于监听状态，等待客户端发出请求	
	—		
替代序列	R12		
交叉引用后果	服务器能够接收客户端的请求		
EEUC14	停止服务器		
参与者	教师		
前提	服务器程序正在运行		
类型	基本功能		
描述	在 Windows 中退出在线测评平台服务器端应用程序		
序列	参与者操作： 1. 执行"服务"→"停止服务器"命令 使用任务管理器结束服务器端应用程序	系统服务器端响应： 2. 服务器端断开与客户端的连接	
替代序列	R13		
交叉引用后果	服务器端无法接收客户端信息		
EEUC15	课堂点名		
参与者	教师		
前提	所有用户已经正常连接服务器		
类型	基本功能		
描述	通过课堂点名用例，用户可以直接在客户端参与点名，同时在教师机上可以直观地了解学生的出勤情况		

续表

序列	参与者操作： 1. 执行"统计"→"显示当前登录用户"命令	系统服务器端响应： 2. 显示"当前登录用户"窗口	
	—		
替代序列	R15		
交叉引用后果	监视器显示已出勤学生名单		

5）真实用例

真实用例与扩展基本用例的区别就是使用更具体的数据，如在系统属性窗口中，监听端口文本框中输入 9004 替代。类似地，在最大客户数文本框中输入 80，为了节省篇幅，这里不再赘述真实用例，读者可根据扩展基本用例机械地导出即可。

6）基于 UML 的系统测试

第一层次，根据真实用例测试系统的功能，为了更方便的观察和分析所设计的测试用例是否覆盖了系统的所有功能，本节构建了用例与系统功能的关联表，如表 7-5 所示。

表 7-5　用例与系统功能的关联表

EEUC	R1	R2	R3	R4	R5	R6	R7	R8	R9	R10	R11	R12	R13	R14	R15	R16
1	√	—	—	—	—	—	—	—	—	—	—	—	—	—	—	—
2	—	—	—	—	—	—	—	—	—	—	√	—	—	—	—	—
3	—	√	√	—	—	—	—	—	—	—	—	√	—	√	—	—
4	—	—	—	—	—	—	—	√	—	—	—	√	—	√	—	—
5	—	—	√	—	—	—	—	—	—	—	—	—	—	—	—	—
6	—	√	√	—	—	—	—	—	—	—	—	—	—	—	—	—
7	—	√	√	—	—	—	—	—	—	—	—	—	—	—	—	—
8	—	—	—	√	√	√	—	—	—	—	—	√	—	—	—	—
9	—	—	—	—	—	—	√	—	—	—	—	—	—	—	—	√
10	—	—	—	—	—	—	√	√	—	—	—	—	—	—	—	—
11	—	—	—	—	—	—	—	—	√	—	—	—	—	—	—	—
12	—	—	—	—	—	—	—	—	—	√	—	—	—	—	—	—
13	—	—	—	—	—	—	—	—	—	—	—	√	—	—	—	—
14	—	—	—	—	—	—	—	—	—	—	—	—	√	—	—	—
15	—	—	—	—	—	—	—	—	—	—	—	—	—	—	√	—

研究一下上述关联矩阵,可以发现有很多种方式可以覆盖 16 个系统功能。一种方式是通过对应于扩展基本用例 1、2、4、8、9、11、12、14、15 的真实用例导出测试用例,需要采用与扩展基本用例相对的真实用例。从真实用例导出系统测试用例时,将用例前提作为测试用例的前提,参与者行动序列和系统响应可直接映射到用户输入事件和系统输出事件序列。下面以扩展基本用例 EEUC3 为基础的真实用例 RUC3(如表 7-6 所示)导出的系统级测试用例示例 SysTC3,如表 7-7 所示。

表 7-6　真实用例

RUC3	正常连接服务器		
参与者	学生		
前提	服务器已经启动		
类型	基本功能		
描述	客户程序与服务器通过 IP 进行连接		
序列	参与者操作: 1. 执行"系统"→"系统属性"命令,输入服务器地址为 192.168.0.90;服务器端口为 9004;客户姓名为李铁红;客户学号为 100621010103,单击"确定"按钮 3. 执行"系统"→"连接服务器"命令	系统客户端响应: 2. 客户端保存客户信息 4. 客户端将客户信息传至服务器 6. 显示"服务器连接完成!"提示信息	系统服务器端响应: 5. 服务器端校验用户信息是否正确,并将校验结果传回客户端
	R2,R3,R12,R14		
交叉引用后果	用户信息显示在服务器端客户端显示连接服务器成功的信息,用户可以使用"创建文件"等菜单项		

表 7-7　系统级测试用例示例

SysTC3	正常连接服务器		
测试操作者	李铁红		
前提	服务器已经启动		
类型	基本功能		

续表

序列	参与者操作： 1. 用户执行"系统"→"系统属性"命令，输入服务器地址为 192.168.0.90；服务器端口为 9004；客户姓名为李铁红；客户学号为 100621010103，单击"确定"按钮 3. 执行"系统"→"连接服务器"命令	系统客户端响应： 2. 客户端保存客户信息 4. 客户端将客户信息传至服务器 6. 显示"服务器连接完成！"提示信息	系统服务器端响应： 5. 服务器端校验用户信息是否正确，并将校验结果传回客户端
后果	用户信息显示在服务器端客户端显示连接服务器成功的信息，用户可以使用"创建文件"等菜单项 通过/失败 2008 年 11 月 1 日		
测试结果			
运行日期			

第二层次，基于有限状态机导出测试用例。根据第 1 章中对系统的描述，可以使用如图 7-3 所示的有限状态机描述系统状态的变化情况。在对面向对象的应用程序进行系统测试时，也可以使用有限状态机来标识系统级的测试用例。

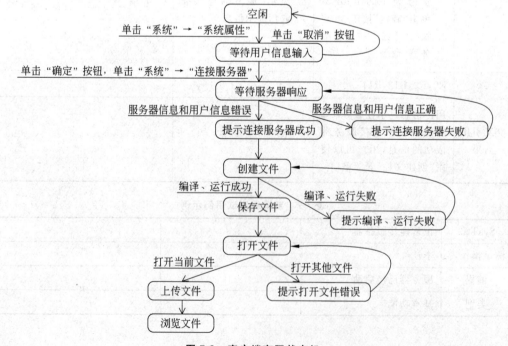

图 7-3　客户端有限状态机

表 7-8 中给出了 8 个这类测试用例,其中的编号表示测试用例经过状态的顺序。还有很多其他测试用例,不过这已经能够说明如何找出这些测试用例。

表 7-8 通过有限状态机导出的测试用例

状　态	TC1	TC2	TC3	TC4	TC5	TC6	TC7	TC8
空闲	1	1,3	1	1	1	1,3	1,3	1,3
等待用户信息输入	2	2	2	2	2	2,4	2,4	2,4
等待服务器响应	3	4	3,5	3	3	5,7	5,7	5,7
提示连接服务器成功	4	5	6	4	4	8	8	8
提示连接服务器失败			4			6	6	6
创建文件	5	6	7	5,7	5	9	9,11	9,11
提示编译、运行失败				6			10	10
保存文件	6	7	8	8	6	10	12	12
打开文件	7	8	9	9	7,9	11	13	13,15
上传文件	8	9	10	10	10	12	14	16
浏览文件	9	10	11	11	11	13	15	17
提示打开文件错误					8			14

3．测试数据

从前面的介绍中可知,在在线测评平台中,涉及数据输入的地方并不多,但是在"系统属性"输入中就可以导出若干种数据组合,这里不再详细列出。如果系统测试完全使用手工进行是不可能对所有数据组合进行测试的,然而为了能够对系统进行充分的测试,可以借助自动化测试工具的数据驱动功能来实现对多种数据组合的测试。当然,如果只能使用手工测试,对于这样的情况可以选择位于列表边缘的数据来进行测试。

4．测试环境与测试工具

制定了合理的测试计划、设计了满足需要的测试用例之后,就可以开始着手准备测试环境和考虑如何在测试中运用测试工具。

1）测试环境

该系统是基于 C/S 架构的系统,功能测试需要在一个网络环境中进行,可以先选择在一个单独的局域网中进行,然后使用在和生产环境类似的网络环境中进行。另外,不管实际情况如何,都必须评估网络状况是否会影响测试。也就是说,要保证网络环境能够较好地模拟实际网络环境(包括网络状况、负载等)。在本次测试中,由于网络状况对测试结果没有什么影响,测试是在一个接近生产环境的 100M 局域网中进行的。

2）测试工具

测试工具的评估和选择是测试开始之前必须进行的工作。本例中选取 IBM Rational Functional Tester 工具（在 Java 环境中工作的版本）来执行测试。

5. 测试实施

测试计划、测试用例、测试环境都完成之后，就可以开始对测试进行实施了。测试实施在整个测试过程中并不是消耗资源最多的，有了详细的测试用例之后，其实测试实施是一件"照葫芦画瓢"的简单工作。在本例中因为使用了测试工具，所以要求测试人员熟练使用和运用测试工具来录制脚本；因为数据量很大，因此要掌握该工具的数据驱动测试的技巧。

6. 测试结果分析与测试报告

通过测试实施取得了数据之后，最后一步就是对测试结果进行分析。对测试结果进行分析是一个需要经验的步骤。首先需要明确获取的每个数据的意义，然后根据数据测试目标，对数据进行详尽分析，分析的目的是用数据说明测试目标。因为在本项目中使用了自动化测试工具——IBM Rational Functional Tester，因此脚本回放完毕，就可以直接得到测试结果。如果测试没有完全通过，那么测试人员就可以根据这些测试结果来进行测试分析，从而发现问题所在，最后把 bug 提交给项目经理。bug 修改完毕时，系统如果没有任何因为需求变更所做的改变，就可以直接使用原来的脚本进行回归测试，直到 bug 关闭为止。

在测试报告中，主要包括以下几部分的内容。

（1）测试环境描述（应包括软硬件环境，运行程序所需要的环境以及测试工具所需要的环境）。

（2）测试准备工作描述：在这部分中需要详细说明测试方案，因为测试报告是要与用户讨论，经用户签字认可的，因此，在报告中详细列出测试前的准备工作，包括测试方案、测试数据准备以及测试中记录的数据、测试工具和脚本部署等。在本测试中，用户要求写得非常详细。

（3）测试范围及内容：对本次测试能覆盖的范围进行说明，特别是要说明不包括在本次测试中的内容。

（4）测试结论：测试结论这部分需要详细说明本测试的结论，包括测试用例执行情况统计、测试是否通过、测试中发现问题的处理方式和方法。

除此之外，还可以在测试报告中包括建议与计划，用来说明该测试的后续工作安排和计划；将测试用例的执行情况和每轮测试执行的详细记录作为附件附加到测试报告中。

7.3　系统测试经验总结

系统测试和其他阶段的测试一样，适当地组织和实施能大大提高测试效率，这就要求在做系统测试的过程中不断地积累测试经验，为更多项目测试工作的顺利实施奠定良好的基础。下面几点系统测试的经验供读者借鉴：

（1）做系统测试时,在确定系统测试需求时除了要参考设计说明和其他相关的文档之外,一定要再次和用户进行沟通,这样才能保障最终的软件能够顺利地通过用户的验收测试。

（2）因为测试资源有限,不可能对整个系统进行穷尽测试,因此要根据系统的特点和风险分析等方法来确定测试实施的重点(测试的优先级)。如银行、金融等行业对安全的要求很高,那么对于这类系统要重点进行安全性测试。

（3）不能盲目地使用自动化测试工具,一旦使用了自动化测试就要充分利用和掌握使用工具的技巧,以获得事半功倍的效果。

（4）在做系统测试计划时,时间上要留出冗余,以防意外事件发生时测试工作不能按预期目的进行而变得虎头蛇尾,使软件质量无法得到更好的保证。

（5）要在真实无毒的环境进行系统测试,以便获得更为真实的测试数据,更好地进行测试分析。

本章小结

系统测试是在一个完整的环境下对整个系统进行的测试,可以说它是软件提交给用户之前的最后一道质量屏障;系统测试类型有很多,其中最主要的两种测试就是功能测试和性能测试。大多数类型的系统测试用例设计都使用黑盒测试技术;对于一些无法使用手工实现的系统测试要借助于工具来实施,但不能盲目引入测试工具。

习题

1. **选择题**

（1）以下属于安全测试方法的是（　　）。

　　① 安全功能验证　　② 安全漏洞扫描　　③ 模拟攻击实验　　④ 数据侦听

　　A. ①③　　　　　B. ①②③　　　　　C. ①②④　　　　　D. ①②③④

（2）客户端交易处理性能指标是一类重要的负载压力测试指标,以下不属于客户端交易处理性能指标的是（　　）。

　　A. 并发用户数　　　　　　　　　B. 平均事务响应时间

　　C. 每秒事务数　　　　　　　　　D. 每秒进程切换数

（3）为预测某 Web 系统可支持的最大在线用户数,应进行（　　）。

　　A. 负载测试　　　B. 压力测试　　　C. 疲劳强度测试　　　D. 大数据量测试

（4）以下不属于易用性测试的是（　　）。

　　A. 功能易用性测试　　　　　　　B. 用户界面测试

　　C. 辅助功能测试　　　　　　　　D. 可靠性测试

（5）侧重于观察资源耗尽情况下的软件表现的系统测试被称为（　　）。

　　A. 强度测试　　　B. 压力测试　　　C. 容量测试　　　D. 性能测试

2．综合题

（1）什么是系统测试？

（2）系统测试主要包括哪些内容？

（3）针对某论坛，考虑其需要测试的内容。

（4）针对某杀毒软件(如 360 杀毒)，考虑其需要测试的内容。

第 8 章

软件测试自动化

【本章要点】

- 自动化测试应考虑的各种因素；
- 自动化测试和手工测试中涉及的问题以及二者的优缺点；
- 应用自动化测试工具的目的；
- 自动化测试工具的分类和选择方法；
- 自动化测试过程实例及自动化测试经验。

【本章目标】

- 了解自动化测试应考虑的各种因素以及如何衡量自动化测试成本。
- 掌握自动化测试和手工测试的优缺点，知道如何正确选择两种软件测试策略。
- 了解测试工具的分类、使用目的及其选择，了解几种常用的测试工具。
- 了解自动化测试的过程。

自动化测试就是希望能够通过自动化测试工具或其他手段，按照测试工程师的预定计划进行自动的测试，目的是减轻手工测试的工作量，从而达到提高软件质量的目的。

由于软件测试的工作量很大（占总开发时间的 40%～60%），并且有很大部分适于自动化。适时地进行自动化测试，能够使测试工作得以改进，并提高开发工作的质量、降低开发成本和缩短开发周期。因此，选择合适的软件测试策略在整个软件开发的过程中就显得十分重要。本章将从实际应用的角度出发，对自动化测试进行分析，并对自动化测试和手工测试进行了比较，使读者对自动化测试的特点、适用原则有一定的了解，以便能够在软件开发过程中适当地引入自动化测试。

8.1 进行自动化测试的适当时机

为了保证测试的可靠性，通常需要多次运行同一个测试。程序升级之后，为了检查更改的代码是否给软件产品带来不良影响，也需要进行回归测试。为了能够快速地进行回归测试，很多人都想尽可能多的进行自动化回归测试。

在项目开发的过程中常常如此。但是，除此之外更应该关心的是测试的经济性。测试人员常常经过了很长时间之后才意识到其实只有一部分测试有必要进行自动化测试。

在进行回归测试的时候，有一些测试既捕获不到 bug，也不是整个测试工作的重点。因此进行这些自动化测试就不是明智之举。

8.1.1 概述

测试员经常会针对产品的一些特征来设计一系列测试。对于每一个测试来说，都需要决定是否对其进行自动化测试。那么怎样才能做出一个合理的决定呢？

为了更好地讨论这个问题，这里作如下假设：

（1）拥有稳定的自动化测试技术支持。也就是说，测试团队手头有自动化测试工具并且能够熟练使用，而且支持测试的库函数已经写好。

（2）两种极端的可能性：一种就是无须人工干预的完全自动化测试，另一种就是只运行一次就废弃的人工测试。对于一些测试，也许只有烦琐的安装过程是自动完成的，其余的工作都是手工完成的。或者，做过一次非常详细的手工测试记录，以至于能够轻松地再运行一次。只有了解把测试推向一种或另一种极端情况的各种因素，才能够更好地进行判断，把手工测试和自动化测试结合起来，进行一个特定的测试。

（3）自动化测试和手工测试都可行（但事实并非如此）。例如，负载测试经常需要创建巨大的用户工作量。即使能够安排 300 个测试人员同时使用产品来进行测试，这也是不经济的。因此，负载测试需要使用自动化测试工具来进行。

（4）测试是通过外部接口来完成的（黑盒测试）。这样的分析也同样适用于白盒测试。本节末尾列举了一个简单的例子，但没有进行详尽描述。

（5）不要求必须进行自动化测试。项目管理人员同意对一部分测试进行自动化测试，另外一部分测试由手工测试来完成。

（6）测试已经设计好之后，再决定是否进行自动化测试。事实上，自动化测试的需求会影响到设计。令人遗憾的是，自动化测试有时候会削弱一些测试。但是，如果能够理解自动化测试的真正价值所在，这样做就不会影响到测试工作，甚至能使之有所改进。

（7）有一定的时间用于完成测试，并且在这段时间里完全有可能把测试做好。这种观点也同样适用于少数测试优先的情况，然后再决定需要多长时间进行测试。

在决定是否要进行自动化测试之前，通常需要考虑如下几个主要问题：

（1）同手工测试相比，只运行一次的自动化测试要多付出多少代价？

（2）自动化测试的生命周期是有限的。那么，这类测试是否迟早要终止？什么事件将会导致测试中止？

（3）在整个生命周期内，这次测试能捕获到新 bug 的可能性会有多大？这些难以预计的收益能够使自动化测试的成本得到补偿吗？

考虑了上面几个问题之后，如果仍然无法做出决定，那么考虑一些次要方面的问题也许会有所帮助。上述问题中的第（3）个问题是最基本的问题，下面将对其进行详细讨论。要想得到解决问题的最佳方案常常要求测试员对产品的架构能够有一个很好的理解。下面将会谈到一些具体的做法，以及在对产品架构理解得不够的情况下应该怎样做，才能够更好地作出决策。

8.1.2　自动化测试的成本

在大多数情况下,创建一次自动化的测试所花费的时间要比一次手工测试所花费的时间多得多。测试成本因产品的架构以及自动化测试的方式不同而异。

如果要通过图形用户界面来测试产品,而且需要写一些驱动图形用户界面的脚本,自动化测试的费用将会是手工测试的几倍。

如果使用 GUI 捕捉/回放工具来跟踪测试与产品之间的交互,同时建立脚本,自动化测试的费用会相对便宜一些。但是,有时候因为出现一些错误,测试工作必须从头开始。另外,使用工具来组织和录制组成测试套的所有文件,以及使用工具来捕获和解决 bug 也要花费时间。如果把所有影响测试成本的因素都考虑进来,测试的成本将会大大增加。

如果要测试的是一个编译器,那么大部分测试工作是编写一些测试程序让编译器进行编译。与手工测试相比,自动化测试所花费的成本可能只稍多一点。

假设目前测试工作非常适合自动化测试,已进行过十次自动测试,而只进行了一次手工测试,或者在用户试用之前从来没有做过手工测试。但是如果自动化测试的成本很高,那么这 10 次自动测试可能会放弃 20 次或者更多的手工测试。而这些测试又能够捕获什么样的 bug 呢?

因此,进行自动化测试之前要考虑的第一个问题就是:

如果要进行一次自动化测试,要放弃掉哪些手工测试? 可能会少捕获多少 bug? 这些 bug 会不会很严重?

这些问题的答案可能因项目不同而异。假如你是一个测试员,将要对电信系统进行测试,对于这个系统来说质量很重要,测试经费很充足。你也许会这样想,如果要进行测试,大概要放弃三次手工测试。但是,能够把测试的设计工作做得很完美,并且确信那些额外的测试在所有测试中不是十分重要的。严格来讲,已经得到了不同程度的测试,并且怀疑这些测试不能捕获到新的 bug,那么这种自动化测试的成本就是低的。

或者假设将要测试一个改动很大的产品,但却没有时间重新进行所有测试。此时进行自动化测试,保证至少能捕获到一个新的 bug,那么这种自动化测试的成本就是很高的。

通常使用测试所花费的时间来衡量自动化测试的成本。但有时候,也使用测试所能捕获的 bug 数目来衡量自动化测试的成本。因为自动化测试的关键在于下一次运行测试的时候能否捕获更多的 bug。可以说 bug 就是自动化测试的价值所在,因此使用所捕获的 bug 数目来衡量测试成本的高低更加合理。

总的说来,应该根据如下几条原则进行测试评估:

(1) 仔细估计一下,进行一次自动化测试大概会少捕获多少 bug。

(2) 估计一下测试的生命周期。

(3) 估计一下在整个生命周期内,自动化测试能捕获到多少 bug。

(4) 对手工测试和自动化测试的评估结果进行比较,然后再做决定。

可能有人会怀疑,这样做无济于事。但是,根据经验来说,虽然有时候无法准确地回答这些问题,但是迅速地考虑一下这些问题也有助于把测试做得更好。

8.1.3　自动化测试的生命周期

自动化测试的价值主要体现在代码改变之后将要进行的回归测试过程中。除了少数几种测试之外，在代码没有改变的情况下，再次进行测试无疑是在浪费时间。

有时，产品的变动会使测试中止。因此，一个测试不可能永远存活下去。在这种情况下，要么放弃这次测试，要么修改测试。一般情况下，修改和放弃测试与重新创建测试的成本是差不多的。如果测试被中止了，剩下的工作最好使用手工测试来完成。

简而言之，测试的生命周期如图 8-1 所示。

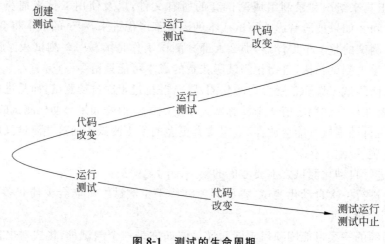

图 8-1　测试的生命周期

在决定是否进行自动化测试之前，必须首先估计一下，产品的代码变动在什么范围内，测试仍能存活。如果要求代码不能有太多变动，要做的测试最好是非常善于捕获 bug 的测试。

为了更好地估计一下测试的生命周期，常常需要一些背景知识。需要了解哪些代码会影响测试。假设任务是创建一系列测试来检查产品是否能够正确地确认用户输入的电话号码，并且要求这些测试能检查电话号码的位数是否正确，用户不能使用非法数字，等等。如果对产品代码十分熟悉，可以拿来一份程序清单，高亮度显示电话号码的确认代码。暂且把这些代码称作被测试的代码（the code under test）。为了完成测试任务，需要考虑的就是这些代码的行为。

在大多数情况下，不会直接使用这些代码。例如，并没有直接把电话号码传递给确认代码。相反，可以通过用户界面输入数据，程序就会把输入的数据转换成程序内部的数据，并且根据规则来确认数据，也不需要直接检查这些确认规则是否正确。相反，通过这些规则就可以把结果传递给其他代码，最后通过用户界面把结果显示出来（例如，显示一个提示错误的弹出菜单）。把这些介于需要被测试的代码和测试之间的代码称作中介代码（intervening code）。

1. 中介代码的变动对测试周期的影响

中介代码是使测试中止的一个主要原因。相对于文本化的接口和标准的硬件设备的接口来说,图形用户界面尤其如此。例如,用户界面以前要求输入电话号码,现在变为提供一个可视的电话键盘,单击数字来模拟使用真实的电话。虽然通过两种界面向被测试的代码传递的都是相同的数据,但是因为没有了提供输入电话号码的地方,自动化测试可能就会中止。

再举一个例子,使用界面为用户提示输入错误的方式也许会有所改变。可能会播放类似"呼叫无效"这样的语音提示来代替弹出的对话框。那么,只有找到了弹出对话框才能够捕获到新 bug 的测试就会因此而中止。

自动化测试工具有时也会显得无能为力。例如,大多数的 GUI 自动化测试工具能够忽略文本框的尺寸,位置或者颜色的变化。想要处理复杂一些的变化,如前面所述,就必须进行定制。也就是让项目组中的某个人针对产品来创建详细的测试库函数(test libraries)来完成这项工作。这样测试员就可以针对想要测试的特性来书写测试代码,尽可能忽略用户界面的各种细节。例如,自动测试可能包括下面这行代码:

```
try 217-555-121
```

try 是一个规则库函数,使用它可把电话号码翻译成用户界面能够理解的术语。如果用户界面接受了输入的字符,try 就会传入数值。如果要求从屏幕上的键盘上选择数字,try 也可以做到这一点。

事实上,测试库函数会过滤出无关的信息。使得测试能够详细而准确地对重要的数据进行说明。对于大多数的界面变化来说,无须改变测试,只需要改变测试函数库。

但是,事情常常难以预计,即使是最好的补偿性代码也不能保证永远把测试和所有的变化都隔离开。因此,可以说测试总有一天会终止。

为了使测试免受中介代码变化的影响,应该从以下几个方面考虑:

(1)评估一下中介代码的改变会不会影响测试。如果绝不会影响到测试(比如说,用户界面不会变化),使用自动测试就能节省大量的时间。(一般来说,用户界面不可能是固定不变的)

(2)如果中介代码的变化会影响到测试,就必须考虑一下使用测试库函数能够使测试不受影响的可能性会有多大。如果测试库函数做不到这一点,也许稍稍修改一下就能对付这种状况。倘若半个小时的修改工作能够挽救 300 个行将终止的测试,花费时间来修改就是值得的。但是,很多人会低估维护测试库函数的困难,尤其是当测试函数库为应对变化而被一次又一次的修补过之后,我们更不愿放弃测试以及这些测试函数库。

(3)假如没有测试函数库——如果是在捕捉/回放的模式下使用 GUI 测试自动化工具——不要指望测试会不受影响。下一个新版的用户界面可能会使许多测试的生命周期中止。测试的成本可能得不到回报。创建测试的成本低,测试的生命周期也短。

2．被测试代码的改变对测试周期的影响

中介代码并不是唯一能改变的代码。被测试的代码(code under test)也有可能改变。在特殊情况下,可能会变得和以前大不一样。

例如,假设很久以前有人写过电话号码的确认测试。为了测试无效的电话号码,使用了 1-888-343-3533。因为在那时候,没有像 888 这样的数字,但现在有了。因此,由于产品结构的变化,以前不能使用的数字现在能用了,可是根据以前的确认规则却不能通过测试。对测试进行修改也许并不简单,如果能意识到问题只是由 888 改为 889,那么问题就简单了。实际工作中,因为自动化测试文档记录的内容少得可怜,难以意识到测试是为了验证电话号码的有效性;或者没有意识到 888 以前不是一个有效号码,因此会认为测试理所当然的捕获到一个 bug。毋庸讳言,这种不真实的 bug 报告会使程序员很恼火。此时,就需要判断一下被测试的代码的稳定性。

首先,需要重点考虑代码的行为。不同的产品,需要测试的代码不同,代码的稳定性也会不同。事实上电话号码是相当稳定的。从某种意义上讲,处理银行账号的代码也是很稳定的,某个余额为 100 元的账户,续存 30 元后,检查账户余额是否为 130 元的测试仍然能够使用(由于中介代码的变化使测试周期中止的情况除外)。但图形用户界面是相当不稳定的。

其次,考虑功能的增加会不会影响测试。例如,有这样一个测试:检查用户从一个余额为 30 元的账户里提取 100 元资金的时候,是否提示错误,并且保证账户余额没有变化。但是,完成这个测试之后,又增加了新的功能:如果拥有透支保护功能的账户,客户能提取的资金就可以超出账户余额。只要默认的测试账户仍然保留原有的行为,这样的变化就不会中止现有的测试(当然还需要对新的功能进行测试)。

8.1.4　自动化测试的价值

通过上述分析,已了解进行自动化测试要解决的问题就是:自动化测试的价值必须要超过所有因此而放弃的手工测试的价值。已经对测试的生命周期进行了评估,在整个生命周期内自动化测试都有可能实现它的价值。下面就需要判断一下自动化测试的价值能够实现的可能性有多大? 自动化测试能够捕获什么样的 bug?

为了便于分析问题,先列一个大纲如下:

- 测试代码的结构要清晰,可以把它分成功能代码(feature code)和支撑代码(support code)。
- 测试通常是用来测试功能代码(feature code),支撑代码(support code)对于测试者来说通常是不可见的。
- 但是功能代码的改变通常会改变代码的行为,因此,极有可能会使测试中止,而不是报告 bug。
- 测试的价值主要在于支撑代码改变以后仍能捕获 bug 的能力。

如果一点也不了解支撑代码,无法知道测试是否能捕获 bug? 如何估计测试是否有助于捕获 bug?

可以认为与被测试的代码进行交互的其他代码大多数是支撑代码,支撑代码的变化也会产生自动测试所能捕获的 bug。

在这里,要强调的一点是高价值的测试不可能是特征驱动测试而是任务驱动测试。

为了更好理解测试自动化的价值,下面仔细研究一下被测试代码(code under test)的结构。例如,被测试的是一段处理从银行账户里提款的代码。每一个测试的目的如下文所述:

- 取款金额超过 9999 元就会触发大额钱款审核跟踪记录。
- 是否能够销户。
- 在用户透支时，金额不能超过 100 元，同时自动给账户加上贷款的标记。
- 在一天内，用户使用同一个账户，提款操作不能超过 4 次。

假设已经看过被测试代码的清单，并且使用高亮显示表示了测试时所要运行的代码。例如，对于第一个测试，要高亮显示代码如下：

```
if(amount>9999.0)audit(transaction,LARGE_WITHDRAWAL);
```

可看到并不是所有的代码都要高亮显示。那么高亮显示的代码和没有高亮显示的代码之间有什么区别呢？为了明确这一点，研究一下最后一个测试需求（在一天内，用户使用同一个账户，提款操作不能超过 4 次）。显然，要做的测试至少有两种。

（1）第一个测试就是执行提款操作 4 次，并且每一次交易都会成功。之后，再次执行提款操作，交易就会失败。

（2）下一个测试要做的就是，在成功地完成 4 次提款操作后，等到零点刚过时，再进行不超过 4 次的提款操作时，每一次交易都应该成功。

为了确定是否已经对一个账户执行过 4 次提款操作了，假定在被测试的代码中，会有一串代码用来维护这一天的提款操作列表。每次要执行提款操作时，被测试的代码都会搜索相应的账号，对操作次数进行比较和统计。为了查看这两种测试是如何使用这些用于搜索的代码，可以检查一下搜索代码是否能够处理一个很长的列表，这个列表包括了10 000 个人的交易数据，其中每人每天执行一次或几次的提款操作。因为用于搜索的代码是隐藏的，所以这项工作不能由测试员来完成。

为了便于说明问题，下面把被测试的代码分成两部分：

（1）功能代码（feature code），它直接实现被测试代码所完成的功能。测试会专门对其进行调用。功能代码可以完成用户所进行的操作（通过使用用户界面的关联代码）。

（2）支撑代码（support code），它起到支持功能代码的作用。因为种种原因，测试代码会对其进行调用，但并没有针对这些代码的特殊测试，如图 8-2 所示。

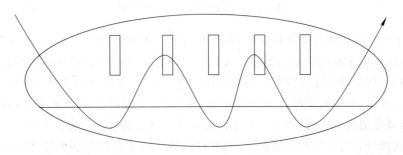

图 8-2　功能代码和支撑代码示意图

在这里，支撑代码位于水平线以下。功能代码位于水平线以上，共有 5 种不同的功能，这里只针对其中的两个功能进行测试。

1. 被测试代码的变化所带来的影响

主要考虑这样一些问题：

- 就给定的结构而言，代码的变化将会产生什么样的影响？
- 什么样的变化具有测试价值？

假设一些功能代码发生了变化，如图 8-3 中灰色图形所示。

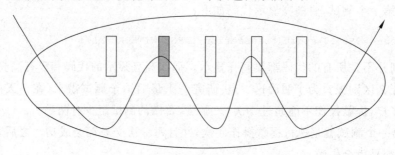

图 8-3　功能代码改动后的示意图

这种变化极有可能会导致调用功能代码的测试中止。大多数情况下，改变功能代码的目的是为了改变行为。因此，如果希望使用自动化测试的方法在发生变化的功能代码中找到 bug，就必须终止原有测试。如果测试的成本很高，这样做是很不经济的。

为了使原有的测试行为仍然能够保留，通常采用的做法是更改支撑代码以便能够支持其他功能代码的变动，参见图 8-4。

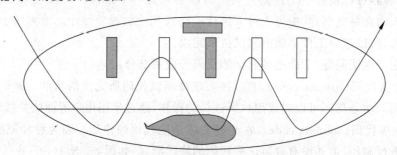

图 8-4　支撑代码改动后的示意图

图 8-4 中有两个功能模块有变动，并且加入了一个新的功能模块。为了配合这些变化，支撑代码也做了相应的变动。没有改动的功能模块以及原有的针对这些模块的测试仍然能使用这些变动的支撑代码。在可行的情况下，为了能够继续支持新代码，可以改变支撑代码。此时，如果对支撑代码进行分解，测试就有可能捕获到 bug。如果在这种情况下，选择自动化测试的方式，那么这些测试能够再次运行的可能性会更大一些。

自动化测试有时是自相矛盾的，一个自动化测试的价值常常和创建测试的具体目的无关。创建测试的原因不同于能够捕获到 bug 的原因，创建测试是为了检查是否能够从银行账户里提取全部余额，但是可能还没有进行到这一步骤时，测试就中止了。

2. 支撑代码的变化对测试的影响

主要从以下两方面来考虑这个问题：

- 代码的变化有多少？
- 这些变化会引入多少 bug？

因为我们并不了解支撑代码，所以进行测试设计时针对的主要是功能代码，而不是支撑代码。但是，为了能弥补这方面的不足，必须考虑支撑代码的变化对测试的影响。

事实上，除非为了修复 bug 而合理改变支撑代码，否则可能会得不偿失。要解决这个问题很难，下面列举一个简单的例子来探讨这个问题。假设有 3 次针对特殊功能的测试。例如，一次是测试能否从银行账户中支取全部余额；另外一个测试是只支取一分钱；最后一个测试是账户里只留下一分钱，其余部分全部取出。这些测试会如何调用程序代码呢？有可能会调用到不同功能模块的代码，但是也有可能会以相同的方式调用支撑代码。测试都是从数据库中提取数据，更新数据库，回填数据。

就支撑代码而言，这些测试是相同的。如果在支撑代码中捕获到了 bug，这些测试要么全能捕获到这些 bug，或者全都捕获不到 bug。因此，只对其中一个测试进行自动化测试就可以了（为了保留原有的行为而使功能代码有所改变的情况除外）。

在这个前提下，要决定是否进行自动化测试需要先考虑这样一个问题：如果有一些测试任务被忽略了，是否能使用其他测试方法来完成？

我们经常希望各种测试能够以不同的方式调用支撑代码。但是，如果对程序没有很好的理解，是很难做到这一点的，这是个带有普遍意义的问题，可以用来估计测试是否具有长期价值。当对产品有了越来越多的理解时，就能够针对各种变化做出合理的决定。

8.1.5 例子

为了能把这些抽象的理论应用到实际工作中，先来看下面的例子。假设正在测试一个产品，测试已经完成一半。产品已经实现了主要的功能，但是还需要增加一些辅助功能。现在要对这些主要的功能进行测试，测试越早，测试收益就越大。

测试过程中，在同如下人员进行交流的过程中提出的问题如下。

程序员：这些辅助的功能是否有可能需要改变产品的支撑代码？程序员有可能精心设计了支撑代码，并且考虑坚持使用可视化的用户界面来完善各种功能。如果是这样的话，那么自动化测试的价值就不大。但是因为要急于完成 α 测试，程序员也可能知道程序的支撑代码的结构不会一成不变的。由于大部分工作将会重复进行，所以可能会特别需要进行自动化测试。或者程序员也不知道支撑代码是否要改变。

项目经理：在新版本中，新增的功能是一个十分重要的部分吗？如果是这样的话，由于市场竞争激烈，图形用户界面有可能改变吗？以前，用户界面改动有多大？为什么会希望今后的改动越少越好？这些变化是为了增加功能，还是用来代替现有的功能？需要切实地估计一下变动的可能性，因为任何变化都可能提高自动化测试的成本，缩短测试的生命周期。

了解并熟悉测试工具的人员：如何应对产品的变化？什么样的变化会使测试中止？对于新增加功能的测试，遇到这些情况的几率有多大？

应该了解一下，一次自动化测试所花费的成本相当于几次手工测试，并且要特别重视测试价值的大小和生命周期的长短，这样做可能不对。但这都是为了避免犯下灾难性的错误,如果自动化测试的成本很高而生命周期很短,最好使用手工测试。

但是这并不意味着不能使用自动化测试。根据传统的做法,在一天的工作结束之后,经常要创建冒烟测试,因为它能够有效地确认系统的基本功能。而冒烟测试使用的是程序的所有代码,虽然不是穷尽测试,但应该能发现主要的问题。可以这样认为,如果程序通过了所有的冒烟测试,可以说程序是稳定的并且可以测试的。

冒烟测试和其他测试的区别在于,通过使用支撑代码,安装到不同地方,在不同的路径下运行测试,按照不同的顺序进行基本的操作,在各种环境中试用,等等。创建这些测试也许需要投入很大的工作量,但是测试的价值也会随之增大。

实际工作中,所做的冒烟测试可能比较少,而因为各种原因放弃对一些基本功能的测试(如测试的生命周期短)。

在接触自动化测试的初期,可能不尽如人意,但是随着知识的不断积累,情况会有所改善的。测试人员要注意的是,要不断跟踪 bug 报告并加以修改,保留所有和测试相关的文档。从这些资料当中,常常能够发现更为重要的信息。如:

- 什么样的因素与产生的 bug 无关?
- 哪里存在 bug?
- 代码行为的稳定性如何?

经过一段时间,要进行自动化测试还是手工测试的想法就会逐渐成熟,可能会形成一个更大的测试套。

我们希望功能代码的改变不会影响到冒烟测试。如果所有的变动都通过了冒烟测试,就要进一步进行手工测试,当然包括使用以前的手工测试进行回归测试。如果这些测试记录非常详细,很容易就能完成回归测试。回归测试得到的结果可能和以前得到的测试结果大不相同。这样很好,因为有可能会捕获到一直存在的 bug。还要针对改动创建新的测试。原有的测试不可能完成针对新代码的所有测试工作。最后,根据常规标准来决定是否要进行自动化测试。

当面对遭到破坏的测试时,又要重新决定是否应该进行自动化测试,所以有时候就希望新版本的开发能够中止所有的测试。但是有的测试小组却为了能够一直进行自动化测试而投入了很多精力,并不是因为测试有价值,而是因为人们不愿意抛弃自己的劳动成果。

8.1.6　另外一些需要考虑的问题

手工测试有时候会发现一些自动化测试所不能发现的问题。工具和测试函数库(test libraries)能够把无关紧要的用户界面的变化过滤出去,也可能会隐藏掉一些 bug。尽管人善于发现问题,但很容易疲劳,并且不能对结果做出精确的分析。如果 bug 隐藏在小数点七位以后的地方,人就很难发现,而工具也许就能够捕获到这样的 bug。Noel Nyman 指出,与人相比,工具能分析出更多的问题。工具不仅仅能注意到直接出现在屏幕上的东西,而且能够对隐藏在背后的数据结构进行分析。由于不能保证每次手工输入的数据完全相同。因此,重复的手工测试多少会有些不同,那么就有可能捕获支撑代码中的 bug。例如,操作有误、后退、重新输入,这些操作有时偶然会发现在处理错误操作的代码和支撑代码进行交互时产生的 bug。

要求对配置测试进行更多的自动化测试。当在不同的操作系统以及不同的设备和不同的第三方函数库下运行测试的时候,逻辑上相当于是在不同的支撑代码下进行测试,如果能预测到将来会有这些变化,自动化测试将有很高的价值。解决这个问题的方法就是创建一些对配置问题(不同的操作系统和硬件设备之间的差别)进行敏感测试,等等,这可能对整个自动化测试来说没有什么意义。因此,也可以在不同的配置环境下进行测试。

如果在进行第一次测试的时候就捕获了 bug,在 bug 没有确定下来之前,要重复进行测试,这也表明这部分程序代码将来有可能发生变化。因此,这也会促使你在这个地方进行更多的自动化测试,当 bug 出现在支持代码中就更有必要这样做。

如果自动化测试的技术支持足够强大,开发人员很容易就能做回归测试,自动化测试比手工测试快得多,但并不是所有的公司都具有这样的自动化测试技术支持水平。开发人员常常会遇到麻烦,或者机器上没有安装自动化测试工具,或者自动化测试工具和调试器没有集成到一起,或者找不到测试套的文档,或者测试环境莫名其妙地中止了测试,等等。不仅浪费了大量的时间,而且最后每个人都被搞得灰心丧气,然而所做的这些只是为了可以不用写详细的 bug 报告。

使用手工测试的时候捕获了 bug,但又不能再现 bug 时会使人很沮丧。对于做过的一些事情,有时可能已经不记得了。进行自动化测试的时候,这种事情就很少会发生。除了测试人员之外,产品的跟踪和日志常常能够发挥很大的作用。在没有日志的情况下,可以使用自动化测试工具来创建一个关于鼠标和键盘动作的日志。日志发挥多大的作用依赖于它的可读性,详细的文字记录曾使很多程序员受益匪浅。

各个子系统之间的交互会使系统的调试工作陷入困境。产品的功能越强大就越难于调试,但进行自动化测试的价值就越大,尤其对于任务驱动的测试来说更是如此。

程序更改之后,测试人员应该对其进行检查。既需要进行各种各样的回归测试,也可能需要针对变动设计一些测试。有时候,因为沟通不利,测试员不知道程序有所变动。幸运的是,一些自动化测试将会中止,使得测试人员能够注意到这些变化,对其进行测试后提交 bug。自动测试套越小,发生这种情况的可能性也就越小。

因为进行自动化测试的创建要花费一些时间,因此把第一个 bug 提交给程序员所花费的时间要比手工测试花费的时间长。问题在于,程序员可能已经做了两周的其他工作之后,才能拿到 bug 报告。

把测试设计得有利于进行自动化测试,但不善于捕获 bug。因为产品的改变会使测试中止,所以要降低这种风险。此时,会发现自己把测试做得十分简化。但是,这样的测试能够捕获 bug 的可能性也很小。

如果产品的行为改变了,自动化测试就有可能会报告一些不真实的 bug。为了去掉这些不真实的 bug 而修改测试的同时,也会削弱测试捕获 bug 的能力。随着时间的推移,自动化测试捕获 bug 的能力也会不断衰退。

如果自动化测试创建得十分好,能够有序运行,并且可以改变测试运行的顺序。那么,与手工测试相比,自动测试能够更好地进行随机测试。

我们可以在产品需要测试之前先设计测试。这种情况下,就可以不计算开发测试脚本所花费的时间——不必选择手工测试。应该加以考虑的是在准备对产品进行测试之后，运行测试脚本的实际成本。

也许自动化测试的价值直到下一个新版本发布之后才能体现出来。手工测试能捕获自动化测试在这个版本中捕获的所有 bug。捕获 bug 的时间越早越好（如果当前版本没有成功，就不会有下一个版本的存在）。

8.2 自动化测试和手工测试

如今，通过使用自动化测试工具对软件的质量进行保障的例子已经数不胜数，但自动化测试并不能完全取代手工测试，二者各有优缺点。为了使读者更好地了解这两种测试手段。本节将从不同的视角进行分析和比较。

8.2.1 自动化测试与手工测试的比较

表 8-1 显示了手工测试与自动化测试的比较结果。这个测试案例中包括 1750 个测试用例和 700 多个错误。

表 8-1 自动化测试和手工测试比较

测试步骤	手工测试	自动化测试	通过使用工具改善测试的百分比
测试计划的开发	32	40	−25%
测试用例的开发	262	117	55%
测试执行	466	23	95%
测试结果分析	117	58	50%
错误状态/更正检测	117	23	80%
产生报告	96	16	83%
时间总和	1090	277	75%

通过这个表可以看出，自动化测试与传统的手工测试在很多方面都有很大的不同，在执行测试和产生测试报告方面显得尤为突出。

8.2.2 短测试周期中手工测试面临的挑战

迭代式开发过程已逐渐取代传统的瀑布式开发，成为目前最流行的软件开发过程。在迭代开发中强调在较短的时间间隔中产生多个可执行、可测试的软件版本，这就意味着测试人员也必须为每次迭代产生的软件系统进行测试。测试工作的周期被缩短，测试的频率增加了。在这种情况下，传统的手工测试已经远远满足不了软件开发的需求。当第一个可测试的版本产生后，测试人员开始对这个版本的系统进行测试，很快第二个版本在第一个版本的技术基础上产生了，测试人员需要在第二次测试时重复上次的测试工作，还要对新增加的功能进行测试，每经过一个迭代，测试工作量就会逐步的累加。随着软件开发过程的进展,测试工作越来越繁重,如果使用手工测试的方法,将很难保证测试工作的进度和质量。在这种情况下,使用良好的自动测试工具将势在必行。测试人员可以根据测试需求完成测试过程中所需的行为,使用自动化测试工具自动生成测试脚本。在后续的测试过程中,只需要对测试脚本进行简单的修改,就完全可以重复使用,而不必手工地重复已经测试过的功能部分。图 8-5 显示了测试工作量与测试时间的关系。

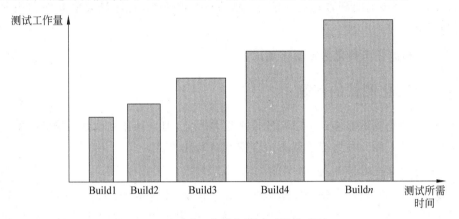

图 8-5　测试工作量与测试时间关系图

8.2.3　手工测试的问题

现代的 GUI 开发技术已经非常先进,它给开发人员提供了快速开发的能力。这就意味着开发人员能够非常快速地改变应用程序,并将新的版本交给测试人员进行测试。实际上,很多公司每天都会有多个应用版本产生。这时候,如果还是使用传统的手工测试的方法是根本不可能满足软件快速开发的要求。自动化测试之所以能在很多大公司实施起来,就是有它适合自动化测试的特点和较高的投资回报率。

1. 针对产品型项目的测试

针对产品型的项目,每个项目只改进少量的功能,但每个项目必须反反复复地测试那些没有改动过的功能。这部分测试完全可以让自动化测试来承担,同时可以把针对新增功能的测试逐渐加入自动化测试当中。

2. 针对增量式开发、持续集成项目的测试

由于这种开发模式是频繁的发布新版本进行测试,因此需要频繁地进行自动化测试,以便把人从中解脱出来测试新的功能。

3. 针对能够自动编译、自动发布的系统的测试

要实现完全自动化测试,必须具有能够对自动化编译、自动化发布系统进行测试的功能。当然,如果不能达到这个要求也可以在手工干预下进行自动化测试。

4. 回归测试

回归测试是自动化测试的强项,它能够很好地测试是否引入了新缺陷,老缺陷是否修改过来了。在某种程度上,可以把自动化测试工具叫做回归测试工具。

5．需要多次重复、机械性动作的测试

自动化测试最适用于多次重复、机械性的测试，这样的测试对它来说从不会失败。例如，向系统输入大量的相似数据来测试压力和报表。

6．需要频繁运行的测试

在一个项目中需要频繁地运行测试，测试周期按天算，就能最大限度地利用测试脚本，提高工作效率。

7．将烦琐的任务转化为自动化测试。

8.2.4 自动化测试的问题

虽然，自动化测试能够给项目开发带来很多收益，但自动化测试并不能完全取代手工测试。例如，在下面几种情况下就不适合使用自动化测试。

1．定制型项目（一次性的）

为客户定制的项目，其维护期是由客户方承担的，甚至它所采用的开发语言、运行环境也是客户特别要求的，即公司在这方面的测试积累较少，这样的项目不适合作自动化测试。

2．项目周期很短的项目

对于开发与测试周期很短的项目，就不值得花费精力去投资自动化测试。因为好不容易建立起的测试脚本，得不到重复的利用是不现实的。

3．涉及业务规则复杂的对象

业务规则复杂的对象，有很多的逻辑关系、运算关系，工具就很难测试。

4．关于美观、声音、易用性的测试

也就是一些通过人的感观进行的测试：如针对界面的美观、声音的体验、易用性的测试，只能通过手工测试来完成。

5．很少运行的测试，如一个月只运行一次的测试

测试很少运行，对自动化测试就是一种浪费。自动化测试就是让它不厌其烦的、反反复复地运行才有效率。

6．测试的软件不稳定

如果软件不稳定，其中的不稳定因素可能导致自动化测试失败。只有当软件达到相对的稳定，没有界面性严重错误和中断错误才能开始自动化测试。

7．涉及物理交互的测试

工具很难完成与物理设备的交互，比如刷卡的测试等。

8.2.5 自动化测试的优点

好的自动化测试可以达到比手工测试更有效、更经济的效果。自动化测试具有的优点如下。

1. 对程序的新版本运行已有的测试,即回归测试

对于产品型的软件,每发布一个新的版本,其中大部分功能和界面都和上一个版本相似或完全相同,这部分功能特别适合于自动化测试,从而达到可以重新测试每个功能的目的。这是最主要的任务,特别是经过了频繁的修改后,一系列回归测试的开销是最小的。假设已经有一个测试在程序的一个老版本上运行过,那么在几分钟之内就可以选择并执行自动化测试。

2. 可以运行更多更频繁的测试

自动化测试的最大好处就在于,可以在较少的时间内运行更多的测试。例如,产品向市场的发布周期是 3 个月,也就是说开发周期只有短短的 3 个月,在测试期间要求每天/每 2 天就要发布一个版本供测试人员测试,一个系统的功能点有几千个或上万个,如果使用人工测试来完成这么多烦琐的工作,将需要花费大量的时间,难以提高测试效率。

3. 可以进行一些手工测试难以完成或不可能完成的测试

如有些非功能性方面的测试:压力测试、并发测试、大数据量测试、崩溃性测试,用人来测试是不可能达到的。例如,对于 200 个用户的联机系统,用手工进行并发操作的测试几乎是不可能的,但自动化测试工具可以模拟来自 200 个用户的输入。客户端用户通过定义可以自动回放的测试,随时都可以运行用户脚本,技术人员即使是不了解整个复杂的商业应用也可以完成。另外,在测试中应用测试工具,可以发现正常测试中很难发现的缺陷。例如,Numega 的 DevPartner 工具就可以发现软件中的内存方面的问题。

4. 充分地利用资源

将频繁的测试任务自动化,如需要重复输入数据的测试。这样可将测试人员解脱出来,提高准确性和测试人员的积极性,把更多的精力投入测试用例的设计当中。由于使用了自动化测试,因此手工测试就会减少,相对来说测试人员就可以把更多的精力投入手工测试过程中,有助于更好地完成手工测试。另外,测试人员还可以利用夜间或周末机器空闲的时候执行自动化测试。

5. 测试具有一致性和可重复性

由于每次自动化测试运行的脚本是相同的,所以每次执行的测试具有一致性,所以很容易就能发现被测软件是否有修改之处。这在手工测试中是很难做到的。

再如,有些测试可能在不同的硬件配置下执行,使用不同的操作系统或不同的数据库,此时要求在多种平台环境下运行的产品具有跨平台质量的一致性,这在手工测试的情况下更不可能做到。

另外,好的自动测试机制还可以确保测试标准与开发标准的一致性。例如,此类工具可以测试每个应用程序的相同类型的功能以相同的方法实现。

6. 测试具有复用性

对于一些要重复使用的自动化测试要确保可靠性。

7. 缩短软件发布的时间

一旦一系列自动化测试准备工作完成，就可以重复地执行一系列的测试，因此能够缩短测试时间。

8. 增强软件的可靠性

总之，自动化测试的好处和优点是不言而喻的，但只有正确并顺利地实施自动化测试才能从中受益。

8.2.6 自动化测试的缺点

1. 自动化测试不能取代手工测试，测试主要还是要靠人工的

2. 新缺陷越多，自动化测试失败的几率就越大

发现更多的新缺陷应该是手工测试的主要目的。测试专家 James Bach 认为 85% 的缺陷靠手工发现，而自动化测试只能发现 15% 的缺陷。其实自动化测试能够很好地发现原有的缺陷。

3. 工具本身不具有想象力

工具毕竟是工具，出现一些需要思考、体验、界面美观方面的测试，自动化测试工具就无能为力了。

4. 技术问题、组织问题、脚本维护

自动测试实施起来并不简单。首先，商用测试执行工具是较庞大且复杂的产品，要求具有一定的技术知识，才能很好的利用工具，这对于厂商或分销商培训直接使用工具的用户，特别是自动化测试用户来说十分重要。除工具本身的技术问题外，用户也要了解被测试软件的技术问题。如果软件在设计和实现时没有考虑可测试性，则测试时无论自动测试还是手工测试难度非常大。如果使用工具测试这样的软件，无疑更增加测试的难度。其次，还必须有管理支持及组织艺术。最后，还要考虑组织是否能够重视，是否能成立这样的测试团队，是否有这样的技术水平，对于测试脚本的维护工作量也是很大的，是否值得维护等问题。

5. 测试工具与其他软件的互操作性

测试工具与其他软件的互操作性也是一个严重的问题，技术环境变化如此之快，使得厂商很难跟上。许多工具看似理想，但在某些环境中却并非如此。

8.3 自动化测试工具的选择和使用

随着人们对测试工作的重视以及测试工作的不断深入，越来越多的公司开始使用自动化测试工具。如果能够正确地选择和使用自动化测试工具，就会提高测试的效率和测试质量，降低测试成本。由于一些商用的自动化测试工具十分昂贵，因此在选择自动化测试工具的时候，要把各种因素考虑进去，只有这样才能做出正确的选择。

8.3.1 应用自动化测试工具的目的

一般而言,在测试过程中应用自动化测试工具主要为了以下几个目的:

(1) 提高测试质量;

(2) 减少测试过程中重复的手工劳动,提高测试效率;

(3) 实现测试自动化,充分利用测试资源。

8.3.2 自动化测试工具的概要介绍

根据软件生命周期中的定义,可以把自动化测试工具分为白盒测试工具、黑盒测试工具和测试管理工具 3 大类。这些工具和软件开发过程中相关活动的关系如图 8-6 所示。

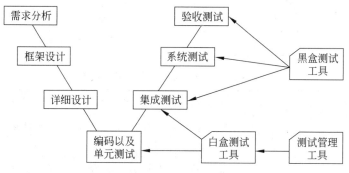

图 8-6 测试工具与开发过程关系图

1. 白盒测试工具

白盒测试工具一般是针对代码进行测试的工具,测试中发现的缺陷可以定位到代码级,根据测试原理的不同,又可以分为静态测试工具和动态测试工具。

1) 静态测试工具

所谓静态测试就是不运行测试而直接对代码进行分析的测试。因此,静态测试工具直接对代码进行分析,不需要运行代码,也不需要对代码编译链接,生成可执行文件。静态测试工具一般是对代码进行语法扫描,找出不符合编码规范的地方,根据某种质量模型评价代码的质量,生成系统的调用关系图等。

静态测试工具的代表有 Telelogic 公司的 Logiscope 软件、PR 公司的 PRQA 软件。

2) 动态测试工具

动态测试主要采用"插桩"的方式,即向代码生成的可执行文件中插入一些监测代码,运行框架程序,统计程序运行时的数据,可以针对所有类的成员函数进行测试,也可以只针对类的公共接口函数进行测试。能够做到 API 错误检查;指针错误内存泄露检查;代码运行效率和遍历度分析。随着软件开发的发展,专门针对动态测试的工具很多,有商业性的系列软件以及开源的 Xunit 系列工具。其与静态测试工具最大的不同就是,动态测试工具要求实际运行被测系统。

商业性的白盒测试工具,比较有代表性的如 Compuware 公司的 Numega 系列工具和

ParaSoft 的 JavaSolution 以及 C/C++ Solution 系列。

非商业性的白盒测试工具，主要以 Xunit 系列为代表的测试框架工具，此类软件很多，详细资料可以查看网站（http://xprogramming.com/software.htm）。

常见的白盒测试工具，如表 8-2、表 8-3 和表 8-4 所示。

表 8-2　Parasoft 白盒测试工具集

工　具　名	支持语言环境	简　　介
Jtest	Java	代码分析和动态类、组件测试
Jcontract	Java	实时性能监控以及分析优化
C++ Test	C,C++	代码分析和动态测试
CodeWizard	C,C++	代码静态分析
Insure++	C,C++	实时性能监控以及分析优化
. test	. Net	代码分析和动态测试

表 8-3　Compuware 白盒测试工具集

工　具　名	支持语言环境	简　　介
BoundsChecker	C++ ,Delphi	API 和 OLE 错误检查、指针和泄露错误检查、内存错误检查
TrueTime	C++ ,Java,Visual Basic	代码运行效率检查、组件性能的分析
FailSafe	Visual Basic	自动错误处理和恢复系统
Jcheck	M $ Visual J++	图形化的线程和事件分析工具
TrueCoverage	C++ ,Java,Visual Basic	函数调用次数、所占比率统计以及稳定性跟踪
SmartCheck	Visual Basic	函数调用次数、所占比率统计以及稳定性跟踪
CodeReview	Visual Basic	自动源代码分析工具

表 8-4　Xunit 白盒测试工具集

工　具　名	支持语言环境	官方站点
Aunit	Ada	http://www. libre. act-europe. fr
CppUnit	C++	http://cppunit. sourceforge. net
ComUnit	VB,COM	http://comunit. sourceforge. net
Dunit	Delphi	http://dunit. sourceforge. net
DotUnit	. Net	http://dotunit. sourceforge. net
HttpUnit	Web	http://c2. com/cgi/wiki?HttpUnit
HtmlUnit	Web	http://htmlunit. sourceforge. net
Jtest	Java	http://www. junit. org

续表

工 具 名	支持语言环境	官 方 站 点
JsUnit(Hieatt)	Javascript 1.4 以上	http://www.jsunit.net
PhpUnit	Php	http://phpunit.sourceforge.net
PerlUnit	Perl	http://perlunit.sourceforge.net
XmlUnit	Xml	http://xmlunit.sourceforge.net

2. 黑盒测试工具

黑盒测试工具包括功能测试工具和性能测试工具。一般原理是利用脚本的录制 (record)/回放(playback),模拟用户的操作,然后将被测系统的输出记录下来,同预先给定的标准结果比较。黑盒测试工具可以大大减轻黑盒测试的工作量,在迭代开发的过程中,能够很好地进行回归测试。

黑盒测试工具的代表有 Rational 公司的 TeamTest、Robot,Compuware 公司的 QACenter,另外,专用于性能测试的工具包括 Radview 公司的 WebLoad、Microsoft 公司的 WebStress 等工具。主流黑盒功能测试工具集如表 8-5、表 8-6 所示。

表 8-5 主流黑盒功能测试工具集

工 具 名	公 司 名	官 方 站 点
WinRunner	Mercury	http://www.mercuryinteractive.com
Astra Quicktest	Mercury	http://www.mercuryinteractive.com
Robot	IBM Rational	http://www.rational.com
QARun	Compuware	http://www.compuware.com
SilkTest	Segue	http://www.segue.com
e-Test	Empirix	http://www.empirix.com

表 8-6 主流黑盒性能测试工具集

工 具 名	公 司 名	官 方 站 点
WAS	MS	http://www.microsoft.com
LoadRunner	Mercury	http://www.mercuryinteractive.com
Astra Quicktest	Mercury	http://www.mercuryinteractive.com
Qaload	Compuware	http://www.empirix.com
TeamTest:SiteLoad	IBM Rational	http://www.rational.com
Webload	Radview	http://www.radview.com
Silkperformer	Segue	http://www.segue.com
e-Load	Empirix	http://www.empirix.com
OpenSTA	OpenSTA	http://www.opensta.com

3．测试管理工具

测试管理工具用于对测试进行管理。一般而言，测试管理工具主要对软件缺陷、测试计划、测试用例、测试实施进行管理。因为在工作中使用比较多的管理工具主要是缺陷跟踪工具，下面只对其进行主要介绍。

缺陷跟踪工具可以对产品在各个开发周期内产生的缺陷和变更请求进行有效管理。尤其在测试阶段，项目组的每个成员几乎都以该系统为中心来展开各自的工作，设计良好的管理系统可以简化和加速变更请求的协调过程，理顺项目团队间的沟通，使之协作自动化。这个系统可以说是产品质量控制的基础。

测试管理工具的代表有 Rational 公司的 Test Manager、Compuware 公司的 TrackRecord 等软件。

那么如何选择缺陷跟踪工具呢？大致有这样几种方法：

（1）使用 Word、Excel 等类型的平面文档；

（2）自行设计开发一套管理软件；

（3）购买商业性的软件；

（4）下载一套适合自己的开源软件，自行配置和维护。

这几种方法各有优缺点，如选择诸如 Word 之类的工具，虽实施简单，但效率很差。自行设计开发一套管理软件，如果工程开发周期很短，那么就会耗费宝贵的项目开发时间。购买商业软件，可能会使公司的财政紧张，对中小型公司来说尤其如此。那么，最后一种方法无疑是一种好的选择。为了取得最佳的性价比，这里对几种主流产品进行比较，供读者将来参考，如表 8-7 所示。

表 8-7　测试管理工具典型产品的比较

工具名称	Testdirector	ClearQuest	BMS	Bugzilla
流程定制	Y	Y	N	Y
查询功能定制	Y	Y	Y	Y
功能域定制	Y	Y	Y	Y
用户权限分级管理	Y	Y	Y	Y
Email 通知	Y	Y	Y	Y
构架模式	B/S	C/S,B/S	B/S	B/S
报表定制功能	Y	强，集成 Crystal Report	有标准报表和高级报表，定制功能不够	Y
支持平台	Windows	Windows、UNIX	Windows	Linux,FreeBSD
支持数据库	Oracle、MS Access、SQL Server 等	Oracle、MS Access、SQL Server	SQL Server 等 MSDE	MySQL
安装配置的复杂度	简单	有些复杂	容易	不复杂
许可证费用	昂贵	昂贵	适中	免费

续表

工 具 名 称	Testdirector	ClearQuest	BMS	Bugzilla
售后服务	国内有多家代理公司提供相关服务	在国内有分公司提供技术支持	技术支持和服务体系完备	可自行修改源代码
与其他工具集成	本身又是测试需求、测试案例管理工具,与 winRunner、Load-Runner 集成,并且具有多种主流 Case 工具接口 Add-In	与 rational 公司的其他产品无缝集成,特别与 Clear Case 配合以可实现 UCM 的配置管理体系	M$ VSS,Project	开源配置管理工具 CVS
公司背景	世界主流测试软件提供商	已被 IBM 合并,世界著名软件公司		

4．其他自动化测试工具

除了上述的自动化测试工具外,还有一些专用的自动化测试工具,例如,针对数据库测试的 TestBytes,对应用性能进行优化的 EcoScope 等工具。

8.3.3　自动化测试工具的选择

面对如此多的自动化测试工具,对工具的选择就成了一个比较重要的问题。在考虑选用工具的时候,建议从以下几个方面来权衡和选择。

1．功能

功能当然是人们最关注的内容,选择一个自动化测试工具首先就是看它提供的功能。当然,这并不是说它提供的功能越多就越好,在实际的选择过程中,实用才是根本,也就是说要结合公司软件开发的技术特点来看待这个问题。事实上,目前市面上同类的软件测试工具之间的基本功能都是大同小异,各种软件提供的功能也大致相同,只不过有不同的侧重点。例如,白盒测试工具 Logiscope 和 PRQA 软件,它们提供的基本功能大致相同,只是在编码规则、编码规则的定制、采用的代码质量标准方面有不同。

除了基本的功能之外,以下的功能需求也可以作为选择自动化测试工具的参考。

- 报表功能:自动化测试工具生成的结果最终要由人进行解释,而且,查看最终报告的人员不一定对测试很熟悉,因此,自动化测试工具能否生成结果报表,能够以什么形式提供报表是需要考虑的因素。
- 自动化测试工具的集成能力:自动化测试工具的引入是一个长期的过程,应该是伴随着测试过程改进而进行的一个持续的过程。因此,自动化测试工具的集成能力也是必须考虑的因素,这里的集成包括两个方面的意思,首先,自动化测试工具能否和开发工具进行良好的集成;其次,自动化测试工具能否和其他自动化测试工具进行良好的集成。
- 操作系统和开发工具的兼容性:自动化测试工具可否跨平台,是否适用于公司目前使用的开发工具,这些问题也是在选择一个自动化测试工具时必须考虑的问题。

2. 价格

除了功能之外,价格就应该是最重要的因素了。当然,要视公司的财政状况而行。

3. 对自动化测试工具进行评估

主要从以下几点来考虑:

- 由于单一的工具不能普遍满足企业对自动化测试工具的所有需求,在确定了本企业对工具的需求后,考虑今后项目组可能要采用的新技术,确定出企业对工具的期望。
- 定义出评估的范围,选择合适的测试用例,评估工具是否能达到测试所要求的目标,自动化测试工具的实际性能是否和自动化测试工具文档中声明的一致。
- 总结试用自动化测试工具的结果,得出评估报告。

4. 目的

引入自动化测试工具的目的是使测试自动化,引入工具需要考虑引入工具的连续性和一致性,而选择自动化测试工具是测试自动化的一个重要步骤之一,因此在引入/选择自动化测试工具时,必须考虑自动化测试工具引入的连续性。也就是说,对自动化测试工具的选择必须有一个全盘的考虑,分阶段、逐步地引入自动化测试工具。

8.3.4 自动化测试工具在测试过程中的应用

前面已经对自动化测试工具的分类、选择进行了一些描述,下面简单谈谈自动化测试工具在测试过程中的应用。

对自动化测试工具能够发挥的作用大家都已经了解并认可了,但是很多引入测试软件的公司并没有能够让测试软件发挥应有的作用,其原因主要有以下 3 个方面。

1. 没有考虑公司的实际情况,盲目引入自动化测试工具

首先要明确一点,并不是每种自动化测试工具都适合公司的实际情况。我见过一些公司怀着美好的愿望花了不小的代价引入自动化测试工具,一年半载以后,自动化测试工具却成了摆设,成了引入者心头的痛。究其原因,就是没有能够考虑公司的现实情况,不切实际地期望自动化测试工具能够改变公司的现状,从而导致了失败。

例如,如果一个公司所开发的软件属于工程性质的软件,在整个开发过程中需求和用户界面变动较大,这种情况下就不适合引入黑盒测试软件,因为黑盒测试软件的基本原理是录制/回放,对于不停变化的需求和界面,可能修改和录制脚本的工作量还大过测试实施,运用自动化测试工具不但不能减轻工作量,反而加重了测试人员的负担。

2. 没有形成一个良好的使用自动化测试工具的环境

换句话说,就是没有能够形成一种机制,能够让自动化测试工具真正发挥作用。例如,白盒测试工具的一般使用场合是在单元测试阶段,而单元测试是由开发人员完成,如果没有流程来规范开发人员的行为,在项目进度压力比较大的情况下,开发人员很可能就会有意识地不使用自动化测试工具,来逃避问题。在这种情况下,就必须形成一种有约束

力的机制,来强制使用自动化测试工具。将自动化测试工具的使用明确定义进公司的开发流程,应是一种比较好的方式。

3. 没有进行有效的自动化测试工具的培训

自动化测试工具的使用者必须对工具本身非常了解,在这方面,有效的培训是必不可少的。自动化测试工具的培训是一个长期的过程,不是通过一两次讲课的形式就能达到良好的效果。而且,在实际的使用自动化测试工具的过程中,使用者可能还存在着这样那样的问题,这也需要有专人负责解决,否则的话,可能会大大打击使用者的积极性。

8.4 自动化测试工具

为了使读者更深入地了解软件测试自动化以及自动化测试工具的使用,本节列举了一个使用 LoadRunner 进行的性能测试实例,希望对初次接触自动化测试的读者能够有所帮助。

8.4.1 JUnit

1. JUnit 概述

通过前面各章节的介绍已经对面向对象的软件测试有了一定程度的了解。工欲善其事,必先利其器,那么一款合适的测试工具会使得测试工作如虎添翼。因此,本节专门向读者介绍用于测试使用 Java 语言编写的面向对象程序的单元级测试工具——JUnit。

JUnit 是由 Eric Gamma 及 Kent Beck 编写的,由 SourceForge 发行,其互联网访问页面为 http://junit.org,在站点上可以查询到 JUnit 相关的资料(开发语言、最新更新日期、授权使用书、应用系统等),查阅大量的关于 JUnit 的应用实例,下载最新的 JUnit 包,它主要用于 Java 开发人员在编写单元测试时用。

测试工具很多,主要用于单元级的白盒测试工具——JUnit 具有哪些优点呢?

1) 提升程序代码质量的同时,JUnit 测试能够更快速地编写程序

当使用 JUnit 撰写测试时,可以花费更少的时间定位并处理缺陷,同时增加对所改变的程序代码的信心。可以更轻松地重构或构建程序代码并增加新的功能。不经过测试,重整及增加新功能会使我们变得没有信心;因为不知道有哪些代码会破坏原有的运行结果。如果采用一个综合的测试系列,就可以在改变程序代码之后快速地执行多个测试,测试所做的变动是否给其他代码带来负面的影响,这非常有助于我们建立信心。在执行测试时如果发现臭虫,因为还仍然清楚地记得原始代码,很容易就能找到缺陷。因此,利用 JUnit 开发的测试能够提高编写程序和找出缺陷的速度。

2) JUnit 使用简单

开发测试应该很简单——这一点很重要! 如果开发测试太复杂或太耗时间,便无法要求程序员编写测试。使用 JUnit 可以快速地编写测试并检测程序代码,随着程序代码的成长逐步增加测试。只要编写了一些测试,就可以快速并频繁地执行测试,但不会中断程序的开发。而使用 JUnit 执行测试就像编译程序代码那么容易。事实上,进行代码编

译时也是在执行测试。因为编译是检测程序代码的语法而测试是检查程序代码的完整性（integrity）。

3）JUnit 能够检验测试结果并立即提供反馈

如果使用人工测试来对比预期结果与实际结果，那么测试的速度会慢很多。而 JUnit 可以自动执行测试并且检查测试结果。例如，反馈测试是通过或失败了，而不再需要人工检查测试结果的报告。

4）JUnit 测试可以组织成一个有层次的测试系列架构

JUnit 可以把测试组织成测试系列，这个测试系列可以包含其他测试或测试系列。JUnit 测试的合成行为允许我们组织多个测试并自动进行回归（regression）测试整个测试系列，也可以执行测试系列层次架构中任何一层的测试。

5）使用 JUnit 开发测试成本低

使用 JUnit 测试框架，可以很轻松地编写测试，编写一项测试就像写一个方法一样简单；测试是检验要测试的程序代码并定义期望的结果。JUnit 测试框架提供自动执行测试的背景，这个背景并成为其他测试集合的一部分。花费少量的测试投资便能够持续获得回报。

6）JUnit 测试提升软件的稳定性

对程序所做的测试越少，程序代码就越不稳定，而通过 JUnit 测试能够使得软件稳定并逐步增强对产品的信心。

7）JUnit 测试是使用 Java 语言开发的

使用 JUnit 测试 Java 软件可以形成一个介于测试及程序代码间的无缝（seamless）边界。

8）JUnit 是免费的

读者如果想详细了解更多的关于 JUnit 的信息，可访问 https://github.com/junit-team/junit/wiki。

2．JUnit 自动化测试框架

自动化测试框架（automated testing framework）就是可以对代码进行单元测试的框架。简单的自动化测试框架应该满足如下几个要求。

1）能够以某种方式将测试用例组织成一个测试包

以便可以一次执行所有测试用例，尽量达到让实现人员或者测试人员按一个按钮就能完成所有的测试工作，并且输出清晰的测试结果的目的。

2）支持简单的操作

可以向测试包中添加任意多个测试用例，并且不影响测试包的正常运行。

3）支持测试随意组合（一个测试包可以包含其他的测试包）

JUnit 的自动化测试框架如图 8-7 所示。

JUnit.Framework 包中包含了 JUnit 测试类所需的所有基类（Base Class），实际上这个包也是整个 JUnit 的基础框架（Base_Framework）。TestCase 类是这个包的核心，测试人员可在继承 TestCase 类的基础上开发自己的测试驱动程序。其余的类用来支持 TestCase 类，其中的 TestSuite 用来聚合多个测试用例（TestCase）；Assert 类用来验证期

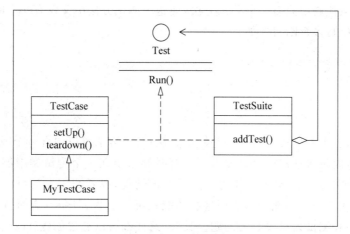

图 8-7 JUnit 的自动化测试框架

望值和实际值；TestResult 类收集所有测试用例执行后的结果；在 Test 接口中建立了 TestCase 和 TestSuite 之间的关联，同时它也为整个测试框架做了扩展预留。所谓框架就是 Erich Gamma 和 Kent Beck 制定的一些条条框框，测试代码必须遵循这个条条框框：如需要继承某个类，实现某个接口。

虽然在不同的 IDE 中，使用 JUnit 的方法不同，但如果理解了 JUnit 的本质，使用起来就十分容易了。所以只集中精力讲述如何利用 JUnit 编写单元测试代码。目前，JUnit 得到了大多数软件工程师的认可，因此遵循 JUnit 会得到很多的支持。前面介绍的各种断言只有在 JUnit 框架下才能够使用，下面通过一段代码对 JUnit 框架的使用进行简单介绍。代码如下：

```
Line 1   import junit.framework.*;  //导入必需的 Junit 类库
     2   public class TestSimple extends TestCase{
     3     public TestSimple(String name){
     4     super(name);
     5     }
     6     public void testPlus(){
     7     assertEquals(2,3-1);
     8     }
     9     }
```

此段代码展示了使用 JUnit 框架要满足的最低要求。

① 第一行导入了基于 JUnit 开发测试驱动程序所必需的 JUnit 类库。

② 第二行定义了一个类，要求每个包含测试的类，必须继承 TestCase 类，它提供了大部分单元测试的功能包括前面讲过的断言方法。

③ 第三行是一个以 String 为参数的构造函数，因此在第四行调用了 super 以传递这么一个名字。

④ 第六行是测试类包含了名为 testxxx 的方法，在测试类中所有以 test 为开头命名的方法都会被 JUnit 自动运行，也可以通过定义 suite 方法制定特殊的函数来运行。

虽然在此段代码中只有一个测试方法,而这个测试方法中又仅有一个断言。其实,在测试方法中可以写多个断言。如:

```
public void testPlus(){
assertEquals(3, 4-1);
assertEquals(2, 5-3);
}
```

如上所述,一个测试类会包含一些测试方法;每个方法可以包含一个或者多个断言语句,这些功能能满足最基本的测试要求。但有时候希望在一个测试类中能调用其他测试类:如一个单独的类、包,甚至完整的一个系统的功能,或者测试人员可能只想运行一个测试类中的某些方法。因此如何实现这些功能就可能成为程序员(有时候单元测试是由程序员进行的)和测试人员关心的问题。其实,这些都可以通过创建 Test suite 来实现。

例如,给出如下一个类似 TestSimple 的测试驱动类,二者不同之处在于增加了一个静态的 Test suite 方法,通过 suite()方法就可以返回任何想得到的测试集合(测试类中没有 suite()方法时,JUnit 会自动运行所有以 test 为开头命名的方法)。代码如下:

```
Line 1  import junit.framework.*;
     2  public class TestSimple extends TestCase{
     3  public TestSimple(String name){
     4  super(name);
     5  }
     6  public void testPlus(){
     7  assertEquals(2,3-1);
     8  }
     9  public void testAdd(){
    10  assertEquals(4,2+2);
        }
        public void testMultiple(){
        assertEquals(4,2×2);
        }
    15  public static Test suite(){
        TestSuite suite=new TestSuite();
        Suite.addTest(
            new TestClassOne("testPlus"));
        Suite.addTest(
    20  new TestClassOne("testAdd"));
        return suite;
        }
    }
```

从第 18 行中可以看到构造函数的 String 参数的作用,它让 TestCase 返回了一个对命名测试方法的引用。在这个测试驱动程序中只运行 testPlus 和 testAdd 两个测试方法,而不会运行 testMultiple 测试方法。

如果想使用更高一个级别的测试来组合两个测试类,可以在 Test suite 方法中添加如下两行代码:

```
suite.addTestSuite(ClassName1.class);
suite.addTest(CalssName2.suite());
```

那么,测试驱动程序将会执行 ClassName1 类中的所有测试方法和 ClassName2 中 suite 方法中的引用的测试方法。

3. 环境的建立和清理

一般情况下,每个测试的运行都应该是相互独立的;这样就可以在任何时候,以任意的顺序运行每个单独的测试。那么,在每个测试开始之前,就需要重新设置某些测试环境;在测试完成之后释放一些资源。在 JUnit 中的 TestCase 基类就提供了这样两个方法,可以分别用于环境的建立和清理:

```
protected void setUp();
protected void teardown();
```

在前面所述的例子中,程序运行时,会在调用每个 testxxx 方法之前,调用方法 setUp(),并且每个测试方法完成之后,都调用方法 tearDown()。

读者可能会问,对于一个运行每个测试都需要的测试环境,如同数据库建立连接。还需要重复建立这样的测试环境吗? 回答是否定的。那么,应该如何建立和清除环境呢? 实际上很简单,只需在 setup 和 teardown 方法中分别建立和释放连接。在调用每个测试方法之前,都会先调用 setUp(),然后在该方法运行结束后会接着调用 tearDown()。

在上面的论述中,只讨论了针对每个测试方法如何设置和清除环境。但在某些情况下,需要为整个 test suite 设置一些环境,以及在 test suite 中的所有方法都执行后才做环境清理工作。这要通过 per-suite setup 和 per-suite tear-down 来实现。同 per-test 相比这可能要复杂些,在测试程序中需要提供一个 suite() 方法,并需要把它包装进一个 TestSetup 对象。如下面代码所示:

```
import junit.framework.*;
import junit.extensions.*;
public class TestClassOne extends TestCase{
public TestClassOne(String name){
    super(name);
    }
    public void testPlus(){
    assertEquals(2,3-1);
    }
    public void testAdd(){
        assertEquals(4,2+2);
        }
    public void testMultiple(){
        assertEquals(4,2×2);
```

```
        }
        public static Test suite(){
            TestSuite suite=new TestSuite();
            Suite.addTest(
                new TestClassOne("testPlus"));
            Suite.addTest(
                new TestClassOne("testAdd"));
                TestSetup wrapper=new TestSetup(suite){
                Protected void setup(){
                OneTimeTearDown();
                }
                }
                return wrapper;
        }
        public static void oneTimeSetUp(){
        //one-time initialization code goes here...
        }
        public static void oneTimeTearDown(){
        //one-time clearup code goes here...
        }
    }
```

4. JUnit 支持两种运行单个测试的方法：静态的和动态的方法

静态的方法就是覆盖 TestCase 类的 runTest()方法，一般是采用内部类的方式创建一个测试实例：

```
TestCase test01=new testCar("testgetWheels") {
    public void runTest() {
    testGetWheels();
    }
}
```

采用静态的方法要注意给每个测试起一个名字(这个名字可以任意起,但希望这个名字有某种意义),这样就可以区分哪个测试失败了。

动态的方法是用内省来实现 runTest()以创建一个测试实例。这要求测试的名字就是需要调用的测试方法的名字：

```
TestCase test01=new testCar("testGetWheels");
```

JUnit 会动态查找并调用指定的测试方法。动态的方法很简洁,但如果输入了错误的名字就会得到一个令人奇怪的 No Such Method Exception 异常。动态的方法和静态的方法都很好,可以按照自己的喜好来选择。

5. Testsuite 的使用

很多情况下,测试人员在创建了一些测试实例之后,常常希望可以有选择地让一些测试一起运行。在 JUnit 中,任何测试类都能包含一个名为 suite 的静态方法,即 public static Test suite();在 suite()方法中,将所需要的测试实例加到一个 TestSuite 对象中,并返回这个 TestSuite 对象。在测试类执行的过程中,只有添加到 TestSuite 中的测试才能够被运行,因此可以不用花费额外的时间去运行暂时还不需要的测试。这是因为 TestSuite 和 TestCase 都实现了 Test 接口(interface),而 Test 接口定义了运行测试所需的方法。这就允许用 TestCase 和 TestSuite 的组合创建一个更高级别的测试类。例子如下:

```
public static Test suite() {
    TestSuite suite=new TestSuite();
    suite.addTest(new testCar("testGetWheels"));
    suite.addTest(new testCar("testGetSeats"));
    return suite;
}
```

6. JUnit 的版本变化

从 JUnit 2.0 开始,有一种更简单的动态定义测试实例的方法,只需将类传递给 TestSuite,JUnit 会根据测试方法名自动创建相应的测试实例。所以测试方法最好取名为 testXXX()。例子如下:

```
public static Test suite() {
return new TestSuite(testCar.class);
    }
```

目前,该工具的最新版本是 JUnit4,这个版本同以前的 JUnit 框架相比有了很大的改进,可以利用 Java5 的 Annotation 特性简化测试用例的编写。在 Java 里面可以用来和 public、static 等关键字一样来修饰类名、方法名、变量名,可以描述这个数据是做什么用的,如同 public 可以描述这个数据是公有的一样。需要进一步具体了解可参考 Core Java2。

在基于 JUnit 3 测试框架编写的测试类中,必须继承自 TestCase,测试的方法必须以 test 开头。然而若基于 JUnit 4 编写单元测试类就不会这么复杂。代码如下:

```
import junit.framework.TestCase;
import org.junit.After;
import org.junit.Before;
import org.junit.Test;
import static org.junit.Assert.*;
/* *
 *
 * @author bean
 */
public class AddOperationTest extends TestCase{
    public AddOperationTest() {
```

```
    }
    @Before
    public void setUp() throws Exception {
    }
    @After
    public void tearDown() throws Exception {
    }
    @Test
    public void add() {
        System.out.println(\"add\");
        int x=0;
        int y=0;
        AddOperation instance=new AddOperation();
        int expResult=0;
        int result=instance.add(x, y);
        assertEquals(expResult, result);
    }
}
```

在上面代码中，采用了 Annotation 的 JUnit 不要求测试类必须继承自 TestCase，而且测试方法也不必以 test 开头，只要以@Test 元数据来描述即可。以@Before 元数据开头的方法在每个测试方法执行之前都要执行一次；相反，使用@After 元数据的方法在每个测试方法执行之后要执行一次。

注意：@Before 和@After 都只能标示一个方法，分别取代 JUnit 以前版本中的 setUp 和 tearDown 方法。

在 JUnit 4.0 之前，对错误的测试，只能通过 fail 产生一个错误，并在 try 块里面 assertTrue(true)来测试。现在，可以在测试的过程中使用@Test 元数据中的 expected 属性。expected 属性的值是一个异常的类型。@Test(timeout＝xxx)，会传入了一个时间（毫秒）给测试方法，如果测试方法在制定的时间之内没有运行完，则测试也失败。同时，@ignore 标记的测试方法在测试中会被忽略。当测试的方法还没有实现，或者测试的方法已经过时，或者在某种条件下才能测试该方法（例如需要一个数据库连接，而在本地测试的时候，数据库并没有连接），那么使用该标签来标示这个方法。同时，可以为该标签传递一个 String 参数，来表明为什么会忽略这个测试方法。例如，@lgnore("该方法还没有实现")，在执行的时候，仅会报告该方法没有实现，而不会运行测试方法。

7. JUnit 测试案例

为了便于读者快速入门，本节以计算器类的单元测试为例介绍如何在 Eclipse 3.2 中使用 JUnit 4 进行单元测试。

第 1 步，运行 Eclipse，单击 File→New→Project，新建一个项目叫 JUnit4_Test（见图 8-8）。

单击 Next 按钮，打开窗口，如图 8-9 所示。

单击 Finish 按钮，创建一个名为 Junit_Test 的项目。在该项目上右击，选择 New→

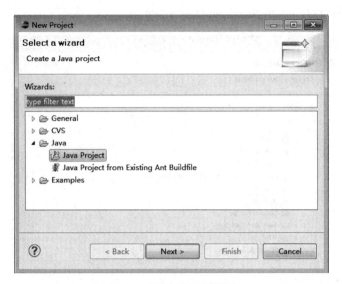

图 8-8　新建项目对话框

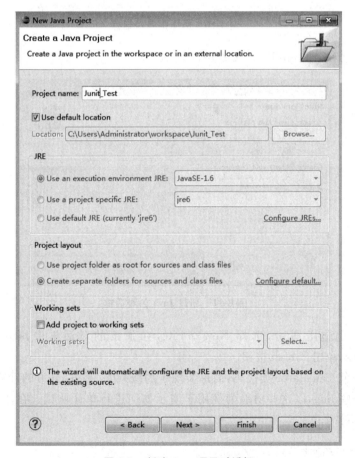

图 8-9　新建 Java 项目对话框

Other，在弹出的窗口中选择 Package（见图 8-10）。

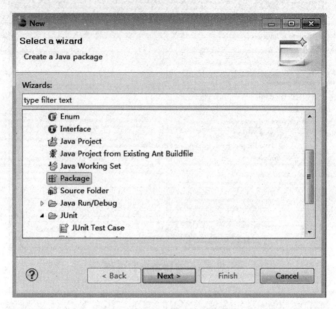

图 8-10　选择向导对话框

输入包的名称，即 unitTest，如图 8-11 所示。

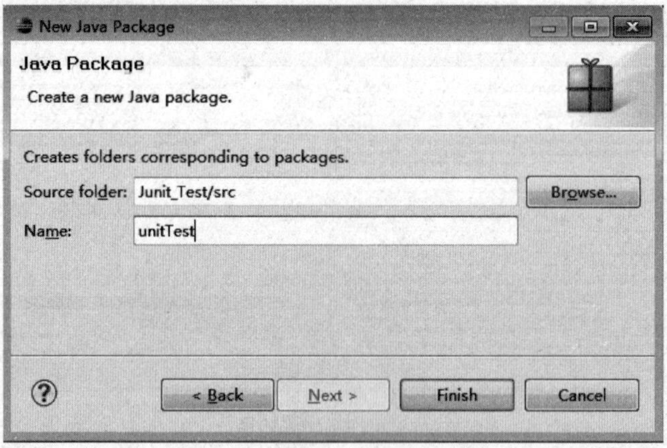

图 8-11　新建 Java 包对话框

在 unitTest 包上右击，选择 New→File，在弹出的对话框中填入文件的名字：
Calculator.java，单击 Finish 按钮。

下面是一个 Calculator 类代码，简单实现了加减乘除、平方、开方的计算器功能，类中
故意保留了一些 bug，以这些功能为例用于演示如何进行单元测试。在注释中有相应的
说明，代码如下：

```
package andycpp;
public class Calculator …{
    private static int result;            //静态变量，用于存储运行结果
```

```
public void add(int n) ...{
    result=result+n;
}
public void substract(int n) ...{
    result=result -1;                    //bug：正确的应该是 result=result-n
}
public void multiply(int n) ...{
}                                        //此方法尚未写好
public void divide(int n) ...{
    result=result/n;
}
public void square(int n) ...{
    result=n * n;
}
public void squareRoot(int n) ...{
    for(;;);                             //bug：死循环
}
public void clear() ...{                 //将结果清零
    result=0;
}
public int getResult() ...{
    return result;
}
}
```

第 2 步，将 JUnit 4 单元测试包引入这个项目：在该项目上右击，单击 Properties，进入如图 8-12 所示的界面。

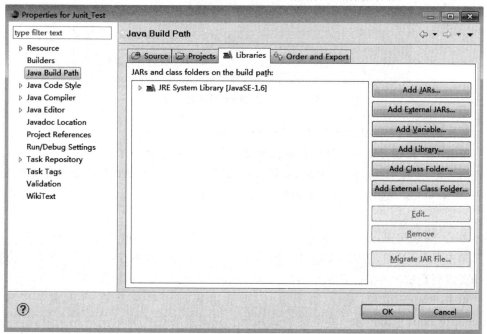

图 8-12　属性对话框

选择 Java Build Path→Libraries→Add Library，弹出如图 8-13 所示的窗口。

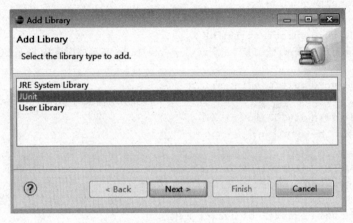

图 8-13　选择类库对话框

选择 JUnit，单击 Next 按钮，弹出如图 8-14 所示的窗口，然后选择 JUnit 4。

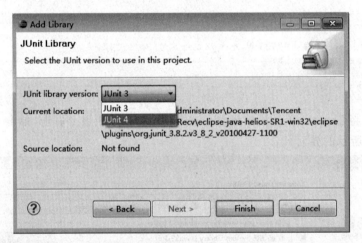

图 8-14　选择 JUnit 版本对话框

单击 Finish 按钮，进入如图 8-15 所示的界面。

单击 OK 按钮，JUnit 4 软件包就被包含进 JUnit_Test 项目了。

第 3 步，生成 JUnit 测试框架：在 Eclipse 的 Package Explorer 中右击该类弹出菜单，选择 New→Other 选项，在弹出的窗口中选择 JUnit→JUnit Test Case 选项，如图 8-16 所示。

单击 Next 按钮，进入如图 8-17 所示的窗口，选择 New JUnit 4 Test 单选按钮。

单击 Next 按钮，进入如图 8-18 所示的窗口，系统会自动列出这个类中包含的方法，选择要进行测试的方法。此例中，仅对"加、减、除"3 个方法进行测试，如图 8-18 所示。

单击 Finish 按钮，进入如图 8-19 所示的界面。系统会自动生成一个新类 CalculatorTest，里面包含一些空的测试用例。只需要将这些测试用例稍加修改即可使用。完整的 CalculatorTest 代码如下：

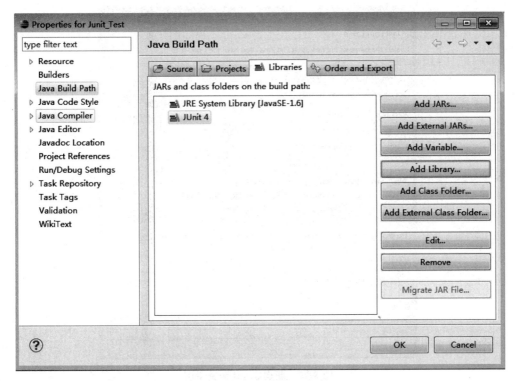

图 8-15　项目属性对话框

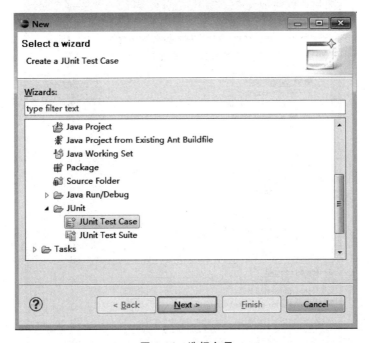

图 8-16　选择向导

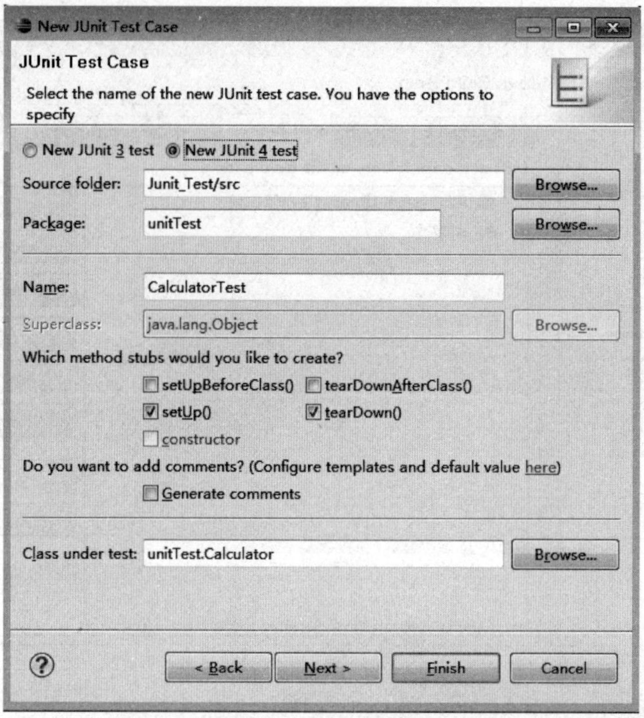

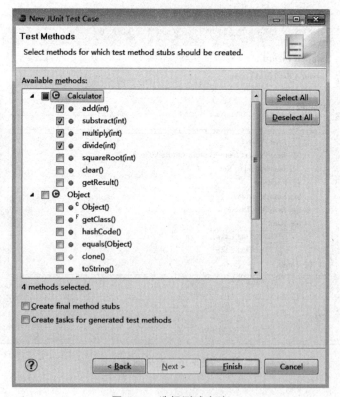

图 8-17　新建 JUnit 测试用例

图 8-18　选择测试方法

图 8-19   运行测试代码

```
package andycpp;

import static org.junit.Assert. * ;
import org.junit.Before;
import org.junit.Ignore;
import org.junit.Test;

public class CalculatorTest ...{

    private static Calculator calculator=new Calculator();

    @Before
    public void setUp() throws Exception ...{
        calculator.clear();
    }

    @Test
    public void testAdd() ...{
        calculator.add(2);
        calculator.add(3);
        assertEquals(5, calculator.getResult());
    }

    @Test
    public void testSubstract() ...{
        calculator.add(10);
        calculator.substract(2);
        assertEquals(8, calculator.getResult());
    }

    @Test
```

```
public void testDivide() ...{
    calculator.add(8);
    calculator.divide(2);
    assertEquals(4, calculator.getResult());
}
}
```

第四步,运行测试代码：按照上述代码修改完毕后,在 CalculatorTest 类上右击,选择 Run As→1 JUnit Test 运行测试,在图 8-19 所示的界面中,单击 OK 按钮。

运行结果如图 8-20 所示。

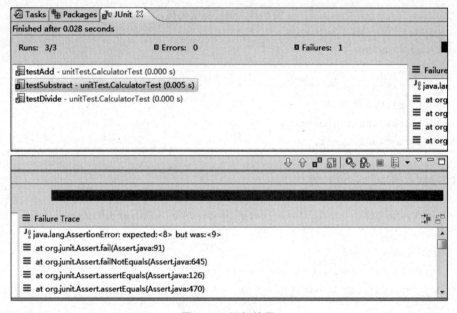

图 8-20   运行结果

进度条是红颜色表示发现错误,具体的测试结果在进度条上面有表示"共进行了 3 个测试,其中减法测试失败",预期结果是 8,但实际结果是 9。

8.4.2   C++ Test

C++ Test 是一个 C/C++ 单元测试工具,自动测试任何 C/C++ 类、函数或部件,不需要用户编写测试用例、测试驱动程序或桩调用。C++ Test 能够自动测试代码构造(白盒测试)、测试代码的功能性(黑盒测试)和维护代码的完整性(回归测试)。C++ Test 是一个能够适应任何开发生命周期的易于使用的产品。通过将 C++ Test 集成到开发过程中,可以有效地防止软件错误,提高代码的稳定性,实现自动化单元测试。

1. C++ Test 特性

- 即时测试类/函数。
- 支持极端编程模式下的代码测试。

- 自动建立类/函数的测试驱动程序和桩调用。
- 自动建立和执行类/函数的测试用例。
- 提供快速加入和执行说明和功能性测试的框架。
- 执行自动回归测试。
- 执行部件测试(COM)。

1)优点

- 帮助用户立即验证类功能性和构造。
- 将用户从编写测试驱动程序、桩和测试用例的繁重工作中解放出来。
- 自动化极端编程和其他编程模式的单元测试过程。
- 能够实现和执行 100％的代码覆盖性。
- 支持紧急和短线开发项目。
- 降低调试和维护时间。
- 改善应用的可靠性。
- 防止简单错误的扩大。

2)系统要求

最小系统要求:

- Pentium class processor 800MHz。
- 512 MB RAM(1024MB is recommended)。
- 150 MB free disk space for C++ Test installation。

其他要求:

保留足够的磁盘空间供测试使用。

3)支持平台

- Windows。
- UNIX。

2. C++ Test 使用

(1) Windows 下安装说明。

打开安装源程序,同普通的 Windows 应用程序一样,选择安装路径,完成安装。

(2)申请 License。

(3)输入 License。

3. 启动 C++ Test

1)从 VC++ 中启动 C++ Test

安装 VC++ 后,再安装 C++ Test,VC++ 工具条中会自动地增加使用 C++ Test 的按钮。可以启动 C++ Test 界面,或进行 C++ Test 静态和动态测试(见图 8-21)。

2)传统启动 C++ Test

选择开始→程序→C++ Test 选项,可以启动 C++ Test。

图 8-21　C++ Test 初始界面

4．C++ Test 快速测试

1）打开被测文件

打开 C++ Test，选择 file/open file，选择 C++ Test 安装目录下 examples/cpptest_demo.cpp，这个 cpp 文件将出现在当前的 Project 下（见图 8-22）。

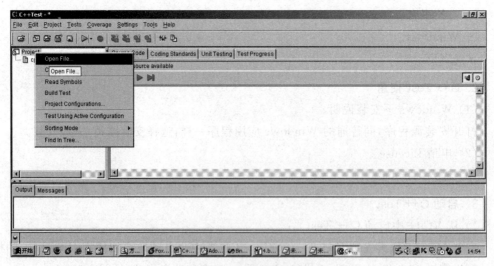

图 8-22　打开文件对话框

在当前 Project 下，右击 cpptest_demo.cpp，选择 Read Symbols，此时 C++ Test 将 parse（分析）这个源程序，分析此文件的文件结构（见图 8-23 和图 8-24）。

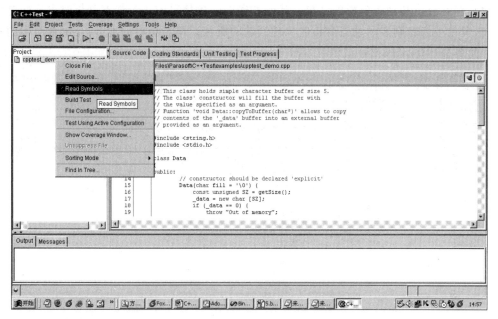

图 8-23 快捷菜单

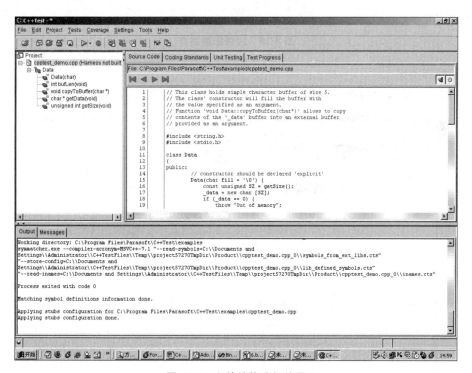

图 8-24 文件结构分析结果

在源代码窗口可以看到所测试的代码，界面非常友好，当选择代码时，被选择的代码也会以蓝色块的形式出现。并且，当进行静态分析和动态分析时，这里也可以非常直观地观测到静态分析和动态分析的结果。代码左侧的红色精灵帽表示静态分析时出现问题的所在，黄色小齿轮则表示动态分析时出现问题的所在。单击相应的地方，会出现对问题的一个简单描述（见图 8-25）。

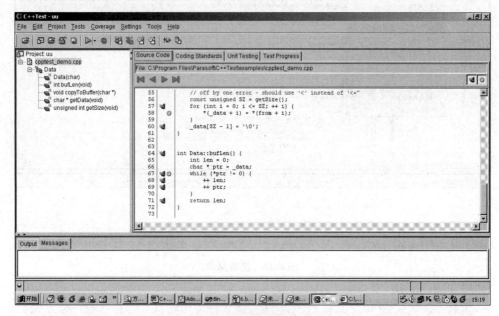

图 8-25　问题描述窗口

2）静态测试

在向右三角形旁边的下拉箭头，选择内置的编码规则项目，如图 8-26 所示。

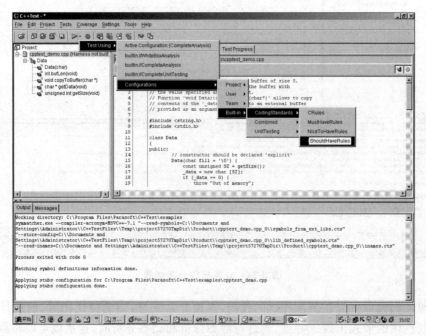

图 8-26　选择内置编码规则

C++ Test 将自动完成对源代码的静态测试,也就是人们所说的代码走查,走查所用到的规范可以在静态测试标签的 rule manage 下看到。

在静态分析栏中的 Results 标签是对静态分析结果的一个罗列。每个红色精灵帽都代表一种违规行为,而它旁边的数字则代表测试代码中出现这种违规的次数。紧接着的字母表明违规行为的严重级别,再后面就是对这条规范的大致描述以及规则编号。

而标签 Rules Manager 则是对这些规则的管理,当用户需要使用某条规则的时候,只需要在相应规则左侧的方框内打上勾就表明选择了该条规则。而当用户不需要某条规则检查的时候,只需要去掉相应规则的勾就可以了。

图 8-27 右侧就是静态测试(代码走查)的结果。每条违规信息包括对违规的描述、该错误共发生的次数以及相对应的具体位置。而下面的 rule description 则是对这条规则的一个比较详细的描述。顶层文件夹后面的"I=4 PV=1 V=33……"描述的是整个的对违规信息的统计。

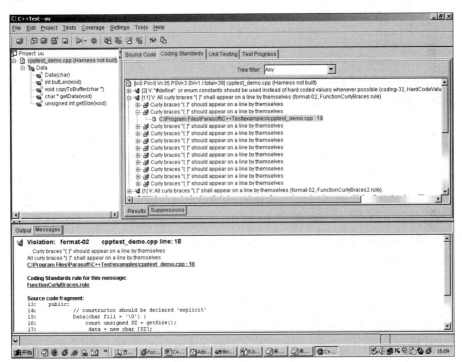

图 8-27　静态测试结果图

- I 表示 information,通知行为。
- PV 表示 possible violation,可能的违规行为。
- V 表示 violation,违规行为。
- PSV 表示 possible severe violation,可能的严重违规行为。
- SV 表示 severe violation,严重违规行为。

3)动态测试

在向右三角形旁边的下拉箭头,选择内置的白盒测试,如图 8-28 所示。

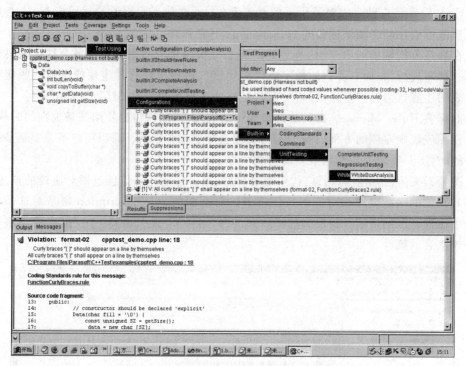

图 8-28　白盒测试选择菜单

　　C++ Test 将自动完成代码的动态测试。可以从各个层面上(单个测试用例、整个函数的测试用例、整个代码的测试用例)去看相对应代码的覆盖率。操作的时候,只需要右击相应的层次(例如一个测试用例),选择 show coverage,就可以看到对应的覆盖率了。

　　在动态测试中的 Test Case/Results 栏中,主要是对测试用例的一个总体管理。在这里,所有的测试用例的状态都一目了然,绿色表示成功,红色表示失败。用户可以自己添加或修改测试用例。

　　而 Stub Tables 栏则是对桩函数的管理,Suppressions 则是对测试对象的一个管理。例如,上面的 Data 类有很多个成员函数,当用户并不想全部都测,而只是测其中的几个。这个时候就可以通过 Suppressions 进行选择。

　　除此之外,上面的 Tree filter 还提供强大的滤波器功能,可以让用户更好地关注他们的焦点,例如,只看最近一次测试的失败用例。

　　图 8-29 右侧就是对动态测试的一个整体描绘。列举了所有的测试用例,并且用颜色来区分成功和失败的测试用例,绿色代表成功通过的测试用例,而红色代表没有通过也就是失败的测试用例,对于每个错误的测试用例都有一个大致的描述。

　　每个测试用例或者各个节点上都做到了相应的覆盖率信息,包括 LC(语句覆盖)、BBC(块覆盖)、PC(路径覆盖)、DC(决策覆盖)、MCDC(多条件决策覆盖)以及 CC(条件覆盖)。

　　此外,上面的 tree filter 过滤器功能可以帮助用户迅速查看到自己关心的焦点或错误。

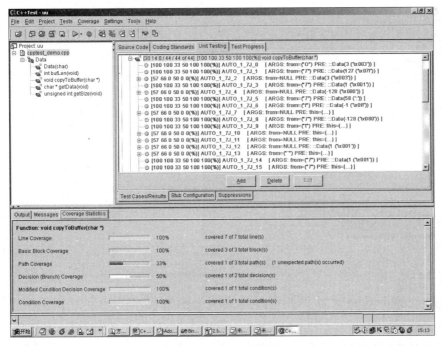

图 8-29　测试结果图

4) 生成报表

选择 File→Generate HTML Report，根据对报表的需求，选择适当的报表内容种类
（例如 dynamic analysis1、coverage statistic1）（见图 8-30 和图 8-31）。

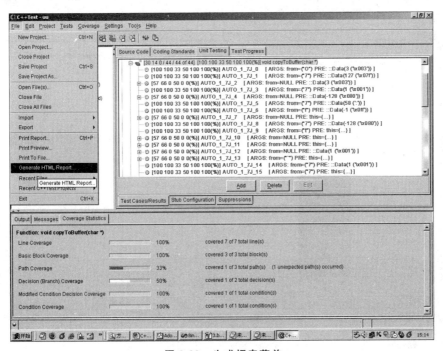

图 8-30　生成报表菜单

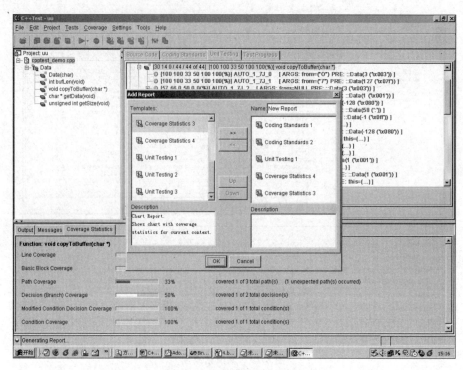

图 8-31　报表类型选择菜单

生成一个 HTML 格式的报表，如图 8-32 所示。

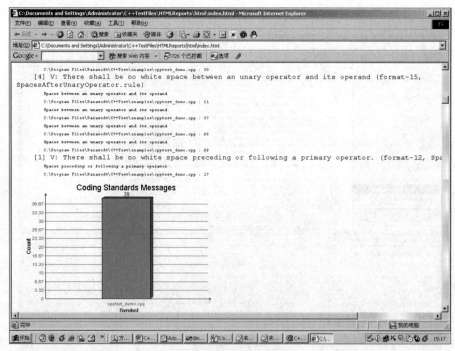

图 8-32　测试结果报表

上面只介绍了 C++ Test 的基本使用方法,事实上该工具还有很多高级功能,如供用户选择编译器、进行测试配置、对测试结果进行分析、对测试用例进行分析、对桩函数进行设置、导入导出测试用例、对覆盖率进行分析等,具体请读者参考 http://www.parasoft.com,这里不再赘述。

8.4.3 LoadRunner

LoadRunner 是一种预测系统行为和性能的工业级标准性能测试负载测试工具。通过模拟上千万用户实施并发负载及实时性能监测的方式来确认和查找问题,LoadRunner 能够对整个企业架构进行测试。通过使用 LoadRunner,企业能最大限度地缩短测试时间,优化性能和加速应用系统的发布周期。

目前企业的网络应用环境都必须支持大量用户,网络体系架构中含各类应用环境且由不同供应商提供软件和硬件产品。难以预知的用户负载和越来越复杂的应用环境使公司时时担心会发生用户响应速度过慢,系统崩溃等问题。这些都不可避免地导致公司收益的损失。Mercury Interactive 的 LoadRunner 能让企业保护自己的收入来源,无须购置额外硬件而最大限度地利用现有的 IT 资源,并确保终端用户在应用系统的各个环节中对其测试应用的质量,可靠性和可扩展性都有良好的评价。LoadRunner 是一种适用于各种体系架构的负载测试工具,它能预测系统行为并优化系统性能。LoadRunner 的测试对象是整个企业的系统,它通过模拟实际用户的操作行为和实行实时性能监测,来帮助用户更快的查找和发现问题。此外,LoadRunner 能支持广泛的协议和技术,为特殊环境提供特殊的解决方案。其主要功能如下:

- 轻松创建虚拟用户;
- 创建真实的负载;
- 定位性能问题;
- 分析结果,精确定位问题所在。

本节以 LoadRunner 11.00 版本为例,讨论如何使用 LoadRunner 进行压力测试。

1. 创建脚本

要生成负载,首先要创建模拟实际用户行为的自动脚本。在测试环境中,LoadRunner 在物理计算机上使用 Vuser 代替实际用户。Vuser 以一种可重复、可预测的方式模拟典型用户的操作,对系统施加负载。LoadRunner Virtual User Generator(VuGen)以"录制-回放"的方式工作。当用户在应用程序中执行业务流程步骤时,VuGen 会将用户的操作录制到自动化脚本中,并将其作为负载测试的基础。

1)录制脚本的步骤

(1)启动 LoadRunner。

选择开始→程序→HP LoadRunner→LoadRunner 选项,进入 LoadRunner 主界面,如图 8-33 所示。

单击 Create/Edit Scripts 选项,打开 VuGen 起始页(见图 8-34)。

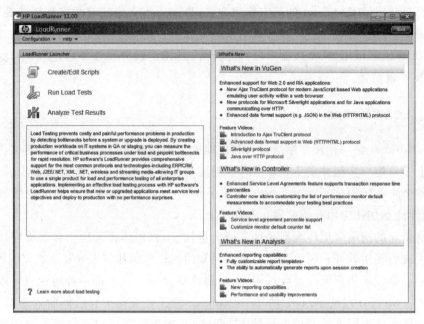

图 8-33　LoadRunner 主界面

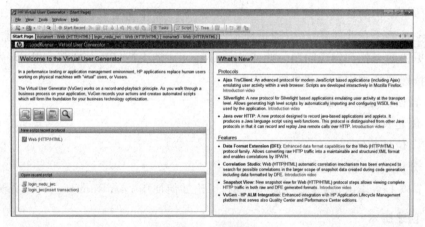

图 8-34　初始界面

（2）创建一个空白 Web 脚本。

在欢迎使用 Virtual User Generator 区域中，单击 File/New 菜单，这时将打开"新建虚拟用户"对话框，显示"新建单协议脚本"选项（见图 8-35）。

协议是客户端用来与系统后端进行通信的语言。本文使用的实例是一个基于 Web 的应用程序，因此需要创建一个 Web Vuser 脚本。此时，请确保"类别（Category）"是所有协议。VuGen 将列出适用于单协议脚本的所有可用协议。向下滚动列表，选择 Web（HTTP/HTML）并单击创建，创建一个空白 Web 脚本。

空白脚本以 VuGen 的向导模式打开，同时左侧显示任务（Tasks）窗格。如果没有显示任务窗格，请单击工具栏上的任务（Tasks）按钮。如果"开始录制（Start Recording）"

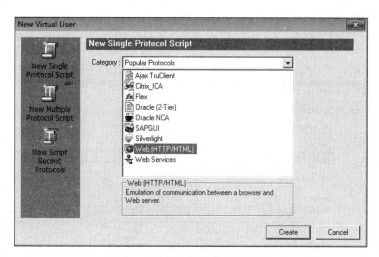

图 8-35 "新建虚拟用户"对话框

对话框自动打开,请单击取消(Cancel)。根据 VuGen 的向导即可逐步完成创建脚本并使其适应测试环境的过程。任务(Tasks)窗格列出脚本创建过程中的各个步骤或任务。在执行各个步骤的过程中,VuGen 将在窗口的主要区域显示详细说明和指示信息(见图 8-36)。

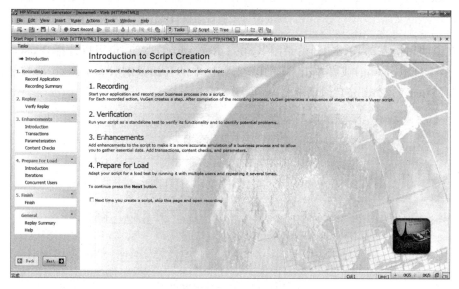

图 8-36 VuGen 的向导

可以自定义 VuGen 窗口来显示或隐藏各个工具栏。要显示或隐藏工具栏,请选择视图(View)→工具栏(Toolbars),并选中/不选中目标工具栏旁边的复选标记。通过打开"任务(Tasks)"窗格并单击其中一个任务步骤,可以随时返回到 VuGen 向导。

(3)录制业务流程。

创建用户模拟场景的下一步就是录制实际用户所执行的操作。前面已经创建了一个空的 Web 脚本,现在可以将用户操作直接录制到脚本中。下面录制的是一个教师用户登录教务管理系统，查看个人课表的事件。

单击步骤（1）的"任务（Tasks）"窗格中的"录制应用程序"（Record Application）（见图 8-37）。

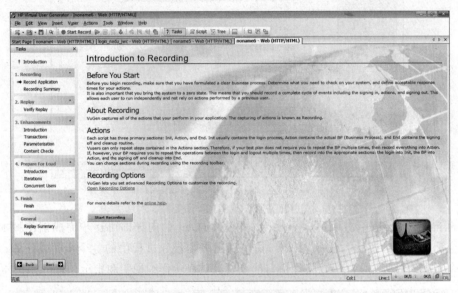

图 8-37　录制说明窗口

在说明窗格底部，单击"开始录制"（Start Recording）按钮，也可以选择 Vuser→开始录制（Start Recording）或者单击页面顶部工具栏中的开始录制（Start Record）按钮。"开始录制（Start Recording）"对话框打开（见图 8-38）。

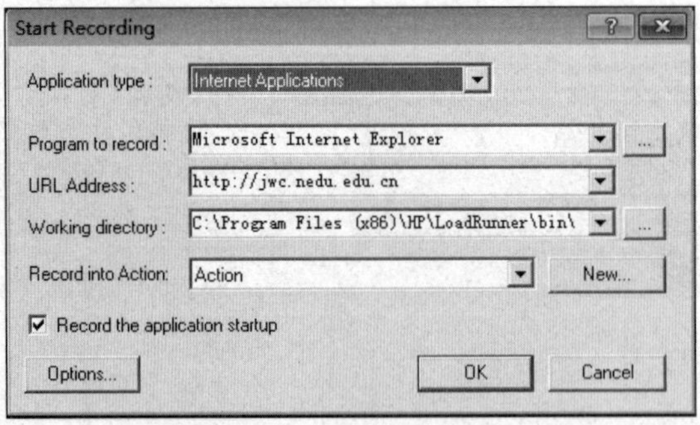

图 8-38　开始录制窗口

在 URL 地址框中，输入 http://jwc.nedu.edu.cn。在录制到操作框（Record into Action）中，选择 Action。单击 OK 按钮。这时将打开一个新的 Web 浏览窗口并显示教务管理系统主页（见图 8-39）。

这时将打开浮动的"正在录制（Recording）"工具栏，如图 8-40 所示。

输入教师用户、密码，单击"登录"按钮，进入课表查询界面。

操作结束后在浮动工具栏上单击"停止"按钮以停止录制。

Vuser 脚本生成时将打开"代码生成"弹出窗口。然后 VuGen 向导会自动执行任务

图 8-39　被测软件界面

图 8-40　"正在录制(Recording)"工具栏

窗格中的下一步,并显示关于录制情况的概要信息(Recording Summary)(如果看不到概要信息,请单击"任务(Tasks)"窗格中的录制概要(见图 8-41))。

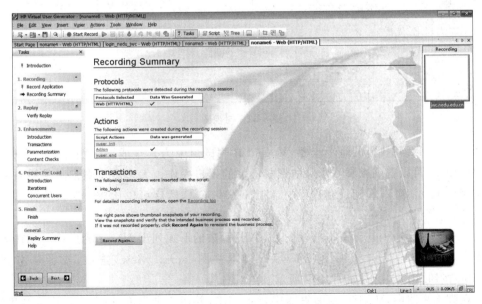

图 8-41　录制概要

"录制概要"包含协议信息以及会话期间创建的一系列操作。VuGen 为录制期间执行的每个步骤生成一个快照，即录制期间各窗口的图片。这些录制的快照以缩略图的形式显示在右窗格中。如果由于某种原因要重新录制脚本，可单击页面底部的重新录制（Record Again）按钮。

选择 File→Save 选项或单击 Save 按钮，选择脚本保存目录，在文件名文本框中输入 login_nedu_jwc 并单击 Save 按钮。VuGen 将该文件保存到指定文件夹中，并在标题栏中显示脚本名称。

2）查看脚本

可以在树视图或脚本视图中查看脚本。树视图是一种基于图标的视图，将 Vuser 的操作以步骤的形式列出，可以单击工具栏中的树视图（Tree）按钮查看；脚本视图是一种基于文本的视图，将 Vuser 的操作以函数的形式列出，可以单击脚本视图（Script）按钮查看。

树视图（Tree View）如图 8-42 所示。

图 8-42　树视图

对于录制期间执行的每个步骤，VuGen 在测试树中为其生成一个图标和一个标题。在树视图中，可以看到以脚本步骤的形式显示的用户操作。大多数步骤都附带相应的录制快照。可以清楚地看到录制过程中录制了哪些屏幕，然后可以比较快照来验证脚本的准确性。在回放过程中，VuGen 也会为每个步骤创建快照。

脚本视图是一种基于文本的视图，以 API 函数的形式列出 Vuser 的操作。要在脚本视图中查看脚本，请选择视图（View）→脚本视图（script view）选项，或者单击脚本（script）按钮。脚本视图如图 8-43 所示。

在脚本视图中，VuGen 在编辑器中显示脚本，并用不同颜色表示函数及其参数值。可以在该窗口中直接输入 C 或 LoadRunner API 函数以及控制流语句。

图 8-43　脚本视图

3）回放脚本

通过录制一系列典型用户操作（例如，查询教师用户课表），已经模拟了真实用户操作。将录制的脚本合并到负载测试场景之前，回放此脚本以验证其是否能够正常运行。回放过程中，可以在浏览器中查看操作并检验是否一切正常。

通过 LoadRunner 运行时设置，可以模拟各种真实用户活动和行为。例如，模拟一个对服务器输出立即做出响应的用户，或模拟一个先停下来思考，再做出响应的用户。另外，还可以配置运行时设置来指定 Vuser 应该重复一系列操作的次数和频率。

LoadRunner 中有一般运行时设置和专门针对某些 Vuser 类型的设置。例如，对于 Web 仿真，可以指示 Vuser 在 Netscape 而不是 Internet Explorer 中回放脚本。对于所有类型脚本用户都可以进行如下设置。

- 运行逻辑：重复次数。
- 步：两次重复之间的等待时间。
- 思考时间：用户在各步骤之间停下来思考的时间。
- 日志：希望在回放期间收集的信息的级别。

注意：也可以在 LoadRunner Controller 中修改运行时设置。

（1）打开运行时设置对话框。

确保"任务（tasks）"窗格出现（如果未出现，请单击任务按钮）。单击任务窗格中的验证回放（Verify Replay），然后可以单击 Vuser/Run-Time Settings 或单击工具栏中的运行时设置按钮。这时将打开"运行时设置（Run-time Settings）"对话框（见图 8-44 和图 8-45）。

（2）设置"运行逻辑（Run logic）"。

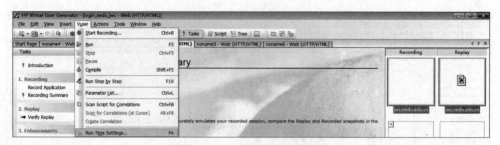

图 8-44 "运行时设置"菜单

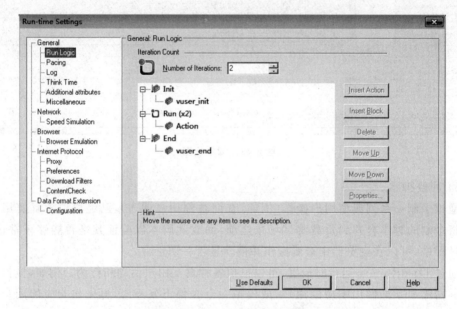

图 8-45 "运行时设置"对话框

在左窗格中选择运行逻辑（Run logic）节点，如图 8-46 所示。

（3）配置步设置。

在左窗格中选择步（pacing）节点（见图 8-47）。

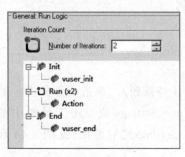

图 8-46 "运行逻辑"设置对话框

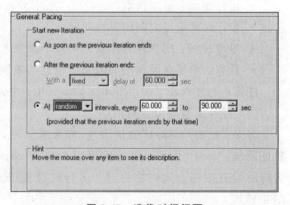

图 8-47 迭代时间间隔

此节点用于控制迭代时间间隔。可以指定一个随机时间,这样可以准确模拟用户在操作之间等待的实际时间,但使用随机时间间隔时,很难看到真实用户在重复之间恰好等待 60 秒的情况。选择第三个单选按钮并选择下列设置:时间随机,间隔 60 000 到 90 000 秒。

(4)配置日志(Log)设置。

在左窗格中选择日志(Log)节点,如图 8-48 所示。

(5)查看"思考时间(tink time)"设置。

在左窗格中选择思考时间(think time)节点(见图 8-49)。

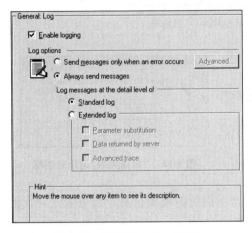

图 8-48 配置日志(Log)设置

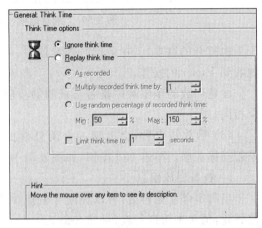

图 8-49 "思考时间(tink time)"设置

请勿进行任何更改,可以在 Controller 中设置思考时间。

注意:在 VuGen 中运行脚本时速度很快,因为它不包含思考时间。

(6)单击 OK 按钮关闭"运行时设置(Run-time settings)"对话框。

4)查看脚本的运行情况

回放录制的脚本时,VuGen 运行时查看器功能实时显示 Vuser 的活动情况。默认情况下,VuGen 在后台运行测试,不显示脚本中的操作动画。那么如何让 VuGen 在查看器中显示操作,从而使用户能够看到 VuGen 如何执行每一步。查看器不是实际的浏览器,它只显示返回到 Vuser 的页面快照。

(1)选择 Tools→General Options,然后选择 Display 选项卡。

(2)选择回放期间显示运行时查看器(Show run-time viewer during replay)和自动排列窗口(Auto arrange window)复选项。

(3)单击 OK 按钮,关闭"常规选项(General Options)"对话框(见图 8-50)。

(4)在"任务(Tasks)"窗格中单击验证回放(Verify Replay),然后单击说明窗格底部的开始回放(Replay)按钮;也可以按 F5 键或单击工具栏中的运行(Run)按钮。

(5)如果"选择结果目录"对话框打开,并询问要将结果文件保存到何处,请接受默认名称并单击"确定"按钮。

稍后 VuGen 将打开运行时查看器,并开始运行脚本视图或树视图中的脚本具体取决

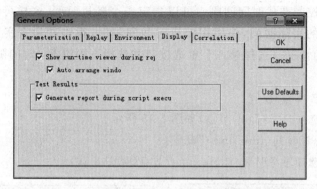

图 8-50 "常规选项（General Options）"对话框

于上次打开的脚本）。在运行时查看器中，可以直观
地看到 Vuser 的操作。

注意回放的步骤顺序是否与录制的步骤顺序完
全相同。

（6）回放结束后，会出现一个消息框提示用户
是否扫描关联。单击 NO 按钮，如图 8-51 所示。

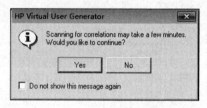

图 8-51 "扫描关联"提示对话框

5）查看回放信息

当脚本停止运行后，可以在向导中查看关于这次回放的概要信息。要查看上一次回
放概要，请单击验证回放（见图 8-52）。

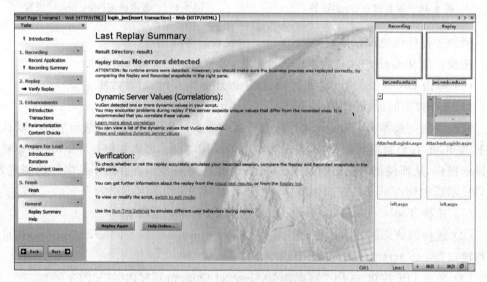

图 8-52 回放信息对话框

上一次回放概要（Last Replay Summary）列出检测到的所有错误，并显示录制和回放
快照的缩略图。这样可以比较快照，找出录制的内容和回放的内容之间的差异；也可以通
过复查事件的文本概要来查看 Vuser 操作。输出窗口中 VuGen 的"回放日志（Replay
Log）"选项卡用不同的颜色显示这些信息。

要查看回放日志,请执行下列操作:

(1) 单击说明窗口中的回放日志(Replay Log)超链接;也可以单击工具栏中的显示/隐藏输出按钮,或者在菜单中选择视图(View)→输出窗口(Output Window)。然后单击回放日志选项卡(见图 8-53)。

图 8-53　回放日志

(2) 在回放日志中按 Ctrl+F 键打开"查找"对话框,找到下列内容:

启动(started)和终止(Terminated)。

迭代(iteration):迭代的开始和结束以及迭代编号(橙色字体部分)。

VuGen 用绿色显示成功的步骤,用红色显示错误。如果在测试过程中连接中断,VuGen 将指出错误所在的行号并用红色显示整行文本。

(3) 双击回放日志中的某一行。VuGen 将转至脚本中的对应步骤,并在脚本视图中突出显示此步骤。

回放录制的事件后,需要查看结果以确定是否全部成功通过。如果某个地方失败,则需要知道失败的时间以及原因。

要查看测试结果,请执行下列操作:

(1) 返回到向导,请单击任务窗格中的验证回放。

(2) 在标题验证下的说明窗格中,单击可视测试结果(visual test results)超链接。也可以选择视图(View)→测试结果(Test Results)选项。这时将打开"测试结果(Test Results)"窗口(见图 8-54)。

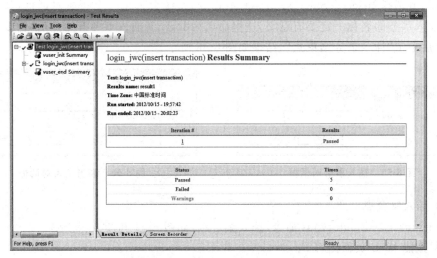

图 8-54　"测试结果(Test Results)"窗口

"测试结果"窗口首次打开时包含两个窗格:"树"窗格(左侧)和"概要"窗格(右侧)。"树"窗格包含结果树,每次迭代都会进行编号。"概要"窗格包含关于测试的详细信息以及屏幕录制器视频(如果有的话)。

在"概要"窗格中指出了哪些迭代通过了测试,哪些未通过。如果 VuGen 的 Vuser 按照原来录制的操作成功执行 jwc. nedu. edu. cn 网站上的所有操作,则认为测试通过。

2．为负载测试准备脚本

前面介绍的脚本录制是对应用程序的精确模拟,只适用于单个用户的模拟情况。那么如何来模拟多个用户同时使用应用程序,验证此时应用程序的性能是否会下降到不可接受的程度? 接下来本节将为负载测试准备脚本,并设置该脚本以收集响应时间数据,学习用于增强脚本,以便更有效地进行负载测试流程的不同方法。

在准备部署应用程序时,用户需要估计具体业务流程的持续时间:登录、查询课表等要花费多少时间。这些业务流程通常由脚本中的一个或多个步骤或操作组成。在 LoadRunner 中,通过将一系列操作标记为事务,可以将它们指定为要评测的操作。

LoadRunner 收集关于事务执行时间长度的信息,并将结果显示在用不同颜色标识的图和报告中。可以通过这些信息了解应用程序是否符合最初的要求。

可以在脚本中的任意位置手动插入事务。将用户步骤标记为事务的方法是在事务的第一个步骤前面放置一个开始事务标记,并在最后一个步骤后面放置一个结束事务标记。

脚本录制完成后,用户可以根据自己的需要对脚本进行编辑,如插入事务、插入集合点、插入注释、插入检查点、插入函数、脚本参数化、关联等。

1) 插入事务

事务就是一系列相关操作的集合,本节将在脚本中插入一个事务来计算用户登录所花费的时间。打开已经创建的脚本(login_jwc),如果此脚本已经打开,可以选择显示其名称的选项卡,或者可以从"文件(File)"菜单中打开该脚本。

在输入完用户名和密码之后,单击"登录"按钮之前,单击工具栏上的"插入事务开始点"按钮,或选择 Insert→Start Transaction 命令,系统会弹出一个事务对话框,如图 8-55 所示,输入事务的名称一定要有意义,这里命名为 login。插入事务开始点后,需要在操作结束之后单击"插入事务结束点",结果如图 8-56 所示。

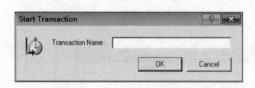

图 8-55　插入事务对话框

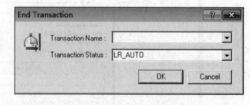

图 8-56　事务结束对话框

2) 插入集合点

执行 Insert→Rendezvous 命令,插入集合点,如图 8-57 和图 8-58 所示。

3) 验证 Web 页面内容

运行测试时,常常需要验证某些内容是否出现在返回的页面上。内容检查验证脚本

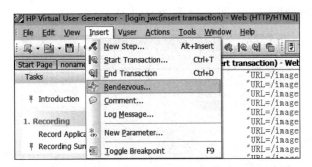

图 8-57　插入集合菜单

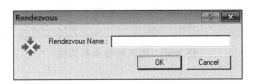

图 8-58　"集合"名称输入对话框

运行时 Web 页面上是否出现期望的信息。可以插入以下两种类型的内容检查。

（1）文本检查：检查文本字符串是否出现在 Web 页面上。

（2）图像检查：检查图像是否出现在 Web 页面上。

例如，查看"访问总人数"5 个文字是否出现在脚本中的课表查询页面上，要插入文本检查，执行以下操作：

单击工具栏中的树（Tree）视图按钮，然后在需要进行文本检查的页面上右击，如图 8-59 所示。

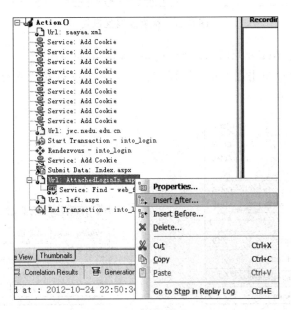

图 8-59　树视图

弹出插入检查点对话框，如图 8-60 和图 8-61 所示。

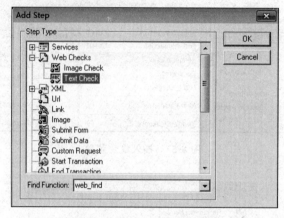

图 8-60　插入检查点对话框

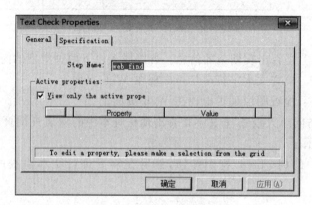

图 8-61　检查点属性设置

设置成功显示：Action. c(129)：web_find was successful。

接下来，用户可以单击图 8-62 所示的菜单，进一步进行迭代次数、思考时间等设置，如图 8-62 至图 8-69 所示。

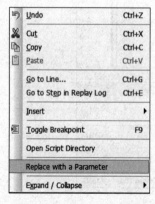

图 8-62　参数化输入菜单

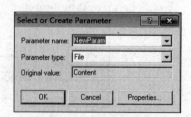

图 8-63　参数设置

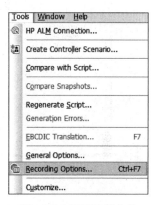

图 8-64　参数属性设置　　　　　　　　图 8-65　录制选项菜单

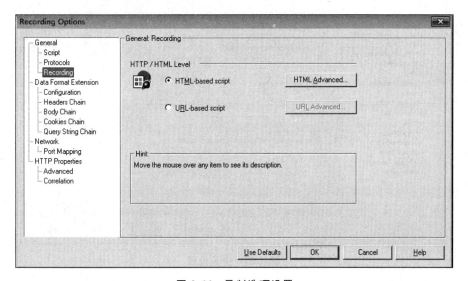

图 8-66　录制选项设置

3. 创建负载测试场景

负载测试是指在典型工作条件下测试应用程序,例如,多个教师用户同时在教务管理系统中查询课表。为了设计测试来模拟真实情况,用户需要能够在应用程序上生成较重负载,并安排向系统施加负载的时间(因为用户不会正好同时登录或退出系统),还需要模拟不同类型的用户活动和行为。例如,一些用户可能使用 Netscape(而不是 Internet

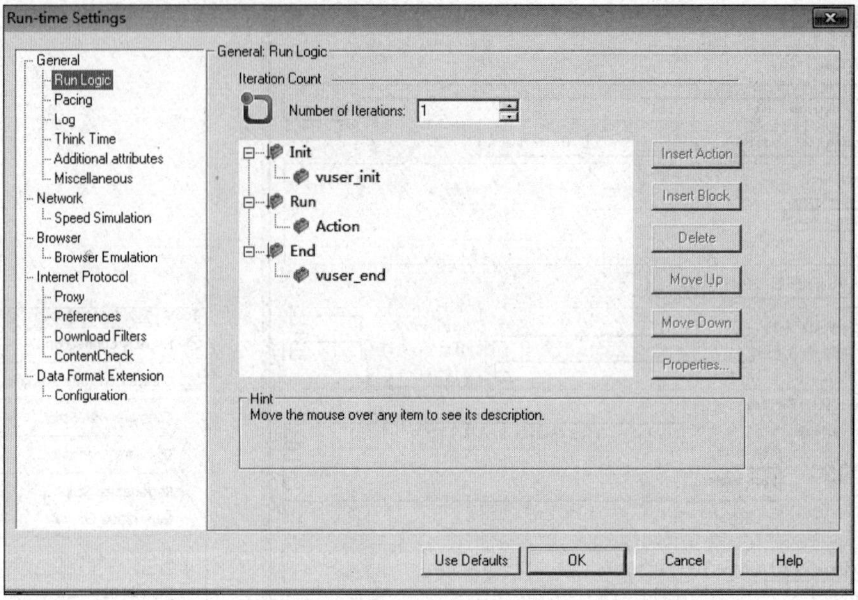

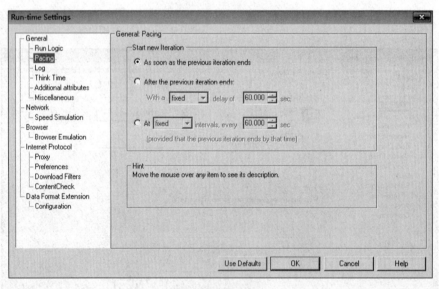

图 8-67　迭代次数设置

图 8-68　步长设置

Explorer)来查看应用程序的性能,并且可能使用不同的网络连接(例如,调制解调器、DSL 或电缆)。用户可以在场景中创建并保存这些设置。Controller 提供所有用于创建和运行测试的工具,帮助用户准确模拟工作环境。

下面将创建一个场景,模拟 10 个用户同时登录、查询课表。

1) 打开 HP LoadRunner

选择"开始"→"程序"→HP LoadRunner→LoadRunner 命令。这时将打开 HP

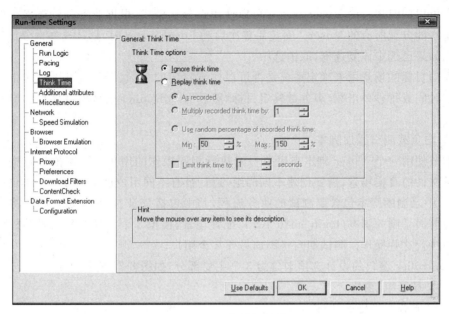

图 8-69 思考时间设置

LoadRunner 11.00 窗口。

2）打开 Controller

在 LoadRunner Launcher 窗格中单击运行负载测试。将打开 HP LoadRunner Controller。默认情况下，Controller 打开时会显示"新建场景"对话框（见图 8-70）。

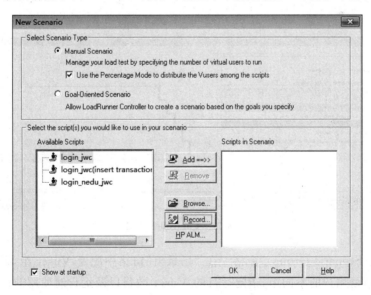

图 8-70 "新建场景"对话框

3）选择场景类型

通过手动场景可以控制正在运行的 Vuser 数目及其运行时间，另外还可以测试出应用程序可以同时运行的 Vuser 数目。可以使用百分比模式，根据业务分析员指定的百分比在脚本间分配所有的 Vuser。安装后首次启动 LoadRunner 时，默认选中百分比模式复选框。如果已选中该复选框，取消选中。

面向目标的场景用来确定系统是否可以达到特定的目标。例如，可以根据指定的事务响应时间或每秒单击数/事务数确定目标，然后 LoadRunner 会根据这些目标自动创建场景。

4）向负载测试添加脚本

本节使用一个 Vuser 脚本来模拟一组执行相同操作的用户。要模拟具有更多种用户配置文件的真实场景，需要创建不同的组，运行带有不同用户设置的多个脚本。前面在 VuGen 中录制的脚本包含要测试的业务流程，其中包括登录、查询课表。本节将向场景中添加前面录制的脚本（login_nedu_jwc），配置场景，模拟 8 个教师用户同时在机票预订系统中执行这些操作。测试期间将添加另外 2 个用户。

Controller 窗口的设计选项卡分为 3 个主要部分，如图 8-71 所示。

（1）"场景组"窗格。

（2）"服务水平协议"窗格。

（3）"场景计划"窗格。

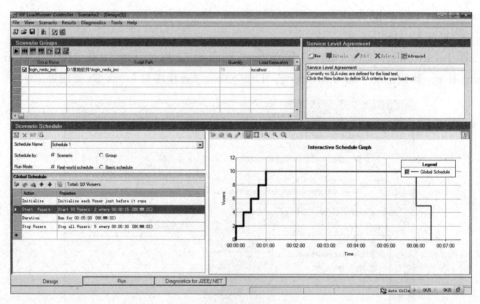

图 8-71　Controller 窗口

"场景组（Scenario Group）"窗格。在"场景组"窗格中配置 Vuser 组，用户可以创建代表系统中典型用户的不同组，指定运行的 Vuser 数目以及运行时使用的计算机。

"服务水平协议（Service Level Agreement）"窗格。设计负载测试场景时，可以为性能指标定义目标值或服务水平协议（SLA）。运行场景时，LoadRunner 收集并存储与性能相关的数据。分析运行情况时，Analysis 将这些数据与 SLA 进行比较，并为预先定义的测量指标确定 SLA 状态。

"场景计划(Scenario Schedule)"窗格。在"场景计划(Scenario Schedule)"窗格中，设置加压方式以准确模拟真实用户行为。可以根据运行 Vuser 的计算机、将负载施加到应用程序的频率、负载测试持续时间以及负载停止方式来定义操作。

如果需要修改脚本详细信息，如何操作呢？

(1) 确保 login_nedu_jwc 出现在"场景组"窗格的"组名称"列中（见图 8-72）。

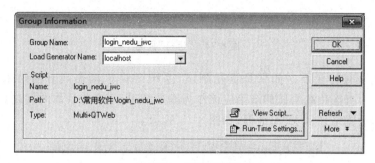

图 8-72 场景组信息

(2) 更改组名称。

选择脚本并单击详细信息按钮。将打开"组信息"对话框。在组名称框中输入一个更有意义的名称，例如 select_agent（见图 8-73）。

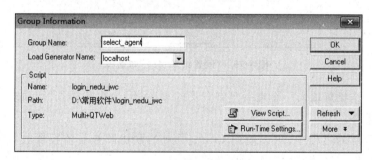

图 8-73 更改场景组名称

单击 OK 按钮，此名称将显示在设计选项卡的场景组窗格中。

5) 运行负载测试场景

(1) 打开 Controller 的"运行"视图。

选择屏幕底部的运行选项卡。

注意在"场景组"窗格的关闭列中有 8 个 Vuser，这些 Vuser 是在创建场景时创建的（见图 8-74）。

由于尚未运行场景，所有其他计数器均显示为零，并且图查看区域内的所有图（Windows 资源除外）都为空白。在下一步开始运行场景之后，图和计数器将开始显示信息。

(2) 开始场景。

单击开始场景按钮，或者选择场景(Scenario)→开始(Start)命令，以开始运行测试。如果是第一次运行测试，Controller 将开始运行场景。结果文件将自动保存到 Load

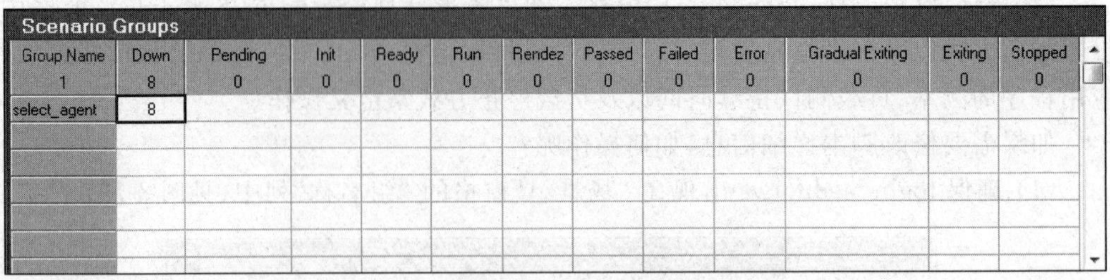

图 8-74 "运行"视图

Generator 的临时目录下。如果是重复测试，系统会提示覆盖现有的结果文件。单击"否"按钮，因为首次负载测试的结果应该作为基准结果，用来与后面的负载测试结果进行比较。打开"设置结果目录"对话框，如图 8-75 所示。

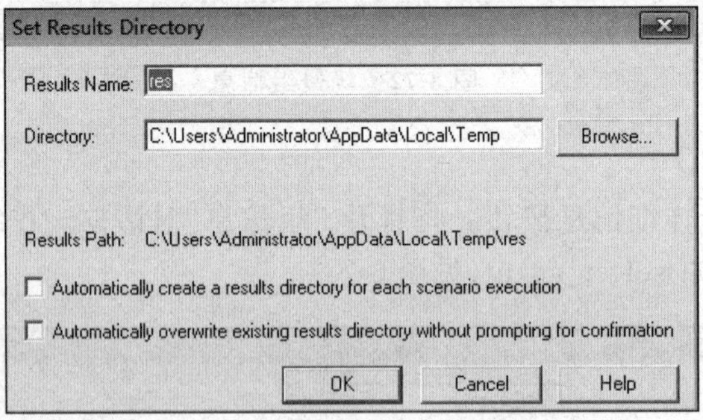

图 8-75 "设置结果目录"对话框

要为每个结果集输入一个唯一且有意义的名称，因为在分析图时可能要将几次场景运行的结果重叠。

（3）在运行的过程中，可以使用 Controller 的联机图查看监控器收集的性能数据。使用这些信息确定系统环境中可能存在问题的区域，运行（Run）显示下列默认的联机图。

- Running Vusers-whole scenario 图：显示在指定时间运行的 Vuser 数。
- Trans Response Time-whole scenario 图：显示完成每个事务所用的时间。
- Hits per Second-whole scenario 图：显示场景运行期间 Vuser 每秒向 Web 服务器提交的单击次数（HTTP 请求数）。
- Windows Resources 图：显示场景运行期间评测的 Windows 资源。

（4）查看吞吐量信息。

选择可用图树中的吞吐量图，将其拖放到图查看区域。"吞吐量"图中的测量值显示在画面窗口和图例中。"吞吐量"图显示 Vuser 每秒从服务器接收的数据总量（以字节为单位）。可以将此图与"事务响应时间"图比较，查看吞吐量对事务性能的影响。

（5）观察 Vuser 的运行情况。

如果随着时间的推移和 Vuser 数目的增加，吞吐量不断增加，说明带宽够用。如果随着 Vuser 数目的增加，吞吐量保持相对平稳，可以认为是带宽限制了数据流量。通过 Controller，可以使用运行时查看器实时查看操作。要直观地查看 Vuser 的操作，请执行

以下操作:

第一步,单击 Vuser 按钮,这时将打开 Vuser 窗口(见图 8-76)。

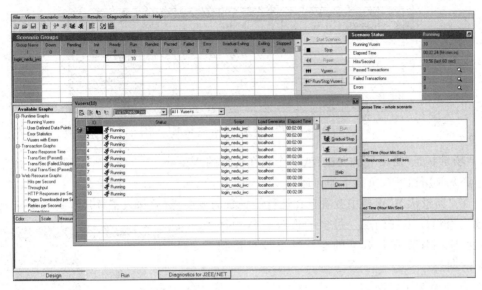

图 8-76　Vuser 窗口

第二步,从 Vuser 列表中选择一个正在运行的 Vuser。

第三步,单击 Vuser 工具栏上的 Show the selected vusers 按钮。将打开运行时查看器并显示所选 Vuser 当前执行的操作。当 Vuser 执行录制的脚本中所包含的各个步骤时,窗口将不断更新。

第四步,单击 Vuser 工具栏上的 Hide Vuser Log 按钮,关闭"运行时查看器"日志。

(6) 查看用户操作的概要信息。

对于正在运行的测试,要检查测试期间各个 Vuser 的进度,可以查看包含 Vuser 操作文本概要信息的日志文件。要查看事件的文本概要信息,请执行以下操作:

第一步,在 Vuser 窗口中选择一个正在运行的 Vuser,单击 Show Vuser Log 按钮,Vuser 日志窗口打开。

第二步,关闭 Vuser 日志窗口和 Vuser 窗口。

(7) 在测试期间增加负载。

可以通过手动添加更多 Vuser 在运行负载测试期间增加应用程序的负载。要在负载测试期间增加负载:

第一步,在"运行"视图中单击运行(Run)/停止(Stop) Vuser 按钮。"运行(Run)/停止(Stop)"对话框打开,显示当前分配到场景中运行的 Vuser 数。

第二步,在 ♯ 列中,输入要添加到组中额外的 Vuser 的数目。要运行 2 个额外的 Vuser,请将 ♯ 列中的数字 8 替换为 2。

第三步,单击运行(Run)以添加 Vuser。如果某些 Vuser 尚未初始化,将打开运行已初始化的 Vuser 和运行新 Vuser 选项。选择运行新 Vuser 选项(见图 8-77)。

这两个额外的 Vuser 被分配给 select_agent 组且运行在 localhost Load Generator

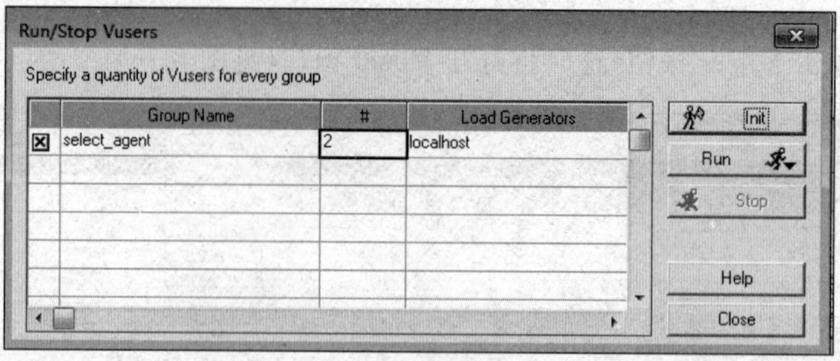

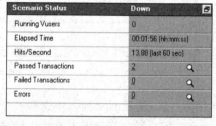

图 8-77　添加 Vuser 对话框

上。"场景状态"窗格显示现在有 10 个正在运行的 Vuser。

（8）应用程序在负载下如何运行。

在"场景状态"窗格中查看正在运行的场景的概要，然后深入了解是哪些 Vuser 操作导致应用程序出现问题。过多的失败事务和错误说明应用程序在负载下的运行情况没有达到原来的期望。

① 查看测试状态。

"场景状态（Scenario Status）"窗格显示场景的整体状况，如图 8-78 所示。

② 查看 Vuser 操作的详细信息。

图 8-78　"场景状态（Scenario Status）"窗格

单击"场景状态"窗格中通过的事务（Passed Transactions），单击 🔍 查看事务的详细信息列表，将打开"事务（Transactions）"对话框。

如果应用程序在重负载下启动失败，可能是出现了错误和失败的事务。单击菜单 View→Show Output，Controller 将在输出窗口（Output）中显示错误消息（见图 8-79）。

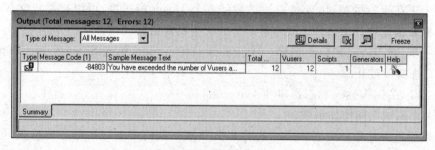

图 8-79　输出窗口

要查看消息的详细信息，请选择该消息并单击详细信息（Details），将打开"详细信息文本（Detailed Message Text）"框，显示完整的消息文本（见图 8-80）。

测试运行结束时，"场景状态（Scenario Status）"窗格将显示关闭（Down）状态。这表示 Vuser 已停止运行。可以在 Vuser 对话框中看到各个 Vuser 的状态。LoadRunner 将显示 Vuser 重复任务（迭代）的次数、成功迭代的次数以及已用时间。

要了解应用程序在负载下的运行情况，需要查看事务响应时间并确定事务是否在客

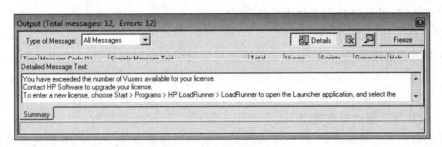

图 8-80　"详细信息"文本框

户可接受的范围内。

要保存场景以便再次使用相同的设置运行,请选择 File→Save 或单击 Save 按钮,然后在"文件名"文本框中输入场景名称。

除了上述一些基本功能外,LoadRunner 还具有很多更为丰富的功能,如生成重负载并模拟真实加压方式、模拟不同类型的用户、设置思考时间、逐渐增加负载等,这里不再赘述,请读者参考 http://www8. hp. com/cn/zh/software-solutions 下载并深入了解该工具。

8.4.4　IBM Rational Functional Tester

Rational Functional Tester 的基础是针对 Java、.NET 对象技术和基于 Web 应用程序的录制、回放功能。工具为测试者的活动提供的自动化的帮助,如数据驱动测试。

当用户记录脚本时,Rational Functional Tester 会为被测的应用程序自动创建测试对象地图。对象地图中包含了对每个对象的识别属性。当用户在对象地图中更新记录信息时,任何使用该对象地图的脚本会共享更新的信息,减少维护的成本及整个脚本开发的复杂度。对象地图还为用户提供快速的方法向脚本中添加对象。它列出应用程序中涉及的测试对象,不论它们当前是否可视,用户可以通过依据现有地图或按需添加对象来创建新的测试对象地图。

在记录过程中用户可以将验证点插入脚本中以确定在被测应用程序建立过程中对象的状态。验证点获取对象信息(根据验证点的类型,可以是对象属性验证点或 5 种数据验证点之一——菜单层次、表格、文本、树状层次或列表)并在基本数据文件中存储。文件中的信息成为随后建立过程中对象的期望状态。在执行完测试之后,用户可以使用验证点比较器(Verification Point Comparator)进行分析,并且如果对象的行为变化了就更新基线(期望的对象状态)。

1. 功能

下面介绍 Rational Functional Tester 提供的功能。

1)回放更新的应用程序脚本

ScriptAssure 特性是 Rational Functional Tester 对象识别技术,可以成功地回放脚本,甚至在被测应用程序已经更新的时候,可以为测试对象必须通过的、用来作为识别候选的识别记分设置门槛,并且如果 Rational Functional Tester 接受了一个分值高于指定门槛的候选,还可以向日志文件中写入警告。

2) 更新对象的识别属性

在测试对象地图中,可以对所选的测试对象更新识别到的属性。Rational Functional Tester 显示了 Update Recognition Properties 页,其显示出更新的测试对象属性、原始的识别属性和对象所有的识别属性。如果必要,可以修改更新的识别属性。

3) 合并多个测试对象地图

对象地图要么是共享的,要么是专用的。专用地图附属于一个脚本并只由具体的脚本进行访问;反之,共享的地图由多个脚本共享。共享地图的优势是,当需要更新对象时,只有对应一个地图的一个更新会确定多个脚本。可以在 Rational Functional Tester 的项目视图中并且在创建新测试对象地图时,将多个私有的或共享的测试对象地图合并成一个单个的共享测试对象地图。Rational Functional Tester 可以随意地更新自己所选择的指向新合并的测试对象地图的脚本。

4) 显示相关的脚本

在测试对象地图中,可以观察到一列表与地图相关的脚本,且可以使用该列表来选择要添加测试对象的多个脚本。

5) 使用基于模式的对象识别

可以用正则表达式或一个数值范围来代替允许基于模式的识别。允许对象识别具有更好的灵活性。可以将属性转变成验证点编辑器(Verification Point Editor)或测试对象地图中的正则表达式和数值范围。正则表达式计算器(Regular Expression Evaluator)允许在编辑表达式时进行测试,这节省下了不得不运行脚本观察模式是否工作的时间。

6) 集成 UCM

Rational Functional Tester 在 ClearCase 统一变更管理(Unified Change Management,UCM)的视图中。Rational Functional Tester 中创建的工件是可以进行版本控制的。

Rational Functional Tester 的两个版本共享这些基本特性,且都为已知的被测应用程序生成(一般来说)同样的脚本。重要的是要注意,因为它用户可在任何已知时间选择任何一个最适合自己需要的环境或语言。如果现在开始使用 Rational Functional Tester 的 Visual Basic . NET 版本,而在 6 个月后用户想转换成 Java 的版本,用户不需要学习完全不同的工具。两个版本基本上一致,用户可以对一个工具中的任何投资(时间或金钱)都能够沿用到另一个工具中。

使用 Eclipse 框架中 Java 的 Rational Functional Tester 的用户界面如下:当用户启动 Rational Functional Tester For Java 时,会看到带有 8 个主要组件的 Test Perspective 窗口:主菜单、工具栏、Project 视图、Java 编辑器、Script Explorer、Console 视图、Tasks 视图和状态栏。

2. 组件

下面是对每个组件的简要描述。

1) 主菜单

用户可以在 Rational Functional Tester 在线帮助中读到关于主菜单中每个选项的

内容。

2）工具栏

工具栏中包含以下图标：

Open the New Wizard——显示适当的对话框来创建许多项中的一个或录制 Functional Test 脚本。单击▼以显示要创建的可能项列表。

Create New Functional Test Project——显示一个对话框，用户可在 Functional Test 中生成新工程。

Connect to an Existing Functional Test Project——显示连接到现有工程的对话框。

Create an Empty Functional Test Script——显示可以用来手动添加 Java 代码的脚本对话框。

Create New Test Object Map——显示向工程添加一个新的测试对象地图的对话框。

Create New Test Datapool——显示创建一个新的测试数据库对话框。

Create a New Test Folder——显示为工程或现有文件夹创建一个新文件夹的对话框。

Record a Functional Test Script——显示输入关于新脚本的信息并开始记录的对话框。

Insert Recording into Active Functional Test Script——在当前脚本的光标位置开始记录，启动应用程序，插入验证点，并添加脚本支持功能。

Configure Applications for Testing——显示 Application Configuration 工具，用户可添加并编辑配置信息，例如，名称、路径和其他用于开始并执行应用程序的信息。

Enable Environments for Testing——显示用来启动 Java 环境和浏览器及配置 JRE 和浏览器的对话框。

Display the TestObject Inspector Tool——显示 TestObject Inspector 工具，显示测试对象信息，如父层次、继承层次、测试对象属性、无值属性和方法信息。

Insert Verification Point——显示 Verification Point and Action Wizard 的 Select an Object 页，用户在要测试的应用程序中选择对象。

Insert Test Object into Active Functional Test Script——显示选择测试对象来向测试对象地图和脚本中添加的对话框。

Insert Data Driven Commands into Active Functional Test Script——显示 Datapool Population Wizard 的 Data Drive Actions 页，选择被测应用程序中的数据驱动应用程序。

Replace Literals with Datapool Reference——用测试脚本中的数据库参考代替文字值，用户可向现有的测试脚本中添加现实数据。

Run Functional Test Script——运行 Functional Test 脚本，单击▼显示运行命令列表。

Debug Functional Test Script——启动当前脚本并显示 Debug Perspective(在脚本调试时提供信息),单击以在当前脚本的方法 Main 中开始调试。单击以显示调试命令列表。

Run or Configure External Tools——用户可以配置非工作台一部分的外部工具,单击显示选项列表。

3) Functional Test Projects 视图

Functional Test Projects 视图在 Test Perspective 窗口的左窗格中,为每个工程列出测试资产,包括:文件夹、脚本、共享的测试对象地图、日志文件夹、日志和 Java 文件(见图 8-81)。

Functional Test Projects
Atlantic
www.BookPool.com
Atlantic_logs
www.BookPool.com

图 8-81 "功能测试工程"视图

4) Java 编辑器

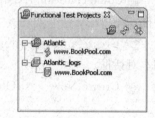

用户使用 Java 编辑器(脚本窗口)编辑 Java 代码。用户正在编辑的脚本或类的名字出现在 Java 编辑器框架的选项卡上。选项卡左边的星号表示有未保存的变更,用户可以打开 Java 编辑器中的若干文件并通过单击适当的选项卡来在它们之间移动。如果在此窗口中进行处理时出现代码问题,就会在受影响行附近显示一个问题标记。另外,在 Java 编辑器中右击会显示关于脚本的各种菜单选项。除此,它就与每个其他脚本编辑器类似了(见图 8-82)。

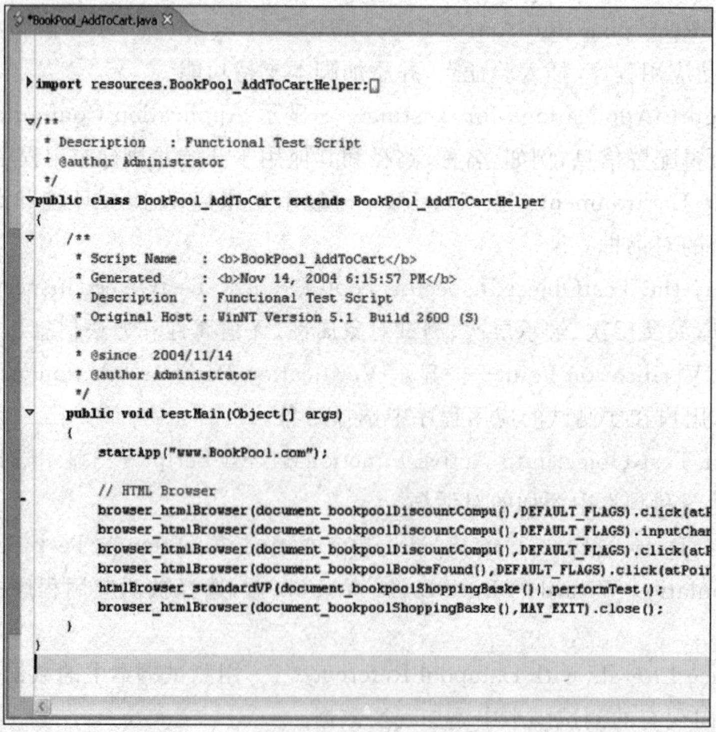

*BookPool_AddToCart.java
import resources.BookPool_AddToCartHelper;
/**
* Description : Functional Test Script
* @author Administrator
*/
public class BookPool_AddToCart extends BookPool_AddToCartHelper
{
/**
* Script Name : <b>BookPool_AddToCart</b>
* Generated : <b>Nov 14, 2004 6:15:57 PM</b>
* Description : Functional Test Script
* Original Host : WinNT Version 5.1 Build 2600 (S)
*
* @since 2004/11/14
* @author Administrator
*/
public void testMain(Object[] args)
{
startApp("www.BookPool.com");
// HTML Browser
browser_htmlBrowser(document_bookpoolDiscountCompu(),DEFAULT_FLAGS).click(at
browser_htmlBrowser(document_bookpoolDiscountCompu(),DEFAULT_FLAGS).inputChar
browser_htmlBrowser(document_bookpoolDiscountCompu(),DEFAULT_FLAGS).click(at
browser_htmlBrowser(document_bookpoolBooksFound(),DEFAULT_FLAGS).click(atPoi
htmlBrowser_standardVP(document_bookpoolShoppingBaske()).performTest();
browser_htmlBrowser(document_bookpoolShoppingBaske(),MAY_EXIT).close();
}
}

图 8-82 脚本窗口

5）Script Explorer

Test Perspective 窗口右边窗格中的 Script Explorer 列出了脚本助手、助手超类或助手基类、测试数据库、验证点和当前脚本的测试对象（见图 8-83）。注意这些关于 Script Explorer 的项：

- Verification Points 文件夹中包含所有为脚本记录的验证点，双击验证点会显示 Verification Point Editor。
- Test Objects 文件夹中包含了一列脚本可用的所有测试对象，该列中每个测试对象前面都有代表其作用的图标。双击 Test Object Map 图标会显示测试对象地图。
- 右击验证点、测试对象地图或 Script Explorer 中的测试资产显示出各种菜单选项。

6）Console 视图

Console 视图显示来自脚本或应用程序的输出，例如，System. out. print 语句和未处理的 Java 异常（见图 8-84）。

图 8-83　脚本浏览器

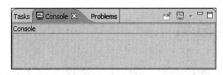

图 8-84　Console 视图

7）Tasks 视图

Tasks 视图显示错误、警告或其他由编译器自动生成的信息，该视图默认地列出工程中所有文件的所有任务，但也许想要限定显示与当前脚本相关的任务，可以通过单击 Tasks 视图标题中的过滤器按钮来应用一个过滤器（见图 8-85）。

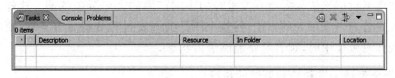

图 8-85　任务视图

8）状态栏

Rational Functional Tester 利用 Test Perspective 窗口底下的状态栏来显示消息（见图 8-86）。

在 IBM 公司的网站 https：//www. ibm. com/developerworks/cn，可以下载 Rational Functional Tester 的试用版软件并能够查阅全面的关于 Rational Functional Tester 的技

| Writable | Smart Insert | 29:9 | |

图 8-86　状态栏

术文档,本书不再赘述如何使用该工具进行自动化测试,为此推荐有助于入门读者学习的几个内容详尽的文档如下。

- IBM Rational Functional Tester 工作原理初探。
- 使用 IBM Rational Functional Tester 进行功能测试:第一部分,创建与回放测试(上)。
- 使用 IBM Rational Functional Tester 进行功能测试:第一部分,创建与回放测试(下)。
- 使用 IBM Rational Functional Tester 进行功能测试:第二部分,测试脚本扩展、测试对象地图和对象识别。
- 使用 IBM Rational Functional Tester 进行功能测试:第三部分,功能回归测试、测试框架和测试调试。
- 使用开源工具扩展 IBM Rational Functional Tester:第 1 部分,使用 SquirreL SQL 进行数据库测试。
- 使用开源工具扩展 IBM Rational Functional Tester:第 2 部分,数据库测试自动化。

经验总结

1. 测试个案(test case,或称为测试用例)的生成

使用编程语言或脚本语言(script language 例如 Perl 等)编写小程序产生大量的测试输入(包括输入数据与操作指令);或同时按一定的逻辑规律产生标准输出。按规定对输入与输出文件的名字进行配对,以便控制自动化测试及结果。负责核对的程序易于操作。

这里提到测试个案的命名问题,如果在项目的文档设计中作统一规划,软件产品的需求与功能的命名就应该成为后继开发过程的中间产品的命名分类依据。这样,能够为文档管理和配置管理带来很大的方便,使整个产品的开发过程变得更有条理,更符合逻辑。当新人加入开发工作中时,很容易就能够进入状态。

2. 科学合理地安排和控制测试的执行

单元测试或集成测试多用单机运行。但系统测试或回归测试,一般需要在网络环境中多台主机上同时运行。在开发过程中,用于等候测试运行结果的时间,就是一个缩短开发时间的机会。

对于单个测试来说,是否能够缩短运行时间的关键就在于测试的设置。有时候,需要反复修改程序,重新汇编和重新测试。那么把每一个循环的各种手工输入的设置与指令所花费的时间加起来就非常可观。如果能很好地利用 make 或类似的软件工具,就能节

省大量的时间。

对于系统测试或回归测试这类涉及大量测试个案运行的情况,节省时间的机会除了利用软件工具来实现自动化之外,就是怎样充分利用一切硬件资源。即使在正常的工作时间内,每台计算机都没有达到满负荷。因此,可以把大量测试个案分配到多台机器上同时运行,这样就能节省大量的时间。另外,把大量的系统测试及回归测试安排到夜间及周末运行,也能够提高测试效率,节省测试时间。

如果不购买商品化的工具,应当遵从正规的软件开发要求来开发出好的软件测试自动化工具。在实践中,许多企业自行开发的自动化工具都是利用一些现成的软件工具再加上自己写的程序组成的。这些自己开发的工具完全是为本企业量身定做的,因此可用性非常强。同时,也能根据需要随时进行改进,而不必受制于人。当然,这要求有一定的人力投入。

在设计软件自动测试工具的时候,路径(path)控制是一个非常重要的功能。理想的使用情况是,这个工具可以在任意一个路径位置上运行,可以通过任意一个路径位置取得测试用例,同时也可以把测试的结果输出到任意一个路径位置上去。这样的设计,可以使不同的测试运行能够使用同一组测试用例而不至于互相干扰,也可以灵活使用硬盘的空间,并且易于控制备份保存工作。

同时,软件自动测试工具必须能够方便地选择测试用例库中的全部或部分,也必须能够自由地选择被测试的产品或中间产品作为测试对象。

3. 测试结果与标准输出的对比

在设计测试用例的时候,必须考虑到怎样才能更好地比较测试结果和标准输出结果,输出数据量的多少及数据格式直接影响对比的效率。而另一方面,也必须考虑到输出数据与测试用例的测试目标的逻辑对应性及易读性,有利于更好地解决测试分析过程中所发现的问题,尽早消除软件 bug,同时也有利于测试用例的维护。

许多时候,要开发一些特殊的软件进行测试结果与标准输出的对比,因为在测试的过程中无法直接对所得到的一些输出内容进行对比(例如,对运行的日期时间的记录、对运行的路径的记录以及测试对象的版本数据等),所以要用程序进行处理。

4. 不吻合的测试结果的分析、分类、记录和通报

用于对测试结果与标准输出进行对比的特殊软件,往往也同时担任对不吻合的测试结果进行分析、分类、记录和通报的任务。

“测试分析”是找出测试出现问题的地方并指出引起错误的原因。“分类”包括各种统计上的分项,例如,对应的源程序的位置,错误的严重级别(提示、警告、非失效性错误、失效性错误或别的分类方法),是新发现的错误还是已有记录的错误,等等。“记录”是按分类存档。“通报”是主动地对测试的运行者及测试用例的“负责人”通报出错的信息。

这里提到测试用例“负责人”的概念,是用以指定一个测试用例运行时发现的缺陷,由哪一个开发人员负责分析(有时是另外的开发人员引进的缺陷而导致的错误)及修复。在设立测试用例库时,各用例均应有指定的负责人。

最直接的通报方法是由自动测试软件发出电子邮件给测试运行者及测试用例负责人。邮件内容的详细程度可根据需要灵活决定。

5. 总体测试状况的统计、报表的产生

这些都是自动测试工具所应有的功能,目的就是为了提高过程管理的质量,同时节省用于产生统计数据的时间。

产生出来的统计报表,最好存放到一个专门的路径位置,以便相关人员都能够随时进行查阅。同时,还可使用电子邮件把统计报表提交给相关人员(如项目经理、测试经理和质量保证经理)。

6. 自动测试与开发中产品每日构建(build)的配合

自动测试应该是整个开发过程中的一个有机部分,自动测试要依靠配置管理所提供的良好运行环境,但同时也要与开发中的软件构建紧密配合。

当软件产品的开发有一定的进展时(例如,可以看到初步的运行结果),就应该开始进行每日构建和测试,以便尽早发现软件开发过程中编码前的几个阶段产生的缺陷。下班之后进行自动的软件构建,紧接着进行自动测试(这里多数指的是系统测试或回归测试),这是充分利用时间与设备资源的一个非常行之有效的方法。

7. 图形界面的测试

在进行自动化测试时,很难使用工具来比较图形界面的实际输出和预期输出,所以一般的做法是针对图形界面的输出部分单独建立测试用例,以手工运行。只对非图形输出进行自动化测试。

本章小结

由于进行自动化测试,我们要放弃一些手工测试,所以在衡量自动化测试的成本时要考虑到因此放弃多少手工测试,少捕获了多少 bug。应该针对特殊的目的来设计测试,然后针对一个或多个功能的重要方面进行测试。要正确估量自动化测试脚本开发和维护工作量,将关键而有许多次执行的测试用例自动化。

一般来说,手工测试可以取代任何类型、功能的自动测试,但在多用户并发等情况下,手工测试是很难实现的,这时自动测试就发挥作用了。另外,使用自动测试工具可以减少很多重复的手工劳动,精确复制缺陷,提高测试覆盖率,从而提高产品质量。

应该根据企业的特点来选择测试工具。首先,对商业化的测试工具进行评估;然后,在公司的实际项目中试用,通过这种方法来检验工具在特定的环境下是否具有供应商所宣传的特性,同时考察代理商的技术支持水准,这对将来工具的大规模应用非常重要。

虽然测试工具的应用可以提高测试的质量、测试的效率,但要成功实施自动化测试,测试工作就必须遵从系统的、结构化的和循序渐进的观念进行。

习题

1. 选择题

(1) 在自动化测试工具中,(　　)是最难自动化的。

    A. 测试执行   B. 实际输出与预期输出的比较

    C. 测试用例生成   D. 测试录制与回放

(2) 下列(　　)不是软件自动化的优点。

    A. 速度快、效率高   B. 准确度和精度高

    C. 能提高测试的质量   D. 能充分测试软件

(3) 使用软件测试工具的目的不包括(　　)。

    A. 帮助测试寻找问题   B. 协助问题的诊断

    C. 节省测试时间   D. 提高设计质量

2. 问答题

(1) 简述软件测试自动化的意义。

(2) 在运用软件自动化测试时,应注意哪些缺点和事项。

(3) 软件测试工具主要分为哪几大类?

(4) 请解释 LoadRunner 下最大并发用户数、业务操作响应时间、服务器资源监控指标的含义与用途。

(5) 了解当前常用的自动化测试工具,并对这些工具进行针对性的说明。

第 9 章

软件 bug 和管理

【本章要点】

- 软件 bug 对软件质量的影响;
- 常见的软件 bug 类型,重现软件 bug 的分析技术;
- 软件 bug 的描述和管理。

【本章目标】

- 了解软件 bug 的影响和产生;
- 掌握软件开发过程中产生的 bug 种类;
- 掌握使 bug 重现的技术;
- 了解软件 bug 报告单应该包括的主要内容以及软件 bug 的管理流程。

9.1 软件 bug 概述

只要是人就难免会犯这样或那样的错误,更何况软件系统具有相当程度的复杂性,因此在软件开发过程中出现这样或那样的软件错误是难免的,通常把这些错误称为软件缺陷。那么如何来定义软件缺陷呢?

在 IEEE 1983 of IEEE Standard 729 中对软件缺陷下了一个标准的定义,即:

- 从产品内部看,软件缺陷是软件产品开发或维护过程中所存在的错误、毛病等各种问题;
- 从外部看,软件缺陷是系统所需要实现的某种功能的失效。

常见的软件缺陷有很多种,其中主要软件缺陷类型有:

- 一些功能、特性没有实现或只实现了一部分;
- 软件设计不合理,存在缺陷,实际运行结果和预期结果不一致;
- 运行出错,包括运行中断、系统崩溃、界面混乱;
- 数据结果不正确、精度不够;
- 用户不能接受的其他问题,如存取时间过长、界面不美观等。

如果软件错误或缺陷的数量达到一定程度就会导致软件系统的失效。为了尽量减少或及时发现软件缺陷,除了要使用有效的测试技术之外,还必须分析软件缺陷产生的原因;

研究如何有效地管理和监控软件缺陷,以便最大限度地减少软件缺陷所造成的损失。本章将对这些问题进行讨论。

9.1.1 bug 的影响

美国商务部国家标准和技术研究所进行的一项研究表明,软件中的 bug 每年给美国经济造成的损失高达 5 亿美元。说明软件中所存在的缺陷给我们带来的损失可能是十分巨大的,但是这也证明了软件测试工作的重要性。如果在一个银行系统的图形用户界面中,使用鼠标单击保存按钮时,实际上却执行了删除数据的功能。那么,这种错误就会给用户或使用者带来相当大的麻烦。

当前的社会已经非常依赖于信息技术,包括通信、金融交易、飞机管控、医疗系统等。而因为软件缺陷的存在造成人力和财力损失的例子屡见不鲜,如众所周知的千年虫问题就给全世界造成了巨大损失;在海湾战争中,一个软件故障扰乱了"爱国者"导弹的雷达跟踪系统,在发射导弹时产生了 1/3 秒的误差,结果未能击中伊拉克发射的飞毛腿导弹,造成美军 28 名士兵死亡、98 名受伤。很多情况下,bug 的出现常常令人们胆战心惊,付出精神上和物质上的双重代价。

第一,摧残测试人员的意志。不管多小的 bug,只要没有给予应有的重视和关注,在产品发布之后,总有一天会为此付出应有的代价。如果一个开发团队开发出来的产品中存在大量的 bug,无疑会降低团队的士气,给公司带来无形的损失。

因为软件缺陷具有关联的特性,因此有的缺陷生命力极强,虽然已经对其进行修复,但仍会在不同时间相同地方再次出现,常常令人们束手无策,甚至是产生绝望的心理,严重的挫伤测试人员的自信心。

重复处理相同的问题容易使人产生厌倦的情绪。那么,在软件发布日期临近的时候,不只是测试人员就连测试经理也会开始厌烦分派开发人员去修复软件缺陷。如果此时测试人员手中仍然握有长长的一串 bug 清单,会令人十分沮丧。当忍受不了压力的时候,为了逃避这些问题也许就会跳槽到其他软件公司。不难想象,如果所有人员都这样,那么最终会导致整个产品开发的失败。

第二,资源的损失。产品的开发需要资金,公司的运转需要资金,如果由于产品中存在着大量的 bug,而耽误了产品发布的时间,那不仅会损害公司的形象,更严重的是会流失大量的客户,最后可能会使整个项目被迫停止,因为没有哪个客户愿意为这样的公司买单。

还有一种可能就是由于产品 bug 的原因,而导致的灾难性的后果,最著名的美国 NASA 探险者上天后,由于一个小小的 bug,使它永久地消失在火星橘红色的大气中,浪费了 3 亿美元,这个数字让人触目惊心!

第三,严重损坏公司形象。人们使用图像处理软件马上就会想到 Adobe PhotoShop,使用数据库脱口而出的就是 Oracle,使用办公软件产品就会想到 Ms Office,为什么呢?因为它们都有良好的公司形象,稳定的产品质量。任何软件产品都有 bug,但是如何处理这些问题,以及对待它们的态度确是一个公司成功的关键,以上几家公司如果出现产品软件 bug 或者漏洞,总会在最短时间内通过各种途径公布该 bug 的相应补丁程序。但是国内现在有许多公司由于各种原因并没有很好地对待这些问题，特别一些电子商务公司，如果网站长时间不能响应客户服务，或者出现丢失订单、以假乱真的现象，这样的网站很快就会被客户抛弃，客户一旦离开就很难回头。形象的损失带来的后果是巨大的，产品不被市场认可，甚至公司也不再被市场认可，这样的公司很容易就会被淘汰。

在软件测试过程中，尽早发现和管理软件缺陷是一个十分重要的环节，反映软件开发过程中需求分析、功能设计、用户界面设计、编写代码等阶段引入的问题不仅能够提高软件质量，而且也为人们改进软件开发过程提供可靠的依据。

9.1.2　bug 的产生

事实上，bug 在爱迪生的工业年代是被用来形容会导致电气装置出现连接问题的一个名词。bug 这个名称最早是在 1945 年使用于计算机界，当时 Grace Murray Hopper 女士服务于美国海军，她被指派在哈佛大学内的克鲁夫特实验室（Cruft Laboratories）使用 Mark 系列的计算机，这在当时算是很先进的计算机。在 1945 年 9 月 9 日，该计算机出现了问题。经过检查后，发现在电路板 F 第 70 号继电器上贴着一只飞蛾，他们将这只飞蛾拿掉后，计算机恢复了正常。在这个事件之后，每当计算机出现问题，她常常对工程人员开玩笑说："这个机器是否又有 bug？"而工程人员将飞蛾移除的这个动作称为 DEbug。Hopper 女士的成就非凡，她所参与的计划在 1959 年创造出了 COBOL 计算机程序语言，不过这个计算机语言对日期格式只定义了 6 位数字，因此也带来了所谓的两千年问题（Y2K bug）。

对于软件而言，bug 是由于程序编写错误而导致软件产生问题的缺陷。开发人员为了避免这个缺陷出现在程序代码内，所进行的测试行为称为 Debugging。软件测试的目的就是通过一连串的测试行为发现软件错误，由这个错误找到软件程序代码内的 bug。可是就算这个程序运作完全正常，但使用者却不知如何使用，或者是所提供的功能不符合客户的需求，这样的情况算不算是 bug？

上述所提到的情况对软件测试来说属于设计缺陷（design error）。在软件测试中，对软件缺陷的定义比较宽泛。大部分的人评价软件质量的好坏依据是所找到的软件缺陷比率，基本上这只对了一半，因为只有使用者有权力判断软件质量的好与坏，而软件的使用者通常是购买软件的客户而不是软件开发人员。

错误产生的原因是复杂的，可以是人为的、硬件的或者是整个开发环境的，这些错误导致了软件开发成本、进度和质量上的失控。软件是人来做的，多多少少会存在问题，这是无法避免的现实。可以通过对问题本原的分析，避免错误的产生或者清除已经产生的错误，最大程度降低出错率。bug 产生的原因很多，具体有以下几点。

1. 程序编写错误

这是一个很常见的问题，与开发人员的经验有关，就算经验再丰富的开发人员所编写的软件也一定会有 bug 出现，只是经验不足的开发人员所编写的程序 bug 比较多而已。有时，经验不足的开发人员调用错误的 API，使用错误的 Function，甚至采用最复杂的技术解决一个很简单的问题，这些情况都是相当常见的。

曾经有一个案例,开发人员为了能让两个程序传递消息,不惜编写一个 Service(常驻服务)的程序调用 Windows Sockets,可是问题在于所传递的信息是在本机内部,并且信息内容只是为了取得系统时间。以网络安全的观点来看,采用 Sockets 的模式就要开放一个连接端口,只要开放一个端口就会有安全上的隐患。如果采用了上述的解决方案没有出错的话,还可以原谅,可是问题就出在开发人员经验不足,Service 程序错误连篇,Sockets 程序更是惨不忍睹。采用最复杂的方法来解决一个简单的问题,再加上开发人员的经验不足,所编写出来的程序代码没有 bug 那可真是一个奇迹了。

2. 需求变更过于频繁

这是使程序产生更多问题的原因之一。需求变更所造成的结果就是变更程序代码,程序代码只要稍做变更就必须经过测试来确保运行正常,所以这个影响是一个连锁反应(chain reaction)或称为依存问题。需求变更如果发生在开发的初期,对整体的影响是最小的;即使发生在中期的话,所产生的影响也可以控制在一定范围之内;可是如果发生在后期,所造成的影响除了使开发周期延误之外,软件质量也是很难得到保证的。

在实际的软件开发过程中,进行需求变更是司空见惯的情况。会产生这样的情况除了产品经理的责任外,最主要的原因就是软件产业的激烈竞争。除此之外,项目客户不了解随意变更软件需求的动作会造成如此大的影响,这也是导致变更频繁的原因之一。就软件测试的观点来看,需求变更除了增加测试的困难之外,还容易产生所谓的并发症。

曾经有过这样一个产生严重后果的例子。当产品所有的测试都已经告一段落时,产品经理希望将其中的一个模块换成最新版本。基于商业考虑,这个变更是避免不了的,于是这个决定被通过。后来,构建的新版本在经过初步测试之后并未发现问题,于是同意发行这个版本,可是这个最新的模块内部竟然有一些无用的功能,原因是模块开发人员将其部分功能关闭了,当然这也导致所发行的软件产生了不可原谅的错误。这个事件让我们体会到要确保需求变更不会产生问题的方法只有一个,那就是将所有的测试用例重新执行一次,可是这也需要付出极大的代价。

3. 软件的复杂度

不可否认的是,现今的程序在数量及组织上都比以往要多而且复杂。图形用户界面(GUI)、B\S 结构、面向对象设计、分布式运算、底层通信协议、超大型关系型数据库以及庞大的系统规模,使得软件及系统的复杂性呈指数增长,没有软件相关经验的人很难理解它。

在面向对象的领域里,面向对象的思想已经被充分运用,事实证明面向对象的测试实在是一件吃力不讨好的事情。每一个面向对象的基础单位都会变化,它们的组织和人类社会没有什么区别,并且某些基础单位还要生活在特定的空间里。还以面向对象的开发模式为例,它除了可以令开发人员在编写程序时更加方便之外,最大的好处是可以节省开发的周期及程序代码的行数,可是事实上所需的程序代码的行数减少了吗?由于软件的功能需求比以往增加许多,软件市场的竞争也迫使产品需要提供的功能服务相应增加。目前的程序代码超过万行以上的比比皆是,这个增加是程序量的增加。另外,为了提高开发效率,缩短开发周期,模块化的趋势也令软件程序的组织更加复杂。目前没有窗口而使用接口的软件已经不多见了,而客户/服务器结构的软件(client/server)在企业内部到处可见。近几年的 Web 技术也让软件的应用面进一步扩大,但相应地,所要开发的程序会更加复杂,因为在 Web 的功能要求下,除了要完成所要求的功能之外,还要考虑它的安全问题。

多样的选择组合除了增加软件测试的难度之外,也让程序开发人员更难 DEbug。因为面向对象的开发工具将许多功能包装成不同的对象使用,但是往往在测试过程中发现问题后,开发人员检查程序代码并未发生异常,检查到最后,发现问题有可能发生在所调用的对象内部。例如,当使用者要另存新文件时,程序会打开 Dialog Box 让使用者选择要存储的目录及文件名称,而这个动作却让程序的内存使用量突然增加了 1MB。经开发人员检查之后发现,这是由于采用了一个 BCC 的对象所导致的。

4. 交流不充分或者沟通出问题

这个问题出现在人员与人员、部门与部门、垂直与横向的沟通上,曾经有过这样一个例子,有一个项目所参与的开发人员是由 3 个不同国籍的人组成的。可能是东方人的个性较为含蓄,一位中国籍的开发人员与日本籍的开发人员只在电话里沟通过 2 次就不再联络了。在 2 个月的开发过程中,他们偶尔利用 E-mail 传递一些信息,可是在进行最后的产品集成时却发现,这两个人所写的程序完全无法组织起来,最主要的是两个人开发所使用的模块是不同的版本,最后的结果就是再浪费一个月的时间修改程序。这样的例子在开发中很常见。大部分项目人员在同客户进行交流时常常存在着各种各样的问题,最常见的表现就是:

第一,跟客户交流的时候不能充分地展示自己的观点,自信心不足,甚至有时候置身事外,静观其他人员讨论问题。

第二,项目参与人员为了避免得罪客户常常忽略了必要的交流,及时发现问题也不敢提出自己的意见。

第三,一部分项目参与人员总是习惯于依赖别人,不能够认真地记录交流过程中所发现问题。

第四,因为客户不具备专业知识,常常忽略或不重视它们所提出的问题和需求,认为没有任何参考价值。

第五,这是人类相互之间普遍存在的一种现象,10 个人依次传递同一句话都会出现错误,何况在复杂的项目里。大家的认识层面、各自拥有的知识、处事原则各不相同,难免会产生这种情况,可以通过互相的交流来避免或者减少这种情况的发生。

5. 测试人员的经验与技巧不足

经验丰富的测试人员所找到的问题一定会比经验不足的人员要多,这一点是毋庸置疑的。这是因为经验不足的测试人员除了测试的技巧不足之外,对 bug 的认定上有时也会视而不见,其实寻找软件的 bug 是需要一些经验积累的,有经验的测试人员对质量的影响及贡献是相当大的。

6. 时间过于紧迫

测试要花费大量的时间,至今尚未有一种自动化的测试工具能够全面和高效率地测试一套软件产品。如果是 QA(Quality Assurance)的工作,那就要占用更多的项目时间,因此项目经理在进度的压力下就要在进度和质量上做选择。

曾经有一个相当不可思议的例子是,一般系统测试要 10 个工作日才能完成一个循环,但是因为项目开发进度严重落后,项目经理同意测试人员只进行 2 天的系统测试,最后项目经理不得不带着开发人员到处去拜访客户解决问题。

7. 缺乏文档

贫乏或者差劲的文档使得代码维护和修改变得非常困难,结果会导致其他开发人员或客户有许多错误的理解。区分一个开发人员是否尽职的条件并不是看他有几年的编码经验,而在于其是否有良好的先文档后实现的习惯。文档代表着一种特殊的记忆,没有它对开发人员和客户都是很不利的。

8. 管理上的缺陷

软件出现致命的 bug,除了以上一些原因,公司在管理上也应该负一定的责任。许多软件公司的管理人员并未善尽其责或是根本不懂得如何管理,到头来不仅耗费人力,制作出来的产品也是漏洞百出。

9.2 bug 的种类

软件 bug 是软件产品的固有成分,bug 是软件"与生俱来"的特征。不同的软件开发阶段会产生不同的 bug,而不同的 bug 又会产生不同的后果,因此 bug 的属性也并非相同,应分类加以对待。

在时间、人力、物力允许的情况下,应修复软件中存在的所有 bug,但是,这只是软件开发的一种理想情况。绝大多数软件项目都是要求按期完成的,而且给予项目的资源有限(包括人力资源和软件生产资料),只有对软件 bug 进行区别对待,区分其严重等级和优先等级,将有限的资源充分利用,解决对软件产品质量最为关键的 bug,才能生产出用户满意的软件,另一方面,软件 bug 的修复代价在软件生命周期的各个阶段,相同的软件 bug 的修复成本却大不相同,随着时间的推移,修复软件 bug 的费用是呈几何级增加的,因此要尽可能早地发现 bug 并加以修复。

对软件 bug 进行分类,分析产生各类 bug 的软件过程原因,总结在开发软件过程中不同软件 bug 出现的频度,制定对应的软件过程管理与技术两方面的改进措施,是提高软件组织的生产能力和软件质量的重要手段。

9.2.1 需求阶段的 bug

需求阶段是软件生命周期的一个重要组成部分,在这个阶段,所有的需求,如软件产品的功能性和非功能性的能力要求,将被定义和文档化。可以这样说一个系统是否成功跟这个阶段有着密切的关联。但是,这个阶段的 bug 是最难发现、最难修复的,而且值得注意的是需求阶段的 bug 如果没有及时发现等到实现阶段发现时,那么修复它的费用要比当初修复它要高 15~75 倍。

1．模糊、不清晰的需求

有些需求定义不清晰或者在定义上考虑得不周全，会产生一个有争议的设计，导致最终用户的不满意，认为软件存在严重的软件 bug。

2．被忽略的需求

很明显，项目需求被忽略，必定会导致最终用户的不满意，甚至认为软件有严重的 bug。因为被"忽略"的那部分需求将造成以后设计、实现上的缺陷，使得最后无法符合最终用户的要求。

3．相互冲突的需求

如果有两个需求必须被系统所体现，但是这两个需求的性质相互矛盾，就有可能在设计上和实现中出现严重的 bug。

9.2.2　分析设计阶段的 bug

设计将需求转换为软件系统应该以何种方式工作的技术性描述，这个过程肯定会出现一些问题。设计中的 bug 比需求阶段产生的 bug 特征明显易于捕获，但是其维修代价很高，原因在于设计中的 bug 已经作为一个整体影响着整个系统的实现。设计中的 bug 的产生原因主要有 3 种途径。

1．忽略设计

忽略意味着没有把一个例外或者更多的异常情况加入对系统的设计中，造成了系统功能薄弱。忽略所产生的 bug 发现起来相对困难，即使有用户的参与也不一定能有效预防这样的 bug 产生。

2．混乱的设计

这样的情况发生在两种设计性质完全相反的情况中，如果系统的某块地址规定不允许被多线程访问，而方案却被设计成以多线程方式进行，则会在此层面上产生 bug，严重的会造成整个系统的崩溃。

3．模糊的设计

模糊 bug 产生的原因在于设计人员对需求没有清晰的认识，或者需求本身就是含糊不清的。

9.2.3　实现阶段的 bug

实现阶段的 bug 就是大家通常所认识的软件 bug 了，这里的 bug 都是在现实过程中产生的，是软件系统中最普通、最一般的"常规 bug"。本节将讨论实现阶段产生的 bug，它们比较容易分类，有些 bug 类型已经在编码的世界里流传了数年。部分实现阶段的 bug 与其所依赖的环境有密切的关联，例如最著名的"千年虫"问题就是因为当时的硬件价格高，为省资金而采用的实现手段。

这里可以将实现阶段出现的 bug 分为下面几类：

- 消息错误；
- 用户界面错误；
- 遗漏的功能；
- 内存溢出或者程序崩溃；
- 其他实现错误。

第一类型说明了软件系统向用户发送了错误的消息,可能消息是合理的或者表现为某种中断机制,但是用户认为这是一个 bug,因为他们的动作得出了错误的信息,而不知道为什么会这样。没有一个用户希望自己一步一步按规范操作,最后得到系统抛出的错误,如图 9-1 所示。这就需要一个合理的解释,最起码要明白究竟为什么会出现这样的问题。

如果是一名开发人员,他会知道这是由于表中在不允许为 NULL 的字段中插入了 NULL 时导致的错误。开发人员会很开心,他从错误中得知什么表,什么字段在什么动作后发生了什么问题,便于自己的调试。而客户就不这么认为了,他们会非常生气,因为他不知道错在哪里,而且系统抛出了一堆他无法看懂的东西,这就是一个非常严重的 bug。

第二类型就是用户界面错误,可归纳为 GUI 错误。可能是由于 GUI 制作不标准而导致用户不能正确工作,或者它们是标准的 GUI 组件,但是它们的功能描述和具体实现有距离。GUI 错误比较容易识别,也便于修复。

在如图 9-2 所示的操作员登录界面描述中,"提交"代表着提交操作员信息并进入系统,"退出"代表着放弃登录系统,如果"退出"表现为清除输入框"城市"、"地区"、"操作员"、"密码"中的数据,那么这就要被当成 bug 递交了。

图 9-1　错误提示对话框

图 9-2　操作员登录窗口

第三种类型为遗漏的功能 bug,例如,所设计的输入框只能接受 A～Z、a～z 的字母,而输入了 & $ ♯ @123456 这些符号,可是输入框检测程序都没有报错,这种 bug 产生的很大原因是由于实现人员马虎或者匆忙赶工造成的。例如有这样一个 Web 程序,当向它的某个固定输入框输入小于或者等于 20 个字符后,执行提交操作后正常且返回一个正常业务操作页面。如果输入大于 20 个字符,则该页面提交后就会返回一个莫名其妙并且完全空白的 Web 页面。经过测试后,发现程序员忘记添加一个输入框字符个数检查方法,如果该输入框输入字符个数大于 20 个就会产生一个异常,并且会使整个程序执行中断无条件返回。

第四种类型为内存溢出或者程序崩溃 bug，表现为程序挂起、系统崩溃，属于一种比较严重的软件 bug 类型。例如，软件执行了某些强行向操作系统保护地址写入数据的指令，导致整个环境的崩溃；或者编码人员错误地对 NULL 指针赋值，释放 NULL 对象，数值除零导致堆栈溢出等引发的一系列严重现象。这些错误的表现也非常强烈，便于测试人员的捕捉，但是人们当然希望这种类型的 bug 永远都不要出现。

笔者曾经参与了一套药房药品进销存的软件开发和测试工作，其间整个开发团队遇到了一个连续性的问题，程序在开发人员的机器上运行一切正常，但是在测试机某段运行时间内常常发生程序崩溃的现象。判断问题的原因很花时间，根本没办法确定问题出在什么地方，这个 bug 出现的频率很低，就算出现了整个程序也在抛出断点前崩溃了。

出现问题涉及的业务操作顺序如下：

- 输入药品名称；
- 系统在基础信息列表中查找该产品的详细信息，如果没有则新增该产品，否则显示该产品的详细信息（包括原库存数量）；
- 输入该药品的进货数量及进货单价；
- 系统合计新库存数量（原库存数量＋当前进货数量）；
- 系统打印该药品已经入库信息；
- 系统自动计算该药品统一销售价格（这里的销售价格采用了移动加权法计算公式）。

测试阶段要解决这个问题，最初我们怀疑是测试机环境的配置和系统互相冲突，等重新安装了测试机环境后问题依然存在，显然问题不在这里，这样只能逐行的检查源代码了。开始的切入点就是根据操作的功能点和操作顺序检查对应的源代码，首先程序接收输入数据，字符宽度和对应数据库字符宽度设定没有问题。然后分路径测试两种状况（该产品不存在或者该产品存在），系统显示信息正常。系统合计新库存数量，即程序接收输入数据后取原库存数值进行合计，计算功能正常，最后系统自动计算该产品统一销售价格也没有出现错误。可怕的 bug 消失了！

最后，把怀疑出错对象放到"系统自动计算该药品统一销售价格"功能点上，计算产品平均销售价格的移动加权法计算公式源代码如下：

```
//Average_Price 是平均销售价
//StockNumber 是进货数量,new_price 是进货单价
//Old_StorageNumber 是原库存数量,old_price 是原库存单价
Average_Price = (StockNumber * new_price+Old_StorageNumber * old_price)/
(StockNumber+Old_StorageNumber)
```

或许/运算符后面的数值为 0，计算后使程序堆栈溢出，最终导致程序的崩溃。但是分析后又觉得不太可能，就算 Old_StorageNumber（原库存数量）为 0，而 StockNumber（进货数量）永远都不会等于 0（进货数量为 0 是没有任何意义的，所以 0 被程序屏蔽了），那么问题究竟出在什么地方呢？

"负库存"是一种特殊的现象，当然负库存不是销售引起的，程序是不允许无物销售的。负库存是由盘点功能造成的，即某种商品库存数量由于某些原因在实盘过程中比账

面数量少,盘点功能就会自动修正账面数量与实盘数量相等(报损),这样就会造成"负库存"。

经过提醒,实现人员修改了原来的代码,加上了报警语句后该 bug 就不再出现了,修改后的源代码如下:

```
//Average_Price 是平均销售价
//StockNumber 是进货数量,new_price 是进货单价
//Old_StorageNumber 是原库存数量,old_price 是原库存单价
            if(StockNumber+Old_StorageNumber==0) {
                  Average_Price=new_price;
                  }else{
Average_Price = (StockNumber * new_price + Old_StorageNumber * old_price)/
(StockNumber+Old_StorageNumber)
}
```

第五种类型为其他实现中的 bug,表现为出现的错误难以定位其类型,例如,在产品化阶段,测试人员或者最终用户提出的部分提高程序运行效率的建议,当然开发人员并不完全处理这些问题,但是这些建议将成为一种特殊的 bug 类型,被保留在项目数据库中。

9.2.4 配置阶段的 bug

配置阶段的 bug 是最危险的,往往体现在软件交付或者最后的系统测试中,例如软件从内部应用转移到测试服务器或者客户服务器上,bug 的数量成级数上升。配置阶段的 bug 出现的原因是复杂的,比较典型的是旧的代码覆盖了新的代码,或者测试服务器上的代码和实现人员本机最新代码版本不一致。这些情况造成了错误代码测试通过后,经过一个时间段再次回归测试时又会出现同样的问题。

配置阶段的 bug 解决方案也很简单,项目组指定专人(集成人员)进行配置和集成管理,集成人员保证正确集成整个系统,并将最新的代码发布到测试服务器或者客户服务器上。这个阶段有 QA(质量保证)部门负责监管和控制,规定集成的时间间隔和最佳集成时间,统一维护这个项目。

配置阶段的 bug 可能是实现人员操作配置管理工具不正确引起的,所以 QA 应该规约开发人员的配置操作,以发文通告的方式向开发人员说明如何正确使用配置工具进行更新代码上传,并特别说明某些注意事项。

配置阶段的 bug 还可能体现了测试人员或者最终用户操作不正确,这样的问题应该让项目组尽快建立软件配置规约,以保证软件正确安装和正确发布。

另外,如果开发人员、集成人员和客户使用不同的硬件设备,那么当集成人员把产品交给客户时也可能会产生一些意想不到的配置 bug;还有一种就是开发人员、集成人员或者客户所使用的软件版本不同所产生的 bug,这当然主要是测试人员的责任了。

9.2.5 短视将来的 bug

很多软件 bug 都是开发人员或者设计人员的眼光短浅造成的,出名的例子就是"千

年虫"问题，当初的设计人员为了节省一点硬件成本给全球造成了难以估量的损失。

有一个很典型的例子，作者曾经为一家大药房开发了一套药品管理的进销存软件，由于最初的时候对业务流程并不是很熟悉，所以在定义药品编码的时候把许多药品的 ID 号定义为了整型变量（INT），开始作者认为这些足以定义所有的药品名称了，没想到一年以后，由于药房的业务量急增，药品的 ID 也就不够了，由于整套系统是由 Power Builder 编写，整型变量的最大值只有 32 767，因此程序经常由于数据溢出而出现问题，所以作者被迫用了近一个星期的时间来修改原来的程序。

其他短视将来的 bug 例子也有很多，例如，以前的身份证号码，原来的 15 位编号根本不符合一人一号的设计要求，重码的现象相当严重。现在使用的 18 位的身份证设计也有缺陷，新闻也报道过重码现象。下一代的身份证正在开始试用，它将全面解决这个问题。

短视将来的 bug 是可以避免的，只要经过充分的认识和周密的思考就可以避免。一套优秀的软件产品生命周期也许会很长，因此在需求阶段一定要充分的考虑，以免再犯笔者的错误。

9.2.6 静态文档的 bug

文档 bug 的定义很简单，即说明模糊、描述不完整和过期的都属于文档 bug。说明模糊特指无充分的信息判断如何正确地处理事情。

描述不完整特指文档信息不足以支持用户完成某项工作。过期文档本身就是错的并且无法弥补，这种现象经常发生在后期对系统功能修改而没有及时更新对应的文档，造成了文档的不一致性，最后这些文档会变成没有什么价值而被舍弃掉，而更新后的系统更是会因没有必要的文档而无法正常使用。文档代表着一种特殊的记忆，没有它的存在对人对己都是很不利的。

9.3 bug 报告单的提交和管理

9.3.1 bug 报告单的内容

bug 报告单也叫缺陷报告单或者问题报告单，许多公司都喜欢把它叫做问题报告单，本书中也统称为问题报告单。

问题报告单所需的基本信息类型在许多公司里都是大同小异的，不同的只是组织和标志。图 9-3 展示了报告单的基本布局，本节的余下部分将逐一说明报告单当中的每个字段。

1. 问题报告编号

理想情况下应由计算机填写，它是独一无二的，不存在有相同编号的两份报告。

2. 程序名

如果软件产品包含了一个以上的程序，或者公司开发了一个以上的程序，就得说明究竟是哪一个出了问题。

```
公司名称_____          密级_____           问题报告编号：_____
程序名_____            发布号_____                   版本号 _____
报告类型(1-6)              严重性（1-3）          附件（Y/N）

1.编码错误    4.文档       1.致命性               如果有,请描述：
2.设计问题    5.硬件       2.严重性               _____
3.建议        6.质疑       3.轻微性               _____

问题概要_____

问题能否重现?(Y/N)_____

问题描述及如何重现_____

_____

_____

_____

建议的改正措施(可选)_____

_____

_____

_____

报告人_____      日期_____/___/___

                 下面各项仅供开发组填写

功能域_____      承办人_____

注释_____

_____

_____

_____

状态(1-2)_____                    优先级(1-5)_____

1.开放        2.关闭

处理状态(1-9)                        处理版本_____

1.未解决   4.暂缓    7.由报告人撤回
2.已改正   5.符合设计 8.需要进一步信息    暂缓处理(yes/no)_____
3.不能重现 6.重复    9.不同意建议
```

图 9-3　报告单

3. 版本标识：发布号和版本号

这些用来识别被测的代码。举例来说,某个版本号可能是 1.01m,产品将会以发布号
1.01 来进行宣传,版本号中的字母 m 指出这是为测试创建和发布的 1.01 版本的第
13 稿。

如果程序员无法在代码的当前版本中重现问题,版本号会告诉他究竟是哪个版本出

了问题。这样程序员就可以准确地找出那个版本的代码，试着再次触发缺陷。

版本号能够避免报告已经改正的错误而引起的混淆。假设程序员在改正某个问题之后，又看到了它的报告。那么这个问题究竟是出在未经改正的旧版本之中，还是做过的改正根本没有起效？如果他认为上报的问题是源于旧版本程序，就会忽略该报告。版本号揭示问题仍然存在于新版本中。

4. 报告类型

报告类型描述了发现的问题类型。

（1）编码错误：程序未能按你所预料的方式运行。计算出 $2+2=3$ 的程序很可能有编码错误。面对编码错误报告时，程序员的反应往往是辩解说程序执行是符合设计的，这很正常。

（2）设计问题：你觉得程序是按预定正常工作，但不同意它的设计。你会将很多用户界面错误作为设计问题上报。这时程序员就不能将报告处理为是符合设计的，因为你声称设计本身就是错误的。如果程序员认为设计没什么问题，他给报告的处理意见就是不同意建议。

（3）建议：如果认为没有什么内容出错，但相信自己的意见能够改进程序质量，就可以提建议。

（4）文档：如果程序未能像手册或在线帮助所描述的那样运行，应确认一下是哪篇文档，在哪一页。不需要说明应该改动代码还是改动文档，只是要求问题得到解决。要保证程序员和文档编写人员都能看到报告。如果有的产品特征在文档中哪儿也没有说明，也可记为文档错误。

（5）硬件：这个报告可以上报程序与某些类型硬件之间的错误联系。如果问题仅是由于某块故障卡或是某些其他类型的硬件引起，就不要用它来上报了。仅当程序在所有的板卡、所有的机器或所有型号的机器上都出现故障时，才可填写这个报告。

（6）质疑：假设程序的运行情况让你无法理解或是无法预料，虽然你对程序这样运行很感疑惑，但如果没有太多的把握，可以选择提出质疑。如果确实是被你找出了问题，程序员当然会改正它。如果他没改，或者你不满意他解释程序这样运行的理由，也可以晚些提交设计问题报告。在充满对抗的环境里，质疑可用来迫使程序员对其所做的某些决定进行书面说明。

5. 严重性

报告人员使用严重性来为问题严重程度评分。问题究竟有多么严重？这个问题并没有确定的和立即的答案。Beizer 曾提出了一个从 1（较轻的，如拼写错误）到 10（影响巨大的，如导致其他系统失效、战争、凶杀等）的评价等级。但是 Beizer 将困扰用户或浪费用户时间的错误视为轻微的，这是个很常见的偏见。对于用户而言，因困扰而造成的不快可能代价巨大。困扰常常出现在杂志的评论当中，一次失实的评论的代价有多大？在现实中，不同的公司使用不同的评价等级，反映出他们对质量的重要性有着不同的认识。

严重性评价最后一点需要注意的是，如果缺陷的严重性等级被评价为轻微，那么它就往往得不到改正。尽管拼写错误和打印输出错行单独来看都是轻微的问题，但如果存在太多,程序的声誉就要遭到损害。人人都能看到这些错误。我们都见过这样的情景,销售人员把程序的种种轻微问题都演示出来,对还算是健壮的产品进行百般折磨。因此,如果轻微的问题太多,就应写一份后续报告(评价为严重)以引起对它们的数量的关注。

我们发现,超过 3 个等级就很难可靠地评价问题,因此这里只用 3 个等级:轻微的、严重的和致命的。如果用户必须要采用更多的评价等级,就应该为每个等级进行书面定义,并确保公司其他人都能够接受该用户对相对严重性的定义。

6. 附件

当测试人员上报某个缺陷时,可能会附上一张存有测试数据的软盘、键盘捕获记录或一组可产生测试用例的宏、程序的打印输出、内存 dump 或一份注释,里面详细描述了所做的操作,以及引起该问题的很重要的原因,这些都称为附件。若附件有用,就应该在问题报告中附带它。

在报告中,要注明有哪些附件包含在内。这样拿到报告的程序员一旦没有收到所有的附件,就能马上知道是哪些被遗漏掉了。

7. 问题概要

写出一两行的问题概要是一项技巧,我们应该掌握。概要可以帮助每个人很快地评审突出的问题,并找到相应的问题报告。很多提交给管理层的问题报告仅列有报告编号、严重性、某些报告类型以及问题概要。问题概要是整份报告中阅读得最为仔细的地方。

如果一份概要弱化了问题的严重程度,管理人员就有可能将其延期处理;相反,如果你的概要使得问题听起来要比真实情况更严重,就会被冠上“危言耸听”的名声。

问题概要应该只对问题进行描述,不用说明重现问题的步骤。例如“当用非法文件名存盘时系统发生崩溃”这个概要就很不错。

8. 问题能否重现

若在重现错误时遇到了点儿麻烦,应当继续试下去,直到发现根本不可能再次触发它(不能),或者仅能偶然地触发它(有时能)。如果回答是或者有时能,必须非常仔细地描述试过什么,分析是什么触发了缺陷,以及经过检查证实哪些不能触发缺陷。因为很多时候,如果回答能或有时能,程序员会让要求演示一遍问题。然后根据看到的 bug 来修改源程序。但是另一方面,如果回答不能,有些程序员就会忽略报告,除非更多的有关问题的报告被提交上来。

9. 问题描述及如何重现

问题是什么? 还有,除非问题是显而易见的,否则必须解释为什么认为它是个问题。从一个清晰的启动状态出发,一步一步地,说明如何去做才能看到问题的发生。描述一下所有的步骤和现象,包括错误信息。在这部分给程序员提供足够的信息总比惜墨如金好得多。

程序员会错过许多实际存在的缺陷,只是因为不知道该怎样重现它们。如果有些缺陷无法立即重现,他们会推迟处理。程序员还会把许多时间浪费在尝试重现那些没有充分描述的缺陷上。如果测试人员总是习惯填写不可重现的报告,那么程序员将会对他的报告产生怀疑。

要仔细填写本部分内容的另外一个重要原因就是,人们会经常发现自己不知道如何准确地重新构建出触发错误的条件。所以,我们应该及时记录下来,这是一个好习惯。

如果无法再次触发一个缺陷,尝试了很多次仍然不成功,无论如何都要承认现实并填写报告。优秀的程序员经常能够从细致的问题描述中跟踪到很难重现的问题。因此,应该说出你尝试过的做法,尽可能完全描述所有的错误信息,这些可能会将问题完全暴露出来。最后,请记住:永远不要因为问题没有重现而放弃提交报告。

10. 建议的改正措施

这部分是可选的。如果答案很明显,或是我们没有好的改正建议,就留着不填好了。程序员会由于不能很快想到有什么很好的改正方法而忽略很多设计或用户界面错误(尤其是在变动措辞和屏幕布局设计时)。如果有非常好的建议,就写在这里,他们可能会马上采纳你的意见。

11. 报告人

报告人的名字必须要填写。如果程序员看不懂报告,他必须知道应该找谁。很多人会讨厌或不理睬匿名报告。

12. 日期

这里的日期指的是你(或者报告人员)发现问题的日期,不是填写报告的时间或将报告输入到计算机的时间。发现问题的日期很重要,因为它有助于识别程序的版本。仅有版本号信息还不够,因为有些程序员忘了改变代码的版本号。

注: 以下的各项仅由开发组内部填写,外部报告人员(如 β 测试人员或内部用户)不必填写这些部分。

13. 功能域

功能域可供对问题进行大体分类。这里建议,应将功能域的数量保持在能确保清楚分类的最小限度,比如说十个就比较多了。由于分类会出现在很多报告和质疑中,因此所有人都应使用一份功能域分类列表。

14. 承办人

承办人处应填写负责处理该问题的小组或管理人员的名称。项目经理会将此报告交给某个程序员处理,而报告人员却不能将工作安排给某个人。

15. 注释

在基于书面文档的缺陷跟踪系统里,注释字段是预留给程序员及其经理填写的。程序员在这里简短地说明为什么要推迟处理,或说明是如何改正问题的。

多用户的跟踪系统使用该字段会更加有效。在这些系统里,注释可以任意长,任何阅读报告的人都可以在此加上评注。难度大的缺陷往往会在注释中引发很长的讨论,其中包括了从程序员、一个或多个测试人员、技术支持人员、文档编写人员、产品经理等人得到的反馈信息。这是一种快速有效增加缺陷信息的方法,比起 E-mail 信息来更不容易丢失。有些测试组将其视为数据库中最重要的字段。

16．状态

所有的报告开始时都处于开放状态。当已确定完成了改正或者人们一致同意此报告已不再是该版本的一个问题时,将状态改为关闭。在许多项目里,仅有主任测试员有权将状态改为关闭。有些公司使用 3 个状态码:开放、关闭和已解决。

17．优先级

优先级由项目经理设置,通常是 5 级或 10 级。项目经理要求程序员依据优先顺序依次改正缺陷。不同的公司优先级的定义也各不相同,以下为例:

- 立即改正(这阻碍了其他工作);
- 尽快改正;
- 在下一个里程碑(α 测试、β 测试阶段等)前必须改正;
- 完工前必须改正;
- 如有可能就改正;
- 任选(由你自己判断)。

在实践中,有些项目经理采用了 3 个级别的优先级,有些用 15 个级别的优先级。不同的经理对优先级别的命名也不相同。我们建议这应该是项目经理自己考虑的事情,设计数据库时要考虑让每个经理都很容易地定义自己的优先等级。

仅有项目经理才能改动优先级,而仅有报告人员(或主任测试员)才能改动严重性。项目经理和报告人员可能会在缺陷重要程度上的认识差别很大,但谁也改变不了对方的分级。有时,测试人员将某个缺陷标注为致命的,而项目经理却仅将其当作低优先级处理。因为两个字段(严重性与优先级)都共存于同一个系统中,而测试人员和项目经理都有自己的缺陷重要程度的分类立场。

18．处理状态与处理版本

处理状态定义了问题的当前状态。如果软件根据报告进行了修改,处理版本指明了程序的哪个版本包含了这一改动。下面列举的是几种不同类型的处理状态。

- 未解决:问题报告的初始状态都是未解决的,它提醒项目经理关注这份报告,对报告划分等级并安排专人处理。在任何时刻,只要有与当前处理状态相抵触的新信息出现,就应将报告改回到未解决状态。例如,如果程序员声称某个问题已经得到了改正,但是我们却又重现了它,那么就应将处理状态从已改正改回到未解决。
- 已改正:程序员负责标明缺陷已改正,除此之外,还要指明是针对哪个版本进行的改正。
- 不能重现:程序员无法触发该问题。应在当前版本中检查该缺陷是否存在,同时确认对每一个必需的步骤都有清晰的叙述。如果要增加新的步骤,应将处理状态重新设置为未解决,并在注释字段里说明所进行的操作。
- 暂缓:项目经理承认问题确实存在,但是决定在这个版本中不进行改正。无论缺陷反映了编码中的错误还是设计中的错误,暂缓都是合理的。
- 符合设计:上报的问题不是错误,报告中描述的程序运行情况反映的是程序的预定操作。

- 由报告人撤回：如果报告的撰写人觉得还不如不写这份报告，他可以把它撤回。除了报告者，谁也不能撤回它。
- 需要进一步信息：程序员有一个，报告人必须解答的疑问。
- 不同意建议：设计上不会做任何更改。
- 重复：很多组织使用这个处理状态码，并且关闭重复上报的缺陷。但如果关闭的是相似而不是相同的缺陷，就会带来风险。看起来相似的缺陷，其原因可能不同。如果将某些缺陷报告为重复的，那么程序员将只对其中的一个进行改正，而不会意识到还有其他的。此外，不同的报告也会包含着很有用的不同描述。在报告中应交叉引用重复的缺陷。

19. 暂缓处理

如果项目经理承认某个缺陷确实是软件中的错误，但决定不在当前版本中进行改正，那么该缺陷就处于暂缓状态。编码错误和设计错误都可以被推迟处理。

良好的问题跟踪系统可以打印出包含所有暂缓缺陷的总结报告，供高级管理层审核。当我们遇到分类确实有误，或是对分类有不同意见，或是有人故意隐瞒缺陷，该怎么处理呢？

(1) 有些测试组修改报告的处理状态码。我们并不建议这样做，因为这会带来激烈的争论。

(2) 有些测试组拒绝接受原本应标注为暂缓而实际却标注为符合设计的问题报告。他们将报告打回给项目经理，要求他重新确定其处理状态。如果背后没有管理层的支持，不要这么做。

(3) 很多测试组忽视这个问题，结果许多问题被掩盖了。

我们之所以定义暂缓处理这个字段，目的就是为了处理此类问题。与优先级和扩展过的注释字段一样，这个字段反映了我们的看法，即项目经理与测试人员之间存在不同意见是健康而又司空见惯的。问题跟踪系统应该能反映出这种差异，允许所有各方都能在报告上留下自己的判断。

如果仍在为某个符合设计的处理状态争论不休，还是随它去吧，但要在暂缓处理栏中写上 Yes。其后，在所有的报告中它会包括这些暂缓的缺陷。这几乎就是改变程序员的决定，只是不太干脆。不同之处在于，测试组等于是在说："好吧，这是你的观点，我们会把它记录下来。但我们要挑些问题向上级管理层汇报，这就是其中一个。"这可比改动处理状态码要敏感得多。

9.3.2 bug 报告的特点

一份好的问题报告应是书面的、已编号的、简单的、易于理解的、可重现的、易读的和不做判断的。

1. 书面的

有些项目经理鼓励测试人员以口头、电子邮件或其他非正式、不可跟踪的方式来报告问题。千万别这么做，除非我们将错误描述给程序员，而他又当即改正，否则，还是应该以书面形式写下来，不然很多细节(或是整个问题)都会被遗忘掉。即使是程序员马上进行了改正，还是需要一份报告，供日后对修改后的程序进行测试。

还应想到的是，不单是程序员和我们要了解这些问题。下一个测试人员在测试该程序前，会浏览以前的报告，体会一下先前版本出现的问题。维护人员也会审查测试报告，看看某段看上去很古怪的代码是不是一段代码补丁。最后，如果缺陷未能得到改正，必须要留一份记录，待管理层、销售人员和产品支持人员检查。

"所有的问题报告都必须提交"的原则也是有例外的。例如，有些时候，我们可能会在程序第一轮测试时被借调到其他的部门，如编程团队里，此时距离正式版本提交给测试组测试还很远。很多我们找出的错误都不大可能"存活"到正式测试阶段，因为通常来说，很少有这个开发阶段查出的 bug 被录入到问题跟踪数据库中。因此，只需要把这些 bug 记录并编号，然后交给测试人员就可以了。

2. 已编号的

应依据编号跟踪问题报告，应为每份报告设置一个唯一的编号。如果数据库是由计算机管理的，应将报告编号作为关键字段，记载一个报告永远区别于其他报告的标志信息。最好让计算机自动生成报告编号。

3. 简单的

"简单"即不要混在一起，一份报告应只描述一个问题。如果找到了 5 个似乎相互关联的问题，就写 5 份报告分别描述它们。如果对程序的某部分有 5 个不同的建议，也将它们写到 5 份报告中，交叉引用相关的报告，这样会给上司减少很多麻烦。

在一份报告中记录多个缺陷总会产生麻烦，因为程序员可能只改正其中的一些 bug，然后他就会标明已经改正，也许这里面还有没被修改的 bug，这样很浪费时间，而且遗留的问题常常得不到改正，因为没人会再注意到它们。

如果一份报告中记录多个 bug 是由不同的根本问题引起的，那么这样的报告就会更加混乱不堪，因此一份清晰、简单、易于理解的报告会让你的上司对你的能力更加欣赏。

4. 可重现的

bug 的可重现是我们一直在强调的问题。未经过专业训练的报告人员，特别是客户和很多产品支持人员，写出的报告往往没有可重现性。很多程序员会习惯性地摒弃这些人的报告，因为这些报告的问题很少能重现出来。

很多项目经理都会告诉编程人员不要理会不具备重现性的报告，因为没必要为报告中描述得不准确的问题耗费时间，所以让 bug 可重现是一个测试人员的基本技能之一，将在下一节详细介绍如何使 bug 重现。

没人会喜欢被别人教训说你做的东西这也错，那也错。但是作为测试人员，我们的工作性质就是每天都要这样对别人说。如果描述问题的方式就是对程序员说我认为你马虎、愚蠢、不专业，那么你没有人缘是必然的了，即使我们真的这么认为，也要委婉地在报告里表达出来。一个公司的员工是否有团队精神是这个公司实力的重要表现。

如果程序员抱怨我们写的问题报告带有恶意纯属个人报复，并向管理层投诉，那么后果会比较严重。首先,这会减少我们加薪和升职的机会,甚至会丢掉工作。有些测试人员以为他们的报告方式是勇敢的表现,而不是愚蠢的行为,但是,这样的结果是你跟程序员水火不容,这是项目经理最不愿意看到的事情,在这种情况下,不仅很多被提交的 bug 无法被修改,而且能不能保住工作也是个问题。

当通过在报告中表达个人判断向程序员宣战之前,应三思而行。我们几乎肯定会在这场战争中失败。即使保住了工作,也制造了敌对的同事关系,丧失了报告的自由。即使所表达的每个判断都是正确的,也不会对程序质量有任何的改进。

但是这里并不是说永远也不要做判断。在一些特殊的情况下,也许不得不写出一份有分量、措辞坦率的报告,提醒管理层重视那些很严重但程序员没有认识到或未进行改正的 bug。那么好,采取最有效的战术,挑起这种争端必须非常慎重,一年之内不要发生两次以上。如果觉得自己实在无法忍受,那么就找个别的工作好了,因为稳定压倒一切是一个公司健康发展的不二准则。

9.3.3 重现 bug 的分析和方法

本节将重点放在报告编码错误上,而不是报告设计问题上。开始本节之前首先假定每个 bug 都是可以重现的。在本节的最后将说明让不可重现的 bug 重现的方法。

1. 重现 bug 的分析

"可重现"隐含了下列定义:

- 能够描述如何让程序进入某个已知的状态,任何熟悉程序的人都能够依照描述使程序进入该状态。
- 从那个状态出发,确定出精确的一组步骤来暴露出问题。

为使报告更有效,应该对问题进一步分析。如果问题复杂是因为需要采取很多步骤才能重现,或是因为结果很难描述,都应该花多点时间进行分析。应该简化报告,或者将其拆分为几份报告。

1) 找出最严重的后果

找出某个 bug 导致的最严重的后果,这样可以激发人们改正它的兴趣。一个看来很轻微的问题往往更有可能被暂缓处理。

例如,假设有个 bug 在屏幕角落显示了一个无用的字符,这个问题很轻微,但是是可以报告的。它很可能会得到改正,但如果与最后期限有冲突,那么即使原封未动也不会阻止程序的交付。有些时候,屏幕上显示出无用信息只是一个孤立的问题(因此对它置之不理的决定可能是明智的,尤其是程序快要交付的时候)。但更可能的是,这只是某个更为严重的隐藏问题的先兆。如果我们继续运行这个程序,可能会出现一旦显示无用信息之后,程序几乎会马上崩溃。这就是我们要找出的严重后果。

如果程序发生了失效,原因可能是:

- 陷入了程序员未预期的状态;
- 陷入了错误恢复例程中。

如果陷入了未预期的状态,后续的代码会错误地假设当前所发生的事情,错误可能会进一步发生。至于错误恢复例程,这可能是程序中测试得最少的部分,其中常常包含着错误,设计也非常差。通常,错误恢复例程本身含有比引起该错误的 bug 更为严重的缺陷。

如果程序记录了某个错误,显示了无用的屏幕信息,或是未按程序员设计的思路进行,往往应该寻找后续的缺陷。

2) 找出最简单和最常见条件

例如,有些 bug 会在每个闰年的午夜显现,其他时间从不出现。还有些 bug 仅在输入错误或形成了一个复杂的序列时才出现。改正 bug 可以参照以下几种情况进行权衡:

- 如果理解和改正问题仅需要很小的工作量,那么就会修复它。
- 如果问题的解决需要(或看起来需要)很长的时间和精力,程序员会不太情愿改正它。
- 如果问题会在程序日常使用的过程中发生,管理层对问题的关注会增加。
- 如果问题的出现几乎无人知晓,关注程度会很低。

如果能找到重现某个 bug 的比较简单的方法,进行调试的程序员也就轻松多了,能够更快地完成任务。重现 bug 所需要采取的步骤越少,程序员所需要检查的代码位置也越少,他也就更能集中精力去寻找 bug 产生的内部原因。改正 bug 所做的工作包括找出内部根源,修改代码以消除根源,以及对修改进行测试。如果我们使得查找根源和测试修改更为容易,也就减少了改正问题所需的努力。哪怕微不足道,容易的 bug 也应当得到改正。

3) 找出产生相同问题的其他路径

有时候触发某个 bug 需要做很多工作。不管将问题分析得有多深入,仍然还是需要采取很多步骤才能重现它。即使每个步骤都好像是程序的例行操作,一个散漫的观察人员仍然会认为问题太复杂了,不会有太多客户会注意到它。

为了反对这种看法,可以向他们演示能够不止一种方法能触发这个错误。有两条不同的路径通往同一个 bug,比起仅有一条路径来说明更有力。即使每条路径都包含着很复杂的步骤序列,存在两条路径也意味着代码中含有严重的错误。

此外,如果描述了两条通往同一个 bug 的路径,那它们很可能具有共同的东西。从外部可能看不到这种共性,但程序员可以检查两条路径共同走过的代码,找出原因来。

在这里做出决策需要不断的实践,必须向程序员展示存在着充分差异的各条路径,这样程序员就无法把它们视为对同一个 bug 的相似描述,但这些路径又不必在每个细节上都有差异。每条路径的价值大小,取决于能在多大程度上提供额外的信息。

4) 找出相关的问题

我们可以仿照以前发现 bug 的方法,查找程序中其他可能的位置,能有相当的机会在新的代码中找出类似的问题,然后跟踪这个错误,看看还能遇到什么其他的麻烦。一个 bug 就是一次机会,它将程序引到不正常的状态中,使程序运行错误代码。如果不这样就很难对它进行测试。在这些情形下找出来的大多数 bug 都是很有价值的,因为有些用户总会找出其他方法,使程序运行到同样的错误处理例程,深入研究可以防止灾难的发生。

人们必须再次做出抉择,虽然不愿意花过多的时间来查找相关的问题,但如果非常清楚地知道有一个暂缓的 bug 会给用户造成很大的麻烦,那么就必须投入更多的时间在程序中查找相关的问题。那么如何进行分析？

（1）寻找最关键的步骤。

当发现一个 bug 时看到的只是现象，并不是根源。程序的不正常表现是由代码中的错误所导致的结果。由于最初的测试看不到代码，因此也看不到错误本身，能看到的只是程序运行不正常。根本的错误（代码中的错误）也许在很多步骤前就已经发生了。在 bug 包含的所有步骤中，可能就是其中的某个触发了错误。如果能将这个触发步骤分离出来，就能够非常容易地重现 bug，程序员也能够更容易地改正它。

执行每一个步骤时，应仔细地查找有关错误的任何线索。不太重要的提示常常容易被遗漏或忽略。细微的缺陷很可能是某个错误的最初表现，这个错误最终会暴露自己，成为我们所关注的问题。如果这些 bug 发生的路径都通向我们正在分析的问题，那么它们与问题之间存在联系就非常可能了，应该查找下列的问题。

- 错误信息：对照程序错误信息以及程序员声称能触发错误的事件列表，检查错误信息。阅读这些信息，努力了解信息出现的原因和时间（经过哪些步骤或子步骤）。

- 处理延时：如果程序显示文本的下一部分或结束一次运算花费了不正常的漫长时间，它可能是在疯狂地运行完全不相干的代码。程序可能会在数据被错误地更改后结束这种情况，也可能永远也恢复不到以前的状态。当输入下一个字符后，程序会以为我们是在回答一个与屏幕上显示的不同的问题（由完全不同的代码部分提出的问题）。一个不寻常的延时也许是一个程序正在胡乱运行的唯一证据。

- 屏幕闪烁：当屏幕重新显示或者屏幕的一部分闪烁后又恢复正常，例如突然黑屏，此时所看到的可能是程序的一个错误恢复。作为对错误反应的一部分，程序要保证屏幕上显示的东西应准确反映出它的状态和数据。屏幕重新显示可能起作用，但余下的错误恢复代码可能会把后面的事情弄糟。

- 光标跳跃：光标跳到一个非预期的位置，之后可能又会跳回去，或者干脆就停在那里。其实大部分的编程语言都有对光标位置的控制语句，如果光标一直停在那里，说明程序可能失去了对光标位置的跟踪。即使光标又归位了，也不知道在光标跳跃的过程中，还有什么错误程序被默默地执行。

- 文本错误：千万不要小看这种错误，很多时候，在计算机屏幕看到的输出是对的，可是由于输出文本框字段长度的限制，打印出来后，只能看到其中的部分信息，或者干脆产生不规则的乱码。

- 工作指示灯在设备未使用时亮起：很多磁盘驱动器或其他外围设备都设计有工作指示灯，当计算机对它们进行数据读写操作时，灯会亮起。如果某个设备的工作指示灯意外地亮起，程序很可能正在错误地读写分配给外围设备的内存单元而不是内存中的正确位置。在某些语言（如 C 语言）中很容易发生对内存空间的寻址错误。程序可能会将数据"存储"到预先留给磁盘控制的空间，或用数据覆盖了控制代码，却仍然以为数据存在指定位置。发生这种情况时，不会看到内部的程序正在被覆盖（如果此时想运行程序的某个部分，这会导致非常严重的 bug 发生），看到的只是 I/O 指示灯在闪烁。这是个典型的"指针寻址错乱"（wild pointer)bug。

（2）最大程度地提高程序运行的可见性。

如果将程序运行的越多方面变得可见，就越能看到更多的出错情况，也就越有可能明确关键的步骤。

可以试着使用一些源码调试工具，因为有些调试工具除了能够跟踪代码执行路径外，还可以报告当前活动的进程、程序占用的内存或其他资源的数量、正在使用的堆栈的数量以及其他的内部信息。调试工具可以告诉我们：

有个例程在退出时，总会比它开始时在堆栈（一个有限空间的临时数据存储区域）中遗留下更多的数据。如果该操作被调用了足够次数，堆栈就会被填满，产生堆栈溢出的错误。调试工具可以监视那些即将被填满的堆栈，并警告程序员注意。

当某个进程接收到其他进程发出的消息后，操作系统中负责消息传递的控制机制允许该进程访问一个新的内存区域。消息作为数据存储在该区域中。当进程处理完消息后，它会通知操作系统回收内存空间。如果该进程从不释放存储消息的内存空间，由于消息不断传递过来，最终它会占用所有可用的内存，导致消息再也无法发送，系统停止运行。调试工具能够赶在系统崩溃前显示出哪些进程正在积累内存。

我们可以通过使用调试工具找到更多的东西。越熟悉编程技术和被测程序的内部机制，调试工具发挥的作用也就越大。但是要注意不要在调试上花费过多的时间，主要任务是进行黑盒测试，而不是审查全部代码。

提高可见性的另外一条途径是将屏幕显示的所有内容和磁盘文件的所有变更统统都打印出来，然后可以慢慢地进行分析。

如果屏幕显示变化得太快，无法捕捉到所有细节，可以在源程序中插入一些时间等待程序，这样就可以在其变化时看到更多的信息。

（3）多尝试一些结果。

如果依次执行事件 A、B、C，程序执行到 C 的时候发现了一些错误，那就可以知道错误可能出在 B 上。再试一下执行 A、B、D。程序执行到 D 的时候可能会出现一些新的问题，可以尝试着多变换一些步骤，看看程序会发生什么，虽然有时候会很枯燥，但是很有可能找到一些严重的 bug。

（4）查找后续错误。

即使还没有找到最关键的步骤，一旦发现了某个错误，也应该再坚持运行程序一段时间，看看是否会有其他错误出现。要认真细致地做这件事，最初出现的问题可能会诱发一系列后续问题。一旦最初的问题得到改正，后面的问题可能就不会重现了。从另一方面来看，这种因果关系也并不是确定的，当错误被查找出来，后面出现的错误不一定非得是前面出现的错误的"结果"。我们必须从某个已知且清楚的状态出发，沿一条不会触发原有问题的路径对这些错误分别进行测试。

（5）渐进地省略或改变步骤。

在现实的测试环境中，找到的问题通常都是很复杂的，包含了很多步骤，出现这种问题该怎么办呢？其实可以试着跳过其中一些步骤，看 bug 是否还存在，这就是渐进性的省略，当然步骤去除得越多越好，但是应该记住一点，就是对每个要省略的步骤进行测试，看看它是否是重现 bug 的必要环节。

至于改变步骤，可以在每个步骤中查找是否存在边界条件，对边界条件的敏感程度，是一个测试人员技术成熟与否的标志之一。

（6）在程序以前的版本中查找错误。

如果错误仅在以前出现，但没有出现在最近测试的版本中，那么它就是由代码变更所导致的。认识了这一点，会明显地帮助程序员缩小错误原因搜索的范围。如有可能，应重新载入旧版本程序，查找这个错误。在项目的结束阶段这样做可能显得最为重要。

（7）查找配置依赖。

假设程序在 64MB 内存的计算机上运行正常，能保证它在 32MB 或更低内存的配置中运行正常吗？使用 Windows 的操作系统，能保证程序在 Linux 的操作系统中没有 bug 吗？其实程序或多或少都会对软硬件的配置有依赖，因此，如果有条件，尽量让程序在各种配置下测试，或者干脆在使用说明书上标明最低配置和推荐配置。

2. 让 bug 可重现

一个 bug 是可重现的，即其他人按照我们所描述的步骤，得到同样的错误结果。在 bug 报告单中，必须能说明如何使计算机进入某个已知的状态，执行哪些步骤可以触发错误，以及 bug 出现后如何识别它。许多 bug 会扰乱意想不到的内存区域或者改变设备的状态。为了确保观察到的不会是以前某些 bug 的附带现象，在执行触发错误所必要的步骤前，一定要记住重新启动计算机，重新载入程序，这也是重现 bug 工作的组成部分。

假设还不清楚如何重现 bug，尝试着重现它，但还是失败了。我们无法确定如何去触发它，那该怎么办呢？

首先，将记得的有关第一次操作的所有事情都记下来。记下有哪些事情很有把握，哪些事情是猜测出来的，以及触发 bug 的一系列步骤之前所做的其他它事情，包括一些细微的小事。

很多测试人员发现，将步骤录下来会很有用处。很多计算机以及声卡、显卡的输出都可以转录在外部存储器上。这样做可能会省去很多试图回忆某个步骤的时间，虽然可能会消耗大量分析和硬件资源，但是对于一个总是发生不可重现错误的程序，录像作为程序员使出的最后一招，当沿着一条特别复杂的路径回溯问题可能会非常必要。同时，对 bug 过程进行录像，即使后来无法再重现它，也可以证明它存在。还有一些测试人员使用捕捉程序来记录所有的键盘操作和鼠标移动，这种工具也能很好地帮助人们辨别出触发 bug 的操作。

如果回溯步骤仍然不起作用，也不应该放弃。软件错误是会间歇发生的，即使出现概率很小，但一旦满足了确切的条件，bug 会再次显现出来。任何 bug 在理论上都是可以重现的。但是有很多原因不能立即重现 bug，下面列举了几种情况。

1）竞争条件

一旦熟悉了测试的过程，有时候可能会将测试步骤进行得很快。这时突然发现了某个可疑的地方或某个 bug，那么通常会慢下来，对可疑的地方重新测试。其实这是一个很好的做法。但是有时第一次做的很快，再做一次的时候为了要仔细观察所有的操作，会将速度慢下来，如果这样未能再次触发这个 bug，那么它可能是与时间相关的：因为当运行程序的速度超出了其能力之外,竞争条件就会出现。我们可以按照第一次运行时的节奏,再将程序快速地测试一遍。如果错误再次出现,那么就要试着减慢计算机的速度,或者在稍慢点的计算机上进行测试了。

2)被遗忘的细节

在现实的测试工作中,很多时候测试是在没有制定测试计划的情况下进行的,在测试中发现了某个问题后却无法重现它,那么很可能是我们忘记了一些细节。例如测试中途被打断,我们很可能会把一些事情重复做两次,或是不小心按了一个对系统有害的字符。因此我们应该努力回忆中断发生时正在做什么,中断期间又做了什么,以及刚刚恢复工作时又做了什么,一些被遗忘的细节,往往成为恢复 bug 的关键。

3)bug 造成的影响会导致其无法重现

bug 可能会破坏文件、对无效的内存单元进行写操作、使中断失效或是关闭 I/O 端口。如果发生了这些情况,除非复原文件或将计算机恢复到正确(或之前)状态,否则根本无法再重现这个问题。

举个很简单的例子:有个用户给我们寄来了一封问题投诉信和一张软盘。为了重现用户投诉的问题,我们启动程序、读取软盘数据、进行测试,出现的 bug 破坏了用户提供的软盘里的数据文件。虽然重现了一次该 bug,但在得到用户发来的另一张软件副本之前,再也无法重现这个 bug 了。

因此,作为测试人员,一定要牢记,千万不要直接使用原始数据,重现 bug 之前一定要确保备份数据文件。

4)bug 是依赖于内存的

程序有时可能会在特定容量或特定类型的内存下才失效。还有一种与内存有关的情况,即可用内存总的容量似乎足够了,但碎片太多(散布为不连续的小的内存块),这种情况下,如果运行一些对内存有特殊要求的程序,那么很可能会出现程序错误,导致 bug 出现。

解决这些问题可以使用一些专用的内存监视软件,它的信息对话框能够显示空闲内存的容量和 5 个最大内存块的大小。能够看到在测试开始时有多少可用内存,以及内存散布的情况,可以非常方便地发现和减少由于内存引起的错误。

5)仅会在初次运行时出现的 bug

在一个典型案例中,当程序初次运行时,其中的一个工作就是在磁盘上初始化配置数据文件。如果让程序在初始化之前执行某些操作,程序就会不正常,而一旦数据文件初始化完成,程序就会正常工作,这种错误只会在程序初次运行时才会出现。

这种 bug 在现实的测试中危害性并不是很大,因为它只在初次运行时出现,只要在用户说明书中详细说明初始化数据前的操作步骤,那么这种 bug 是可以避免的。

6)因数据错误导致的 bug

程序可能会破坏磁盘或内存中的自身数据,或者可能会对程序输入错误的数据。程序或受阻于这些数据,或虽然发现了输入有错误却不能正确地处理错误。在上述两种情况下,若遇到的是一类在故障识别和恢复时才发生的错误。为重现这些错误,必须对程序进行相同的数据输入。听起来似乎很显然,但测试人员有时会忽略了这一点。

7）由于一些其他问题附带引起的 bug

这是一种错误恢复时发生的故障。程序发生了一次故障，对错误进行处理时又再次发生故障，而且后一次故障往往要比第一次严重得多。当看到由后一次 bug 导致的惊人崩溃后，前一个 bug 造成的后果就显得微不足道了。因此当发现程序存在一个初始 bug 后，我们的目标就是要重现它，由它导致的后续 bug 重现起来就要容易得多了。

8）间断性硬件故障

硬件故障通常都是很明显的。例如，内存芯片要么工作正常，要么就无法工作，可以很直接的找到问题所在，但有一些原因除外，例如热量的积累或电源的波动可能会导致内存芯片间断性故障，也可能导致内存工作不精确，通信时断时续。虽然现在的硬件设备已经非常稳定，但是如果我们觉得发生了这样的情况，那么就应该检查一下电源的供应和机器的散热措施了。

9）bug 依赖于时间

如果程序保持对时间的跟踪，那它可能会在某个时间执行特殊的处理，一个跟踪每日时间的程序可能会在元旦或闰年的二月底进行特殊的处理。

从 1999 年 12 月 31 日向 2000 年 1 月 1 日的时间变化被人们当作灾难事件，这就是大家熟知的"千年虫"事件，正因为人们对数值范围检查和默认的日期的短视，才会对当时的计算机领域产生了巨大的影响。因此，对依赖于时间的程序，应该详细的检查一下跨日、周、月、年、闰年及世纪等边界情况。那些一天或一周仅发生一次的 bug 可能就是源于此类问题。

10）bug 依赖于资源

在一个多重处理系统中，有两个以上的进程（程序）共享 CPU、资源及内存。例如当一个进程使用打印机时，其他进程就必须等待。如果一个进程占用了百分之九十的可用内存，其他进程使用内存就限制在百分之十之内。这些进程必须能在资源请求受拒后恢复状态。用重现某个由错误恢复而产生的故障，我们必须重现（内存、打印机、视频、通信连接）请求受拒的情形。

11）bug 由长期积累形成

在程序运行中，可能有些错误不会立即产生影响，某个错误可能需要重复几十次，程序才会出现崩溃。此时，几乎任何操作都会导致程序崩溃，哪怕一个完全无关且不含错误的处理程序都会神奇地让系统崩溃。这时很可能会把原因归结在后续的程序里，其实是忽略了那些缓慢的破坏系统的例程。

例如，很多程序都使用到了堆栈。堆栈是为临时数据预留的一部分内存区域。程序将数据放入堆栈的"顶端"并读取处于最顶端的数据。堆栈的规模可能很小，很快就被填满。假设某个堆栈能处理 256 字节的数据，子程序 A 总是往里面放入 10 字节的数据，执行完毕后数据被遗留在堆栈中，没有被清理掉。如果再没有其他程序读取这些 10 字节的数据，那么当调用了 25 次程序 A 后，它就往堆栈中放入了 250 字节的数据，剩下的空间仅有 6 字节。如果完全与程序 A 无关的程序 B（执行完毕可自动清除堆栈数据）试着往堆栈中放入 7 字节的数据，堆栈就会发生溢出。堆栈溢出常常会导致程序的崩溃。

从现在开始，反复调用子程序 B，但如果不调用 25 次子程序 A，将无法重现这个错误。若认为某个很有嫌疑的例程并没有导致系统失效,那么有理由检查一下在此之前运行过那些例程。

其实处理 bug 重现的技术还有很多,大部分方法都是在现实的测试当中摸索实践,因为真实的测试环境有很多不可预知的因素,但只要有耐心让 bug 重现并不是很难的问题。

9.3.4　bug 管理流程

对 bug 的跟踪管理是测试工作的一个重要部分,测试的目的是为了尽早发现软件系统中的缺陷,因此,对 bug 进行跟踪管理,确保每个被发现的缺陷都能及时得到处理。bug 管理流程是一套复杂的处理过程,涉及测试员(复审员)、项目数据库管理员、实施员(设计员)三方的交互,图 9-4 所示的 bug 管理流转图详细描述了三方关联关系(同样适合正式技术复审问题处理流程)。

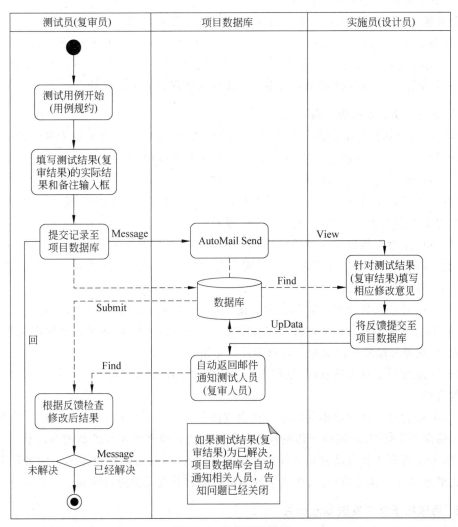

图 9-4　bug 管理流转图

bug 跟踪管理的起始动作是测试员（复审员）选择一个测试用例开始测试，当测试员（复审员）发现程序实际输出值和程序期望值不符的时候，就发现了一个 bug，并执行流程第二个动作"填写测试的实际结果"。当测试员（复审员）向 bug 跟踪管理系统递交该 bug时，系统将该 bug 保存至"项目数据库"中，并且同步发送一个消息至 AutoMail Send（可以是一个程序），由它向该 bug 的最终负责者实施员（设计员）发送一份 Error Report。实施员（设计员）会及时接收这样的 bug 报告，并且根据报告中包含的 bug 唯一序号向"项目数据库"查询该 bug 的详细信息。当实施员（设计员）对 bug 跟踪的修复动作完成后，就会在"项目数据库"中将该 bug 的状态转换为 Fixed，bug 跟踪管理系统接收这样的UpData 动作，就会自动向 bug 的测试员（复审员）发送 bug 已经修复的消息，测试员（复审员）对 bug 进行确认测试，如果该 bug 正确修复则关闭它，如果该 bug 依然存在问题，整个动作回复到 bug 跟踪管理的起始处。

1. 如何提交系统中的 bug

在发送 bug 报告之前应该注意，不要在同一封邮件或者同一个错误输入框中报告多个（尤其在不同软件包之中的）错误。发送 bug 报告之前，请首先确认一下项目数据库中是否已经存在其他人报告过同样的 bug。如果无法准确对 bug 进行定位和详细描述，请发送一封 Help 电子邮件得到相关实现人员或者其他测试人员的协助。

2. 使用自动 bug 报告工具

尽量使用成熟的 bug 管理工具实现 bug 全程管理，可以有效避免被大量的测试数据所淹没而引发一系列问题，使用 bug 管理工具具有如下几种好处：

（1）bug 管理工具安装简单、运行方便、管理安全。

（2）bug 管理工具有利于 bug 的清楚传递，由于使用了后台数据库进行管理，提供全面详尽的报告输入项，可产生标准化的 bug 报告。

（3）bug 管理工具提供大量的分析选项和强大的查询匹配能力，能根据各种条件组合进行 bug 统计。当 bug 在它的生命周期中变化时，开发人员、测试人员及项目管理人员将及时获得动态的变化信息。

（4）bug 管理人员允许获取 bug 历史记录，并在检查 bug 的状态时参考这一记录。

（5）bug 管理工具可针对软件产品设定不同的模块，并针对不同的模块设定相关的责任人员，这样可以实现提交报告时自动发给指定的责任人。

（6）bug 管理工具支持权限，设定不同的用户对 bug 记录的操作权限不同，可有效控制进程管理。

（7）bug 管理工具设定不同的 bug 严重程度和优先级，从最初的报告到最后的解决，确保了错误不会被忽略，同时可以使注意力集中在优先级和严重程度高的错误上。

（8）bug 管理工具自动发送邮件通知相关责任人员，并且根据设定的不同责任人，自动发送最新的 bug 动态信息，有效地帮助测试人员和开发人员进行沟通。

3. 通过电子邮件发送 bug 报告

使用电子邮件发送 bug 报告，应该在主题行（subject）中清楚简洁地描述 bug。这个标题将会作为 bug 跟踪系统中该份 bug 报告的主题,所以请尽量简洁清楚。最好在邮件的 Head 处放一个 bug 标志图片(Sign-Header-Picture),加深接收者的视觉效果。

邮件内容第一行的格式为 Package：<something>,将<something>替换成要报告的包含错误的 Class 包名称。邮件内容的第二行格式为 Version：<something>,将<something>替换成该软件包的版本。邮件的其他内容应该包括：

(1) 确切而完整的错误信息(这非常重要)。

(2) 做了或输入了些什么,以便重现该问题。

(3) 错误行为的描述：预期应该有什么样的行为,而看到的行为如何。

(4) 建议如何改正。

(5) 详细解释如何设置该程序,包含完整的设置文件属性。

(6) 任何其他依赖于这个问题软件包的版本。

如果该 bug 和相关硬件冲突有关联(例如硬件驱动程序),请列出系统中所有的硬件,因为 bug 源于 IRQ 或 I/O 地址的冲突。另外,也请加入其他相关的详情,而不用担心报告太长。如果在使用上发生 bug 的信息、记录不大,可以将它们全部附加进来。

4．bug 详细内容信息

对 bug 的描述如表 9-1 所示。

表 9-1　bug 内容详细信息

bug 描述信息	bug 类别	可追踪 bug 标志
bug 基本描述	bug 所属项目\子系统\模块	所属的项目\子系统\模块,最好能较精确地定位至模块
	bug 标题	bug 简明描述
	bug 流转状态	bug 流转状态,可分为 Unconfirmed、New、Assigned、Reassigned、Needinfo、Reopened、Resolved、Reopen、Verified、Closed
	bug 严重等级	bug 严重等级,可分为 Critical、Grave、Serious、Blocker、Important、Normal、Minor、Trivial
	bug 解决关键字	bug 解决关键字,可分为 Fixed、Wontfix、Later、Remind、Duplicate、Incomplete、Notabug、Invalid、Worksforme
	bug 提交人	bug 提交人的名字(邮件地址)
	bug 提交时间	bug 提交的时间,例如 2003-1-23 14：00
bug 过程描述	bug 指定解决人	由测试人员确定,如果该 bug 的流转状态从 Unconfirmed&New 变为 Assigned
	bug 指定解决时间	由测试人员确定,如果该 bug 超过指定修复时间而未修复,则系统自动发送报警邮件
	bug 处理描述	如果实现人员对代码进行了修改,要求在此处体现出修改内容,如果代码行数很多则缩略书写

续表

bug 描述信息	bug 类别	可追踪 bug 标志
bug 过程描述	bug 处理时间	记录 bug 处理时间
	bug 确认测试人员	验证该 bug 被正确修复了
	bug 确认描述	bug 确认修复内容
	bug 确认时间	bug 确认修复时间
bug 详细描述		对 bug 的详细描述,对 bug 描述的详细程度直接影响实现人员对该 bug 的修复效果,描述应该尽可能详细
bug 环境说明		对测试环境的描述,避免实现人员和测试人员环境的不同造成 bug 异议
bug 附带附件		附件包括对 bug 现场出错快照(图片)、错误输出文件信息等,加强该 bug 的表现力

5. 轻微的 bug 报告

如果所报告的 bug 是很轻微的,例如,只是文档中的错字或 GUI 的元素位置等小问题(通常这些小问题在同一系统、同一模块、同一页面上会出现很多),请在 bug 管理系统中设定一个专门接收这种 bug 的邮件地址,而不要递交到 bug 管理系统中,以免造成 bug 管理系统的负担。有时候这种大量的轻微 bug 充斥着 bug 管理系统,造成了重要的 bug 不能被及时地发现和修复。

6. 不知道归属的 bug

这并不是说测试人员不知道 bug 的相关负责人,而是 bug 管理系统因为某种原因,意外丢失了 bug 负责人的信息列表,导致该 bug 被滞留在管理系统数据库中。请特别设定 bug 的默认修复人员,例如指定该项目的项目经理,以避免上述情况的发生。

7. 关闭 bug 报告

当提出的 bug 被修正后,经过测试人员确认、测试通过后可以关闭该 bug,要注意的是,提出 bug 报告的人即测试人员才有权限关闭 bug。有一种特殊的例外情况,如果该 bug 确认不能被修复,请将所有此类 bug 收集起来标记为 Wontfix,统一递交给代码评审委员会。

8. 继续的讨论信息

bug 管理系统的流转过程中,会有针对该 bug 的新的描述信息加入,例如某些实现人员或者测试人员查阅到该 bug,觉得有必要加上自己的理解和曾经使用过的解决方案等。对于新的描述信息,请遵循以下规则:

(1) 新的描述信息和旧的描述信息之间应该增加醒目的隔离条。

(2) 新的信息描述应该包括提供者的名称和电子邮件地址。

(3) 新的描述信息应该包括信息的新增时间。

(4) 新的描述信息如果是建议修改意见,应该在该信息的开头加上关键字"建议解决方案"。

（5）新的描述信息如果是某些疑问，应该在该信息的开头加上关键字"bug 疑问"。

（6）新的描述信息如果是某些参考信息，应该在该信息的开头加上关键字"参考帮助"。

9．列出的具有特殊意义的 bug

具有特殊意义的 bug 包括两个含义：其一是该 bug 经常在项目中出现，具有很好的提醒警告功能，由测试人员向所有系统使用者广播推广。其二是该 bug 和相关硬件设备关联，具有明显的前置出现特征，由测试人员向所有系统使用者广播推广。

10．重开、重分配的 bug

bug 报告可以重新打开或者重新分配到其他项目中，可重新打开的 bug 报告意味着该 bug 在后续测试（回归）过程中重新出现了问题，重新分配意味着该 bug 具有跨项目的功能，即该 bug 具有通用项目特征。

11．bug 的标题（特殊）

如果使用邮件系统递交 bug，即未使用 bug 管理系统，请注意 bug 标题的书写格式。

本章小结

软件测试的主要目的就是为了发现软件 bug，因为 bug 的存在直接影响着软件产品的质量。只有认识到了 bug 给软件带来的不良影响，了解 bug 的主要来源，才能够发现并消除更多的 bug，从而使软件质量得到有力的保证。因此，在测试工作中很多人大都把主要精力放在提交 bug 之前的几个阶段。相对而言，bug 管理工作比较薄弱。这也就是我们在实际工作当中，为什么常常会听到许多设计或实现人员抱怨，说他们按照测试后递交的 bug 报告单竟然找不到 bug 或者描述有偏差，导致开发人员与测试人员产生意见和隔阂。当然，也有一些测试人员辛苦寻找的 bug，在递交过程中却丢失了的现象，给将来要发布的软件系统留下隐患，这些都是混乱的 bug 管理所造成的。

本章介绍了软件 bug 如何影响软件开发成本和软件质量、软件 bug 种类和 bug 报告单应该包括的内容，以及管理 bug 的方法和流程。从中可以认识到，bug 的发现是软件测试的目的，而有效的 bug 管理则能够尽可能减少测试人员与程序设计人员的冲突，提高测试工作的效率，为 bug 的顺利解决提供良好的支持，从而提升软件质量。

习题

1．bug 的来源及影响有哪些？

2．bug 的种类有哪些？并通过对实际案例的测试，分析一下找出的 bug 都是在软件生命周期的哪个阶段出现的？

3．简述 bug 的管理流程。

附录 A

软件测试常用术语表

A

1. 可接受性测试(acceptance testing)：一般由用户/客户进行的确认是否可以接受一个产品的验证性测试。

2. 实际结果(actual outcome)：被测对象在特定的条件下实际产生的结果。

3. 随机测试(ad Hoc testing)：测试人员通过随机的尝试系统的功能,试图使系统中断。

4. 算法(algorithm)：

(1) 一个定义好的有限规则集,用于在有限步骤内解决一个问题;

(2) 执行一个特定任务的任何操作序列。

5. 算法分析(algorithm analysis)：一个软件的验证确认任务,用于保证选择的算法是正确的、合适的和稳定的,并且满足所有精确性、规模和时间方面的要求。

6. Alpha 测试(Alpha testing)：由选定的用户进行的产品早期性测试。这个测试一般在可控制的环境下进行的。

7. 分析(analysis)：

(1) 分解到一些原子部分或基本原则,以便确定整体的特性;

(2) 一个推理的过程,显示一个特定的结果是假设前提的结果;

(3) 一个问题的方法研究,并且问题被分解为一些小的相关单元作进一步详细研究。

8. 异常(anomaly)：在文档或软件操作中观察到的任何与期望违背的结果。

9. 应用软件(application software)：满足特定需要的软件。

10. 构架(architecture)：一个系统或组件的组织结构。

11. 自动化软件质量(Automated Software Quality,ASQ)：使用软件工具来提高软件的质量。

12. 断言(assertion)：指定一个程序必须已经存在的状态的一个逻辑表达式,或者一组程序变量在程序执行期间的某个点上必须满足的条件。

13. 断言检查(assertion checking)：用户在程序中嵌入的断言的检查。

14. 审计(audit)：一个或一组工作产品的独立检查以评价与规格、标准、契约或其他准则的符合程度。

15. 审计跟踪(audit trail)：系统审计活动的一个时间记录。

16. 自动化测试(automated testing)：使用自动化测试工具来进行测试,这类测试一般不需要人干预,通常在 GUI、性能等测试中用得较多。

B

17. BNF 范式(Backus-Nauru Form)：一种分析语言,用于形式化描述语言的语法。

18. 基线(baseline)：一个已经被正式评审和批准的规格或产品,它作为进一步开发的一个基础,并且必须通过正式的变更流程来变更。

19. 基本块(basic block)：一个或多个顺序的可执行语句块,不包含任何分支语句。

20. 基本测试集(basis test set)：根据代码逻辑引出来的一个测试用例集合,它保证能获得 100% 的分支覆盖。

21. 行为(behavior)：对于一个系统的一个函数的输入和预置条件组合以及需要的反应。一个函数的所有规格包含一个或多个行为。

22. 标杆/指标/基准(benchmark)：一个标准,根据该标准可以进行度量或比较。

23. Beta 测试(Beta testing)：在客户场地,由客户进行的对产品预发布版本的测试。这个测试一般是不可控的。

24. 大锤测试/一次性集成测试(big-bang testing)：非渐增式集成测试的一种策略,测试的时候把所有系统的组件一次性组合成系统进行测试。

25. 黑盒测试(black box testing)：根据软件的规格对软件进行的测试,这类测试不考虑软件内部的运作原理,因此软件对用户来说就像一个黑盒子。

26. 由低向上测试(bottom-up testing)：渐增式集成测试的一种,其策略是先测试底层的组件,然后逐步加入较高层次的组件进行测试,直到系统所有组件都加入系统。

27. 边界值(boundary value)：一个输入或输出值,它处在等价类的边界上。

28. 边界值覆盖(boundary value coverage)：通过测试用例,测试组件等价类的所有边界值。

29. 边界值测试(boundary value testing)：通过边界值分析方法来生成测试用例的一种测试策略。

30. 边界值分析(boundary value analysis)：该分析一般与等价类一起使用。经验认为软件的错误经常在输入的边界上产生,因此边界值分析就是分析软件输入边界的一种方法。

31. 分支(branch)：在组件中,控制从任何语句到其他任何非直接后续语句的一个条件转换,或者是一个无条件转换。

32. 分支条件组合覆盖(branch condition combination coverage)：在每个判定中所有分支条件结果组合被测试用例覆盖到的百分比。

33. 分支条件组合测试(branch condition combination testing)：通过执行分支条件结果组合来设计测试用例的一种方法。

34. 分支条件覆盖(branch condition coverage)：每个判定中分支条件结果被测试用例覆盖到的百分比。

35. 分支条件测试(branch condition testing)：通过执行分支条件结果来设计测试用例的一种方法。

36. 分支覆盖(branch coverage)：通过测试执行到的分支的百分比。

37. 分支结果(branch outcome)：见判定结果(decision outcome)。

38. 分支点(branch point)：见判定(decision)。

39. 分支测试(branch testing)：通过执行分支结果来设计测试用例的一种方法。

40. 广度测试(breadth testing)：在测试中测试一个产品的所有功能，但是不测试更细节的特性。

C

41. 捕获/回放工具(capture/playback tool)：参考 capture/replay tool。

42. 捕获/回放工具(capture/replay tool)：一种测试工具，能够捕获在测试过程中传递给软件的输入，并且能够在以后的时间中，重复这个执行的过程。这类工具一般在 GUI 测试中用得较多。

43. 计算机辅助软件工程(computer aided software engineering)：用于支持软件开发的一个自动化系统。

44. 计算机辅助测试(CAST)：在测试过程中使用计算机软件工具进行辅助的测试。

45. 因果图(cause-effect graph)：一个图形，用来表示输入(原因)与结果之间的关系，可以被用来设计测试用例。

46. 证明(certification)：一个过程，用于确定一个系统或组件与特定的需求相一致。

47. 变更控制(change control)：一个用于计算机系统或系统数据修改的过程，该过程是质量保证程序的一个关键子集，需要被明确地描述。

48. 代码审计(code audit)：由一个人、组或工具对源代码进行的一个独立的评审，以验证其与设计规格、程序标准的一致性。正确性和有效性也会被评价。

49. 代码覆盖率(code coverage)：一种分析方法，用于确定在一个测试套执行后，软件的哪些部分被执行到了，哪些部分没有被执行到。

50. 代码检视(code inspection)：一个正式的同行评审手段，在该评审中，作者的同行根据检查表对程序的逻辑进行提问，并检查其与编码规范的一致性。

51. 代码走读(code walkthrough)：一个非正式的同行评审手段，在该评审中，代码被使用一些简单的测试用例进行人工执行，程序变量的状态被手工分析，以分析程序的逻辑和假设。

52. 基于代码的测试(code-based testing)：根据从实现中引出的目标设计测试用例。

53. 编程规范(coding standards)：一些编程方面需要遵循的标准，包括命名方式、排版格式等内容。

54. 兼容性测试(compatibility testing)：测试软件是否和系统的其他与之交互的元素之间兼容，如浏览器、操作系统、硬件等。

55. 完全路径测试(complete path testing)：参考穷尽测试(exhaustive testing)。

56. 完整性(completeness)：实体的所有必不可少的部分必须包含的属性。

57. 复杂性(complexity)：系统或组件难于理解或验证的程度。

58. 组件(component)：一个最小的软件单元,有着独立的规格。

59. 组件测试(component testing)：参考单元测试。

60. 计算数据使用(computation data use)：一个不在条件中的数据使用。

61. 计算机系统安全性(computer system security)：计算机软件和硬件对偶然的或故意的访问、使用、修改或破坏的一种保护机制。

62. 条件(condition)：一个不包含布尔操作的布尔表达式,例如,A。

63. 条件覆盖(condition coverage)：通过测试执行到的条件的百分比。

64. 条件结果(condition outcome)：条件为真为假的评价。

65. 配置控制(configuration control)：配置管理的一个方面,包括评价、协调、批准和实现配置项的变更。

66. 配置管理(configuration management)：一套技术和管理方面的原则用于确定和文档化一个配置项的功能和物理属性、控制对这些属性的变更、记录和报告变更处理和实现的状态以及验证与指定需求的一致性。

67. 一致性标准(conformance criterion)：判断组件在一个特定输入值的行为是否符合规格的一种方法。

68. 一致性测试(Conformance Testing)：测试一个系统的实现是否与规格说明相一致的测试。

69. 一致性(consistency)：在系统或组件的各组成部分和文档之间没有矛盾,一致的程度。

70. 一致性检查器(consistency checker)：一个软件工具,用于测试设计规格中的需求的一致性和完整性。

71. 控制流(control flow)：程序执行中所有可能的事件顺序的一个抽象表示。

72. 控制流图(control flow graph)：通过一个组件的可能替换控制流路径的一个图形表示。

73. 转换测试(conversion testing)：用于测试已有系统的数据是否能够转换到替代系统上的一种测试。

74. 故障检修(corrective maintenance)：用于纠正硬件或软件中故障的维护。

75. 正确性(correctness)：软件遵从其规格的程度。

76. 覆盖率(coverage)：用于确定测试所执行到的覆盖项的百分比。

77. 覆盖项(coverage item)：作为测试基础的一个入口或属性,如语句、分支、条件等。

78. 崩溃(crash)：计算机系统或组件突然并完全地丧失功能。

79. 关键性(criticality)：需求、模块、错误、故障、失效或其他项对一个系统的操作或开发影响的程度。

80. 关键性分析(criticality analysis)：需求的一种分析,它据需求的风险情况给每个需求项分配一个关键级别。

81. 循环复杂度(cycloramic complexity)：一个程序中独立路径的数量。

D

82. 数据污染(data corruption)：违背数据一致性的情况。

83. 数据定义(data definition)：一个可执行语句，在该语句上一个变量被赋予了一个值。

84. 数据定义 C-use 覆盖(data definition C-use coverage)：在组件中被测试执行到的数据定义 C-use 使用对的百分比。

85. 数据定义 C-use 使用对(data definition C-use pair)：一个数据定义和一个计算数据使用，数据使用的值是数据定义的值。

86. 数据定义 P-use 覆盖(data definition P-use coverage)：在组件中被测试执行到的数据定义 P-use 使用对的百分比。

87. 数据定义 P-use 使用对(data definition P-use pair)：一个数据定义和一个条件数据使用，数据使用的值是数据定义的值。

88. 数据定义使用覆盖(data definition-use coverage)：在组件中被测试执行到的数据定义使用对的百分比。

89. 数据定义使用对(data definition-use pair)：一个数据定义和一个数据使用，数据使用的值是数据定义的值。

90. 数据-定义使用测试(data definition-use testing)：以执行数据-定义使用对，为目标进行测试用例设计的一种技术。

91. 数据字典(data dictionary)：

(1) 一个软件系统中使用的所有数据项名称，以及这些项相关属性的集合。

(2) 数据流、数据元素、文件、数据基础和相关处理的一个集合。

92. 数据流分析(data flow analysis)：一个软件验证和确认过程，用于保证输入和输出数据和它们的格式是被适当定义的，并且数据流是正确的。

93. 数据流覆盖(data flow coverage)：测试覆盖率的度量是根据变量在代码中的使用情况。

94. 数据流图(data flow diagram)：把数据源、数据接受、数据存储和数据处理作为节点描述的一个图形，数据之间的逻辑体现为节点之间的边。

95. 数据流测试(data flow testing)：根据代码中变量的使用情况进行的测试。

96. 数据完整性(data integrity)：一个数据集合完全、正确和一致的程度。

97. 数据使用(data use)：一个可执行的语句，在该语句中，变量的值被访问。

98. 数据确认(data validation)：用于确认数据不正确、不完整和不合理的过程。

99. 死代码(dead code)：在程序操作过程中永远不可能被执行到的代码。

100. 调试(debugging)：发现和去除软件失效根源的过程。

101. 判定(decision)：一个程序控制点，在该控制点上，控制流有两个或多个可替换路由。

102. 判定条件(Decision condition)：判定内的一个条件。

103. 判定覆盖(decision coverage)：在组件中被测试执行到的判定结果的百分比。

104. 判定结果(decision outcome)：一个判定的结果，决定控制流走哪条路径。

105. 判定表(decision table)：一个表格，用于显示条件和条件导致动作的集合。

106. 深度测试(Depth Testing)：执行一个产品的一个特性的所有细节，但不测试所有特性。比较广度测试。

107. 实验设计(design of experiments)：一种计划实验的方法，这样适合分析的数据可以被收集。

108. 基于设计的测试(design-based testing)：根据软件的构架或详细设计引出测试用例的一种方法。

109. 桌面检查(desk checking)：通过手工模拟软件执行的方式进行测试的一种方式。

110. 诊断(diagnostic)：检测和隔离故障或失效的过程。

111. 肮脏测试(dirty testing)：参考负面测试(negative testing)。

112. 灾难恢复(disaster recovery)：一个灾难的恢复和重建过程或能力。

113. 文档测试(documentation testing)：测试关注于文档的正确性。

114. 域(domain)：值被选择的一个集合。

115. 域测试(domain testing)：参考等价划分测试(equivalence partition testing)。

116. 动态分析(dynamic analysis)：根据执行的行为评价一个系统或组件的过程。

117. 动态测试(dynamic testing)：通过执行软件的手段来测试软件。

E

118. 嵌入式软件(embedded software)：软件运行在特定硬件设备中，不能独立于硬件存在。这类系统一般要求实时性较高。

119. 仿真(emulator)：一个模仿另一个系统的系统或设备，它接受相同的输入并产生相同的输出。

120. 端到端测试(end-to-end testing)：在一个模拟现实使用的场景下测试一个完整的应用环境，例如，和数据库交互，使用网络通信等。

121. 实体关系图(entity relationship diagram)：描述现实世界中实体及它们关系的图形。

122. 入口点(entry point)：一个组件的第一个可执行语句。

123. 等价类(equivalence class)：组件输入或输出域的一个部分，在该部分中，组件的行为从组件的规格上来看认为是相同的。

124. 等价划分覆盖(equivalence partition coverage)：在组件中被测试执行到的等价类的百分比。

125. 等价划分测试(equivalence partition testing)：根据等价类设计测试用例的一种技术。

126. 等价划分(equivalence partitioning)：组件的一个测试用例设计技术，该技术从组件的等价类中选取典型的点进行测试。

127. 错误(error)：IEEE 的定义是，一个人为产生不正确结果的行为。

128. 错误猜测（error guessing）：根据测试人员以往的经验猜测可能出现问题的地方来进行用例设计的一种技术。

129. 错误播种/错误插值（error seeding）：故意插入一些已知故障（fault）到一个系统中的过程，目的是为了根据错误检测和跟踪的效率并估计系统中遗留缺陷的数量。

130. 异常/例外（exception）：一个引起正常程序执行挂起的事件。

131. 可执行语句（executable statement）：一个语句在被编译后会转换成目标代码，当程序运行时会被执行，并且可能对程序数据产生动作。

132. 穷尽测试（exhaustive testing）：测试覆盖软件的所有输入和条件组合。

133. 出口点（exit point）：一个组件的最后一个可执行语句。

134. 期望结果（expected outcome）：在软件正常运行的情况下，应该得出的结果。

F

135. 失效（failure）：软件的行为与其期望的服务相背离。

136. 故障（fault）：在软件中一个错误的表现。

137. 可达路径（feasible path）：可以通过一组输入值和条件执行到的一条路径。

138. 特性测试（feature testing）：参考功能测试（Functional Testing）。

139. 失效模型效果分析（Failure Modes and Effects Analysis，FMEA）：可靠性分析中的一种方法，用于在基本组件级别上确认对系统性能有重大影响的失效。

140. 失效模型效果关键性分析（Failure Modes and Effects Criticality Analysis，FMECA）：FMEA 的一个扩展，它分析了失效结果的严重性。

141. 故障树分析（Fault Tree Analysis，FTA）：引起一个不需要事件产生的条件和因素的确认和分析，通常是严重影响系统性能、经济性、安全性或其他需要特性。

142. 功能规格说明书（functional specification）：一个详细描述产品特性的文档。

143. 功能测试（functional testing）：测试一个产品的特性和可操作行为以确定它们满足规格。

G

144. 玻璃盒测试（glass box testing）：参考白盒测试（White Box Testing）。

I

145. 美国电子与电器工程师学会（IEEE）：Institute of Electrical and Electronic Engineers.

146. 渐增测试（incremental testing）：集成测试的一种，组件逐渐被增加到系统中直到整个系统被集成。

147. 不可达路径（infeasible path）：不能够通过任何可能的输入值集合执行到的路径。

148. 输入域（input domain）：所有可能输入的集合。

149. 检视（inspection）：对文档进行的一种评审形式。

150．可安装性测试(install ability testing)：确定系统的安装程序是否正确的测试。

151．插装(instrumentation)：在程序中插入额外的代码以获得程序在执行时行为的信息。

152．插装器(instrumented)：执行插装的工具。

153．集成测试(integration testing)：测试一个应用组合后的部分以确保它们的功能在组合之后正确。该测试一般在单元测试之后进行。

154．接口(interface)：两个功能单元的共享边界。

155．接口分析(interface analysis)：分析软件与硬件、用户和其他软件之间接口的需求规格。

156．接口测试(interface testing)：测试系统组件间接口的一种测试。

157．无效输入(invalid inputs)：在程序功能输入域之外的测试数据。

158．孤立测试(isolation testing)：组件测试（单元测试）策略中的一种，把被测组件从其上下文组件之中孤立出来，通过设计驱动和桩进行测试的一种方法。

J

159．工作(job)：一个用户定义的要计算机完成的工作单元。

160．工作控制语言(job control language)：用于确定工作顺序，描述它们对操作系统要求并控制它们执行的语言。

L

161．线性代码顺序和跳转(Linear Code Sequence And Jump，LCSAJ)包含 3 部分：可执行语句线性顺序的起始，线性顺序的结束，在线性顺序结束处控制流跳转的目标语句。

162．LCSAJ 覆盖(LCSAJ coverage)：在组件中被测试执行到的 LCSAJ 的百分比。

163．LCSAJ 测试(LCSAJ testing)：根据 LCSAJ 设计测试用例的一种技术。

164．负载测试(Load Testing)：通过测试系统在资源超负荷情况下的表现，以发现设计上的错误或验证系统的负载能力。

165．逻辑分析(logic analysis)：

(1) 评价软件设计的关键安全方程式、算法和控制逻辑的方法。

(2) 评价程序操作的顺序并且检测可能导致灾难的错误。

166．逻辑覆盖测试(logic-coverage testing)：参考结构化测试用例设计(structural test case design)。

M

167．可维护性(maintainability)：一个软件系统或组件可以被修改的容易程度，这个修改一般是因为缺陷纠正、性能改进或特性增加引起的。

168．可维护性测试(maintainability testing)：测试系统是否满足可维护性目标。

169．修改条件/判定覆盖(modified condition/decision coverage)：在组件中被测试

执行到的修改条件/判定的百分比。

170. 修改条件/判定测试（modified condition/decision testing）：根据 MC/DC 设计测试用例的一种技术。

171. 跳跃式测试（monkey testing）：随机性，跳跃式地测试一个系统，以确定一个系统是否会崩溃。

172. 平均失效间隔（Mean Time Between Failures，MTBF）：两次失效之间的平均操作时间。

173. 平均失效时间（Mean Time to Failure，MTTF）：第一次失效之前的平均时间。

174. 平均修复时间（Mean Time to Repair，MTTR）：两次修复之间的平均时间。

175. 多条件覆盖（multiple condition coverage）：参考分支条件组合覆盖（branch condition combination coverage）。

176. 变体分析（mutation analysis）：一种确定测试用例套完整性的方法，该方法通过判断测试用例套能够区别程序与其变体之间的程度。

N

177. 逆向测试/反向测试/负面测试（negative testing）：针对于使系统不能工作的情况进行的测试。

178. 非功能性需求测试（non-functional requirements testing）：与功能不相关的需求测试，如性能测试、可用性测试等。

179. N 切换覆盖（N-switch coverage）：在组件中被测试执行到的 N 转换顺序的百分比。

180. N 切换测试（N-switch testing）：根据 N 转换顺序设计测试用例的一种技术，经常用于状态转换测试中。

181. N 转换（N-transitions）：N+1 转换顺序。

O

182. 可操作性测试（operational testing）：在系统或组件操作的环境中评价它们的表现。

183. 输出域（output domain）：所有可能输出的集合。

P

184. 分类测试（partition testing）：参考等价划分测试（equivalence partition testing）。

185. 路径（path）：一个组件从入口到出口的一条可执行语句顺序。

186. 路径覆盖（path coverage）：在组件中被测试执行到的路径的百分比。

187. 路径敏感性（path sensitizing）：选择一组输入值强制组件走一个给定的路径。

188. 路径测试（path testing）：根据路径设计测试用例的一种技术，经常用于状态转换测试中。

189. 性能测试(performance testing)：评价一个产品或组件与性能需求是否符合的测试。

190. 可移植性(portability testing)：测试瞄准于证明软件可以被移植到指定的硬件或软件平台上。

191. 正向测试(positive testing)：测试瞄准于显示系统能够正常工作。

192. 预置条件(precondition)：环境或状态条件，组件执行之前必须被填充一个特定的输入值。

193. 谓词(predicate)：一个逻辑表达式，结果为'真'或'假'。

194. 谓词数据使用(predicate data use)：在谓词中的一个数据使用。

195. 程序插装(program instrumented)：参考插装(instrumented)。

196. 递进测试(progressive testing)：在先前特性回归测试之后对新特性进行测试的一种策略。

197. 伪随机(pseudo-random)：看似随机的，实际上是根据预先安排的顺序进行的。

Q

198. 质量保证(Quality Assurance, QA)：

(1) 已计划的系统性活动，用于保证一个组件、模块或系统遵从已确立的需求。

(2) 采取的所有活动以保证一个开发组织交付的产品满足性能需求和已确立的标准和过程。

199. 质量控制(Quality Control, QC)：用于获得质量需求的操作技术和过程，如测试活动。

R

200. 竞争状态(race condition)：并行问题的根源。对一个共享资源的多个访问，至少包含了一个写操作，但是没有一个机制来协调同时发生的访问。

201. 恢复性测试(recovery testing)：验证系统从失效中恢复能力的测试。

202. 回归分析和测试(regression analysis and testing)：一个软件验证和确认任务以确定在修改后需要重复测试和分析的范围。

203. 回归测试(regression testing)：在发生修改之后重新测试先前的测试以保证修改的正确性。

204. 发布(release)：一个批准版本的正式通知和分发。

205. 可靠性(reliability)：一个系统或组件在规定的条件下在指定的时间内执行其需要功能的能力。

206. 可靠性评价(reliability assessment)：确定一个已有系统或组件的可靠性级别的过程。

207. 基于需求的测试(requirements-based testing)：根据软件组件的需求导出测试用例的一种设计方法。

208. 评审(review)：在产品开发过程中，把产品提交给项目成员、用户、管理者或其他相关人员评价或批准的过程。

209. 风险(risk)：不期望效果的可能性和严重性的一个度量。

210. 风险评估(risk assessment)：对风险和风险影响的一个完整的评价。

S

211. (生命)安全性(safety)：不会引起人员伤亡、产生疾病、毁坏或损失设备和财产、或者破坏环境。

212. 严格的安全性(safety critical)：一个条件、事件、操作、过程或项,它的认识、控制或执行对生命安全性的系统来说是非常关键的。

213. 理智测试(Sanity Testing)：软件主要功能成分的简单测试以保证它是否能进行基本的测试(参考冒烟测试)。

214. 软件开发计划(Software Development Plan,SDP)：用于一个软件产品开发的项目计划。

215. 安全性测试(security testing)：验证系统是否符合安全性目标的一种测试。

216. (信息)安全性(security)：参考计算机系统安全性(computer system security)。

217. 可服务性测试(serviceability testing)：参考可维护性测试(maintainability testing)。

218. 简单子路径(simple sub path)：控制流的一个子路径,其中没有不必要的部分被执行。

219. 模拟(simulation)：使用另一个系统来表示一个物理的或抽象的系统的选定行为特性。

220. 模拟(simulation)：使用一个可执行模型来表示一个对象的行为。

221. 模拟器(simulator)：软件验证期间的一个设备、软件程序或系统,当它给定一个控制的输入时,表现的与一个给定的系统类似。

222. 服务级别协议(Service Level Agreement,SLA)：服务提供商与客户之间的一个协议,用于规定服务提供商应当提供什么服务。

223. 冒烟测试(Smoke Testing)：对软件主要功能进行快餐式测试。最早来自于硬件测试实践,以确定新的硬件在第一次使用的时候不会着火。

224. 软件开发过程(software development process)：一个把用户需求转换为软件产品的开发过程。

225. 软件多样性(software diversity)：一种软件开发技术,其中,由不同的程序员或开发组开发的相同规格的不同程序,目的是为了检测错误、增加可靠性。

226. 软件元素(software element)：软件开发或维护期间产生或获得的一个可交付的或过程内的文档。

227. 软件工程(software engineering)：一个应用于软件开发、操作和维护的系统性的、有纪律的、可量化的方法。

228. 软件工程环境(software engineering environment)：执行一个软件工程工作的硬件、软件和固件。

229. 软件生命周期(software life cycle)：开始于一个软件产品的构思,结束于该产品不再被使用的这段期间。

230. 标准操作过程(Standard Operating Procedures,SOP)：书面的步骤,这对保证生产和处理的控制是必须的。

231. 源代码(source code)：用一种适合于输入到汇编器、编译器或其他转换设备的计算机指令和数据定义。

232. 源语句(source statement)：参考语句(statement)。

233. 规格(specification)：组件功能的一个描述,而格式是指对指定的输入在指定的条件下的输出。

234. 指定的输入(specified input)：一个输入,根据规格能预知其输出。

235. 螺旋模型(spiral model)：软件开发过程的一个模型,其中的组成活动,典型的包括需求分析、概要设计、详细设计、编码、集成和测试等活动被迭代的执行直到软件被完成。

236. 结构化查询语句(Structured Query Language,SQL)：在一个关系数据库中查询和处理数据的一种语言。

237. 状态(state)：一个系统、组件或模拟可能存在其中的一个条件或模式。

238. 状态图(state diagram)：一个图形,描绘一个系统或组件可能假设的状态,并且显示引起或导致一个状态切换到另一个状态的事件或环境。

239. 状态转换(state transition)：一个系统或组件的两个允许状态之间的切换。

240. 状态转换测试(state transition testing)：根据状态转换来设计测试用例的一种方法。

241. 语句(statement)：程序语言的一个实体,是典型的最小可执行单元。

242. 语句覆盖(statement coverage)：在一个组件中,通过执行一定的测试用例所能达到的语句覆盖百分比。

243. 语句测试(statement testing)：根据语句覆盖来设计测试用例的一种方法。

244. 静态分析(Static Analysis)：分析一个程序的执行,但是并不实际执行这个程序。

245. 静态分析器(Static Analyzer)：进行静态分析的工具。

246. 静态测试(Static Testing)：不通过执行来测试一个系统。

247. 统计测试(statistical testing)：通过使用对输入统计分布进行分析来构造测试用例的一种测试设计方法。

248. 逐步优化(stepwise refinement)：一个结构化软件设计技术,数据和处理步骤首先被广泛定义,然后被逐步细化。

249. 存储测试(storage testing)：验证系统是否满足指定存储目标的测试。

250. 压力测试(stress testing)：在规定的规格条件或者超过规定的规格条件下,测试一个系统,以评价其行为。类似负载测试,通常是性能测试的一部分。

251. 结构化覆盖(structural coverage)：根据组件内部的结构度量覆盖率。

252. 结构化测试用例设计(structural test case design)：根据组件内部结构的分析

来设计测试用例的一种方法。

253. 结构化测试（structural testing）：参考结构化测试用例设计（structural test case design）。

254. 结构化的基础测试（structured basis testing）：根据代码逻辑设计测试用例来获得 100% 分支覆盖的一种测试用例设计技术。

255. 结构化设计（structured design）：软件设计中的任何遵循一定规律的方法或特定的规则，例如，模块化、自顶向下设计、数据逐步优化、系统结构和处理步骤。

256. 结构化编程（structured programming）：在结构化程序开发中的任何包含结构化设计和结果的软件开发技术。

257. 结构化走读（structured walkthrough）：参考走读（walkthrough）。

258. 桩（stub）：一个软件模块的框架或特殊目标实现，主要用于开发和测试一个组件，该组件调用或依赖这个模块。

259. 符号评价（symbolic evaluation）：参考符号执行（symbolic execution）。

260. 符号执行（symbolic execution）：通过符号表达式来执行程序路径的一种静态分析设计技术。其中，程序的执行用符号来模拟，例如，使用变量名而不是实际值，程序的输出表示成以包含这些符号的逻辑或数学表达式。

261. 符号轨迹（symbolic trace）：一个计算机程序通过符号执行是经过的语句分支结果的一个记录。

262. 语法分析（syntax testing）：根据输入语法来验证一个系统或组件的测试用例设计技术。

263. 系统分析（system analysis）：对一个计划的或现实的系统进行的一个系统性调查以确定系统的功能以及系统与其他系统之间的交互。

264. 系统设计（system design）：一个定义硬件和软件构架、组件、模块、接口和数据的过程以满足指定的规格。

265. 系统集成（system integration）：一个系统组件的渐增的连接和测试，直到一个完整的系统。

266. 系统测试（system testing）：从一个系统的整体而不是个体上来测试一个系统，并且该测试关注的是规格，而不是系统内部的逻辑。

T

267. 技术需求测试（technical requirements testing）：参考非功能需求测试（non-functional requirements testing）。

268. 测试自动化（test automation）：使用工具来控制测试的执行、结果的比较、测试预置条件的设置和其他测试控制和报告功能。

269. 测试用例（test case）：用于特定目标而开发的一组输入、预置条件和预期结果。

270. 测试用例设计技术（test case design technique）：选择和导出测试用例的技术。

271. 测试用例套（test case suite）：对被测软件的一个或多个测试用例的集合。

272. 测试比较器（test comparator）：一个测试工具用于比较软件实际测试产生的结

果与测试用例预期的结果。

273. 测试完成标准(test completion criterion)：一个标准用于确定被计划的测试何时完成。

274. 测试覆盖(test coverage)：参考覆盖率(Coverage)。

275. 测试驱动(test driver)：一个程序或测试工具用于执行测试套的软件。

276. 测试环境(test environment)：测试运行其上的软件和硬件环境的描述，以及任何其他与被测软件交互的软件，包括驱动和桩。

277. 测试执行(test execution)：一个测试用例被测试软件执行，并得到一个结果。

278. 测试执行技术(test execution technique)：执行测试用例的技术，包括手工、自动化等。

279. 测试生成器(test generator)：根据特定的测试用例产生测试用例的工具。

280. 测试用具(test harness)：包含测试驱动和测试比较器的测试工具。

281. 测试日志(test log)：一个关于测试执行所有相关细节的时间记录。

282. 测试度量技术(test measurement technique)：度量测试覆盖率的技术。

283. 测试计划(test plan)：一个文档，描述了要进行的测试活动的范围、方法、资源和进度。它确定测试项、被测特性、测试任务、谁执行任务，并且任何风险都要冲突计划。

284. 测试规程(test procedure)：一个文档，提供详细的测试用例执行指令。

285. 测试记录(test records)：对每个测试，明确地记录被测组件的标识、版本，测试规格和实际结果。

286. 测试报告(test report)：一个描述系统或组件执行的测试和结果的文档。

287. 测试脚本(test script)：一般指的是一个特定测试的一系列指令，这些指令可以被自动化测试工具执行。

288. 测试规格(Test Specification)：一个文档，用于指定一个软件特性、特性组合或所有特性的测试方法、输入、预期结果和执行条件。

289. 测试策略(test strategy)：一个简单的高层文档，用于描述测试的大致方法，目标和方向。

290. 测试套(test suite)：测试用例和/或测试脚本的一个集合，与一个应用的特定功能或特性相关。

291. 测试目标(test target)：一组测试完成标准。

292. 可测试性(testability)：一个系统或组件有利于测试标准建立和确定这些标准是否被满足的测试执行的程度。

293. 测试(testing)：IEEE 给出的定义是：

(1) 一个执行软件的过程，以验证其是否满足指定的需求并检测错误。

(2) 一个软件项的分析过程以检测已有条件之间的不同，并评价软件项的特性。

294. 线程测试(thread testing)：自顶向下测试的一个变化版本，其中，递增的组件集成遵循需求子集的实现。

295. 时间共享(time sharing)：一种操作方式，允许两个或多个用户在相同的计算机系统上同时执行计算机程序。其实现可能通过时间片轮转、优先级中断等。

296. 由顶向下设计(top-down design)：一种设计策略，首先设计最高层的抽象和处理，然后逐步向更低级别进行设计。

297. 自顶向下测试(top-down testing)：集成测试的一种策略，首先测试最顶层的组件，其他组件使用桩，然后逐步加入较低层的组件进行测试，直到所有组件被集成到系统中。

298. 可跟踪性(tractability)：开发过程的两个或多个产品之间关系可以被建立起来的程度，尤其是产品彼此之间有一个前后处理关系。

299. 跟踪性分析(tractability analysis)：(1)跟踪概念文档中的软件需求到系统需求；(2)跟踪软件设计描述到软件需求规格，以及软件需求规格到软件设计描述；(3)跟踪源代码对应到设计规格，以及设计规格对应到源代码。分析确定它们之间正确性、一致性、完整性、精确性的关系。

300. 跟踪矩阵(tractability matrix)：一个用于记录两个或多个产品之间关系的矩阵。例如，需求跟踪矩阵是跟踪从需求到设计再到编码的实现。

301. 事务/处理(transaction)：

(1) 一个命令、消息或输入记录，它明确或隐含的调用了一个处理活动，例如更新一个文件。

(2) 用户和系统之间的一次交互。

(3) 在一个数据库管理系统中，完成一个特定目的的处理单元，如恢复、更新、修改或删除一个或多个数据元素。

302. 事务分析(transform analysis)：系统的结构是根据分析系统需要处理的事务获得的一种分析技术。

303. 特洛伊木马(Trojan horse)：一种攻击计算机系统的方法，典型的方法是提供一个包含具有攻击性隐含代码的有用程序给用户，在用户执行该程序的时候，其隐含的代码对系统进行非法访问，并可能产生破坏。

304. 真值表(truth table)：用于逻辑操作的一个操作表格。

U

305. 单元测试(unit testing)：测试单个的软件组件，属于白盒测试范畴，其测试基础是软件内部的逻辑。

306. 可用性测试(usability testing)：测试用户使用和学习产品的容易程度。

V

307. 确认(validation)：根据用户需要确认软件开发的产品的正确性。

308. 验证(verification)：评价一个组件或系统以确认给定开发阶段的产品是否满足该阶段开始时设定的标准。

309. 版本(version)：一个软件项或软件元素的一个初始发布或一个完整的再发布。

310. 容量测试(volume testing)：使用大容量数据测试系统的一种策略。

W

311. 走读(walkthrough)：一个针对需求、设计或代码的非正式的同行评审，一般由作者发起，由作者的同行参与进行的评审过程。

312. 瀑布模型(waterfall model)：软件开发过程模型的一种，包括概念阶段、需求阶段、设计阶段、实现阶段、测试阶段、安装和检查阶段、操作和维护阶段，这些阶段按次序进行，可能有部分重叠，但很少会迭代。

313. 白盒测试(white box testing)：根据软件内部的工作原理分析进行测试。

附录 B

软件常见错误

B1　用户界面错误

B1.1　功能性

1. 过度功能性
一个开发出来的系统如果其具有的功能非常复杂且庞大,那么该系统很难被用户掌握,而且很容易忘记如何使用,这是因为它们缺乏概念上的统一。因此它们要求太多的文档,太多的帮助信息,以至于每个主题需要太多的信息。用户错误发生的可能性很大,但错误信息太过普通。很多经验表明:如果极少使用的特征的存在使基本性的使用相当复杂,那么一个系统的功能性水平就失去了控制。

2. 夸大的功能性介绍
软件使用手册和营销小册子说明可以做的事情比软件真正实现的功能要多。

3. 实现了用户不需要的功能
因为一个关键特征不存在、有限或者耗时很长,所以不能使用该程序完成真正的工作。例如,一个花 8 小时时间来对 1000 个记录进行排序的数据库管理系统可以宣称具有排序能力,然而你却不会想要使用它。

4. 遗漏功能
软件规格说明中的一个或几个功能没有实现。

5. 错误功能
一个本来应该完成某件事(可能在规格说明中定义)的功能却被定义为其他的事。

6. 功能性必须由用户创建
"那些提供用户可能期望的所有能力,但还要求用户对它们进行组装以使产品正常工作的系统是配套元件,并非成品。"

7. 用户需求没有完全得到满足
例如,极少有人会期望一个本来编写用来对姓名进行排序的程序却按照 ASCII 码的顺序进行排序。他们也不会指望用它来计算首位空格或者区分大小写字符。如果程序员坚持说该功能应该按照这种方式工作,那就让他们更改其名称,或者把期望的行为作为一个选项加入其中。

B1.2 通信

1. 遗漏信息

必须知道的所有事都应该在屏幕上可以获得,普通用户认为有用的其他任何信息也应该能够从屏幕上获取。

1)没有任何屏幕指令

如何找到程序的名称,怎样从程序退出,以及按什么键来获取帮助?如果它使用某种命令语言,如何找到命令列表?程序可能仅仅在它启动时显示该信息,但不应该让用户到手册中才能够找到类似此类问题的答案。

2)假定打印出的文件随时可得

能否在丢失手册后使用程序?一个有经验的用户不应该非要信赖打印好的文档。

3)无正式文件说明的特征

如果大部分特征或命令在屏幕上提供文件说明,那么所有的都应该如此。仅略过少数几个特征会导致混乱。同样,如果程序为许多命令描述"特殊情况"的行为,应该提供所有命令的文件说明。

4)看起来不可能退出的状态

用户如何取消一条命令或者在一个深层菜单树中进行备份?程序应该允许用户避免不希望遇到的情况。没有告诉用户如何避免就和没有提供一条逃逸路径一样糟糕。

5)没有光标

人们信赖于光标,它在屏幕上指出应集中注意力的位置。它还表明,计算机仍然在起作用,并且在"听候"你的指示。每个交互程序都应该显示光标,并在关掉光标时给出一个显著的消息。

6)没有对输入做出响应

一个交互程序应该立即在屏幕上作出回应表明已接收到每个按键操作。

选择一个菜单项时,如果按键操作没有回应,只要下一个屏幕立刻出现,并且屏幕标题上单词和菜单选项的那些一样,用户就不会被搞糊涂。

下面 3 种情况下软件可以不对输入作任何反应:

- 如果是忽视错误的命令或按键操作,可以不对其进行回应。
- 如果告诉程序不要对输入进行回应,它应该尊重用户的选择。
- 输入密码或者安全代码时,程序不应在屏幕上作出回应。

7)在长期延迟期间没有表示其活动

当一个程序正在进行一个长任务(两秒)时,必须有相应的信息显示它仍然在工作,而不是处于一个无限循环中,告诉用户不用重启计算机。

8)当某个改变即将生效时没有给出建议

一个程序可能会比你预期的更早或者更晚执行一条命令。例如,它可以继续显示被擦除数据,直到退出。如果它不清楚程序何时做什么事,客户就会察觉到它有缺陷,并且会犯下许多错误。

9) 没有对打开超过一次的同一个文档进行检查

允许用户打开多个文档的程序必须检查被打开超过一次的同一文档。否则,用户将无法跟踪对该文档作出的改变,因为它们都有同样的名称。例如,文件 My_Doc 是打开的,如果用户尝试再次打开 My_Doc,就应该有方法让用户识别第一个和第二个 My_Doc。持续跟踪一个典型方法就是在文件名后附加一个数字,如分别将第一个和第二个文件命名为 My_Doc1 和 My_Doc2。一个可选方法是,不允许同一文件被打开两次。

2. 没有被正确描述的信息

每个错误都会让你对程序显示的所有其他东西都产生怀疑。使读者作出虚假归纳的细小错误,如遗漏的条件和不适宜的类比会比清楚的事实错误更让测试人员恼火,因为更难对它们进行改正。

1) 简单的事实错误

在一个程序改变之后,更新屏幕显示是一个低优先级任务。结果导致大量屏幕上的信息变得过时。无论何时只要程序有明显改变,都要检查可能指示程序特征的每个消息。

2) 拼写错误

由于用户非常注意细节,因此应及时改正这些拼写错误。

3) 不准确的简化

在保持一个特征的描述尽可能简单的愿望中,一条消息的创作者可能只覆盖特征行为最简单的方面,而忽略重要条件。当他试着消除难懂的语句时,可能会对技术术语进行不准确的解释,因此要查找这些错误。作为一个测试人员,可能是唯一一个对屏幕仔细审查的有丰富技术知识的人。

4) 令人迷惑的特征名称

SAVE 命令不应该表示删除一个文件,也不应该表示对文件排序。如果一个命令名在计算机领域或英语中有一个标准含义,命令就必须与其名称一致。

5) 同一特征有多个名称

程序不应该通过不同名称来引用同一个特征。当程序员使用 shadow 和 drop shadow 来表示同一个特征时,客户会浪费时间来尝试找出两者之间的区别。

6) 信息超载

有些文档和帮助屏幕让你陷入一大堆技术细节中,简直就是达到隐藏信息或者混淆你正在寻找的答案的程序。如果认为这些细节有用,建议程序员把它们放在手册的附录中。

有些(不是所有的)对程序功能的详细讨论是为了掩饰程序设计水平的低劣。用户常常不需要这些信息,而且,还要对程序员宣称无法解决的问题判断一下能否设计一个解决方案。

7) 数据保存的时机

假设用户输入了一些程序将要保存的信息,在每次退出时,如果用户每隔几分钟就要保存的情况下,它是否把数据按照输入的那样保存起来?何时保存?应该总是能够发现这点,如果对答案感到迷惑,那就立刻找找缺陷的所在。两个模块可能会对何时保存相同数据作出不同假设,也许能够让其中之一声明过时的数据其实是最新的。但也可能会发现,某个模块擦除或者重写了另外一个刚刚保存过的数据。

8)很差的外部模块性

外部模块性指的是从外部看起来产品的模块化程度。用户如何能容易地理解模块组件?很差的外部模块性会增加学习时间,而且会吓跑新用户。信息应该尽可能独立展示,为了完成任何特定任务,用户需要知道的事情越少越好。

3．帮助文本和错误信息

帮助文本和错误信息通常被看作产品的次要部分,它们可能是由低级程序员或作者所写,对其进行更新的工作可能被赋予低优先级。

用户在感到困惑或者有麻烦时,常常会寻求帮助或者是倾向于使用错误处理程序。在使用产品时,它们与用户建立可信性。如果有些消息给用户造成误导,还不如没有。

1)不合适的阅读层次

帮助或错误信息应该措辞简单,使用主动语态的句子,少用技术术语,即使读者有计算机经验也一样。

2)冗长

消息必须简短。当某些用户需要比其他人更多的信息时,通过菜单获取进一步信息是很常见的。最好是让人们自己选择他们想要在何处找到所需的信息,以及他们想要研究得多深。

3)事实错误

帮助和错误信息通常给出如何"正确"进行什么事的不正确的例子,其中一些是过时的,甚至根本就不正确。应该在最后的测试周期中的一个周期检查每个消息。

4)上下文错误

上下文相关的帮助和错误处理程序检查用户一直在做什么,如果能够在该上下文基础上建立一些消息(如建议、菜单列表等)就非常好,但如果它们把上下文理解错了,这些消息就没有任何意义了。

5)没有识别出错误来源的信息

一个错误信息至少应该说明什么问题,但是一个好的错误信息还应该表明出现错误的原因,以及对其进行处理的方法或建议。

6)没有说明原因就禁止一个资源

如果程序尝试使用打印机、调制解调器、更多内存空间或其他资源,但却做不到,错误信息应当不仅仅宣布失败,还应该说明原因。例如,相对没有连接的打印机而言,应该对已经在使用的打印机作出相应的反应。

7)报告信息过多

错误信息只应该被错误状态所触发。如果大部分是通常情况的调试消息,或者是极少数并不一定由某个缺陷引起的事件报告,就会忽略所有错误信息。

4．显示缺陷

显示缺陷是可见的。如果看到大量显示缺陷,就不太可能购买或者信任该程序。但是，显示缺陷通常不受重视，甚至并不对其进行调查。这是很危险的，它们可能是更多严重的潜在错误的表征。

1）两个光标

程序在跳转到屏幕的另一部分时忘记擦除旧光标，注意第二个光标可能反映出激活的屏幕区域附近代码中的混乱。即使程序对它们作出正确回应，它也可能会误解输入。如果光标在测试期间行为不正常，最好保存并检查输入的任何数据。

2）光标消失

光标通常会消失，因为程序员在其上显示了一个字符，或者移动了它，但是却忘记对其重新进行显示。然而，一个程序的光标指针可能会不可用。如果这样的话，当它指向一个用于数据或程序存储的内存位置，而不是屏幕内存时，会看不见光标。无论何时程序尝试显示光标，它都会重写内存中的信息。

3）光标显示在错误位置

程序在某个位置显示了光标但却在另一位置对输入等作出了回应。这样会让你将注意力集中在屏幕的错误位置上。一个略微错位的光标可能预示：程序会截断输入的字符串，或者使用无用数据将其填满。在有双光标的情况下，输入的文本可能正确得到回应，但却得到不正确的保存。

4）光标移动到数据录入区域之外

光标不应该离开数据录入区域。这通常是编码错误，但有些程序员有意让你把光标移动到屏幕的任何地方，接着发出警告声，并显示一个错误信息，说明你不能在此处输入任何东西，这是一个设计错误。

5）数据写到错误的屏幕位置

光标在正确位置，但数据却显示在屏幕的错误位置。

6）未能清除部分屏幕

一条消息在屏幕上显示了几秒钟，接着却只有部分被擦除。或者对前一问题的回应仍然留在屏幕上，为了输入一些新的东西，不得不在提示或不相关的回应之上输入，这是令人迷惑而且恼火的。

7）未能突出显示部分屏幕

如果一个程序常常突出显示某个特定类别的项目，例如，提示或者在激活窗口中的所有文本，那么它就必须一直这么做。

8）未能清除突出显示

屏幕位置的属性与显示的文本分开存储时这是很普遍的。程序员删除了突出显示的文本，但是却忘记从屏幕的哪一区域清除突出显示。当程序用双重亮度或粗体（与翻转影像相对）进行突出显示时，该错误最令人迷惑。仅当新的文本显示时，该问题才变得明显。

9）显示的字符串错误或不完整

显示的消息可能是无价值的文本，甚至是一个较长消息的一个片段或者一条应该在某个其他时间出现的完整消息。这其中的任何一种情况都可能反映出程序逻辑上的、用来发现消息文本的指针的值或者已存储的文本副本中的错误。此时软件可能存在小问题，也可能存在严重问题。

10）显示的消息太长或者不够长

许多消息在某个固定时间进行显示，接着自动擦除。消息在屏幕上显示的时间应当足够长，从而使用户能够注意到，并且阅读。不重要的消息可能比那些关键消息更快被清除，短消息可能比长消息更快出现，频繁出现的消息以及很容易辨识的消息可能比极少出现的消息显示时间要短。

当同一消息有时显示时间很短暂，而有时又持续较长时间时，要引起怀疑。这可能反映了预料之外的竞争条件。设法想出如何获取延迟消息的办法，并让程序员对其仔细检查。

5．显示布局

屏幕应该看起来很有条理，不应该是一团糟。不同类别的对象应该在可预知的区域分开显示。有很多指南都提供了显示布局的建议，但归结起来无非是：显示布局应该使用户很容易就能够在屏幕上找到所需要的东西。

1）从美学角度看屏幕布局很拙劣

屏幕可能不平衡，行或者列可能没有对齐，或者可能只是看起来"差"。好好利用你的鉴赏力。

2）菜单布局错误

- 相似的或从概念上相关的菜单选择应该分组，而且应当清楚地分开。
- 应该显示或者应该在屏幕上说明选择一个菜单项操作的前提。
- 菜单选择通常应该独立。为了获得一个独立的结果，不应该允许客户在不同菜单上作出两个或更多不同的选择。
- 通过输入首字母选择一个菜单项通常比通过数字进行选择要好。然而，为了可以很好地进行工作，所有项必须从不同的字符开始，要留神不要给菜单项赋予奇怪的名字。

3）对话框布局错误

为了获得该领域的更进一步的参考，这里推荐 IBM 的"SAA Advanced Interface Design Guid"(1989)，以及"SAA Basic Interface Design Guide"(1989)，还有苹果公司的"Human Interface Guidelines"(1987)。

对话框操作应该一致，例如，它们应该使用一致的大写、拼写和文本对齐规则。对话框标题应当占据某个一致的位置，并与用来调用该对话框的命令名相匹配。相同的快捷键在不同对话框之间所起的作用应该相同。

对话框中的控件安排必须合理，把相关的控件分为一组，并使用适当间隔把组分隔开。

选择和录入区域应该垂直和水平排列，这样用户就能以一种直线模式操纵光标的运动。

留意对话框之间的相互依赖性，如果某个对话框中的选择决定另一个对话框的哪个选项可用是很令人迷惑的。

4）模糊不清的指示

应该让用户知道去哪里查找以找出下一步要做什么。不能把屏幕完全排得满满的，应该为命令和消息保留一块区域。

5）闪烁的误用

闪烁的图片或文本很引人注目，然而太多的闪烁则只会使人感到迷惑以及感到受胁迫。应该能够立即说出为何一个目标正在闪烁。过度或不明确的闪烁都是刺眼的东西，而非一个好的警报。

6）颜色的误用

太多颜色可能会令人分心，使文本更难阅读，并增加视觉疲劳。颜色不应该使屏幕看起来乱七八糟或者分散注意力。文字处理、电子表格以及数据库这样的程序应该谨慎使用显著的颜色。大多数文本应该只有一种颜色。如果程序对颜色的组合看起来很难看，就有必要进行修改。

7）过于依赖颜色

如果程序使用颜色作为唯一分隔符，那么它就严重限制了其使用者的范围。对一个色盲，或者一个使用单色显示器的人来说，会发生什么？少数应用程序在单色显示器上也许不值得运行，但许多其他应用程序（包括制图和许多游戏）并不需要颜色。

8）与环境风格不一致

如果与一台计算机相关的风格提供了某种一致性和便利，你会注意到这种一致性和便利在任何一个程序中都是缺乏的。即使程序员认为他能够用"更好的"来代替，但许多人对必须学习的一系列新惯例而感到憎恶。例如，如果操作系统和大多数应用程序是基于鼠标和图标的，那么一个要求输入命令语句的应用程序会让人感觉很不舒服。当大多数其他程序以某种特定方式在屏幕的特定位置显示错误信息时，新程序也应该追随这种榜样。

9）不能去掉屏幕上的信息

在屏幕上的某个部分有一个可用的命令选择菜单是很好的（通常也是必需的）。然而，一旦你精通了程序，该菜单就是屏幕空间资源的一种浪费，应该能够通过提交一个命令的方式来去掉它，而在需要时用另一个命令再调用它。

B1.3 命令结构和录入

命令录入风格有很多种，本节假定程序员对风格的选择是合理的，它只处理实现中的缺陷。

1. 不一致性

不一致性如此普遍，是因为它需要进行规划并进行分析来选择能一直遵循的操作规则。不时地做一些不同的事情是非常诱人的，每个微小的不一致性看起来都不重要，但加在一起，它们就很快使一个本来构想得很好的产品难以使用。一个好的测试实践要标识出所有的一不致性，无论多小都一样。

1）"最优化"

程序员有意引入不一致性来对程序进行优化。优化是吸引人的，因为它们使程序符合目前最可能的需要。但每个新的不一致性都会同时带来复杂性，要让程序员意识到每种情况中的权衡。保存一两次按键操作是否与学习时间的增加或信任的减少价值相当? 通常不是。

2) 不一致的语法

语法细节应当很容易学习,应该能够停止对它们的思考。所有命令的语法在整个程序中应该一致。语法包括如下内容:

- 指定源和目的位置(从源到目的的拷贝)的顺序。
- 使用的分隔符的类型(空格、逗号、分号、斜杠等)。
- 操作符的位置(中缀(A+-B)、前缀(-+AB)、后缀(AB+-))。

3) 不一致的命令录入风格

可以通过指向它,按下一个功能键,或者输入其名称、缩写或数字来选择一条命令。一个程序应该使用一种命令风格,如果程序为完成同样的任务提供了可选的风格,它应该在每处都提供相同的可选项。如果必须在程序的不同部分之间转换风格,那么它必须弄清楚什么时候用哪一个。

4) 不一致的缩写

如果没有明确的缩写规则,缩写就不能很容易被记住。把 delete 缩写为 del,而 list 缩写为 ls 是没有任何意义的。

5) 不一致的终止规则

填空的形式只考虑了一个命令名称或数据项的空间。假定一个录入区域为 8 个字符长。当用户输入 7 个或更少字符时,不得不通过按下 ENTER 键或者其他一些终结符(<Space>、<Comma>、<Tab>等)来完成,但如果用户输入一个 8 字符的名称,有些程序不等待终结符就行事,这是令人困惑的。

程序应该为多重键录入要求终结符。人们极少根据它们的字符数来记忆命令(或数据)。他们会习惯性地输入第 8 个字符并按下 ENTER 键。如果程序已经提供了自己的<ENTER>键,那么由用户输入的额外的那个就是一个很恼火的输入"错误"。

6) 不一致的命令选项

如果一个选项对两个命令来说都有意义,它就应该对两者都可用(或两者都不可用),它应该有同样的名称,并且应该在两种情况下以同样的顺序被调用。

7) 名称相似的命令

如果两个不同命令的名称相似,就很容易把它们搞混。

8) 不一致的大写

如果命令录入是区分大小写的,所有命令的第一个字符应该都大写,或者都不大写。命令中嵌入单词的第一个字符应该一直大写,或者一直小写。

9) 不一致的菜单位置

如果同一命令在许多子菜单中出现,要求在不同菜单的同一位置保留同一命令。

10) 不一致的功能键用途

功能键的意义在程序中应该保持一致,意义颠倒(有时 F1 键保存数据,F2 键删除数据,而其他时间却是 F1 键删除数据,F2 键保存数据)是不能接受的。

11）不一致的错误处理规则

当程序检测到一个错误时，它可能公布该错误，或者尝试更正该错误。在处理完错误之后，程序可能停止、重启或者返回其最后的状态。错误处理程序可能会改变磁盘上的数据或者保存新的信息。错误处理程序可能会发生很大改变，任何一个程序的行为都应该完全可预测。

12）不一致的编辑规则

当输入或稍后检查任何数据时，同样的键和命令应该可以用来对其进行修改。

13）不一致的数据保存规则

程序应该在每处都以同样的方式、在同样的时间和范围内保存数据。它不应该在每个区域输入数据时保存数据，而其他时间则在一个记录、一组记录的末尾保存数据，或者恰好在退出前保存数据。

2. 易用性差

1）路径曲折

如果为了发出想要的命令，必须一个接一个地作出选择，最后却只发现该命令不存在，或者根本没有实现。也可能是受一些条件限制（经过另一个不同的途径），否则就不能使用。总之容易让人误入歧途，此时可以在一个复杂的菜单树中查找这些问题。

2）不可用的选择项

如果没有任何数据存在，如何评审、保存或删除数据？如果没有打印机，如何打印文档？提示信息显示，"按下 Alt＋F1 键寻求帮助"，接着当你按下该键时它却说，"对不起，在此级别帮助不可用"。

3）冗余的确认提示

程序应该要求你确定严重的毁坏性命令，如要对一个写满数据的磁盘重新格式化应该至少告诉计算机两次。但程序不应该拿每个极小的删除操作的确认来烦你，这样你会变得很恼火；习惯后可能你会不自觉的自动回答 Yes，那么在应该慎重思考的情况时，也这样做就可能导致灾难性的后果。

4）模糊不清或者带有个人风格命名的命令

命令名应该具有指示作用，不能要求用户不断在手册中查找某个命令名的定义，除非已经记住它。不应该把具有如同 grep、finger 和 timehog 这样名称的软件发布给公众。

3. 菜单

菜单应该简洁，但当存在拙劣的图标或命令名时，以及当选择隐藏在不明显的主题之下时，它们就会变得复杂。一个菜单覆盖的命令越多，无论它规划得多好，都会越复杂。如果没有规划，复杂的菜单可能会给用户带来更多的麻烦。

1）过于复杂的菜单层次

如果在使用所需要的命令之前，必须进入一个又一个菜单，那么用户就很可能不愿意使用它。程序员创建深层菜单树时，不能让任何一个菜单的选项超过七个，这一点对新手可能是最好的。而有经验的用户则倾向于每个菜单级别有更多选择，犯更少的错误并更快速地作出反应，只要选项组织合理，排版整齐就行了。

2）安排不当的菜单导航选项

即使在一个最适当的深层菜单结构中,也必须能够返回到前一菜单,或者移到菜单结构的顶层,而且在任何时刻都可以退出程序。如果存在许多主题,还应该能够通过输入其名称或数字直接跳转到任何主题。

3）有太多路径可以进入相同的页面

如果许多命令在许多菜单中重复出现,那么程序就需要重新组织。让一个命令在不同位置重复可能很便捷。如果感觉可以从程序的任何位置到达另一个任意位置,程序的内容结构和可靠性就可能有问题。

4）不能从一个页面进入另一个页面

选取一条不同的路径之后,程序中的有些命令集合可能就不能用了,不得不重新启动程序才能够使用。

5）相关命令设置到不相关菜单

在一个复杂菜单中对命令或主题进行分组并不容易。很容易忽视两项之间的明显关系,并把它们任意分配到分开的菜单中去。测试人员对这些问题进行报告时,应该解释一下两项之间的关系,然后提出应该如何设置菜单项的合理建议。

6）不相关的命令被置在同一菜单下

有时候一些命令被放在一个完全无关的标题下,可能因为把它们放到相应位置需要进行太多的工作,也可能因为加入一个新的较高级别标题需要重新组织菜单项。

4．命令行

在没有提示的情况下输入命令名比在菜单中辨认出命令要难,但是,当存在许多命令和选项时,有经验的用户宁愿使用命令行录入。菜单系统对他们而言感觉太庞大了。任何可以有助于正确记忆命令名和选项的东西都是很好的,同时任何可能导致错误发生的东西都是很差的。

1）强制区分大写和小写之间的差别

如果没有"正确"大写,有些程序不能识别出一个正确拼写的命令名,通常这是件麻烦事,而非一种特色。

2）参数颠倒

最常见的例子就是源文件和目标文件之间的差别,COPY FILE 1 FILE2 意味着从"文件 1"到"文件 2"的拷贝,还是从"文件 2"到"文件 1"的拷贝?顺序并不重要(人们可以习惯任何事),只要使用同一个源文件和目标文件的所有命令都保持一致就行了。应用程序必须遵循操作系统的排序规则。

3）不允许使用完整的命令名

缩写固然好,但应该允许用户也可以输入 delete,而不仅仅是 del。与缩写相比,能够记得一个命令的全名要可靠得多,尤其是没有任何缩写规则时更是如此。

4）不允许使用缩写

应该允许用户输入 del 代替全名 delete。很多系统并不允许缩写,我们不能把它们归类为一个设计错误,但是,如果适当地加以改善,想必是一个很好的建议。

5）在某一行要求复杂输入

有些程序要求复杂的命令规格说明（对所有情况执行 X，其中 A 或 B 和 C 为真，除非 D 为假）。如果不得不指定复合逻辑操作符作为一个仅一行的命令的一部分，你会犯很多错误。填空选择、顺序提示以及按照例子查询，所有这些都是比使用复合逻辑范围定义的命令行录入更合适的方法。

6）没有批处理输入

应该允许用户使用编辑器输入并更改一个命令清单。

7）不能编辑命令

在输入一条命令时，应该能够退回，如果试着执行一条没有正确输入的命令，那么应该能够调回它，修改错误部分，并重新执行。

5. 键盘的不正确使用

如果一台计算机提供了带有标准含义的已加以标示的功能键的标准键盘，那么新程序就应该满足该标准。

1）无法使用光标、编辑键或功能键

2）光标和编辑键的使用不标准

这些键应该按照它们通常在该机器上工作的方式进行工作，而不是按照它们通常在其他机器上工作的方式工作，并且也不是按照某种全新的方式工作。

3）功能键的不标准使用

如果大多数程序使用 F1 键作为帮助键，而在该程序中把它定义为"删除文件并退出"，那么不但不正确也不安全。

4）未能过滤无效键

程序应该能过滤并抛弃无效字符，例如进行数字相加时出现字母，就不应该对其作出响应，与错误信息相比，忽视这些信息不那么容易把人弄糊涂。

5）未能指示键盘状态改变

例如，键盘上的灯或屏幕上的消息应该告诉用户 Caps Lock 键处于大写还是小写状态。

6）未能扫描功能键或控制键

应该允许用户告诉计算机从正在进行的工作中退出。例如，使用 Ctrl＋C 键。程序还应该能辨认出其他系统所指定的任何键，就是那些本机上的程序通常很快可以识别出的键，如 PrintScreen 键。

B1.4　遗漏的命令

本节主要说明有些程序应该包括但却没有包括的命令或者特征。

1. 状态转换

大多数程序都应该允许用户从一个状态转到另一个状态。在选择某个菜单选项或者提交一个命令之前，程序处于某一个状态。对选择作出响应后，程序应该转到另一个状态。程序员通常会对他们的代码进行足够的测试，以确保能达到任何应该可以达到的状态。但有时候已经选择了一个状态后,不是总能够反复进行状态切换。

1）什么都不能做就退出

应该允许用户告诉一个交互程序,所做的最后选择有误,并能够返回之前所处的状态。

2）不能在程序中间退出

当使用一个程序但还没有对存储的数据造成不利影响时,应该允许用户随时退出,能够停止对文件的编辑或排序,并恢复到开始时磁盘上存在的那个版本。

3）不能在命令中间停止

告诉程序停止执行一条命令应该很容易,而返回起始点作出更正或者选择一个不同的命令也应该不太难。

4）不能暂停

有些程序限定了输入数据的时间。时间一到,程序就改变了状态,它可能会显示帮助文本,或者接收一个显示的“默认”值,或者可能退出系统。尽管时间限制可能有用,但人们的确被此打断。此时应该允许用户告诉程序要暂停一会儿,而且当你回来时希望它仍然处于现在所处的状态。

2．危机预防

系统故障和用户错误发生时,程序应该将它们的后果降到最低。

1）没有备份工具

为一个文件作一个额外备份应该不是件难事。如果正在修改一个文件,计算机应当保留原始版本的一个副本(或者对你而言告诉它要保留该副本是件容易的事),因此如果你的更改有错误,就可以返回一个已知的好的版本。

2）不能撤销

撤销让你收回一条命令,通常可以是任何命令或者命令组。恢复被删除的文件是一种受限制的“撤销”,它让你恢复错误删除的数据。撤销是可取的,而可以恢复被删除的文件也是必需的。

3）没有“你确定吗?”提示

如果提交一个会清除大量工作,或者只清除少量工作很容易错误提交的命令,那么程序应该阻止你,并询问你是否的确想要该命令得以执行。

4）没有增量保存

当输入大量文本或数据时,应该能够告诉程序相隔一定时间对你的工作进行保存。一旦停电,这样做可以确保大部分工作已经得到了保存。有几种程序会每隔一定时间对进行的工作自动保存,只要客户不会因为厌烦保存期间的延迟而关掉该功能,这就是个很好的特征。

3．由用户进行的错误处理

人们能够捕获自己的错误,而由经验可确认他们还容易发生其他错误。应该能够修复自己的工作,并尽可能建立自己的错误检查机制。

1）没有用户能指定的过滤器

当设计数据录入表格和电子表格模板时，应该能够为每个区域指定什么样的数据类型有效，程序应该忽略或者拒绝什么。例如，可以让程序拒绝数字、字母、不在某个特定范围内的数值、一个有效日期或者与磁盘上存储的一个清单中的某个项匹配的任何条目。

2）很难执行的错误更正

修复一个错误应该很容易，不应该仅仅为了返回一个因犯了数据录入错误而停止并重启一个程序。应该总是能够把光标指向输入了数据或者本来应该输入数据的同一屏幕的某个区域中。当输入一串数值时，应该能够在不重做剩余部分的情况下更正其中一个数值。

3）不能包括注释

当设计数据录入表格、电子表格模板、专家系统（实际上正在其中编写程序的任何软件）时，应该能够提供一些参考和调试输入注释信息。

4）不能显示变量之间的关系

录入表格、电子表格模板等中的变量都是相互关联的，应该很容易就能检查任意变量对其他变量值的依赖性。

4．安全性等细节

1）不能充分保护隐私或安全性不好

对一个程序或其数据来说，它对安全性的需求程度随着应用和市场而变。在多用户系统上，应该能够随时隐藏文件，这样其他人就看不到它们了。而且还应该可以对它们进行加密，这样其他任何人（即使是系统管理员）都不能阅读。甚至还可以锁住文件，这样就没人可以对其进行修改（或删除）。

2）安全性的困扰

一个程序的安全性控制应当尽可能谨慎。如果在家中使用自己的私人计算机工作，那么应该能够阻止程序因为密码问题而给你惹麻烦。

3）不能隐藏菜单

许多程序在顶端、底部或屏幕边缘可以隐藏菜单，它们使用屏幕的剩余部分作为数据录入和处理区域。菜单是记忆辅助物，使用户在了解了所需的命令后，应该能够移去菜单，并用整个屏幕进行录入和编辑。

4）不支持标准 O/S 特征

例如，如果操作系统使用子目录，程序命令就应该能够引用其他子目录中的文件。如果操作系统定义了"通配符"字符（例如用 * 匹配任何字符组），程序应当可以识别它们。

5）不允许使用长名称

多年前，当内存不足且编译器反应迟钝时，把文件名和变量名的长度限制为 6～8 个字符是很有必要的。但现在已经不同了，应该让有意义的名称存在于文档格式中，并允许用户使用它们。

B1.5　程序僵化

有些程序非常灵活，可以很容易地改变其功能的次要方面，能够以自己想要的任何顺序执行任务,另外一些程序则非常生硬。虽然僵化并不是总是不好的,因为任务的选择性越小,越井井有条,(通常)就越容易学习该程序。而且,不会被程序的某个操作不对,对其他部分造成影响就不能改变的状况弄糊涂。另一方面,不同的人喜欢程序的不同方面,而讨厌其他方面。如果用户可以改变它来适应自己的品味,那么就会更喜欢该程序。

1. 用户可调整性

应当能够以最低的忙乱和麻烦程度来改变程序用户界面次要的任意方面。

1)不能关掉噪音

当犯错误时,许多程序都会给出"嘟"的警告音,而每次接触键盘都会发出一个嘈杂的键盘敲击声。听觉反馈是很有用,但是在公共的工作区域中,计算机噪音可能让人很恼火,必须有一种方法可以关掉这种声音。

2)不能关闭大小写区分

一个能区分大小写的系统应该允许你告诉它忽略大小写问题。

3)不能配合手边的硬件

有些程序被锁定针对有特定的有限能力的输入输出设备。升级了设备的人就无法使用这些程序,或者无法好好利用新设备的特征。有经验的用户应该能够使程序适应硬件的变化。应当能够改变送往打印机的控制代码,还可以把一个程序复制到任何一个大容量存储设备中。对任何交互程序而言,无法使用鼠标是很难忍受的。

4)不能改变设备初始化

一个应用程序应该能够发送用户定义的初始状态,或者应该让它保持现状。假定想要向一个打印机发送控制代码,以转换到压缩字符。如果打印数据的程序不让你初始化打印机,你就不得不使用设备来改变打印机的模式,然后重新运行程序。然而,有些程序会一直向打印机发送它们自己的不灵活的硬性控制代码集,从而阻挠你的打印机设置,这就是一个设计错误。

5)不能关闭自动保存

有此程序通过把输入的数据定时自动保存到磁盘来保护你免受电源故障的损失。从原则上说,这很好,但实际上,程序保存数据时的暂停状态可能是破坏性的。而且,程序还假定你总是希望保存你的数据。这一假定可能并不真实,应该能够关闭这一功能。

6)不能降低屏幕滚动速度

屏幕显示的速度应该能够减低,这样就方便用户在它滚动时阅读文本。

7)不能重做上一次的操作

8)无法找到上一次完成的内容

应该能够重新提交一个命令,检查它或编辑它。

9)无法执行一个定制命令

如果程序让你改变它与你交互的方式,那么你的更改应该立即生效。如果无法避免一次重新启动,那么程序应该如此说明。某个命令为何没有得到执行不应该是你必须考虑的事情。

10)无法保存定制命令

不仅应该能够告诉计算机现在就关闭警告音,还应该能够保存这些设置,让它永远关闭这些警告音。

11）特征更改的副作用

改变某个特征的操作方式不应该对另外的特征造成影响。若确实存在副作用，当改变这些特征设置时，应该在手册中或在屏幕上为它们提供充分的文档证明。

12）无限可调整性

可以从实质上改变某些程序的所有方面。这种灵活性可能很好，但是却不得不从程序后退一步来断定其工作方式。为了理智地作出决定，必须在学习命令语言的同时设计程序本身的一个专家用户的观点。

这种灵活性编程通常会使用户界面令人讨厌。开发人员花费精力使程序可调整，而且也没费事来弥补非定制的产品。他们认为，既然每个人都要对其进行修改，其初始命令集合就没有任何意义。这样的一个程序对初学者和临时用户来说是很糟糕的，猜测怎样把程序调整到他们的需求是浪费他们的时间（有时数周或数月），但如果不进行调整，程序就只是勉强可用。

可定制产品的用户界面应该在不进行任何修改的情况下完全可用。

2．谁处于控制之下

有些程序很"专横"，常常认为本身的错误信息和帮助消息高人一等，它们的风格不可原谅——无法放弃命令或者无法在输入数据后进行更改，所有这些都无法让人接受。因此程序应当使你能够更容易、更惬意地尽快完成一个任务，而不应该"马后炮"，把某种风格强加于你，或者浪费你的时间。

1）不必要、不合理要求和限制

有些程序要求你以某种顺序输入数据，或者要求在进行下一步之前先完成每项任务，或者要求在考虑它们的潜在后果之前作出决定。例如，

当设计一种数据录入格式时，为何必须在屏幕显示之前确定一个数据录入域的名称、类型、宽度或者计算顺序？当觉察不同的域组合在一起看起来有什么不妥时，是否会更改某些域，把它们的位置换来换去，甚至去掉少数域呢？可能不得不在使用该格式之前阅读输入域的规格说明。

当向一个项目管理系统描述任务时，为何必须首先列出所有任务，然后列出所有可用的人员，接着在为下一项工作输入任何数据之前就把分配给某个人的工作完全对应？既然你可能试着决定什么工作分配给什么人，那么不想看到结果后再更改这些数据吗？

限制的数量之所以如此惊人，是因为有些程序员认为，人们应该以某种方式组织他们的工作。为了"他们自己好"，他不想让他们偏离这种"最佳"途径，但这种想法是错的。

2）对新手友好，对有经验的人不友好

为初学者进行过优化的程序，常把任务分成许多小的、容易理解的步骤。这对新手可能很好，但是对任何一个有一定经验的人来说，如果不能自由操作，就会感觉受到阻挠。

3）人工智能和自动化的愚蠢性

顶着"人工智能"和"便利"的头衔，有些程序猜测你下一步想要做什么，并执行这些猜测，就好像它们真的是用户提交的命令一样。这样做其实很好，除非你并不想要它们这么做。同样，自动纠正错误的程序很好，除非它"纠正"了正确的数据。

与自动执行,尤其是花费了很多时间或更改了很多数据的那些操作相比,较好的做法是程序能够给你提供选择。允许你进行设置,并让它等待,直到在执行其建议之前输入了 Y(Yes)。如果你说 No,那么程序就应该放弃其建议,并要求进行新的输入。

4）多余的必需信息

有些程序会请求它们从来不会使用或者只会用来在屏幕上显示一次的信息,或者程序会要求你重新输入已经输入过的数据——并非把它与旧的副本对比进行检查,仅仅是重新获取一次数据,这样会浪费很多不必要的时间。

5）不必要的步骤重复

如果在输入一个长的命令步骤或数据序列时犯一个错误,有些程序就会要求重新输入所有工作。其他程序则可能强迫重新输入或确定可能有错误的任何命令,为了做一些"不寻常的事",必须确定每一步骤。这些不必要的重复或确认也是在浪费时间。

6）不必要的限制

如限制一个电子表格仅能使用数字。

B1.6　性能

许多有经验的用户认为性能是最重要的可用性因素:使用一个快速程序,能够使他们更加集中精力工作,而且能控制更多东西。错误往往容易被他们忽略,因为它们能很快得到处理,根据 Schneiderman(1987)的观点,在极少出现异常的情况下,程序越快越好。

性能有许多不同的定义,例如:

- 程序速度,程序执行标准任务的速度有多快。例如,一个字处理程序移动光标到文件末尾的速度有多快?
- 用户吞吐量,能用程序执行标准任务的速度有多快,这里是指一些更大规模的任务。例如,输入并打印一封信需要花多长时间?
- 感觉到的性能,在你看来,该程序的速度有多快?

无论如何定义性能,程序运行速度总是一个很重要的因素。但是一个具有不太好的用户界面的快速程序看起来会比它实际应该达到的速度要慢得多。

1. 降低程序速度

许多设计和代码错误会降低一个程序的执行速度。程序可能要进行许多不必要的工作,例如对一个在读入前会被重写的内存区域进行初始化。它可能会对工作进行不必要的重复,例如在一个循环中执行某些可能在循环外就能完成的工作。设计决策也会降低程序速度,而且通常要比明显的错误导致程序速度下降的情况要多。

无论是什么原因致使程序的执行速度下降,只要存在这种情况就是个问题。即使是在很短的时间内,哪怕是四分之一秒的延迟也能打断你的注意力,从而增加了你完成一项任务的时间。

2. 缓慢回应

程序应该立即对输入进行显示。如果你注意到在输入一个字母,和看到该字母的时间之间有延迟,程序就太慢了。这样就更可能犯错误。快速反馈对任何输入事件都是很必要的，包括移动鼠标、跟踪球及光笔。

3. 用户吞吐量减少

如果它降低了使用它进行工作的人的速度，一个如闪电般快速的程序可能会把工作完成得像蜗牛一样慢。这包括：

- 任何使用户错误更可能发生的事情。
- 缓慢的错误恢复，例如，如果在输入一长串数字或一个复杂命令时出错，就让你重新输入所有内容。
- 任何使你感到迷惑，从而不得不寻求帮助，或者在手册中查找相关内容的事情。
- 让你输入了很多，做了却很少：没有缩写，把一个任务分割成若干很小的子任务，要求对所有事情进行确认，等等。

4. 响应慢

一个反应迅速的程序不会强迫你在提交下一命令之前等待。它会不断扫描键盘（或其他）输入，迅速对命令作出回应，并给它们分配高优先权。例如，在字处理程序重新格式化屏幕时输入几行文本。它应当停止格式化，对输入作出响应，在输入时对相应的这些行的显示进行格式化，并执行编辑命令，它应该总保持屏幕上靠近光标的区域是最新的。

5. 不支持提前输入

一个允许提前输入（type-ahead）的程序会让你在它从事其他工作时仍然可以输入。它会记住输入的内容，加以显示，并稍后执行，而不是必须等着输入下一命令。

6. 没有给出警告某个操作会花很长时间的提示

如果程序需要超过几秒钟的时间进行某事，它应该告知你，你应该能够取消这个命令。对于较长的工作，它应该告知你要花多长时间，这样就可利用这段时间，而不是浪费时间在那儿等着。

7. 没有进展报告

对长时间任务或延迟来说，指出已完成多少以及还需要多长时间才能完成是非常有必要的。

8. 暂停问题

有些程序限定了输入数据的时间。时间一到，程序就改变了状态。除了娱乐游戏外，应该允许用户阻止程序执行一个不希望执行的命令。

暂停也可能很长，例如，在程序执行某些合理的但需要时间的工作之前，你可能有一个很短的时间间隔。如果在这个间隔期间进行响应，就可以简化任务（例如，某个菜单没有必要显示）。然而如果这个时间间隔没有保持很短，程序速度就可能会因此受损。

暂停间隔对那些等着时间过去的人来说可能很长，而对那些试着在此期间输入数据的人来说又可能很短。

9. 提示、警告及询问次数太多

适当控制提示、警告以及询问的次数可能很有用，但是不能让它们的出现过于频繁。

10. 获得帮助和图形的速度缓慢

在一个慢速终端上,帮助文本以及漂亮的图片常常会令人等得不耐烦,此时应该用一种简要的命令语言取而代之。

B1.7 输出

程序的输出应该如同预期的那样完整,而且要易于阅读和理解,应该包括任何想要的信息,并且可以按照任何需要来提供格式。甚至可以输出到任何所期望的输出设备上。这些需求都是很实际的,但(通常)不容易满足。

1. 不能输出某种数据

应该能够打印输入的任何信息,包括诸如电子表格中的公式的技术性条目以及字段定义。如果输入非常重要,那么最重要的就是能够打印并对其进行数据检验。

2. 不能重定向输出

应该能够重定向输出,能够向磁盘发送一个很长的"打印输出"标记,稍后再打印该磁盘文件。这样就可以使用文字处理软件对输出文件进行修饰,或者用一个能更快打印文件或给作为后台任务打印文件的程序进行打印的机会。

程序应该允许用户把输出发送到其他任意一种设备上,如绘图仪、激光打印机以及盒式磁带中。

3. 格式与后续过程不兼容

如果假定一个程序能够以第二个程序可以理解的格式保存数据,那就必须测试证明它的确能做到。这意味着要购买或借来第二个程序的副本,同时用第一个程序保存数据,用第二个程序读数据,看看第二个程序告诉你它得到了什么。该测试经常被人遗忘,如果第二个程序并非由开发第一个程序的公司来开发的,就更容易出现不兼容的问题。

4. 必须输出的很少或很多

你应该能够修改报告,只呈现所需要的信息。如果在大量的打印输出文档中只能找出少数有用的信息,这几乎同没有得到信息一样。

5. 不能控制输出布局

应当允许用户通过改变字体、加粗、加下划线等方法来强调信息,并且能够控制信息的间距;也就是说,用户能够把某部分信息分组,并让其他信息保持独立。最低限度,程序应该能够以一种适合由文字处理进行修饰的格式把报告输出到一个磁盘文件。

6. 荒谬的精度输出级别

要是说 4.2 加上 3.9 等于 8.100 000 0 或者说 4.234 与 3.987 的乘积等于 16.880 958 都是很愚蠢的。在最终的输出结果中,程序应该把结果简化到原始数据的精度,除非告诉它以其他方法计算精度。

7. 不能控制表或图的标记

你应当能够改变字型、措辞以及任何说明、标题或包括在表格、图形或图表中的文本的位置。

8．不能控制图形的缩放比例

绘图程序应该提供默认的垂直和水平比例，但应该允许不使用默认值。

B2 错误处理

处理错误时发生的错误是最常见的缺陷，错误处理的错误包括没有预料到错误的可能性并防止其发生、没有注意错误状况以及没有以合理方式处理检测到的错误。

1．错误预防

程序应该保护自己不受系统其他部分的有害输入和有害处理的影响。如果程序可能与错误数据一起工作，那么它应该在这些数据造成一些可怕影响之前对其进行检查。

1）不充分的初始状态验证

如果内存的某个区域必须以其中某位为 0 开始，程序可能应该运行一个抽样检查，而不是假定那里存在 0 值。

2）用户输入测试不充分

仅仅告诉人们输入 1 位到 3 位数是不够的。有些人可能会输入字符或 10 位数值，其他的人会按下 ENTER 键 5 次看看会发生什么。如果你可以输入，那程序就必须能够应付。

3）对被损坏的数据的预防不充分

没有人能够保证存储在磁盘上的数据是好的，可能有人编辑了文件或者根本就有硬件错误。即使程序员认定在保存前文件是有效的，他也应该检查（好比校验和）一下打开的文件是否正确。

4）传递参数测试不充分

一个子程序不应该假定得到了正确调用，它应该确保传递给它的数据在其操作范围之内。

5）没有充分的预防操作系统的缺陷

操作系统存在缺陷，应用程序可能触发其中的一些缺陷。例如，如果程序员知道，把数据送到磁盘驱动器后很快又把数据送到打印机，就会引起系统崩溃，那么就要确保所开发的程序在任何情况下都不会那样做。

6）不适当的版本控制

如果可执行代码存在于不止一个文件中，有人尝试把某一文件的新版本和另一文件的旧版本一起使用。软件的升级是产生这类错误的主要原因，但是他们却不明白出了什么问题，除非程序主动告诉他们问题所在。新版本应该包括检查所有代码文件都是最新的代码。

7）不能预防不合法的使用

人们会有意给程序提供有害输入，或者尝试触发错误状况。一些人这样做是因为恼怒，而其他人则是因为觉得这样很有趣而这样做。

2．错误检测

程序通常有足够的可用信息来检测数据中或其操作中的错误。为了使信息有用，必须阅读信息并按照它来行动。

1）忽视溢出

当一个数值计算结果对于程序来说太大以至于无法处理时，就会发生一个溢出情况。溢出通常因为较大数字相加或者相乘，以及被零或者被很小的分数除而引起。溢出很容易检测到，但程序的确需要对其进行检查，而有些程序却没有。

2）忽视不可能的值

应该对程序变量进行检查，以确保它们在合理的界限之内。它应该捕获并拒绝诸如2 月 31 日这样的日期值。如果当变量为 0 时程序完成某动作，变量为 1 时程序完成其他动作，并假设其他所有值都"不可能"，那么就必须保证变量的值是 0 或者 1。在经过几年的维护编程后，以前的假定就不安全了。

3）忽视看似不真实的值

有些人可能会从他们的存储账户中提取 1000 万美元，那么程序应该可能在通过交易处理之前向几个不同的人进行询问以确认该操作。

4）忽视错误标志

程序调用了一个子程序，结果操作不成功。然后在一个用于标识错误标志的特殊变量中报告了其失败，那么程序应该能够检查这个标志或者忽略它，并把从例程返回的无用数据当作是真实的结果来处理。

5）忽视硬件缺陷或错误情况

程序应该假定它能够连接的设备会失败，许多设备能够发送警告某件事情出错的返回消息（设置位）。如果有一个设备这样做了，程序应该停止尝试与其交互，并且还应该向某个人或者某个更高级别的控制程序报告这个问题。

6）数据比较

当尝试结算自己的支票本时，一般有一个自己认为的余额数值，还有银行告诉你的余额数值。如果在你考虑了服务费，最近的账单等之后两个数值还是不吻合，那么你的记录或银行的记录中就有问题。在互相检查两个数据集合或者两个计算集合时，相似情况也经常发生。程序应该能够对其进行很好的处理。

3．错误恢复

程序中存在错误，并且已经检测到该错误，要设法对其进行处理。许多情况下，只是稍微对错误恢复代码进行一下测试，或者根本没有测试；那么，错误恢复例程中的缺陷可能比原始问题更要严重。

1）自动错误更正

通过检查其他数据或规则集，有时程序不仅能检测错误，而且还能纠正错误，而用不着麻烦任何人。这样的程序是很令人满意的，但仅当这种"纠正"正确时才如此。

2）未能报告一个错误

程序应该报告任何检测到的内部错误，即使它能自动纠正错误产生的后果也应如此。

在不同的环境下，可能检测不到相同的错误。程序可以向用户以及一个多用户系统的操作员报告，或在磁盘上写一个错误日志文件，总之必须进行报告。

3）未能设置一个错误标志

某个子程序被调用，但操作失败。假定它在失败时设置了一个错误标志，它把控制返回给调用程序，但却没有对这个标志进行设置，调用程序就会把无用数据当作有效数据传递回去。

4）中止错误

你停止了程序，或者当它在检测到错误时自动停止了，那么它是否关闭了任何打开的输出文件呢？它是否在关闭时记录了退出的原因呢？在最普通的条件下，在即将结束之前它是否进行了整理或者它只是结束但可能留下一团混乱呢？

5）从硬件问题中恢复

程序应该适度地处理硬件故障。如果磁盘或其目录已满，应该能够放入一张新的磁盘，而不仅仅是关闭所有数据；如果一个设备很长时间还没有准备好接受输入，程序应该假定它已经断线或断开连接，不能让程序永远等下去。

6）没有磁盘就不能退出

假定程序要求插入一张具有所需文件的磁盘。如果插入的磁盘不正确，它会再次提示你，直到插入正确的磁盘为止；然而，如果没有正确的磁盘，就没有任何办法可以退出，除非重新启动系统。

B3　边界相关错误

一个边界描述了程序的一个改变点，假定程序在边界的一边以某种方式完成所有任务，而在边界的另一边，它以不同的方式完成所有任务，边界两边相对立的就是数据值。通常存在以下 3 种标准边界缺陷。

（1）边界情况的处理不当：如果一个程序把任何小于 100 的两个数相加，不接受任何大于 100 的数，那么当输入 100 时，它会做何反应？它又应该怎么做？

（2）错误边界：规格说明表示，程序应该把任意两个小于 100 的数相加，同时不接受大于 95 的数。

（3）边界外情况的错误处理：边界某一边的值是不可能的，不可信的、不可接受的、预料之外的，没有为它们编写任何处理代码。程序是否成功拒绝了大于 100 的值？或者是否当它获取一个大于 100 的值时就会崩溃？

这里把边界的概念看得更广泛，边界描述了考虑一个程序以及它在其极限周围的行为的方式。存在很多类型的极限：最大、最旧、最新、最长、最近、第一次，等等。相同类型的缺陷可能伴随其中任何一种极限而发生，因此，要以同样的观点考虑它们。

1. 数值边界

有些数值边界是任意的（大于或小于 100），而其他则描述的是自然极限，一个三角形有三条边（不多，也不少，只有三条），它的各个内角之和为 180°。一个字节能存储一个

0～255 之间的(非负)数字。如果某个字符是字母,那么其 ASCII 码将会在 65～90(大写)或 97～122(小写)之间。

2．列表中的元素与边界相等

在一个列表中的所有元素可能相同,也可能不同。如果试着对任一列表进行排序,会发生什么?

3．多种多样的边界

一个输入串能够长达 80 个字符吗?如果输入 79 或 81 个字符会如何?程序是否在每种情况下都接受输入?一个列表可以只有一个元素吗?仅含一个数的数值列表的标准偏差是什么?(答案:未定义或是 0)

4．空间中的边界

例如,如果一个绘图程序绘制了一个图形,并在其周围绘制了一个方框,那么该如何处理一个应当在方框外正确显示的点呢?

5．时间中的边界

假定程序显示了一个提示,停留 60 秒等待回应,然后,如果没有输入任何东西就显示一个菜单,那么如果正当它开始显示菜单时开始输入内容,会发生什么?

假定有 30 秒时间来接听一个响着的电话,此后,电话停止了响铃,并转给接线员。如果在第 30 秒的时候接起电话,会错过这个电话吗?如果在第 30 秒之后,但在接线员已经回复之前接起电话又会如何?

假定在计算机仍然在从磁盘中装入程序时按下空格键,发生了什么事?Space 键是被发送给操作系统(它正在装载程序),为正在装载的程序进行了保存,还是仅仅因为预料之外而导致计算机崩溃?

6．循环中的边界

下面是一个循环的例子:

```
10 IF COUNT_VARIABLE is less than 45
THEN PRINT "This is a loop"
    SET COUNT_VARIABLE TO COUNT_VARIABLE+1
    GOTO 10
    ELSE quit
```

程序持续打印并把 CONUT_VARIABLE 加 1,直到计算器最终达到 45,接着程序退出。45 对循环加以限制。循环既可以有上界也可以有下界(如果 COUNT_VARIABLE 小于 45 且大于 10)。

7．内存中的边界

程序能处理的最大和最小内存容量是多少?数据会在内存页或内存段之间被分割吗?一个内存段的第一个或最后一个字节是否丢失或读错?(顺便提一下,第一个字节被编号为 0 还是 1?)随机存储器(RAM)和磁盘中的一些数据是虚拟内存格式吗?假定程序先从 RAM 读取一个值,接着从虚拟内存中存在的值(仍然存在吗?再次读取?),等等。

这种来来往往的操作会对性能造成什么样的严重影响？

8. 数据结构内的边界

假定程序在一个记录结构中保存数据，每条记录保存员工姓名、员工号及薪水。接着是下一个人的记录（姓名、号码、薪水）等。如果从磁盘检索这些记录，程序是否正确阅读了第一条记录或者最后一条记录呢？程序如何标记记录的末尾或下一条记录的开头？所有内容都符合这一格式吗？如果一个人有两个员工号会怎样？

9. 硬件相关的边界

如果一台主机最多能够供 100 台终端使用，那么当加入第 99 台，第 100 台和第 101 台终端时分别会产生什么情况？如果让 100 个人同时登录会产生什么情况？

若磁盘已满应该如何处理？如果一个目录能保存 128 个文件，当尝试保存第 127 个、第 128 个和第 129 个文件时会产生什么情况？如果打印机有一个较大的输入缓冲区，当程序已经填满这个缓冲区但还有更多数据要传送时，会产生什么情况？当打印机缺纸或者色带用完时会产生什么情况？

10. 不可见的边界

并非所有的边界条件在外部都可见。例如，当函数的自变量小于 100 时，一个子程序可能使用某种近似公式来估计某个函数的值，而在自变量大于或等于 100 时使用另一个不一样的近似公式。当函数自变量等于 100 时，第一个公式可能是不可计算的（如被 0 除），而当自变量大于 100 时，这个值可能没有任何意义。100 是一个清楚的边界，但你可能从来没有意识到它。

B4　计算错误

使用程序计算一个数值但得到的是错误的结果，发生计算错误通常因为下面三种类型的原因。

（1）很差的逻辑：可能存在一个录入错误，如把 A＋A 写成了 A－A。或者程序员可能把一个复杂表达式分隔成一组简单表达式，但是简化错了。再者可能使用一个不正确的公式或者对手边的数据不适用的公式。这里所说的第三种情况就是设计错误，代码所做的是程序员想要它进行的工作——而他关于代码应该怎样做的概念是错的。

（2）很差的算法：在一个基本函数（例如，加法、乘法或求幂函数）的编码中可能存在错误。无论何时使用这个函数，错误都可能出现（2＋2＝－5），或者可能被局限于罕见的特殊情况。无论何种情况，任何使用该函数的程序都会失败。

（3）不精确的计算：如果程序使用浮点算术，由于舍入误差和截断误差，在计算时会损失精度。在许多中间错误之后，尽管程序中没有哪个步骤包含逻辑错误，它可能会使 2＋2 等于－5。

1. 过时的常量

有时数值会直接在程序中使用。例如，计算机也许最多能够连接到 64 个终端，配置文件的长度可能为 706 字节,年份的前两位是 19(如同 1987 中一样)。当这些值改变时,程序也不得不跟着改变。通常,它们只在少数区域改变,不是在所有地方都有变化。任何在旧值基础上进行的计算现在已经过时了,这样就会引起错误。

2. 计算错误

有些错误非常简单,就好像错把减号当作加号输入。如果在测试中适当地留心,就会发现这些很容易出现的错误。如果程序要求输入数据,接着显示一个从这些数据中计算出的数值,那么自己最好也算算,看算出的结果和计算机的数值是否一致呢?

3. 错误的"括号"表示

如 $(A+(B+C)*(D+(A/C-BE/(B+(F+18/(A-F))))))$ 是一个带有很多括号的公式,很难理解,当先写了代码而后又要修改时就很容易搞错。

4. 错误的操作符顺序

程序会以某种顺序计算表达式的值,但这种顺序可能与程序员希望的顺序不同。例如,如果 $**$ 代替求幂,那么 $5**3$ 就是 5 的立方,然而,$2*5**3$ 等于 1000(10 的立方)还是等于 250(两倍的 5 的立方)呢?

5. 很差的基本函数

商业应用程序和语言通常执行最基本的函数,例如,正确的加法和减法。当然,如果开发小组写了自己的函数,这些函数就和所有其他函数一样值得怀疑,稍微复杂一些的函数,如求幂函数、正弦函数、余弦函数和双曲线函数,就不一定可信赖。这类错误可以是有意的,有些程序员使用不准确的近似公式,因为它们可以快速求值,或者很简洁,而且易于编码。

6. 上溢和下溢

当一个数值计算结果太大,以致程序难以处理时,就会发生一个溢出情况。例如,假定程序以定点格式存储所有数字,每个数字一个字节。它使用数字 0~255,可是不能执行 $255+255$ 的操作,因为其结果太大,无法保存在一个字节中。指数太大时,上溢还会在浮点算法中发生。

下溢只在浮点运算中发生。在浮点数中,一个数字由一对值来表示,其中之一表示指数,另一个表示小数。例如,255 就是 0.255 乘以 10^3,255 000 就是 0.255 乘以 10^6。指数发生了改变,然而小数部分(0.255)在两种情况下都一样。现在,假定程序为指数分配一个字节的空间,并存储从 0~255 的值。如果指数为 -1(0.255×10^{-1} 是 0.0255),会发生什么?这一数值太小,无法存储(因为在该模式下,可以存储的最小指数为 0),因此就发生了下溢,下溢通常被转换为 0(0.255×10^{-1} 变成了 0),而不给出错误信息,这样做通常来说是适当的,但它却可能引起计算错误:$100 \times 0.255 \times 10^{-1}$ 应该为 0 还是 2.55?

7. 截断误差和舍入误差

假定程序对每一数只保存两位。数 5.19 有三位,如果程序截断(丢弃)9,它存储的就是 5.1。相反,它可以把 5.19 向上舍入为 5.2,这样比 5.1 更接近真实值。

如果一种编程语言为每个浮点数保留两位数字,它就是按照两位精度来工作的。在该语言中进行的计算可能并不准确。例如，2.05^6 的值大约是 74，但是如果把 2.05 舍入为 2.1，最后计算得到的 2.05^6 的值就是 86；而如果把 2.05 截取为 2.0，得到的值就是 64。

很多编程语言在浮点计算方面都只保留六位数字，六位计算对简单计算来说很好，但是在更复杂计算中，它们可能引起惊人的大错误。

8. 数据表示的混乱

同一个数字能用不同的方式表示，而它们可能彼此混淆。例如，假定程序要求输入一个 0～9 之间的数，你输入了 1。它可能按 0 到 255 之间的定点数规则，以一个字节保存这个 1，在该字节中有 8 位；其位模式是 00000001。或者它也可能存储输入字符的 ASCII 码。1 的 ASCII 码是 49，或者以二进制表示就是 00110001。在这两种情况下，数字都能存储在一个字节中。然而，以后很容易就会把两种情况的存储搞混，而把存储在 ASCII 码格式中的数字当成是一个定点整数。或者相反。你的数值也可能以某种其他格式进行存储，如浮点数。这样，格式之间的混淆就很有可能再次发生。有些编程语言处理了这种情况，另一些编程语言则在编译过程中给出警告信息，而其他则只会让你得到错误的答案。

9. 数据转换不正确

程序要求输入一个 0～9 之间的数，你输入 1。这是一个字符，并且程序接收到的是其 ASCII 码 49。为了把它转换为一个数字，应该从代码值中减去 48，结果程序却减去了 49。无论何时程序执行其从一种数据表示向另一种数据表示的转换，它都有很大的几率会发生错误。由 ASCII 码向整数的转换仅仅只是转换的一个简单例子，在 ASCII 码、浮点数、整数、字符（串）等之间的转换很普遍。

10. 错误的公式

有些程序使用复杂的公式，很容易就会写错某一个公式，或者从书本上读错，要么就是在推导某一个公式时出错。

11. 不准确的近似

许多近似或估计特定值的公式是在计算机出现之前就发明的。从某种意义上说，它们是很好的公式，不需要太多的计算，但是除此之外一无是处。例如，要画图表示一组数据，并且，想要它们符合形式为 $Y = aX^b$ 的曲线。传统的做法是：对公式两边同时取对数，通过使一条直线符合一个新公式 $\lg Y = \lg a + b \lg X$ 来估计 a 和 b 的值。编程实现很容易，运行也很快，但是并不准确。当你从对数返回，并画出 aX^b 时，与向右的数据相比，曲线更符合图形左边的数据（X 的小值）。

许多程序使用很差的近似方法和其他不正确的数学过程，虽然能够产生一定的输出，但却是错误的输出。除非自己对数学相当熟悉，否则无法对这些类型的问题进行测试。如果正在测试一个统计软件包或其他数学软件包，那么就要求你或者另一个测试人员对编程实现的函数必须有详细的了解。

B5　初始状态和以后状态

在能够使用一个函数之前,程序可能必须对其进行初始化。典型的初始化步骤包括确定函数的变量,定义其类型,为它们分配内存空间,并设置它们的默认值(如 0)。程序可能必须读取一个包含默认值和其他配置信息的磁盘文件。若该文件不存在,会发生什么? 这些初始化步骤可能会在程序装载时(默认值数据能够和程序一起装入内存)、开始时、函数第一次调用时或者函数每次调用时完成。

初始化需求和策略在不同的编程语言之间有很大的差别。例如,在许多种语言中,直到下一次调用,一个函数的局部变量都会保持这个值。如果假定一个变量保持相同的值,函数可以只设置变量值一次,然后不再管它,函数通常必须重新把其他变量设置为其初始值。

在其他语言中,局部变量会在从函数中退出时从内存删去。无论何时程序调用一个函数,它都必须重新定义其变量,为其分配内存空间,并分配起始值。

有些语言允许程序员指定某个变量是应该保留在内存中,还是应当在每次函数调用后从内存删去。

有些编译器提供初始化支持,程序员能够为变量确定一个初始值,编译器会确保该初始值和程序一起被装载到内存中。如果程序员并没有分配初始值,编译器就把初始值设置为 0。而其他编译器,即使是对相同的语言,也不提供该支持。函数必须在它第一次调用时设置每个变量的值。为了避免每次调用时都要重新设置每个变量的值,函数必须知道它以前是否曾经被调用过。

如果函数没有对变量进行正确的重新初始化,那么初始化故障通常是在函数第一次或第二次调用时发生。重新初始化故障可能是由路径决定的。如果按照一种“普通”的方式到达一个函数,那么它会工作得很好。然而,如果采用了一条“非正常”路线,程序可能在初始化代码之后的某点进行该函数,程序员通常把退回去修改数据或者重新进行计算看作是不正常的。

1. 未能把一个数据项设置为 0

除非告诉编译器不那样做,不然许多编程语言中的许多编译器都会把数据初始值设置为 0,正因为如此,除非变量非 0,否则许多程序员确实不必费事指定其初始值。一旦他们使用一个并不自动把数据置 0 的编译器,他们的编码风格就会失败。

2. 未能初始化一个循环控制变量

循环控制变量决定程序会运行该循环多少次。例如,一个函数打印某个文本文件的头 10 行。程序存储的行数到达 11 时,打印停止。下一次函数必须把 LINE(行数)值设置为−1,否则程序永远不会开始打印,因为 LINE 的值已经是 11 了。

3. 未能初始化(或重新初始化)一个指针

指针变量存储的是一个地址,如一个给定串在内存中的起始位置。指针的值可以更改,例如,它可能指向一个“串”中的第一个字符,接着可能被改变指向第二个字符、第三个字符，等等。如果程序员忘记在改变一个指针值后重新进行设置，那么它就会指向串中的错误位置或者指向错误的串。如果后继的函数调用，在没有对其重新进行初始化的情况下一直改变指针的值，那么指针可能最终指向的是代码而不是数据。

如果看到显示出一个"串"的片断或者不正确的数组元素，就应该怀疑是否发生了指针错误。

4. 未能清除一个串

字符串变量存储一组字符，相对于一个数值变量的值可能是 5，一个字符串的值可能是"Hello, my name is John"。字符串可能在长度上有变化，可以把上述串"Hello, my name is John"更改成更短的串"Goodbye"。有些例程假定一个串在使用前为空（用 0 填充），若某个例程向某个"串"的前 7 字节中写入"Goodbye"，但没有以 0 结束时，那么就可能产生"Goodbye my name is John"，而不是"Goodbye"。

5. 未能初始化（或重新初始化）寄存器

寄存器是特殊的内存区域，通常在中央处理器单元中存在。与那些存储在普通内存中的数据相比，能够更快速地对存储在寄存器中的数据进行操作。由于这种速度优势，程序经常使用寄存器作为临时存储单元。它们把一些变量值复制到寄存器中，利用这些值进行工作，并把寄存器中的新值复制回原来的位置。不过人们总是很容易忘记向其中一个寄存器中装入最新的数据。

6. 未能清除一个标志

标志是指特殊情况的变量，一个标志可以被设置（真、开、上，通常为 1）或清除（假关、下，通常为 0 或 -1）。通常被标志的值会表现得很清楚，它被设置为以下几种情况的信号：例程失败，变量已经初始化，计算结果上溢或下溢，刚刚已经按下一个键，等等。一个不那么理想但很常见的做法是，一个标志告诉一个例程它是从程序中的某个位置被调用，而不是另一个位置，或者说明它应该执行某种类型的计算，而不是另一种类型。

标志必须保持最新，例如，例程应该在每次调用时清除其错误标志，仅当其失败时返回 set 标志。无论何时，例程的任意变量从下次使用例程时要改回的默认值发生改变时，它都应该清除其数据初始化标志。有些程序可以在很多不同的位置设置或清除同一标志，这样就很难说明该标志的值是否最新。

7. 数据应在别处初始化

一个函数可能不会初始化它的所有数据，例如，不同函数共享的变量可能一起进行初始化。假定有些函数在同一菜单中列出，而且无论何时显示菜单，都会对它们的共享变量进行初始化。只要不存在到达这些函数的任何其他路径，这种初始化就起作用，但是能通过非正常的途径到达某个函数吗？是否任何一个函数都是另一菜单上的选项？程序可能把它作为另一函数的错误恢复的一部分进行调用吗？

8. 未能重新初始化

程序员可能忘记确保一个函数的变量在第二次调用时有正确的值。在处理自动把变量初始化为 0 的语言时，简单的疏忽尤其普遍。如果程序员在第一次调用函数时没把它设置为 0,那以后怎么会想到应该把它设置回 0 呢?

当函数数据"通过非正常的途径"到达时,程序员可能会无法对其进行重新初始化,尤其当设法返回来改变数据时。想象一下,向一个表格中输入数据,并在屏幕上显示。在绘制表格时,程序对所有相关变量进行初始化。你输入了错误的数字,而在输入了一些其他值之后发现了这一点,于是把光标往回移动,对其进行修改。这时,任何基于该数字的计算都必须重新进行。在那些计算部分的变量是否被重新初始化? 就变量重新初始化而言,在程序中向后移动是很危险的;而如果程序员使用 GOTO 语句移回到一块代码的中间行而不是起始行时,危险度就更高。

9. 假定数据没有重新初始化

在变量可能改变之前,有些程序重复对同一变量进行初始化。除了浪费计算机时间以外,这一点是无害的。

10. 静态存储和动态存储之间的混乱

如果拥有一个局部变量的函数退出时从内存删除该变量,该变量就被称作动态的或自动的。每次程序调用该函数,它就必须重新定义这个变量,为其分配内存,并赋起始值。在某些编程语言中,所有的局部变量都是动态的,在另外一些语言中,所有局部变量都是静态的,而在某些语言中,程序员要选择哪些变量是静态的,哪些是动态的。当两种类型的变量都存在时,就很容易产生混乱。程序员可能忘记对一个静态变量重新初始化,因为他认为它是动态的,所以不需要初始化。同样,可能忘记更新一个自动变量的值,因为忘了在函数调用期间它不会保持这个值。

11. 由副作用引起的数据修改

在初始化之后,一个例程可能在不改变变量的情况下使用它。程序员可能认为,既然变量并没有发生改变,那么重新初始化就是不必要的,但是即使他打算让该变量作为那一例程的局部变量,他所使用的语言也可能无法识别局部变量的概念。程序的任意其他部分都能够改变这一变量;多次维护之后,程序的任意其他部分都可能如此。

12. 不正确的初始化

程序员可能会为变量赋一个错误的值,或者声明它是整数不是浮点数,是静态变量不是动态变量,是全局变量而非局部变量。在看见这个程序之前,大多数这些错误都可以被编译器捕捉到。

13. 依靠客户可能没有或不理解的工具

这一错误很少见,但的确有发生——这一点非常容易遗漏。程序员期望使用一些其他程序来修改这一程序,或者设置这一程序环境的某些特征。

B6 控制流错误

一个程序的控制流描述程序在什么样的环境下,下一步要做什么。当程序接下来执行了错误操作时,就会发生一个控制流错误。极端的控制流错误会停止程序的运行,或者导致程序的运行失去控制。有很多简单的错误都会引起惊人的错误行为。

B6.1 程序失去控制

程序在屏幕上显示无意义的内容，把无用数据存入磁盘，一直处在开始打印状态，或者转到某些其他完全不正确的例程上去。最后可能完全停止，程序的行为已经不在你的控制之中。这些最引人注意的缺陷，通常也是最容易发现和改正的缺陷。

从外部看来，这些缺陷似乎都一样，它们都使程序失去控制。下面的一些描述是程序运行失去控制的原因的例子，除非对编程语言、程序员的风格或内部设计有些了解，否则不要特意对这些错误之一进行测试。

1. GOTO 某处

GOTO 把控制转移到程序的另一部分。程序跳转到指定的例程，但这显然是错误的位置。程序可能被锁定，屏幕显示可能不正确，等等。

GOTO 命令是过时的。在下面情况下，涉及 GOTO 的错误尤其可能发生：

程序分支回溯，跳转到某个它曾经经过的位置。例如，GOTO 可能跳转到刚刚通过有效性检查或者数据设备初始化的某点上。

GOTO 是间接跳转到存储在某个变量中的地址。当这个变量的值发生改变时，GOTO 就会把程序带到某个其他位置上去。阅读代码时，很难说变量是否在正确的时间有正确的值。

2. 来自逻辑错误

如果一个例程改变了它在调用或跳转到它的例程的基础上所做的事情，那么它使用的就是来自逻辑。当程序未能准确确定哪一个程序对其进行了调用，或者在准确确定了调用程序后进行了不当的操作，就会引起错误，调用例程通常设置标志或其他变量来确认自身，但少数不同的例程可能使用同一标志来表示不同的事情，而当有些程序使用某个标志完成作业而其他程序还没有完成时，来自逻辑是不切实际的，而且在维护编程期间尤其容易失败。

3. 表驱动程序中的问题

一个表驱动程序使用一个地址（数组）。根据某些变量的值，程序选择一个表条目并跳转到存储于此的内存地址。这里的表可能是从磁盘上读来的数据文件，它能够在不对程序进行重新编译的情况下更改，表驱动编程能使代码更容易维护，但它也存在风险：

（1）表中的数值可能是错误的，如果是手工输入的话尤其可能出错，这些不正确的地址可能会把程序打发到任何的位置。

（2）如果表很长，那么就很容易为一个给定的情况提供错误的条目，而对代码进行文本检查时也很容易遗漏这一点。

（3）假定表格有 5 个条目，并且程序在一个指定变量值的基础上选择了其中之一。如果该变量能够接受 6 个值会发生什么？在第 6 种情况下，程序将跳转到何处？

（4）在修改代码时很容易忘记对一个跳转表进行更新。

4．执行数据

不能仅从一个字节的内容就说出某个数据是否包含一个字符、一个数值的一部分、一个内存位置的一部分或者一条程序指令。程序把这些不同类型的信息存储在内存的不同位置，以直接保证哪一字节存储的是哪种类型的数据。如果程序把数据解释为指令，那么它就会试着执行而可能会被锁定，它可能会先在屏幕上显示出奇怪的东西。有些计算机检测到"不可能的"命令的执行，就会以一条错误信息（通常是一个标志程序终止或涉及一个不合法机器代码的十六进制消息）来停止程序的运行。

在下面两种情况下，程序会把数据看作指令：

（1）数据被错误拷贝到某个为代码保留的内存区域中。下面是一个具体的例子：

指针是存储内存地址的变量。一个指针可能含有某个数组的起始地址；程序员可以发出指示要求把一个值存储在该指针中保存的地址之后的第四个位置而把该项的值放入数组的第四个元素中，如果指针中的地址是错误的，那么这些数据将被存到了错误的位置。如果地址所指向的是代码空间，那么新的数据就会覆盖程序。

有些语言并不检查数组极限。假定有一个数组 MYARRAY，它有 3 个元素，即 MYARRAY[1]、MYARRAY[2]、MYARRAY[3]。如果程序尝试把一个值存入 MYARRAY[2044]中会发生什么？如果编程语言没有捕捉到这一错误，数据就会被错误存储在 MYARRAY[2044]这个地点中，只要这一 MYARRAY 数组元素的确存在。这一内存位置超过 MYARRAY 末端地址几千字节。它可能是为代码、数据或者硬件 I\O 保留的。

（2）程序跳转到为数据保留的某个内存区域，并把它作为一个包含代码的区域。

表驱动程序中，一个不正确的表目可能导致程序跳转到一个数据区域。

有些计算机把内存划分成段。计算机把代码段中的任何内容都看作指令，而把数据段中的任何内容都看作是数值或字符。如果程序错报了一个段的起始地址，计算机解释为代码段的内容可能是代码和数据的组合。

5．跳转到一个没有驻留于内存的例程

为了节省空间，计算机可能把大程序的片段在内存中不断换入换出。这些片段被称作重复占位程序段，当其在内存中时，其他段就在内存外。需要另一个段时，计算机就从磁盘读取该段并把它存储在由前一个重复占位程序段使用过的同一区域中。此刻内存中的例程就驻留于内存。

在使用一个作为某个重复占位程序段一部分的例程之前，程序必须核对证实正确的重复占位程序段驻留于内存；否则，当它跳转到本来应是该例程起始地址的时候，可能会跳转到某个其他例程的中间去了。

重复占位程序段还能引起性能问题。程序员可能跳转到某个例程之前一直从磁盘中装载该程序来保证它驻留于内存中，如果他调用该程序很多次，这样做就浪费了大量的计算机时间。而且如果程序在属于两个不同的重复占位程序段的部分的例程之间交替时，也会浪费时间，这被称作系统颠簸。程序装载了第一个重复占位程序段，执行了第一个例程，接着用第二个重复占位程序段重写该内存区域以执行第二个例程，接着重新载入第一

个重复占位程序段等，它花费了大量时间来装载重复占位程序段，而不是完成工作。

6．重入

一个可重人程序（re-entrant program）可能被两个或更多进程同时使用。一个可重入子程序可以调用自己或者被任何其他例程在执行期间调用，有些编程语言并不支持重入子程序调用。如果一个例程尝试调用自身，程序就会崩溃，即使编程语言允许重入，但某个给定的程序或例程有可能不允许。如果一个例程为两个进程工作，那它要如何保持其数据的独立，以便它为其中一个进程所做的工作才不会破坏它为另一个进程所做的？

7．变量包含嵌入的命令名

一个像 PRINTMYNAME 这样的词可以被编程语言解释为 PRINT MYNAME。程序可能尝试打印变量 MYNAME 的值。因此，如果用户想要定义一个变量 PRINTMYNAME，这就是一个错误。这种类型的错误通常会被程序员发现，但偶尔也有几个"幸免于难"。

8．错误的返回状态假设

设想有一个子程序应该用来设置某个设备的波行率，程序调用该项子程序，并假定它成功完成了工作。开始它尽可能快地通过该设备传输信号。然而此时，该例程出现错误，这样传输失败，而且程序挂起等待响应。

另一个例子中，假设一个例程通常用来换算传递给它的数据，并返回一个 1 到 10 之间的数字。在异常情况下，该例程会以 0 到 10 换算来代替，而因为调用程序假定它从不接受 0，那么就会因为一个被 0 除的错误而崩溃。

9．基于异常处理的退出

假设一个设计用来计算平方根的例程被要求计算一个负数的平方根时，它设置了一个错误标志而没有进行任何计算。错误标志背后的想法是，调出程序可以决定如何处理这个问题。某个程序可能打印一条错误信息，另一个可能显示一个帮助屏幕，第三个则可能把该数字传递给一个为复数建立的较慢的例程，标志并拒绝异常情况的子程序可以在更多情况下使用。然而，第一次调用一个子程序时，调用程序必须检查它的确完成程序员希望它做的工作。如果退出时产生的情况很少见，程序员就可能遗漏它们，这样在测试期间，它们就可能作为"不能再现的"缺陷出现。

10．返回到错误的位置

子程序和 GOTO 语句之间的关键差别就在于，当子程序结束时，它返回调用它的程序部分，然而 GOTO 从来不返回，有时候子程序也会返回到程序的错误位置。下面几部分是这方面的例子。

1）损坏的堆栈

当子程序完成时，程序控制就返回给调用子程序之后的命令。该命令的地址存储在一个被称为堆栈的数据结构中，堆栈顶部保存最近入栈的地址。子程序返回到存储在该项堆栈顶部的地址处。如果该堆栈仅用来保存返回地址，那么它就被称作调用/返回堆栈。大多数堆栈还被用来作为一个存入数据的临时场所。

如果一个子程序把数据放入堆栈,而且在子程序结束前不会把数据移走,那么计算机就会把栈顶部的数看作是返回地址。这样,子程序可能"返回"内存中的任何位置。

2）堆栈上溢／下溢

堆栈可能仅能保存16、32、64或128个地址。设想存在一个仅能容纳2个返回地址的堆栈,当程序用子程序1时,它把一个返回地址存于堆栈中,而当子程序1调用子程序2时,另一个返回地址也被存到堆栈中,子程序2结束,控制返回给子程序1,接着子程序1结束,控制返回给程序的主体。

如果子程序2又调用了子程序3,会发生什么呢？堆栈已经存储了2个返回地址,因此它不可能再存储子序程3的返回地址,这就是一个堆栈上溢情况。程序(或中央处理芯片)通常会用新的地址替换已存储的旧的返回地址,从而加重堆栈上溢问题。现在,当子程序3完成时,程序会返回2,接着从程序2返回到子程序1。然后从子程序1返回哪里呢？已经没有可供子程序1返回的地址了,这就是一个堆栈下溢问题。

3）使用GOTO而不是RETURN从一个子程序返回

子程序1调用程序2,程序2使用GOTO语句返回1而不是正常返回,从程序2到1的返回地址仍然存在于堆栈中,当子程序1结束时,程序会返回到存储在堆栈中的地址,这就把它又带回了程序1。

为了避免这种错误,子程序2可以在以GOTO语句从例程1中返回时,从堆栈中弹出(POP)(移出)其返回地址,然而,如果使用不正确的话,这一做法能引起堆栈下溢,从而返回到错误的调用例程,并尝试返回到在堆栈中保存的返回地址的数据值所指的位置。

11. 中断

中断是一个特殊信号,它使计算机停止进行中的程序,而转向一个中断处理例程,稍后,程序再从它被中断的地方开始继续工作。输入输出事件(包括表示一个指定时间间隔已通过的时钟信号)都是典型的中断原因。

1）错误的中断向量

当一个中断信号产生时,计算机就必须找到中断处理例程,然后转移到该例程上。中断处理程序的地址存储在一个专用的内存单元中,计算机跳转到存储在第一单元中的地址处。如果计算机能够区分不同类型的中断,那么它就会在一个存储在专用内存部分中的地址列表中找到给定的中断处理程序,该列表被称为中断向量。

如果中断向量中存储了错误的地址,那么为响应一个中断产生事件,可能发生任何错误。如果地址只是次序颠倒,程序就不那么可能失去控制,但它可能尝试在屏幕上回应字符,以响应一个时钟信号,或者把键盘输入看作暂停标志。

2）未能恢复更新中断向量

通过向相应内存单元中写入新的地址,程序可以改变中断向量。如果一个模块临时改变了中断向量,它可能会在退出时没有对旧的地址列表进行恢复,另一模块未能对中断向量作出永久的(或临时的)更改。不管哪种情况,计算机都会在下一个中断后转到错误位置。

3）未能封锁或开启中断

程序能够封锁大部分中断,指示计算机忽略可封锁的中断。例如,传统的做法是,正好在开始向一个磁盘定数论据之前封锁中断，而在完成向磁盘输出之后开启中断。这样做防止了许多数据传输错误。

4）在一次中断后的无效重启

程序被中断，然后重启，在某些系统中，重启时程序得到一条消息或其他指示，指出它已被中断，该消息通常确定中断事件的类型（键盘 I/O、暂停、调制解调器 I/O 等）。这样做很有用。例如，如果一程序知道它被中断，它可以用中断前显示的信息重新刷新屏幕。程序员可很容易地确定错误行为或一个到达错误位置的分支，以响应某种类型中断已被执行的信号。

B6.2　程序停止

1. 完全崩溃

在一个完全崩溃事件中，计算机停止对键盘输入做回应，停止打印，并让指示灯一直亮着或暗着（并不改变指示灯的状态）。它通常是在没有提出任何有关它即将崩溃的警告信息的情况下就被锁定的。重新获得控制的唯一方式就是关闭机器，然后重启。

完全崩溃通常是由死循环引起的，假设一个普通循环的作用是持续查找来自另一设备（打印机、另一计算机、磁盘等）的应答消息或数据，如果程序遗漏了应答消息，或者从来没有获得过应答消息，它就可能永远停在那等待循环。

2. 运行时报告的语法错误

直到运行时，某个解释语言才可能对语法进行检查。当该语言发现了一个它不能解释的命令时，它会显示一个错误信息，并停止程序。任何程序员没有测试过的代码行都可能存在语法错误。

3. 等待不可能的状况的组合

程序停止（通常是完全崩溃）等待一个不会发生的事件，常见的例子如下。

1）I/O 故障

计算机把数据送到一个有缺陷的输出设备，接着一直等设备回复已接收信息。同样问题在一个多重处理系统的进程之间也可能发生。一个进程向另一个进程发送请求或数据，接着一直等待一个从来也不会到达的响应。

2）死锁

这是一个经典的多重处理系统问题。两个程序同时运行，都需要相同的两个资源（比方说，一个打印机已为打印机缓存准备的额外内存空间）。每个程序占用同一种资源，然后一直等待另一程序使用另一资源完成工作。

3）简单逻辑错误

例如，假定一个程序等待一个 1 到 5 之间的数字，放弃所有其他输入。然而，测试输入的代码读到 IF INPUT>5 AND INPUT<1，没有哪个数字能够满足这一条件，结果程序就永远等待下去。

同样地，在多重处理系统中，一个进程可能永远等待另一进程给它发送一个不可能的值。

4. 错误的用户或者进程优先级

一个同时运行许多程序的计算机在这些程序之间切换。它运行这个程序一段时间,接着切换到第二个程序,然后是第三个,最后回到第一个,多重处理系统可以平稳运行,是因为当键盘输入这样的事件发生时或者当一个程序已经挂起很长时间时,就有一个调度程序切换回这些程序中。

如果两个程序花了同样长的时间等待运行,或者如果相同类型的事件恰好触发了每个程序,那么调度程序必须决定哪个程序首先运行。它就使用一个优先级系统(优先级可能被分配给用户或程序),那么,正在由一个较高优先级用户掌控的程序会先运行。

有些程序因为以如此低的优先级运行,因此它可能在重新启动之前会被挂起好几个小时,这可能是适当的。而在其他情况下,优先级被不正确地分配或解释,不太严重的优先级错误是很常见的,但却更难检测到,除非它们触发了竞争条件。

B6.3 循环

有很多方法可以编写一个循环代码,但它们都有些共同的东西,下面是一个例子:

```
1 SET LOOP_CONTROL=1
2 REPEAT
3 SET VAR=5
4 PRINT VAR * LOOP_CONTROL
5 SET LOOP_CONTROL=LOOP_CONTROL+1
6 UNTIL LOOP_CONTROL>5
7 PRINT VAR
```

程序设置 LOOP_CONTROL 为 1,设置 VAR 为 5,显示 VAR 和 LOOP_CONTROL 的乘积,并把 LOOP_CONTROL 加 1,接着检查 LOOP_CONTROL 的值是否比 5 大。因为这时 LOOP_CONTROL 只是 2,那么它就重复执行循环内部的代码(第 3、4、5 行)。循环持续重复,直到 LOOP_CONTROL 的值达到 6。接着程序执行循环之后的下一个命令,打印出 VAR 的值。

LOOP_CONTROL 称为循环控制变量,这个值确定循环被执行了多少次。如果在 UNTIL 之后的表达式很复杂,涉及许多不同变量,那么它就是一个循环控制表达式,而不是一个循环控制变量。在这两种情况下都会产生同样类型的错误。

1. 无限循环

如果从来达不到终止循环的条件,那么程序就会永远循环下去。试着修改上面的例子,使它一直循环,直到 LOOP_CONTROL 小于 0(永远不会发生的条件),这样它就会永久循环。

2. 循环控制变量起始值错误

假设后来在程序中存在一个到达循环起始处第 2 行的 GOTO 语句,LOOP_CONTROL 可能是任何值,但不可能是 1。如果程序员期望该循环执行 5 次(如同 GOTO 是到第 1 行),那么他会非常惊讶。

3. 循环控制变量的意外改变

在上面的例子中,LOOP_CONTROL 的值在循环内部发生了改变,一个较大的循环可能会在不止一个位置改变 LOOP_CONTROL 的值(尤其如果它调用了一个使用LOOP_CONTROL 的子程序),而且程序可能重复这一循环的次数比程序员预期的更多或更少。

4. 结束循环的错误依据

或许程序应该在 LOOP_CONTROL>5 时结束,而不是在 LOOP_CONTROL>=5 时结束。这是个很常见的错误。而且,如果结束条件越复杂就越容易出错。

5. 属于或不属于循环内部的命令

在上例中,SET VAR=5 位于循环内部,VAR 的值在循环内部并不改变,因此 VAR在第二、第三、第四及第五次循环执行时都是 5。每次重新把 VAR 的值设置为 5 都是一种时间上的浪费。有些循环会重复几千次,那么其中的不必要重复的数量可能会非常大。

相反,假定 VAR 的确在循环内部发生了改变,如果程序员希望 VAR 每次循环重复时都以 5 开始,那么他就不得不在循环头部写明 SET VAR=5。

6. 不正确的循环嵌套

一个循环能够嵌套(完全包含)在另一个循环中,但是一个循环在另一个循环内部开始,而在其外面结束是不可能的(不可能不会出现错误)。

B6.4　IF、THEN、ELSE 或者其他情况

一个 IF 语句有如下的形式:

```
If This _Condition IS TRUE
  THEN DO Something
  ELSE DO Something _Else
```

例如:

```
IF VAR>5
    THEN SET VAR _2=20
    ELSE SET VAR_2=10
```

THEN 子句(SET VAR_2=20)仅当条件(VAR>5)满足时执行。如果条件不满足,就执行 ELSE 子句(SET VAR_2=10)。有些 IF 语句只确定条件满足时要做什么,它们不包括 ELSE 子句。如果条件没有满足(VAR<=5),那么程序就会跳过 THEN 子句,并且移到下一行代码。

1. 错误的不等式(例如用>代替>=)

测试过的条件(VAR>5)可能并不正确或者没有正确规定,程序员常常忘记考虑两个变量相等的情况。

2．比较有时产生错误结果

由 IF 测试的条件通常是正确的，但并不总是正确的。假设程序员希望测试 3 个变量是否相等，他可能写下 IF(VAR＋VAR_2＋VAR_3)/3＝VAR 这样的语句。

如果 VAR、VAR_2 和 VAR_3 相等，它们的平均值必定与其中的任何一个值相等。进一步讲，对差不多所有值来说，如果 VAR、VAR_2 和 VAR_3 不相等，它们的平均值不会等于 VAR。然而，若假定 VAR 是 2，VAR_2 是 1，而 VAR_3 是 3，(VAR＋VAR_2＋VAR_3)/3＝VAR，而 VAR、VAR_2 和 VAR_3 并不相等。像这样设法把几个比较合并为一个的捷径通常是错误的。

3．当有 3 种情况时，不相等与相等对比

3 种情况的问题通常在维护编程期间出现。初始代码可能限定 VAR 的值为 0 或者 1，但稍后的更改又允许它为 2。在原始程序中，一个表述 VAR＝0 的 IF 语句是对的，而 THEN 则包含 VAR＝0 条件下的执行语句，既然 VAR 只能是 0 或者 1，那么 ELSE 子句表示的就是当 VAR 为 1 时该做什么。现在既然 VAR 还是 2，那么 ELSE 子句就很可能出错。

把一个变量只与一个值相比较(如 VAR＝0)，而把所有其他值留给同一个 ELSE 子句，这样做是很冒险的。可能存在太多其他可能的值，而其中有些值可能会作为原来没有预料到的特殊情况出现。

4．测试浮点值相等

浮点计算常遇到截断误差和舍入误差。例如，由于很小的计算误差，一个变量的值可能是 0.000000008，而不是正好为 0。这个值很接近，然而它无法通过等式(IF VAR＝0)的测试。

5．混淆"同或"和"异或"

许多 IF 语句检测一组条件是否为真(IF A OR B is true，THEN ...)不容易出错，然而，"或"有同或和异或之分，容易弄错。

- 同或：若 A 为真，B 为真或者 A 和 B 都为真，则结果为真。
- 异或：若 A 为真或者 B 为真，但 A 和 B 不同时为真，则结果为真。

6．错误地否定一个逻辑表达式

IF 语句有时具备如下形式：IF A is NOT true，THEN。程序员常常会不正确地执行否定，或者并没有深入思考否定的含义。例如，IF NOT(A OR B) THEN...意味着 IF A is false AND B is false，THEN...。如果 A 或 B 为真，即使另一个为假，THEN 子句也不会执行。

7．赋值相等而不是测试相等

在 C 语言中，if(VAR＝5)意味着 SET VAR＝5，然后测试它是否非零。程序员常常用它代替 if(VAR＝＝5)，这就意味着有些人认为这句的含义与 if(VAR＝5)的含义一样。

8. 属于 THEN 或 ELSE 子句内部的命令

下面是这类错误的一个简单例子：

```
IF VAR=VAR_2
  THEN SET VAR_2=10
  SET VAR_2=20
```

很明显,SET VAR_2=20 应属于一个 ELSE 子句,而现在,如同上面显示的,VAR_2 总是被设置为 20。虽然先把 VAR_2 设置为 10,但当 VAR=VAR_2 时,没有任何效果。

9. 不属于任何子句内部的命令

有时程序员会把一个命令包含在一个应该总是被执行的 THEN 或 ELSE 子句内(也就是说,在两种情况下)。如果他在两个子句内都重复该命令,就会浪费代码空间,不过通常没什么影响。如果他仅把该命令包含在某一个子句中,那么无论何时另一个子句(ELSE 或 THEN)得到执行,都会遗漏该命令。

10. 未能测试一个标志

例如,程序调用了一个子程序,该子程序用来为某个变量赋值。子程序调用失败设置了错误标志,但没有对变量做任何处理。如果程序不对这个错误标志进行检查,相反,它照常执行其常规的该变量的 IF 测试。从此处开始,除非侥幸否则程序执行什么代码都是错误的,存储在变量中的值已经毫无价值。

11. 未能清除一个标志

一个子程序在最后一次被调用时设置了其错误标志,这次子程序完成了它的任务,只留下错误标志。错误标志仍然是 set,程序会相信该错误标志,而忽略子程序的输出,并且反而进行错误恢复工作。

B6.5 多种情况

IF 语句只考虑两种情况：一个表达式要么真要么假,而当一个变量可能拥有许多不同的值,并且程序员希望先完成其中的一项操作时,就可以使用 CASE、SWITCH、SELECT 以及 GOTO 语句。

这一类型的典型的命令等同于下面的语句：

```
IF VAR is 1 do TASK-1
IF VAR is 2 do TASK-2
IF VAR is 3 do TASK-3
IF VAR is anything else,do DEFAULT-TASK
```

如果不存在默认情况,程序就执行下一步操作。

1. 遗漏默认值

如果一个程序认为 VAR 只能采用列出的值,那他可能就不会写出默认值。由于某个缺陷或者后期对该段代码的修改，VAR 变量可能取其他值。这时，默认情况就会捕捉到这些值，并显示出任何未预料到的 VAR 值。

2. 错误的默认值

假设程序员期望 VAR 值有 4 个可能的值。他明确地处理了前 3 种可能性，而把最后一种可能性看作为"默认"。可是对 VAR 的未预料的第 5 个和第 6 个值来说，该默认情况还准确吗？

3. 遗漏的情况

VAR 可能取 5 个可能的值，但程序员忘记为第 5 种情况写出一个 CASE 语句。

4. 情况应该再细分

有些情况覆盖得太多：可能某个情况下 VAR 覆盖了 30 以下的所有值，而程序应当对 15 以下的 VAR 值以及其他某些较大的值进行某种操作。该问题最普遍的例子就是默认情况。程序员并不认为，如果 VAR 有某些确定的值就会有影响，因此他用默认情况覆盖了所有这些值。

5. 重叠情况

CASE 语句等同于下面的形式：

```
IF VAR>5 then do TASK_1
IF VAR>7 then do TASK_2
Etc.
```

前两种情况有重叠，如果 VAR 为 9，那么两种情况它都适用。到底应该执行哪一个呢？第一个任务是通常的选择，但有时第二个任务才是正确的选择。

6. 无效或不合理情况

仅当 VAR<6 AND VAR>18 时，程序执行 TASK_16。因为 VAR 不可能满足该条件，所以 TASK_16 永远不会执行。同样地，程序可能指定一个 VAR 实际上不可能达到的值，有时该值不一定是一个不合理的数字。因此除非查看代码，否则不会发现这种类型的错误，但它的确浪费了代码空间。

B7　处理或解释数据的错误

数据从程序的一部分传递到另一部分，从一个程序传递到另一个程序。在这个过程中，数据可能会被错误地解释或被引用。

B7.1　在例程之间传递数据时的问题

程序调用了一个子程序并向它传递数据，其形式可能如下：

```
DO SUB(VAR_1,VAR_2,VAR_3)
```

这里的 3 个变量 VAR_1、VAR_2 和 VAR_3 从程序传递给子程序,它们称作子程序的参数。子程序本身可能用不同的名称来引用这些变量,子程序定义起始处的语句可能看起来和下面的形式类似。

```
SUB(INPUT_1,INPUT_2,INPUT_3)
```

子程序接受由程序传递的列表中的第一个变量(VAR_1),并称之为 INPUT_1。同样,它称列表中的第二个变量(VAR_2)为 INPUT_2,最后一个变量(VAR_3)为 INPUT_3。

程序和子程序对这些变量的定义必须相匹配。如果 VAR_1 是整数,INPUT_1 也应该是整数。如 VAR_2 是某人体温的浮点值,那么这也最好是子程序期望在 INPUT_2 中见到的一样。

1. 参数列表变量无序或遗失

如果程序表示 DO SUB(VAR_2,VAR_1,VAR_3),那么子程序就会把 INPUT_1 和 VAR_2 联系起来,把 INPUT_2 和 VAR_1 联系起来。程序员会照常规在这些列表中以错误的顺序输入变量名。

遗漏参数在多数编程语言中并不常见,因为它们的编译器会捕获这一问题,但并非所有编程语言都如此。

2. 数据类型错误

假定程序定义 VAR_1 和 VAR_2 为两个字节的整数,但子程序定义 INPUT_1 和 INPUT_2 为一个字节的整数。将会产生什么样的错误,要视编程语言而定,但是如果 INPUT_1 得到 VAR_1 第一个字节的内容,而 INPUT_2 得到第二个字节的内容,一点儿也不会让人感到惊讶。

数据类型确定数据如何存储,整数、浮点数以及字符串都是很简单的例子。数组、记录以及记录数组则是稍微复杂一些的数据结构的常见例子,还有堆栈、树、链表以及其他各种数据结构类型。

有时在调用和被调用例程之间数据结构的不一致是别有用心的。调用程序可能传递一个三维数组给被调用程序,而被调用子程序把该数组看作是一个较大的一维数组。调用程序可能把一个字符数组传递给子程序,而子程序则把它们看作是数字数组。有些编程语言禁止这样做,但在另外一些编程语言中,这是标准形式。如同你可以想象到的那样,它会造成很大的混乱,当被重新解释的变量是一个较大列表的一部分时尤其如此。如果在调用和被调用的例程看来,同样的变量要使用的内存数量上有差别,那么在参数列表中随之而来的任何东西都可能被读错。

3. 内存的相同区域的别名和多变解释

如果两个不同名称同时指向内存中的同一区域,它们就被称作别名。如果 VAR_1 和 FOO 互为别名,那么一旦程序表示 SET FOO=20,则 VAR_1 也成为 20。有些别名更复杂。假设 VAR_1 和 VAR_2 都是一个字节的整数,且 FOOVAR 是两字节整数,其第一个字节(高位)正好是 VAR_1 为 0。

别名通常很容易被忘记,因此要对别名给予足够的关注,以防程序员错误地修改变量。这可能引起各种未预料到的结果。

4．不了解的数据值

程序把摄氏温度传递给一个把参数值转换为华氏温度的子程序,该子程序把一个错误标志设定为 1 以表示该标志被清除,而使用－1 来表示设置一个标志。然而程序却以 0 作为清除标志,而以任何其他值作为设置标志。

5．不正确的错误信息

子程序未能设置一个错误标志(可能不存在错误标志),或者就是它的确对某个错误发出了信号,但没有详细说明其他情况以便通知调用程序来决定如何处理该错误。

6．未能在正常退出时清除错误数据

子程序检测到一个错误或一个特殊情况,并且立刻退出。在它发现问题之前,它已经改变了传递给它的变量值。如果可能的话,它应该在返回调用程序前重置这些变量为其原始值。

7．过时的数据副本

两个进程可能分别保留了同一数据的副本。因此当数据发生改变时,所有副本都必须进行更新。但某个进程或者例程使用过时的数据副本进行工作是很常见的事情。

8．相关变量不同步

某个变量通常是另一个变量的倍数,但其中一个变量改变了,另一个却没有更新。与刚刚描述的过时副本问题相比,后者更像两个进程之间的问题。相比之下,这个问题普遍存在于同一例程中。

9．全局数据的局部设置

全局变量是在主程序中定义的,任何子程序都能使用它们——读取它们的值或者改变它们。子程序对一个全局变量的更改通常都是偶然发生的。程序员认为,属于子程序的另一个局部变量有相同名称,因而对它的更改是相对该局部变量进行的。

10．局部变量的全局使用

如果只有子程序能够使用某个变量时这个变量就是该子程序的局部变量。大多数编程语言可以分辨全局变量和局部变量,但并非所有编程语言都如此。例如,在许多BASIC 语言中,所有的变量都是全局的。在这些语言中,变量仅通过其使用方法来保持其局部性:它们仅在一个子程序中出现。尤其是如果变量没有仔细命名,那么程序员可能无意识地指向该程序中另一位置的一个局部变量。

11．位字段的错误掩码

为了节省少数的字节数以及几微秒的时间,有些进程按照其位字段来传递数据。每一个字节都可能保存有 8 个变量,剩下的每一位保存第三、第四和第五变量。掩码就是一个让程序员关注的位模式,在其他位上都是 0,程序参照它们来清除位字段中不相关的位。如果掩码的位设置有误,那么程序看到的就会是错误的"变量"。

12．来自一个表的错误值

数据通常在表（数据或记录）中组织，指针变量则指示表中的某个值应该存储在何处或者在何处检索。无论程序查找到的位置正确与否，找到的都可能是一个不正确的值。

B7.2　数据边界

程序可能使用一个数据集的错误的开始或结束地址。

1．由未结束的空字符终止的字符串

STRING_VAR 是一个字符串变量，它能容纳字符串 Hello 或 I am a string variable，或者一个更长的字符串。一个字符串变量可以存储的字符数并不是固定的，因此必须有一种方式来指示串的结尾。一种方法是在最后一个字符之后放入一个空字符（所有位都为 0），它被称为串结束符。在使用空字符结束符的编程语言中，所有的字符串处理程序都会查找该空字符。有时，该空字符可能被遗忘、被覆盖或者只是没有与串的其余部分一起复制。某个使用该未结束的串的例程可能复制或打印该串，它会把该串以及所有本该在该串结尾处之后的字符都打印或复制，直至它遇到一个空字符，或者到达该计算机内存结尾处。在把该串复制到另一个变量中去时，例程可能会填满这个新变量的数据空间，以及其后的数百个字节，覆盖其他变量或代码。

2．串的提前结束

假定 STRING_VAR 保存 I am a string variable，而一个对 STRING_VAR 进行操作（可能是复制或打印）的例程把它看作为保存的内容为 I am a str。也许有一个空字符被拷贝到这个字符串的中间。如果在一个独立的字节（长度字节）中已经保存了该字符串的长度，那么就有可能错误地引用或重写该值。

3．越过一个数据结构的末端或者其中的一个元素读写数据

数组是描述一些问题的数据结构的一个很好的例子。当程序尝试读取一个特定元素的值时，它可能会错误计算每一元素的长度，因此发生错误。比方说，它可能读到的是数组之后的某个内存单元中的值。如果例程认为数组拥有比实际数量多的元素，那么它也可能超过数组末端。这类错误通常在某个例程向另一例程传递数组，而它们对存储于其中的数据定义不一致时发生。

B7.3　超过消息缓冲区的极限读取数据

缓冲区是一个用于临时存储的内存区域。进程之间的消息通常包括缓冲区，消息包含了一个指向缓冲区起始位置的指针，当接收该消息的进程已经接收完成时，它就会"释放"缓冲区，于是该缓冲区又成为"空闲内存空间"，准备为操作系统的其他需求所用。

1．用以填补字边界的编译器

视计算机的情况而定，一字可以是 12 位，可以是 1 字节、2 字节、3 字节、4 字节或更长，当然一个字的长度也可能是其他值，字是计算机中普通的存储单位，有些编译器会"加长"，其中前两位是添加的值，该变量占用了更多的空间，但保留了同样的值。这种编译器

可能会填补个别变量、数组的个别元素或者整个数组本身,以保证变量(或数组)在一个字开始时有其第一个字节的内容。同一语言的另一种编译器可能就不这么做了。有些例程计算从一个数据结构开始(或者一个消息缓冲区起始处)的一块数据应该为多少字节。当程序员从一个使用一套填补规则的编译器切换到另一种不同规则的编译器时,这种例程就会失败。

2. 值堆栈下溢/上溢

在 A7 节,描述了与子程序调用相关的堆栈问题。程序员可能也在堆栈中存储数据。一个只保留数据,没有返回地址的堆栈,称作值堆栈。

假定一个堆栈能够容纳 256 字节,而程序尝试在其中存储 300 字节。这时堆栈溢出通常最后的 256 字节得到了保存,但开始的 44 个值丢失,或被其他值覆盖。当程序尝试从堆栈中检索这些数据时,它只能得到最后的 256 字节,当它尝试从堆栈中弹出第 257 个值(第 4 个被压入堆栈的值)时,就出现一个下溢情况——程序尝试从现在已经为空的堆栈中检索某个值。

3. 共享内存区域中写入了另一进程的代码或数据

当进程共享内存区域,而不是用消息来回传递数据时,这种问题尤其普遍。某个进程遗失了一个串的空字符结束符,或者它错误计算了一个数据结构长度,或者只是运行分支控制,此时,它把无用信息写入与另一进程共享的内存区域中,或者写入本应该属于其他进程私有的内存区域中。

B7.4　消息问题

两个进程通信最安全的方式就是通过消息,如果它们通过共享内存区域来传递数据,那么无论其中一个进程对写操作的防御性如何,另一进程中的缺陷都会破坏两个过程都使用的数据。除了消息体系结构以外,最普遍发生的问题就是竞争条件,这将在下一节讨论,在消息问题中还存在发送和接收数据的错误。

1. 错误地把消息传给其他进程或端口

一条消息可能会转到错误的位置,或者错误地到了某些特定的端口(把端口看作虚拟的接收区域)。即使一条消息转到正确的进程端口,它也可能携带一个无效的 ID(例如两个进程之间使用的通信协议的名称)。发生上述任何一种情况,消息都会被拒绝。

2. 未能验证一个进入的消息

一个进程必须检查它接收到的消息,包含正确的标识符等,以确保消息是提供给它所用。因为发送该消息的进程可能把它发送到了错误码的位置,或可能已失去控制。接收进程的责任就是确保它没有接收和使用无用数据。

3. 丢失的或不同步的消息

某个进程可能按照可预测的顺序向另一过程发送了大量消息。然而有时,一个进程会在 MESSAGE-1 之前发送 MESSAGE-2。接收程序应该能够应付这一状况,例如可能保存 MESSAGE-2 直到它得到 MESSAGE-1,或者告诉别的进程因为次序颠倒它放弃了

MESSAGE-2。

不匹配状态信息是判断排序错误的一个常用的方法。在某个进程的状态表中,磁盘文件被打开,打印机已经初始化,电话已挂机,等等。而依照另一进程,磁盘文件没有打开,打印机还没准备好,电话挂机。不管哪个进程正确都不要紧,重要的是这种不匹配会引起各种各样的混乱。

4. 仅送到 $N+1$ 个进程的 N 个中的消息

假定很多进程($N+1$ 个)保留了相同数据的私有副本,并且当它们获得一条消息指导它如何操作时,如果本地数据库进程没有获得该消息,它可能是最近被激活的进程,或者是最新开发的进程。

B7.5 数据存储损坏

数据存储于磁盘、磁带、穿孔卡等介质上,进程向这些文件中放入错误的值,结果就破坏了已存储的数据。

1. 重写更改

设想两个进程使用同一数据来工作,两者大约在同一时间从磁盘读取这个数据。其中一个进程对这个数据进行了修改,另一个进程并不了解所做的修改。因此第二个进程也可能再次对第一个进程保存的数据进行修改。有些程序使用域、记录或文件,这些锁定并不一直存在,它们也不是一直都起作用。

2. 数据条目没有保存

程序请求输入数据,由于某种原因,可能是因为文件被锁定,它在把你的条目输入到磁盘上时没有成功。

3. 接收进程的数据太多以至于无法处理

接收进程可能无法应付超过某一特定长度的消息,或者不能在特定的时间内处理超过如此多数量的消息。它只能放弃多余的消息,崩溃或者打印出错误信息,而不会成功处理多余的消息。

4. 在一次错误退出或用户中止后重写一个文件

输入了数据但需要在程序保存它们以前停止该程序,那么它会先保存新的(错误的)数据,然后停止。

B8 竞争条件

在典型竞争中,存在两个可能的事件,称之为 EVENT-A 和 EVENT-B,两个事件都会发生,问题在于哪一个先发生。EVENT-A 几乎一直领先于 EVENT-B,有逻辑理由预料 EVENT-A 会领先于 EVENT-B。然而,在很少的约束条件下,EVENT-B 能够"赢得竞争"而且恰好在该情况发生时程序失败,我们就遇到一个竞争条件缺陷。通常,程序失败是因为程序员没预见 EVENT-B 领先 EVENT-A 的可能性,因此,它没有写任何代码来处理这种情况。

1. 更新数据方面的竞争

假设某个例程从磁盘读取一个信用卡余额,加入该卡持有者最近的收入数量,并把新的余额写回磁盘中。第二个例程读取同一余额,减去最近的支出,并把结果保存到磁盘。第三个例程加入外币交易。所有这些程序可以并行运行,每个程序运行得都很快,并且有很多不同的信用卡持有者,因此下面的假想情节最不可能发生:

一个信用卡余额为 1000 美元。该卡的持有者刚刚有了 100 美元的收入,以及 500 美元的支出。这样正确的余额应该是 600 美元,然而,第一个例程从磁盘读取到 1000 美元,当它添加了 100 美元的收入时,第二个例程读取到同一信用卡持有者的余额(仍然是1000 美元)。接着第一个例程把新的余额(1100 美元)存入磁盘。第二个例程从它读取自磁盘的 1000 美元的余额减去了 500 美元的支出,它把新的余额(500 美元)保存到磁盘。这时由第一个例程所加入的 100 美元已经完全遗失,因为第二个例程在第一个例程完成对该余额的更新之前就读取了它。

这是一个竞争条件:在第一个例程开始修改余额之后但在完成之前,第二个例程读取余额的情况通常不应该发生,然而,它可能发生,而且偶尔也会发生。

2. 假定一个事件或任务已在另一个开始之前完成

3. 假定输入不会在一个简短时间间隔期发生

如果正在测试的编辑程序接收到了一个刚输入的字符,并把屏幕上其他显示字符移走,以便它能在光标位置显示该字符,对该字符作出回应,接着查找下一个输入。毫无疑问,既然计算机比手指要快,在准备好输入之前很长时间程序就应该完成所有事情,并等待下一个输入。因此,程序不会考虑到,在其完成现在这一字符的工作之前会有其他字符到达的可能性。然而,一个快速的打字员可能在编辑器还没有准备好接收之前就输入了两个、三个或四个字符。那么编辑器可能只抓住最后输入的一个字符,而遗漏了它在处理第一个字符时输入的其他字符。

4. 假定中断不会在一个简短间隔期间发生

对程序正在进行的操作而言,如果时间很重要的话,例如,向一个旋转磁盘或一个移动磁带上的正确位置写入位;抓住一支笔在一张移动的纸上的正确位置绘图;在一个很短的时间段内应答消息或响应输入。程序员就会认为操作所花的时间很短,不太可能发生一个中断触发事件。但是为什么还要花时间来在此期间阻止中断呢?通常所有事情都顺利,但每隔一些时候程序就会被中断。

未能阻止中断的问题是在较早时候提出的,那时候的焦点集中在中断问题上,而此处关键在于时间安排问题。即使程序的某些部分很短暂,但如果它持续的时间足够长而导致一个中断触发事件能在此期间发生,那么总有一天会在此间隔期间发生一个中断触发事件。

5. 资源竞争

两个进程都需要同一台打印机,那么对该打印机有控制权的进程先打印,另一个就要等着。尽管此处存在竞争,但这不是并发系统中的竞争条件,程序应该能够事先判断出该打印机(或其他共享资源)暂时不可用。

假设一个进程检查打印机是否可用。如果打印机忙,那么程序就做其他事;如果打印机可用,程序就开始使用。既然程序知道打印机可用,它就不会考虑打印不可用的可能性。

不幸的是,在一个进程检查打印机是否可用时,以用它接管打印机进程,存在一个短暂的弱点窗口。检查说明打印机是否空闲的变量,打印机可用时调用正确的例程,找到它应该打印的数据等工作只要花很少的时间,然而在这一短暂时间间隔内,第二个例程可能接管打印机并开始打印。

6. 假定人、设备或者进程会作出快速回应

例如,程序把一条消息放到屏幕上,并用数秒时间等待回应。如果在此暂停时间间隔期间没有作出回应,那么程序就认定你不在并停止。同样,另一个尝试初始化打印机的程序也只会等这么长的时间。如果到暂停时间,在间隔结束打印机还没有作出回应,那么程序就会报告说该打印机不可用。在等待来自另一个进程的消息时,程序也会强制暂停。

很短的暂停时间间隔会引起竞争,如果必须在程序显示其消息的十分之一秒内按下一个键,那么通常会输掉竞争,程序假定你不在并停止。如果它给你几秒钟时间,通常就会赢得竞争,但有时暂停时间隔恰好就在你注意该消息并对其作出回应时结束。如果程序给你几分钟时间来回应,不可能安全地假定你不在或者还没有得到回应,对设备或者进程来说,这种间隔时间是不同的,但原则是一样的,有些时间间隔太短,有些时间间隔只是短那么一点点,而有些则长一些。

如果时间间隔短,程序员可能会预见在人、设备或者过程完成其回应动作之前程序时间就到了。既然这不是普遍情况,那么他就应该设计很好的恢复代码来处理该问题,这并非是典型的竞争条件。

如果时间间隔只是短一点点,风险就更高了。程序员可能会相信,如果程序没有在指定的时间段内接收到一个回应,那么它就永远不会接收到回应,但如果回应在暂停时间间隔结束的千分之一秒到达时会发生什么呢?程序可能把这解释为对某个其他消息的回应,或者可能只是崩溃。

7. 在一个显示更改期间选项不同步

计算机显示一个菜单并等待你作出回应。由暂停触发或由另一事件(一条消息或者一个设备输入)触发,程序切换到另一个菜单。你恰好在程序正在写新菜单时按一个键,这里有可能发生两个错误:

(1) 尽管它正在显示新的选项,如果程序还没有更新与击键相关的选择清单,它也会把你的按键解释为从旧的菜单中作出的一个选择。

(2) 尽管它在显示旧的选项,程序会把你的按键解释为从新菜单作出的一个选择,因为它在屏幕上显示新值之前已经更新了与选项的关联项列表。

8. 任务在满足其前提条件之前开始

恰好在打印机准备好之前,程序就开始发送数据到打印机;恰好在它刚分配到用来工

作的内存区之前,程序就开始用数据来填充内存,等等。

9. 消息越过或者不按发送的次序到达

假定在银行账户中有 1000 美元,而你尝试按顺序完成下面 3 件事:

(1) 提取 1000 美元。

(2) 存入 500 美元。

(3) 提取 100 美元。

第一次提取操作通过,存款被接纳,但当你尝试提取 100 美元时,被告知你的账户余额为 0,而不是 500 美元。由于某种原因,与提款要求相比,存款操作花费了较长时间来处理。

这种类型的问题在消息传递系统中很普遍:有些消息沿着迂回线路传输;或者它们的内容必须进行验证;或者由于其他某种原因,它没有到达其目标进程或者在另一稍后发送的消息接收之前该目标过程没有读到它。结果不能完成一些本来应该能够完成(不能完成)的事情。

这其中最令人恼火的情况就是涉及越过彼此路径的相矛盾信息,一个进程向另一进程要求某种操作,第二个进程发出一条消息表明它能够完成那一任务(例如,为 500 美元开一个收据),但接着又发出消息说它完不成(你的余额为 0)。你存入 500 美元的验证消息到达你处的同时,也达到了中央数据库,而且刚好在你提出 100 美元取款要求之后到达。对数据库来说,看起来是你要求取出 100 美元,接着存入 500 美元,但因为你接收到验证消息要早些,所以对你来说,当数据库拒绝 100 美元的提款时它应该知道这 500 美元。

B9 负荷情况

超载时程序会行为失常,当某个程序在高容量(长时间大量工作)或高压力(一次最大数量的工作)下工作时可能会失败;当它用完了内存、打印机或其他"资源"时也可能会失败。它之所以可能失败是因为要求它在极少时间内完成大量工作,因为所有程序都有其极限。问题就在于,一个程序是否能达到它声称的极限,并且超过那些极限时会产生怎么可怕的失败。

同时有些程序本身就有负载问题,或者在多重处理情况下使其他程序也出现问题。攫取计算机时间或资源,或者建立不必要的额外工作以至于其他进程(或稍后它们自己)无法完成其任务。

1. 必需的资源不可用

程序尝试使用一个新设备或在内存中存储更多数据,但无法做到。因此要对下面列出的每一种程序处理过程的情况进行单独的测试。

• 磁盘满。

• 磁盘目录满。

• 内存区域满。

- 打印序列满。
- 堆栈满。
- 磁盘不在驱动器中。
- 磁盘驱动器不能使用。
- 没有磁盘驱动器。
- 打印机离线。
- 打印机缺纸。
- 打印机色带用完。
- 没有打印机。
- 扩展内存不存在。

2. 资源没有归还

系统可能用完了资源,因为有一个或几个进程攫取了所有资源。程序员都很擅长确保其程序获得它需要的资源,但是对于归还不再需要的资源可就不是那么尽责。既然它在打印机或内缓冲区上挂起时间太长,程序也不会崩溃(通常情况下),这种类型的问题看起来不那么急迫。

下面的几节举例说明在设计测试用例时要考虑的问题。

1) 没有表明它已经使用某个设备做完了工作

例如,一个过程使用了打印机,所有其他过程必须等待,直到这一进程发出信号表示它已经工作完,进程未能发出该信号,而且会因此阻止其他进程使用一个未被使用的设备。

2) 没有从大容量的存储器中删除旧的文件

程序没有删除过时的备份和内部使用的临时文件。对于应该自动完成多少删除内容存在限制,但进程并没有去除显然应该被放弃的文件。

3) 没有返回使用的内存

在复杂的系统中,一个内存管理进程能够按照一个临时基本原则(例如,数据和消息缓冲管理器接管回对内存段的控制,并在需要时把它分配给其他进程使用,但未能返回缓冲区(尤其是消息缓冲区)是非常普遍的现象。

4) 浪费了计算机时间

使用进程检查那些已经不可能的事件,或者做过去必须但现在不必要的其他事情。

3. 没有可用的大的存储区域

多重处理系统的消息传递过程中,一个内存池可以被用来作为消息缓冲区分配给任何进程。有些缓冲区很大,有些则只有几字节。一个大的内存块可能被划分成为许多小的缓冲区。当程序需要一个比所有这些内存块大的存储区域时会发生什么?

有些内存管理程序并不是尝试把用过的缓冲区合并到内存池。相反,不管什么时候需要一个缓冲区,它们都重新使用这些旧的缓冲区。结果,在普通内存池中就有少数大的内存区域。

4．输入缓冲区或队列不够深

因为同时到来太多进程,因而进程遗漏了按键、消息或其他数据,而且现在完全没地方安置它们,当一个进程接收了比它能够马上处理的数据更多的单一数据项目(例如击键)时,它通常都会把额外的部分保存到一个输入缓冲区中,从缓冲区读取它们,并在有时间的时候对其进行处理,同样,它可能把信息包(如消息)存储在一个队列中,一次处理一个。

如果进程的输入缓冲区为 10 个字符深度,那么快速输入 11 个(或更多)字符时会发生什么? 它会给出信号表示缓冲区已满吗? 如果发送输入的设备是一台连接了一个调制解调器的计算机又会发生什么? 程序会告诉停止一会吗?

如果进程的消息队列可容纳 256 条消息,那么当 256 条消息正在等待,其中之一在处理以及第 257 个到达时发生什么? 它是否放弃第 257 个,还是向发送方返回一个错误代码表示消息队列已满? 如果在没有给出提示的情况下放弃了几条消息,那么放弃消息最可能的结果是什么? 接收进程遗漏了发送进程,假定它已接收到了什么样的重要信息?

5．没有从队列、缓冲区或堆栈中清除项目

假定程序接收到消息,把它们加入队列中,并在有时间时从队列中读取消息,若它最多能在队列中存储 256 条消息,那么在读一条消息时,进程应该把它从队列中移出,为新的消息留出空间,然而,程序员可能忘记移出正在调试的消息,因此只要程序第 257 条消息尝试使用队列,队列就满了。

在更微妙的情况下(与未能返回缓冲区相似),消息一般都是但不总是从队列移出。在某种特殊情况下,程序并不放弃旧的消息。那么在第 257 次上失败时就会触发该项缺陷。正是由于这类错误,应该不定期地在没有重新启动的情况下对一个程序长时间进行测试,防止因为一个小问题毁坏系统。

6．丢失消息

操作系统可能会丢失一些消息。当同时来了足够多的消息时,接收进程也可能会丢失一些消息。如果一个进程能够处理一个 256 条消息的队列,那么当第 256 个消息到达时,正处理的消息、队列起始处的消息以及结尾处的消息会发生什么? 那第 257、258 以及259 个消息到达时,又会发生什么? 它们会和一个"稍后再次发送"的通知一起返回到发送进程还是被丢弃? 发送进程需要知道接收消息的进程太忙而不能阅读该消息吗?

7．性能损失

更大的数组需要查找,更多的用户或者进程需要应付,等等。当工作量很大时,每件事都会慢了下来。一个必须在某一特定时间内作出反应或者每秒处理很多事件的程序可能会失败。如果该程序反应太慢的话,其他期望这一程序会在短期内作出回应的程序也可能会失败。

8．竞争条件窗口扩大

当性能变差时,竞争条件就更可能发生。在经典竞争中可能发生两个事件,一个事件几乎总是领先于另一事件,但有时第二个事件会(或者看起来会)稍微领先第一个事件。

当系统的运行速度减慢时，计算机可能要花费较长时间来产生或检测第一个事件。如果第二个事件是输入（击键或调制解调器接入），那么人或机器可能不会被增长的负载所影响。尽管对第一个事件的处理已经慢了下来，然而第二个事件还是会和平常一样快地发生。这样，对第二个事件来说就有更多时间出现从而胜过第一个事件。

9. 没有在高负荷下使用缩写

有些进程进行了大量的输出，要格式化所有这些信息并把它们发送到打印机或屏幕会花费大量的计算机时间。当计算机在重负载下工作时，一个集中输出的进程应该试着少送出一些信息。它可以更简洁地表述错误信息，或者把系统日志消息缩写为短代码，或者把它们送到一个缓冲区或磁盘文件中以待稍后打印，只把紧急消息发送到打印机或屏幕。

10. 低优先级任务没有推迟

在负载很重的情况下，任何不需要立刻完成的任务都应该被推迟。在一个多重处理系统中，程序或人员都分配了优先级。那些有较高优先级的程序或人员应该获得比那些拥有较低优先级的程序或人员更多的机器时间。

11. 高优先级任务无限制的占用计算机时间

你能够暂时推迟给汽车换油，但最终还是要做的。许多低优先级任务与此相似：不需要立刻进行，但它们最终要完成，在拖延的重负载期间，不可能允许高优先级任务使用所有的计算机时间，有时候必须要让给低优先级任务。

B10　硬件

程序把不良数据发送给设备，忽略返回的错误代码，尝试使用根本不存在的设备，等等。即使问题的出现的确是由于硬件故障，但要是软件没有识别出该硬件已经不再正确工作，那么同样也存在软件错误。

1. 错误的设备
例如，程序在屏幕上显示数据而不是从打印机输出数据。

2. 错误的设备地址
在许多系统中，从特殊内存单元向设备本身进行数据物理复制是由硬件负责的。程序可能会把数据写到错误的内存单元中去。

3. 设备不可用

4. 设备返回到错误的资源集合类型
例如，在一个多重处理系统中可能有许多点阵打印机和激光打印机。某个程序使用点阵打印机，接着发出信号表示它已经完成工作。在返回到可用的设备资源集合时，资源管理器错误地把它标志为一个可用的激光打印机。

5. 不允许调用者使用的设备
例如，软件可能不允许你使用某个昂贵的或精密的设备。因此，在你的用户 ID 下运行的程序不能使用该设备,那么必须能够从拒绝中恢复。

6. 为一个设备指定错误的特权级别

为了使用一个设备(例如,为了读取某个特定文件或者为了打一个长途电话),程序必须提供一个表明其特权级别的代码(通常是使用该程序的用户的特权级别)。如果其特权级别(或优先)足够高,那程序就可以获得该设备的使用权。

7. 嘈杂信道

程序开始使用某个设备,例如一个打印机或者一个调制解调器。计算机和连接设备是由一个通信信道连接起来的,电气干扰、定时问题或者其他古怪的事情都可能引起信道上信息的不完全传输(例如,计算机送出了 3 条信息,但设备只收到 1 条)。程序如何检测到传输错误?

8. 信道下降

计算机正通过一个调制解调器以及电话线向另一计算机(和调制解调器)发送数据。传输中途,调制解调器被拔掉。发送和接收计算机如何得知连线中断,它们要花多长时间获知该信息,对此要采取什么行动? 同样地,一台计算机如何得知它连接到一个不再打印的打印机上,如何处理该打印机?

9. 暂停问题

程序向某个设备发送了一个信号,并期望在一个合理的时间内得到回应。如果它没有得到任何回应,那么最后程序必须放弃,并认为连接的设备可能已损坏。如果等待的时间不够长,会产生什么样的错误?

10. 错误的存储设备

程序从某错误软盘、可移动硬盘、卡式磁带或磁带卷轴上查找遍布于其中的数据或代码,有些程序宣称信息不存在,接着要求插入正确的磁盘。在某个特别活跃的操作系统中,在查找不存在的文件时,程序可能会破坏一个软盘的目录。

11. 没有检查当前磁盘目录

插入一张磁盘(硬盘包、磁带),用它来进行工作,接着取出该磁盘并在同一驱动器中插入一张不同的磁盘。有些操作系统不能检测到磁盘交换,它们把一张磁盘的目录复制到内存中,因而不再从中读取内容,除非明确要求它们这么做。如果没有强迫重启或者重读一个目录,那么如果需要尝试读或者写新磁盘时,它使用旧的目录,从而读到杂乱的数据,并在写入时破坏新磁盘的数据。

12. 没有关闭一个文件

当程序完成某个文件时(尤其如果它一直在向文件中写入内容时),它应该关闭该文件,否则,在此期间对该文件所做的更改可能没有被保存在磁盘上,或者可能在无意之间添加更多的更改。当关闭机器时,打开的文件可能被破坏或者毁坏。程序应该把关闭所有打开的文件作为其退出过程的一部分。

13. 意想不到的文件结束

在读取一个文件时,程序遇到了文件结束标志。假定程序期望稍后在程序中找到特定的数据,那么它是否会忽略文件结束标志并尝试继续读取?它会崩溃吗?

14. 磁盘扇区缺以及其他由长度决定的错误

磁盘存储可能是在 256 字节或 512 字节的字节片(扇区)中完成的。尝试保存或者读取一个正好是扇大小的倍数的文件时,有些程序会失败,例如,如果扇区为 1024 字节,程序可能无法保存大小为 1024、2048、3072 等字节长度的文件(同样,如果要存储的字节数与缓冲区的大小相同,那么一个把数据复制到某个固定大小的输出缓冲区的程序可能会失败)。

第一个扇区的最后一个字符,或者只是文件的最后一个字符,可能被误复制,或者被复制两次,再者就是被漏掉。在更极端的情况下,程序毁坏了整个文件或者覆盖了磁盘上的下一个文件。

15. 错误的操作和指令代码

程序把一条命令发送到终端,用来在屏幕上重定向光标,但它却打开了逆向视频播入模式。程序向打印机发送了一条命令要求换页,但打印机却换行。

设备没有被标准化。两个打印机可能要求两个不同指令来完成一个相同的任务,对终端、绘图仪和 A/D 转换器也是一样。程序必须为这个设备提交正确的命令以便能够正确完成任务。

16. 误解响应代码

程序向打印机发送了一个命令,要它使用粗体字。打印机可能作出回应说,它能或者不能完成这一命令。此时,可以说明为何不能执行该命令(例如,缺纸、色带用完、没有主类命令、选择模块没安装等),但许多程序忽略这些代码。

17. 设备协议错误

计算机和设备之间或者两台计算机的通信协议指定计算机能够在何时、以何种速度,以及使用什么样的特性(奇偶校验、停止位等)来发送数据。它还指定接收设备是否以及怎样给出信号表示它已经获得数据,表示等待更多数据,或表示它不能再接纳更多数据直到它清除一些正在使用的缓冲区空间为止。

设备可能不按顺序发送数据或者回应信号,或者可能以错误的格式发送数据。

18. 未充分使用设备智能

举一个简单的例子,如果打印机能够直接打印粗体文本,那为什么还要在同一字符上尝试三到四次来对其进行模拟?可能是因为程序被设计用来使用能力较差的打印机,而且还没有进行更新来充分利用该打印机的特性。

一个已连接的设备也许能够定义它自己的字体,检测它自己的错误状态等,但使用该设备的程序必须承认这一点,否则它不会利用这些先进能力。

这可能是个很难处理的问题。打印机的控制代码存如此多的不同,因此尝试支持每种打印机的所有内部特性,其开支是很大的,有些打印机生产厂商在一个打印机的 ROM 版本中包括了某种控制代码,然而在插入同一打印机的其他 ROM 中包括不同代码,这使得该问题更加复杂。

19．忽视或误用的页面调度机制

这是个内存存储问题，内存可能被划分为称作页的片段。一个程序可能无法同时从所有内存页中读取数据或者正确对页（或内存条）进行切换。

较大的计算机把磁盘存储器作为虚拟内存使用。程序在不知道数据居于内存还是磁盘的情况下就可以对其进行引用。如果程序引用了一个不驻留于内存的数论据集或代码集，就会发生缺页。计算机自动从磁盘中找到包含该信息的页面，覆盖本来驻留于此的数据。通常由操作系统管理内存页面调度（在主内存和磁盘交换数据和代码），但有若干程序却试着自己来完成。程序可能在没有首先保存本来存储在某个内存区域的新数据的情况下就重写了该区域。

计算机用在将数据移入或移出主存上的时间比用在执行程序上的时间更多，通过合理的组织代码或数据，或许程序可以避免系统崩溃。

20．忽视信道吞吐量限制

程序尝试通过一个最多仅支持每秒 10 个字符的连接进行每秒钟发送 100 个字符。程序能以一种很快的速率发送数据，直到连接设备的输入缓冲区已满。接着它不得不停下来，直到设备为其输入缓冲区腾出了更多空间。在此程序并不会识别设备不再准备接收更多数据的信号，而一味向其发送数据。

21．假定设备是否或者应不应该初始化

在向打印机发送文本之前，一个字处理程序会先发送一条初始化消息，告诉打印机按照某种字体的每英寸格式来打印，并且不要打印为粗体斜体。此时需要关注该程序是否已经发送了该消息。如果打印机已经初始化为一个不同的设置，那可是很气人的。另一方面，如果打印机被设置了一个不适当的字体，那么打印输出就不会令人满意，而初始化失败也会浪费时间和纸张。相比较而言，哪个错误更严重呢？

22．假定可编程功能键正确

在按下一个可编程的功能键时，它也许能生成代码或代码序列。程序可能期望这些键生成特定代码，但如果能够对这些键重新进行编程，那么程序就可能是错的。例如，假定功能键，<PF-1>通常产生<Esc><r><Ctrl-D>动作。若某个程序表示 Press pF-1 toPrint，那么当它接收<Esc><r><Ctrl-D>时，它会切换到其他菜单。如果对<PF-1>重新编程，结果使它以<ESC><Ctrl-Q>代替原来动作，会发生什么情况？这时候，PressPF-1 to print 就不再正确。

如果程序依赖对可编程功能键特殊值的分配，那么当它启动时，它必须确保那些键已经被分配了特殊值。

B11　来源、版本和 ID 控制

如果手头拿到的本来应该是程序的 2.43 版，但事实上一些程序块来自 2.42 版，另外一些是少许 2.44 高级程序块，那么那会是一团混乱，必须在代码中说明所有的程序信息。

如果不能就报告一个缺陷。

有时人们称这些为官僚主义缺陷,因为它们反映了进行标记和过程的失败,而非操作性错误,只有官僚主义者会为这样的事忧心,是不是? 其实并非如此。他们必须为此担忧;否则,交付给客户的产品就不会像预期的那样。

1. 旧的缺陷神秘地再现

旧的问题出现常常仅仅是因为程序员把一子程序的旧版本与程序剩余部分的最新版本相连接,许多程序分裂成几十或几百个文件,但程序没有经常性清除旧文件,在无意之间把旧代码和新版本连接起来了。

2. 未能更新数据或程序文件的多个副本

有些程序员在许多不同程序模块中重复同一段代码,当它们必须改代码时,它们可能会更新这段代码的 20 个或 25 个副本,而忘掉了其他的。结果,它们可能改正了同样错误 20 次,但可能会在下次测试时仍然发现 5 次。

3. 没有标题

程序应该在启动时进行自我识别,应该马上知道自己现在正在运行的是 Joe BlowR 超级电子表格,而不是 Jane DoeR 数据库。

4. 没有版本 ID

程序应该在启动时给出一个显示其版本的标识。客户应该能够很容易地找到该 ID,这样他们在打电话来投诉该程序时就能把这个 ID 告诉你。你也应该能够容易地找到该 ID,这样就能在发现缺陷时告诉程序员。

如果程序是由许多独立开发的程序块组成,那么就值得对每一块的版本进行识别。这些 ID 可能不会自动显示——必须使用调试器或者特殊编辑器来找到它们。

5. 标题上的错误版本号

程序通常会在标题或一个关于对话框中显示一个版本号。一般来说,与保持标题上的版本号正确相比,程序员能够更快地对代码进行修改,结果就是可能在使用版本 2.1 的软件,而标题屏幕上显示的却是 2.0。

6. 没有版权信息或一个不适宜的版本号

程序应该在启动时就显示版权信息,该信息应当包含版权符号(通常使用 C),程序开发、获得版权以及生产的年份,公司的名称及地址,还有"版权所有(All Rights Reserved)"这样的语句。通常使用下面的形式:

版权 © 1979、1983、1987、1993
Cem Kaner,人机接口技术
加利福尼亚福斯特城 101 大街 801 号,94404
版权所有
Copyight © 1979. 1983. 1987. 1993
Cem Kaner,Human Interface Technologies
801 Foster City Blvd。#101,Foster City,CA94404

7. 已归档的资料没有编译可以与发布代码相匹配

在把产品发布给任何客户之前,要对源代码进行归档。如果客户发现一个缺陷,公司必须能够重新编译该代码,并重新生成该产品,没有注意起始点,在处理客户困难时会遇到很大的问题。

8. 生产出的磁盘不工作或者包含错误代码或数据

当磁盘已被复制,且产品已准备要发布时,要对少数磁盘进行检查。并不是让你接管生产 QA(质量保证部门)的工作,建议将所有已生产的产品副本中可能发生的任何错误都应该找出来。

磁盘复制可能会制成空白磁盘,而不是你期望制成的产品副本,若把空白磁盘作为产品发布那可是很尴尬的,而且要为客户重新发送替换磁盘的成本是很昂贵的。同样,生产组可能会复制错误的版本(例如又用 1.0 代替了 2.0)或者是错误的程序(买的数据库,拿到手的却是电子表格),有时也许仅仅因为是复制时使用了错误的磁盘。

B12 测试错误

本节处理测试人员和测试组作出的技术的、程序上的以及报告的错误。尽管从本质上来讲这些不是程序中的问题,但测试程序时就会遇到这些问题。

1. 遗漏程序中的缺陷

因为无法执行所有有可能的测试,不得不遗漏缺陷,然而可能遗漏的缺陷会更多。当缺陷在某个域中或测试晚期被发现,问一问这是为什么?不要责备别人,最好是找出一些方法来加强测试过程。

1) 没有注意到某个问题

因为不知道正确的测试结果是什么,可能遗漏一个在测试中暴露的缺陷。无论何时,只要可能就在测试笔记中记下预期的结果。在自动测试中在屏幕上和打印输出中显示它们。

错误可能隐藏在一大堆打印输出之中。因此,要尽可能让打印输出短一些,这样更容易发现错误,模式化输出就很好。可能的话,把长输出重定向到一个磁盘文件,并让计算机与一个已知的规范的文件相比较来对其进行检查。

虽然某个测试主要是针对程序的一小部分,但它可能揭露其他未预料到的缺陷。

感到厌烦时,可以和其他测试人员交替任务,避免同一个人运行同一测试超过 3 次。

2) 看错屏幕

界面上很容易遗漏拼写错误、缺少的菜单项目以及未对齐文本这样的错误。要专门留一些时间来仔细检查屏幕,这就好像校对手稿。除非有意识查找拼定性布局错误,否则只会看到想要看的东西。

3) 没有报告一个问题

可能会发现了一个问题但却没有报告,因为:

- 笔记记得很差。
- 不确定这是否是一个缺陷,而且担心看起来很愚蠢。
- 认为这个问题太小了,或者不认为它需要进行改正。
- 被告知不要再报告类似的缺陷。

这些都不是可以接受的原因,如果不能确定某件事是否是一个问题时,那么就在报告中如实表述。因为你的职责就是报告发现的每个问题,存心压制缺陷报告最终可能会导致测试人员士气更差,开发出的产品很差。

4)没有执行一个计划好的测试

因为测试材料或笔记杂乱无章,已经不知道什么内容已测试过了,为此没有执行一个计划好的测试。

由于测试序列是重复的,因此容易使人感到厌烦,甚至想采取捷径,跳过那些与其他测试相似的测试。为了减少这样的事,最好在测试人员之间交替任务,并通过组合测试用例、删掉一些测试用例或者仅在每两个或者三个测试周期运行某些测试,以便减少重复。

已经在某个测试上进行了太多组合。如果某个测试隐藏在另一测试中,或者依赖于另一测试,那么一旦另一测试失败,该测试很可能不会执行。过度复杂的测试用例组合也可能导致测试遗漏。

5)没有使用"最有可能发现缺陷的测试用例"

如果两个测试用例基本覆盖相同代码,应当使用最可能揭露错误的测试用例。

6)忽视程序员的建议

程序员比其他任何人更了解程序的哪一个区域没有得到充分的测试,以及他测试过的区域中哪一个区域的稳定性最差。他知道哪些区域可以快速编制代码。僵化的测试计划和不利的行政策略本身就是问题,但这些都不是忽视程序员建议的借口。

2.发现程序中没有的"缺陷"

1)程序测试中的错误

在进行自测试编写程序来驱动测试用例时,测试程序可能会存在缺陷。有些缺陷会使放弃测试或者跳过测试,其他缺陷会让程序显得无法通过它实际能通过的测试。除非程序处于灾难性的状态,否则它不会在许多测试中失败。

2)损坏的数据文件

有些显而易见的缺陷是因为在测试时使用了一个坏的数据文件,程序会破坏输入、输出以及比较文件。你的文件可能在任何时刻损坏,如果是无错误的甚至可能是由不会读写这些文件的程序段造成的,当测试一个程序时,它不能触及某个文件也无关紧要。如果程序按照被假定的方式工作,就不必对其进行测试。

在单独的磁盘或磁带上保留测试文件的 3 个备份是很明智的做法。在报告一个错误之前,检查输入的工作版本,并与那些备份相比较。

3)错误理解规格说明或文档

因错误理解了文档认为程序工作不正确这是不可避免的。因为规格说明已经过时,而且文档的早期版本很粗糙。极少有大量时间在开始测试程序之前阅读些规格说明。

当发现一个错误时,除非能够确定程序的一部分正在做什么,否则最好重新阅读一下文档和规格说明中的相关章节。如果不确定获得的结果是否为一个错误,那就在报告中作为一个疑问写下来。如果手册不清楚,那么也在手册的那一部分提交一个问题报告。

3. 拙劣的报告

仅仅发现一个缺陷是不够的,你应该把它提交给某个能够对其进行改正的人,而且那个人尽可能容易判断出什么地方出了错以及要对它做些什么,对问题的描述的充分程度如何会直接影响到它被解决的容易程度。

1) 难以辨认的报告

如果程序员发现阅读一个报告很困难,那么会尽可能长时间地忽略它,许多报告因为填满了太多的信息都很难阅读,最好把单个问题放到单个报告表中。如果某个单独的问题要求有一个很长的描述,那么就在单独的一页上输入,并把它附属在问题报告后面。

2) 未能阐明如何再现一个问题

没有按照拟定好的大纲,然后依照程序员必须做的那样一步一步来报告一个问题。这是问题报告中最常见的错误。忽略细节的确节省了时间,但要认识到,程序员要用你的报告来做的第一件事是坐在机器前并试着自己查看问题。如果他不能再现问题,那么就无法对其进行改正。

对于任何复杂的内容,附上正在使用的任何数据文件的备份,你所做过的事情的按键清单,如果操作系统支持的话再加上一个打印出的屏幕转储,或者任何其他使程序员的工作更容易的注释材料。越接近开发的最终期限越重要。

3) 没有说明你不能再现一个问题

如果你始终不能重现某个问题,那就说清楚。这个建议会使尽责的程序员摆脱了他应该对你描述的情况进行各种尝试的窘境。

4) 没有检查报告

在写完一个报告这后,在提交以前,要遵照它一步一步地重现问题。这会花一点时间,但它发现打字错误以及遗漏或错误描述重要细节等错误。

5) 没有报告时间依赖性

有时为了重现一个缺陷,必须在千分之一秒内同时按下两个键,否则就要在击键之间等上至少 5 分钟。那么,在测试报告中就应该说明这种时间上的依赖性。

6) 没有简化条件

为了加快测试速度,经常使用复杂的测试用例,把许多不同的测试组合成一个。如果所有事情都很顺利,那么很快通过许多的测试。然而一旦有一个缺陷显露出来,寻找可能再现它的最简单的步骤序列就要花很多时间,尽量不要安排一个长且复杂的包括不相干事物的系列,复杂的报告读起来令人沮丧,而且容易让人忽视。

7) 过分关注细节问题

不要小题大做,也不要在措词表述风格上长篇大论,不要夸大缺陷的严重性。

8) 侮辱性语言

不要在报告中用"不专业"、草率的或不合格的等词,否则就等着完成该工作的程序员火冒三丈吧。即使该缺陷非常严重,他也可能不会改正。偶尔对程序员给以适当的打击可能有用,但最好少这样做(最多一年一次)。

4. 拙劣的跟踪或工作

仅仅只是报告一个缺陷还是不够的,要确保它得到重视并且不会被忘记,否则,缺陷就有可能被遗留到即将发布的产品中。

1) 没有提供总结报告

不要认为把报告给了程序员就会得到处理,有些程序员会把报告弄丢,另外一些人则会对他们的经理隐瞒报告。因此,每周或者每两周都应该向程序员分送对未改正缺陷的一个简短描述文件,把这作为一个监控所有缺陷的标准过程,并让它保持客观而且不会产生争议。

2) 没有重新报告严重缺陷

如果缺陷很严重,不要机械地接收暂缓或按照规格说明行事的回应。想出一个方法让它看起来更糟糕一点然后再次报告。如果它是个令人讨厌的可怕缺陷,那就再一次让它感觉起来那么糟糕。如果还比较奏效,就把第三份报告的一个副本送给一位更高级的管理人员。

3) 没有验证改正

程序员报告说他改正了一个缺陷,只有在重新对其进行了测试后才可以认为它确实改正了错误。因为并没有真正修正缺陷的情况常常多达三分之一,甚至有时还会引起其他问题。再者,有些程序员只处理精确报告过的症状。如果在回归测试上马马虎虎,那么肯定会遗漏缺陷。

4) 没有在发布前检查未解决的问题

在产品即将发布使用或销售之前,要对既没有改正也没有暂缓的问题进行检查。这是很好的习惯,用它来确保在产品发布前所有的问题报告都以这种或那种方式得到了解决。至少也要保证已经没有任何需要处理的问题。

参 考 文 献

[1] Paul Ammann,Jeff Offutt. 软件测试基础[M].英文版.北京:机械工业出版社,2009.

[2] Stephen Brown Joe Timoney Tom Lysaght,Deshi Ye. 软件测试原理与实践[M].北京:机械工业出版社,2012.

[3] Glenford J. Myers,Tom Badgett,Todd M. Thomas,Corey Sandler. 软件测试的艺术[M].北京:机械工业出版社,2012.

[4] 古乐,史九林. 软件测试技术概论[M].北京:清华大学出版社,2004.

[5] John D. McGregor, David A. Sykes. 面向对象的软件测试[M].北京:机械工业出版社,2002.

[6] Robert Culbertson, Chris Brown, Gary Cobb. 快速测试[M].北京:人民邮电出版社,2004.

[7] 朱少民. 软件测试方法和技术[M].北京:清华大学出版社,2005.

[8] Hung Q. Nguyen, Bob Johnson, Michael Hackett. Web 应用测试[M].2 版.北京:电子工业出版社,2005.

[9] Paul C. Jorgensen. 软件测试[M].2 版.北京:机械工业出版社,2005.

[10] Andrew Hunt, David Thomas. 单元测试之道 Java 版——使用 JUnit[M].北京:电子工业出版社, 2005.

[11] Daniel J. Mosley, Bruce A. Posey. 软件测试自动化[M].北京:机械工业出版社,2003.

[12] Kanglin Li, Mengqi Wu. 高效软件测试自动化[M].北京:电子工业出版社,2004.

[13] http://www. uml. org. cn/Test/200506011. htm.

[14] http://www. uml. org. cn/Test/200510265. htm.

[15] http://www. uml. org. cn/Test/2004111901. htm.

[16] http://www. uml. org. cn/bzgf/200504121. htm.

[17] http://www. uml. org. cn/Test/200505255. htm.

[18] http://www. uml. org. cn/Test/200602073. htm.

[19] http://www. uml. org. cn/Test/200603082. htm.

[20] http://www. uml. org. cn/Test/200604112. htm.

[21] http://www. faqs. org/faqs/software-eng/testing-faq/section-14. html.

[22] http://testing. csai. cn/testtech/No058. htm.

[23] http://testing. csai. cn/testtech/No357. htm.

[24] http://testing. csai. cn/testtech/No340. htm.

[25] http://testing. csai. cn/testtech/No333. htm.

[26] http://testing. csai. cn/testtech/No330. htm.

[27] http://testing. csai. cn/testtech/No334. htm.

[28] http://testing. csai. cn/testtech/No336. htm.

[29] http://testing. csai. cn/testtech/No319. htm.

[30] http://www. 51testing. com/html/58/283. html.

[31] http://www. 51testing. com/html/58/1025. html.

[32] http://www. philosophe. com/testing/without_testplans. html.

[33] http://www. webopedia. com/TERM/R/regression_testing. html.

[34] http://tech. ccidnet. com/art/1060/20050424/242685_2. html.

［35］http：//www. 51testing. com/html/68/646. html.

［36］http：//www. 51testing. com/html/68/778. html.

［37］http：//www. 51testing. com/html/68/656. html.

［38］http：//www. 51testing. com/html/68/1222. html.

［39］http：//www. sqatester. com/bugsfixes/whatistesting. htm.

［40］http：//www. dfas. mil/technology/pal/ssps/ssp/compnent/sttasks. htm.

［41］http：//www. gcmpic. ai. uic. edu/doc/tech_doc/MMTIS/0513stp. pdf.

［42］http：//www. gemplus. com/smart/r_d/trends/system_model/system_testing. htm.

［43］http：//www. cs. umd. edu/～atif/Teaching/Hedong. ppt.

［44］http：//www. scism. sbu. ac. uk/law/Section5/chap6/s5c6p15. html.

［45］http://louisa. levels. unisa. edu. au/sel/testing-notes/test02_3. htm.

［46］http：//www. users. globalnet. co. uk/～mattmc/teststrt. html.

［47］http：//www. iplbath. com/pdf/p0829. pdf.

［48］http：//www. scism. sbu. ac. uk/law/Section5/chap3/s5c3p23. html.

［49］http：//www. faqs. org/faqs/software-eng/testing-faq/section-13. html.

［50］http：//www. chillarege. com/authwork/TestingBestPractice. pdf.

［51］http：//www. 51testing. com/html/43/793. html.

［52］http：//www. testage. net/Download/TM/200601/23. htm.

［53］http：//www. testage. net/Download/UT/200601/8. htm.

［54］http：//testing. csai. cn/testtech/No021. htm.

［55］http://hedong. 3322. org/archives/000352. html.

［56］http：//www8. hp. com/cn/zh/software-solutions.

［57］https：//www. ibm. com/developerworks/cn.

［58］http：//wenku. baidu. com.